21世纪应用型本科土木建筑系列实用规划教材

土木工程材料(第2版)

主　编　柯国军

副主编　严　兵　刘红宇

参　编　杨建明　蔡顺德

　　　　蒋俊玲　张新胜

　　　　罗吉祥　许孝春

主　审　刘巽伯

北京大学出版社

PEKING UNIVERSITY PRESS

内 容 简 介

本书讲述了常用土木工程材料的基本成分、原料、生产工艺、技术性质、应用、材料试验等基本理论及应用技术。本书主要内容包括绪论、土木工程材料的基本性质、天然石材、气硬性胶凝材料、水泥、混凝土、建筑砂浆、金属材料、墙体材料、沥青及沥青混合料、防水材料、木材、高分子建筑材料、装饰材料、绝热材料和吸声材料、常用土木工程材料试验。

本书采用了最新技术标准，有代表性地介绍了土木工程材料的新技术和发展方向，应用性强、适用面宽，可作为土木工程类各专业的教学用书，也可供土木工程设计、施工、科研、工程管理和监理人员学习参考。

图书在版编目(CIP)数据

土木工程材料/柯国军主编. —2 版. —北京：北京大学出版社，2012.9
(21 世纪应用型本科土木建筑系列实用规划教材)
ISBN 978 - 7 - 301 - 17471 - 5

Ⅰ. ①土… Ⅱ. ①柯… Ⅲ. ①土木工程—建筑材料—高等学校—教材　Ⅳ. ①TU5

中国版本图书馆 CIP 数据核字(2012)第 205648 号

书　　　　名：土木工程材料(第 2 版)
著作责任者：柯国军　主编
策 划 编 辑：吴　迪　卢　东
责 任 编 辑：伍大维
标 准 书 号：ISBN 978 - 7 - 301 - 17471 - 5/TU · 0270
出　版　者：北京大学出版社
地　　　　址：北京市海淀区成府路 205 号　100871
网　　　　址：http://www.pup.cn　http://www.pup6.cn
电　　　　话：邮购部 010 - 62752015　发行部 010 - 62750672　编辑部 010 - 62750667
电 子 邮 箱：pup_6@163.com
印　刷　者：北京虎彩文化传播有限公司
发　行　者：北京大学出版社
经　销　者：新华书店
　　　　　　787 毫米×1092 毫米　　16 开本　24 印张　566 千字
　　　　　　2006 年 1 月第 1 版
　　　　　　2012 年 9 月第 2 版　　2025 年 2 月第 14 次印刷（总第 19 次印刷）
定　　　　价：45.00 元

第 2 版前言

本书作为"21 世纪全国应用型本科土木建筑系列实用规划教材"，于 2006 年 1 月第 1 次出版，出版后，受到高校师生和专业人士的广泛认可，得到北京大学出版社的持续指导与帮助，因此曾多次重印。在此，对他们表示衷心的感谢！

近几年，许多重要的土木工程材料，如通用硅酸盐水泥、混凝土骨料、混凝土掺和料、混凝土外加剂、建筑砂浆、建筑钢材、墙体材料、沥青、防水材料、天然石材和装饰材料等产品质量标准陆续更新，同时第 1 版在使用过程中收到了读者提出的一些宝贵建议，作者在教学过程也发现了一些不足之处，因此，有必要对第 1 版进行修改。

本书第 2 版的第 9 章由杨建明教授修改，其余各章由柯国军教授修改。本书在修订过程中，全面采用了土木工程材料的最新产品质量标准和试验方法；调整了写作结构，如每章前增加了"教学目标"、"教学要求"和"引例"，习题类型更丰富、更联系实际；部分章节的结构做了较大修改，改动较大的章有第 1 章、第 2 章、第 4 章、第 5 章、第 6 章、第 7 章、第 9 章和第 10 章。

本书第 2 版比第 1 版有更好的条理性、易读性和前沿性，做到了理论联系实际，突出了应用性，也希望得到高校师生和专业人士一如既往的关注与热爱。

由于作者水平有限，疏漏与不妥之处在所难免，恳请广大读者批评指正。期望通过大家的不懈努力，使之不断完善并成为一部深受师生喜爱的好教材。

编　者
2012 年 8 月

第 1 版前言

本书以高等学校土木工程专业指导委员会编写的《土木工程材料教学大纲》为依据编写，讲述了常用土木工程材料的基本成分、原料及生产工艺、技术性质、应用、材料试验等基本理论及应用技术。通过认真学习，读者将能掌握主要土木工程材料的性质、用途、制备和使用方法以及检测和质量控制方法，并了解工程材料性质与材料结构的关系，以及性能改善的途径，能针对不同工程合理选用材料，了解材料与设计参数及施工措施选择的相互关系。

本书由南华大学柯国军教授主编，江西科技师范学院严兵副教授和山西大学刘红宇副教授担任副主编，同济大学刘巽伯教授主审。各章编写人员如下：柯国军编写绪论、第5章、各章教学提示及负责全书统稿，严兵编写第1章和第4章，刘红宇编写第6章和第15章，南华大学的杨建明编写第9章，三峡大学的蔡顺德编写第10章和第12章，湖北工业大学的蒋俊玲编写第3章和第7章，中南林业科技大学的张新胜编写第11章和第13章，南昌工程学院的罗吉祥编写第14章，孝感学院的许孝春编写第2章和第8章。

本书采用了最新技术标准，理论联系实际，突出应用性，并有代表性地介绍了土木工程材料新技术和发展方向，适用面宽，可作为土木工程类各专业的教学用书，也可供土木工程设计、施工、科研、工程管理、监理人员学习参考。

由于土木工程材料发展很快，新材料、新工艺层出不穷，各行业的技术标准不统一，加之我们的水平所限，编写时间仓促，书中难免有不当之处，敬请读者批评指正。

编　者

2005.10

目　　录

绪　论

教学目标

本章介绍了土木工程材料的定义、分类及其在土木工程建设中的地位与作用，土木工程材料的发展状况与标准化，讲述了本课程的学习目的、特点和学习方法。通过本章的学习，应达到以下目标。

(1)掌握土木工程材料的含义和在土木工程建设中的地位与作用，土木工程材料的标准化。

(2)了解土木工程材料的分类、发展阶段与发展趋势。

(3)熟悉本课程学习目的、特点和学习方法。

教学要求

知识要点	能力要求	相关知识
土木工程材料的基本概念	土木工程材料的含义和分类方法	土木工程材料的定义、分类
土木工程材料的地位与作用	土木工程材料地位与作用的具体体现	(1) 土木工程材料的地位与作用 (2) 建筑、材料、结构和施工四要素之间的关系 (3) 土木工程材料的发展阶段与发展趋势
土木工程材料的技术标准	土木工程材料技术标准的表示方法	(1) 土木工程材料技术标准的作用 (2) 土木工程材料技术标准的表示方法
本课程特点	(1) 本课程的学习目的 (2) 本课程的特点 (3) 本课程的学习方法	(1) 本课程的学习目的 (2) 本课程的特点 (3) 本课程的学习方法

1. 土木工程材料的分类

土木工程材料这门课是土木工程专业学生必修的专业基础课,学习的目的是为了配合后续专业课程的学习,为专业设计、施工和科研工作提供合理地选择和使用材料的基本知识。

这门课讨论的对象是"土木工程材料",所谓土木工程材料是指用于建筑物或构筑物的所有材料的总称。水泥、钢筋、木材、混凝土、砌墙砖、石灰、沥青、瓷砖等是常见的土木工程材料,实际上土木工程材料远不只这些,其品种达数千种之多。

为了方便使用和研究,常按一定的原则对土木工程材料进行分类。根据材料来源,可分为天然材料和人工材料;根据材料在土木工程中的功能,可分为结构材料和非结构材料、保温和隔热材料、吸声和隔声材料、装饰材料、防水材料等;根据材料在土木工程中的使用部位,可分为墙体材料、屋面材料、地面材料、饰面材料等。最常见的分类原则是按照材料的化学成分来分类,分为无机材料、有机材料和复合材料三大类,各大类中又可细分,如图0.1所示。

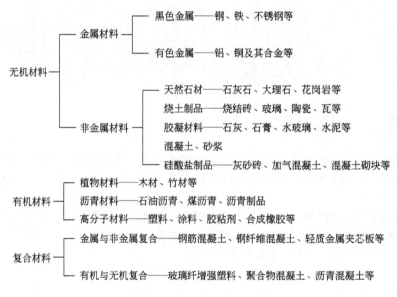

图 0.1　土木工程材料的分类

2. 土木工程材料在土木工程建设中的地位

任何一种建筑物或构筑物都是用土木工程材料按某种方式组合而成的,没有土木工程材料,就没有土木工程,因此土木工程材料是一切土木工程的物质基础。土木工程材料在土木工程中应用量巨大,材料费用在工程总造价中占有40%～70%。如何从品种门类繁多的材料中,选择物优价廉的材料,对降低工程造价具有重要意义。土木工程材料的性能影响到土木工程的坚固、耐久和适用,不难想象木结构、砌体结构、钢筋混凝土结构和砖混结构的建筑物性能之间的明显差异。例如,砖混结构的建筑物,其坚固性一般优于木结构和砌体结构建筑物,而舒适性不及后者。对于同类材料,性能也会有较大差异,例如,用矿渣水泥制作的污水管较普通水泥制作的污水管耐久性好。因此选用性能相适的材料是土木工程质量的重要保证。

任何一个土木工程都由建筑、材料、结构、施工 4 个方面组成，这里的"建筑"指建筑物(构筑物)，它是人类从事土木工程活动的目的，"材料"、"结构"、"施工"是实现这一目的的手段。其中，"材料"决定了结构的形式，如木结构、钢结构、钢筋混凝土结构等，结构形式一经确定，施工方法也随之而定。土木工程中许多技术问题的突破，往往依赖于土木工程材料问题的解决，新材料的出现，将促使建筑设计、结构设计和施工技术产生革命性的变化。例如，粘土砖的出现，产生了砖木结构；水泥和钢筋的出现，产生了钢筋混凝土结构；轻质高强材料的出现，推动了现代建筑向高层和大跨度方向发展；轻质材料和保温材料的出现对减轻建筑物的自重、提高建筑物的抗震能力、改善工作与居住环境条件等起到了十分有益的作用，并推动了节能建筑的发展；新型装饰材料的出现使得建筑物的造型及建筑物的内外装饰焕然一新，生气勃勃。总之，新材料的出现远比通过结构设计与计算和采用先进施工技术对土木工程的影响大，土木工程归根到底是围绕着土木工程材料来开展的生产活动，土木工程材料是土木工程的基础和核心。

3. 土木工程材料的发展

土木工程材料是随着社会生产力和科学技术水平的发展而发展的，根据建筑物所用的结构材料，大致分为 3 个阶段。

(1) 天然材料。天然材料是指取之于自然界，进行物理加工的材料，如天然石材、木材、粘土、茅草等。早在原始社会时期，人们为了抵御雨雪风寒和防止野兽的侵袭，居于天然山洞或树巢中，即所谓"穴居巢处"。进入石器、铁器时代，人们开始利用简单的工具砍伐树木和苇草，搭建简单的房屋，开凿石材建造房屋及纪念性构筑物，比天然巢穴进了一步。进入青铜器时代，出现了木结构建筑及"版筑建筑"(指墙体用木板或木棍作边框，然后在框内浇注粘土，用木杵夯实之后将木板拆除的建筑物)，建造出了舒适性较好的建筑物。

(2) 烧土制品。到了人类能够用粘土烧制砖、瓦，用石灰岩烧制石灰之后，土木工程材料才由天然材料进入了人工生产阶段。在封建社会，虽然我国古代建筑有"秦砖汉瓦"、描金漆绘装饰艺术、造型优美的石塔和石拱桥的辉煌，但实际上在这一时期，生产力发展停滞不前，使用的结构材料不过是砖、石和木材而已。

(3) 钢筋混凝土。18、19 世纪，随着资本主义的兴起，大跨度厂房、高层建筑和桥梁等土木工程建设的需要，旧有材料在性能上满足不了新的建设要求，土木工程材料在其他有关科学技术的配合下，进入了一个新的发展阶段，相继出现了钢材、水泥、混凝土、钢筋混凝土和预应力钢筋混凝土及其他材料。近几十年来，随着科学技术的进步和土木工程发展的需要，一大批新型土木工程材料应运而生，出现了塑料、涂料、新型建筑陶瓷与玻璃、新型复合材料(纤维增强材料、夹层材料等)，但当代主要结构材料仍为钢筋混凝土。

随着社会的进步、环境保护和节能降耗的需要，对土木工程材料提出了更高、更多的要求。因而，今后的一段时间内，土木工程材料将向以下几个方向发展。

(1) 轻质高强。现今钢筋混凝土结构材料自重大(每立方米重约 2 500kg)，限制了建筑物向高层、大跨度方向进一步发展。通过减轻材料自重，以尽量减轻结构物自重，可提高经济效益。目前，世界各国都在大力发展高强混凝土、加气混凝土、轻骨料混凝土、空心砖、石膏板等材料，以适应土木工程发展的需要。

（2）节约能源。土木工程材料的生产能耗和建筑物使用能耗，在国家总能耗中一般占20％～35％，研制和生产低能耗的新型节能土木工程材料，是构建节约型社会的需要。

（3）利用废渣。充分利用工业废渣、生活废渣、建筑垃圾生产土木工程材料，将各种废渣尽可能资源化，以保护环境、节约自然资源，使人类社会可持续发展。

（4）智能化。所谓智能化材料，是指材料本身具有自我诊断和预告破坏、自我修复的功能，以及可重复利用性。土木工程材料向智能化方向发展，是人类社会向智能化社会发展过程中降低成本的需要。

（5）多功能化。利用复合技术生产多功能材料、特殊性能材料及高性能材料，这对提高建筑物的使用功能、经济性及加快施工速度等有着十分重要的作用。

（6）绿色化。产品的设计是以改善生产环境、提高生活质量为宗旨，产品具有多功能性，不仅无损而且有益于人的健康；产品可循环或回收再利用，或形成无污染环境的废弃物。因此，生产材料所用的原料尽可能少用天然资源，大量使用尾矿、废渣、垃圾、废液等废弃物；采用低能耗制造工艺和对环境无污染的生产技术；产品配制和生产过程中，不使用对人体和环境有害的污染物质。

4. 土木工程材料的标准化

目前我国绝大多数土木工程材料都有相应的技术标准，这些技术标准涉及产品规格、分类、技术要求、验收规则、代号与标志、运输与储存及抽样方法等内容。

土木工程材料的技术标准是产品质量的技术依据。对于生产企业，必须按照标准生产，控制其质量，同时它可促进企业改善管理，提高生产技术和生产效率。对于使用部门，则按照标准选用、设计、施工，并按标准验收产品。

土木工程的技术标准分为国家标准、行业标准、企业标准和地方标准，各级标准分别由相应的标准化管理部门批准并颁布。技术标准代号按标准名称、部门代号、编号和批准年份的顺序编写，按要求执行的程度分为强制性标准和推荐标准（在部门代号后加"/T"表示"推荐"）。

与土木工程材料技术标准有关的部门代号有：GB——国家标准，GBJ——建筑工程国家标准，JGJ——建设部行业标准（曾用 BJG），JG——建筑工业行业标准，JC——国家建材局标准（曾用"建标"），SH——石油化学工业部或中国石油化学总公司标准（曾用 SY），YB——冶金部标准，HG——化工部标准，ZB——国家级专业标准，CECS——中国工程建设标准化协会标准，DB——地方性标准，Q——企业标准等。

国家标准《通用硅酸盐水泥》（GB 175—2007）。部门代号为 GB，编号为 175，批准年份为 2007 年，为强制性标准。

国家标准《碳素结构钢》（GB/T 700—2006）。部门代号为 GB，编号为 700，批准年份为 2006 年，为推荐性标准。

现行部分建材行业标准有两个年份，第一个年份为批准年份，随后括号中的年份为重新校对年份。如《粉煤灰砖》[JC 239—1991(1996)]。

技术标准是根据一定时期的技术水平制订的，因而随着技术的发展与使用要求的不断提高，需要对标准进行修订，修订标准实施后，旧标准自动废除。如国家标准《硅酸盐水泥、普通硅酸盐水泥》（GB 175—1999）已废除。

工程中使用的土木工程材料除必须满足产品标准外，有时还必须满足有关的设计规范、施工及验收规范或规程等的规定。这些规范或规程对土木工程材料的选用、使用、质量要求及验收等还有专门的规定(其中有些规范或规程的规定与土木工程材料产品标准的要求相同)。如混凝土用砂，除满足《建设用砂》(GB/T 14684—2011)，还须满足《普通混凝土用砂、石质量及检验方法标准》(JGJ 52—2006)的规定。

无论是国家标准还是部门行业标准，都是全国通用标准，属国家指令性技术文件，均必须严格遵照执行，尤其是强制性标准。在学习有关标准时应注意到黑体字标志的条文为强制性条文。

工程中有时还涉及美国标准 ASTM、英国标准 BS、日本标准 JIS、德国标准 DIN、前苏联标准 ГОСТ、国际标准 ISO 等。

5. **本课程的学习目的、特点和学习方法**

本课程包括理论课和实验课两个部分。学习目的在于使学生掌握主要土木工程材料的性质、用途、制备和使用方法以及检测和质量控制方法，并了解工程材料性质与材料结构的关系，以及性能改善的途径。通过本课程的学习，应能针对不同工程合理选用材料，并能与后续课程密切配合，了解材料与设计参数及施工措施选择的相互关系。

本课程的内容庞杂，各章之间的联系较少；以叙述为主，名词、概念和专业术语多，没有多少公式的推导或定律的论证与分析；与工程实际联系紧密，有许多定性的描述或经验规律的总结；讨论的内容涉及土木工程专业并不开设的课程。为了学好土木工程材料这门课，学习时应从材料科学的观点和方法及实践的观点出发，从以下几个方面来进行。

(1) 凝神静气，反复阅读。这门课的特点与力学、数学等完全不同，初次学习难免产生枯燥无味之感，但必须克服这一心理状态，静下心来反复阅读，适当背记，背记后再回想和理解，正如小学生学习乘法口诀表一样，先记忆后理解。

(2) 及时总结，发现规律。这门课虽然各章节之间自成体系，但材料的组成、结构、性质和应用之间有内在的联系，通过分析对比，掌握它们的共性。每一章节学习结束后，及时总结，使书"由厚到薄"。

(3) 观察工程，认真试验。土木工程材料是一门实践性很强的课程，学习时应注意理论联系实际，为了及时理解课堂讲授的知识，应利用一切机会观察周围已经建成的或正在施工的土木工程，在实践中理解和验证所学内容。试验课是本课程的重要教学环节，通过实验可验证所学的基本理论，学会检验常用建筑材料的实验方法，掌握一定的试验技能，并能对试验结果进行正确的分析和判断，这对培养学习与工作能力及严谨的科学态度十分有利。

第1章
土木工程材料的基本性质

教学目标

本章讲述了材料的基本物理性质、与水有关的性质和力学性质，介绍了材料的热工性质和耐久性的基本概念，介绍了材料的基本组成、结构和构造及其与材料基本性质的关系。通过本章的学习，应达到以下目标。
(1) 掌握材料基本性质中各指标的含义及其检测方法。
(2) 掌握材料与水有关的性质及其表示方法。
(3) 掌握材料强度的含义、计算方法和影响材料检测结果的主要因素。
(4) 了解材料的热工性质、弹性与塑性、脆性与韧性、硬度与耐磨性。
(5) 了解材料耐久性的基本概念。
(6) 了解材料的基本组成、结构和构造及其与材料基本性质的关系。

教学要求

知识要点	能力要求	相关知识
材料基本物理性质	(1) 密度、表观密度和堆积密度的区别及各自检测原理 (2) 密度、表观密度和堆积密度的计算方法 (3) 孔隙率与空隙率的计算方法	(1) 材料的密度、表观密度和堆积密度的含义及其基本检测方法 (2) 材料孔隙率与空隙率的含义与计算方法 (3) 材料孔隙率与基本物理性质之间的关系
材料与水有关的性质	(1) 材料与水有关的性质产生的本质 (2) 材料与水有关的性质的表示方法	(1) 材料吸水性和吸湿性的含义与表示方法 (2) 材料耐水性、抗渗性和抗冻性的含义和表示方法 (3) 材料产生渗透和冻融破坏的原因 (4) 材料孔隙特征与吸水性、抗渗性和抗冻性之间的关系
材料力学性质	(1) 强度计算方法 (2) 影响材料强度检测结果的因素及其应用	(1) 材料强度的含义、计算方法、影响强度检测结果的主要因素 (2) 材料弹性与塑性、脆性与韧性、硬度与耐磨性的基本概念

引例

2011 年 11 月 8 日，湖南省衡阳市某混凝土搅拌站急需 $85m^3$ 河砂和 $120m^3$ 卵石，要求 3 小时内到货。实验室技术人员根据砂子和卵石堆积密度，并测算载重量 5t 卡车从混凝土搅拌站至砂石场往返需要 1 小时，于是与生产科联系，决定安排 4 辆 5t 卡车来运输河砂，5 辆 5t 卡车来运输卵石，结果顺利地完成了生产任务。

在土木工程实践中，选择、使用、分析和评价材料，通常以其性质为基本依据。土木工程材料的性质，可分为基本性质和特殊性质两大部分。基本性质是指土木工程中通常必须考虑的最基本的、共有的性质；特殊性质则是指材料本身的不同于别的材料的性质，是材料的具体使用特点的体现。

1.1 材料的基本物理性质

1.1.1 材料的体积组成

大多数土木工程材料的内部都含有孔隙，孔隙的多少和孔隙的特征对材料的性能均产生影响，掌握含孔材料的体积组成是正确理解和掌握材料物理性质的起点。

孔隙特征指孔尺寸大小、孔与外界是否连通两个内容。孔隙与外界相连通的叫开口孔，与外界不相连通的叫闭口孔。

含孔材料的体积组成如图 1.1 所示。从图 1.1 可知，含孔材料的体积包括以下 3 种。

（1）材料绝对密实体积。用 V 表示，是指不包括材料内部孔隙的固体物质本身的体积。

（2）材料的孔体积。用 V_P 表示，指材料所含孔隙的体积，分为开口孔体积（记为 V_K）和闭口孔体积（记为 V_B）。

（3）材料在自然状态下的体积。用 V_0 表示，是指材料的实体积与材料所含全部孔隙体积之和。

上述几种体积存在以下的关系。

$$V_0 = V + V_P \qquad (1-1)$$

其中

$$V_P = V_K + V_B \qquad (1-2)$$

散粒状材料的体积组成如图 1.2 所示。其中 V_0' 表示材料堆积体积，是指在堆积状态下的材料颗粒体积和颗粒之间的间隙体积之和，V_j 表示颗粒与颗粒之间的间隙体积。散粒状材料体积关系如下。

$$V_0' = V_0 + V_j = V + V_P + V_j \qquad (1-3)$$

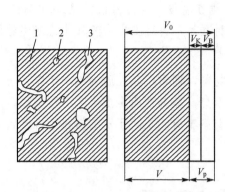
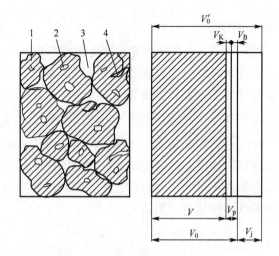

图 1.1　含孔材料体积组成示意图　　　　图 1.2　散粒材料堆积体积组成示意图
1—固体物质；2—闭孔；3—开孔　　　　1—颗粒的固体物质；2—颗粒的闭口孔隙；
　　　　　　　　　　　　　　　　　　　3—颗粒间的间隙；4—颗粒的开口孔隙

1.1.2　材料的密度、表观密度和堆积密度

1. 密度

材料在绝对密实状态下单位体积的质量，称为材料的密度（俗称比重）。其计算式如下。

$$\rho = \frac{m}{V} \tag{1-4}$$

式中　ρ——材料的密度，g/cm^3；

　　　m——材料的质量（干燥至恒重），g；

　　　V——材料的绝对密实体积，cm^3。

密度的单位在 SI 制中为 kg/m^3，我国建设工程中一般用 g/cm^3，偶尔用 kg/L，忽略不写时，隐含的单位为 g/cm^3，如水的密度为 1。

多孔材料的密度测定，关键是测出绝对密实体积。在常用的土木工程材料中，除钢、玻璃、沥青等可近似认为不含孔隙外，绝大多数含有孔隙。测定含孔材料绝对密实体积的简单方法是将该材料磨成细粉，干燥后用排液法（李氏瓶，见 15.1.1）测得的粉末体积即为绝对密实体积。由于磨得越细，内部孔隙消除得越完全，测得的体积也就越精确，因此，一般要求细粉的粒径至少小于 0.2mm。

对于砂石，因其孔隙率很小，$V \approx V_0$，常不经磨细，直接用排水法测定其密度。对于本身不绝对密实，而用排液法测得的密度叫视密度或叫视比重。

2. 表观密度

材料在自然状态下单位体积的质量，称为材料的表观密度（原称容重）。其计算式如下。

$$\rho_0 = \frac{m}{V_0} \tag{1-5}$$

式中　ρ_0——材料的表观密度，kg/m³；

　　　m——材料的质量，kg；

　　　V_0——材料在自然状态下的体积，m³。

测定材料在自然状态下的体积的方法较简单，若材料外观形状规则，可直接度量外形尺寸，按几何公式计算；若外观形状不规则，可用排液法测得，为了防止液体由孔隙渗入材料内部而影响测定值，应在材料表面涂蜡。对于砂石，由于孔隙率很小，常把视密度叫作表观密度(见15.3.3)，如果要测定砂石真正意义上的表观密度，应蜡封开口孔后用排水法测定。

当材料含水时，质量增大，体积也会发生变化，因此测定表观密度时须同时测定其含水率，注明含水状态。材料的含水状态有风干(气干)、烘干、饱和面干和湿润4种，一般为气干状态。烘干状态下的表观密度叫干表观密度。

3. 堆积密度

散粒材料在堆积状态下单位堆积体积的质量，称为材料的堆积密度(原称松散容重)。其计算式如下。

$$\rho_0' = \frac{m}{V_0'} \tag{1-6}$$

式中　ρ_0'——散粒材料的堆积密度，kg/m³；

　　　m——材料的质量，kg；

　　　V_0'——散粒材料的堆积体积，m³。

材料的堆积密度定义中亦未注明材料的含水状态。根据散粒材料的堆积状态，堆积体积分为自然堆积体积和紧密堆积体积(人工捣实后)。由紧密堆积测得的堆积密度称为紧密堆积密度。

常用土木工程材料的密度、表观密度和堆积密度见表1-1。

表1-1　常用土木工程材料的密度、表观密度和堆积密度

材料名称	密度/(g/cm³)	表观密度/(kg/m³)	堆积密度/(kg/m³)
石灰岩	2.6~2.8	1 800~2 600	—
花岗岩	2.7~3.0	2 000~2 850	—
水泥	2.8~3.1	—	900~1 300(松散堆积) 1 400~1 700(紧密堆积)
混凝土用砂	2.5~2.6	—	1 450~1 650
混凝土用石	2.6~2.9	—	1 400~1 700
普通混凝土	—	2 100~2 500	—
粘土	2.5~2.7	—	1 600~1 800
钢材	7.85	7 850	—
铝合金	2.7~2.9	2 700~2 900	—

（续）

材料名称	密度/(g/cm³)	表观密度/(kg/m³)	堆积密度/(kg/m³)
烧结普通砖	2.5～2.7	1 500～1 800	—
建筑陶瓷	2.5～2.7	1 800～2 500	—
红松木	1.55～1.60	400～800	—
玻璃	2.45～2.55	2 450～2 550	—
泡沫塑料	—	10～50	—

1.1.3　材料的孔隙率与空隙率

1. 孔隙率

材料中孔隙体积占材料自然状态下体积的百分率，称为材料的孔隙率（P_0）。其计算式如下。

$$P_0 = \frac{V_P}{V_0} = \frac{V_0 - V}{V_0} \times 100\% = \left(1 - \frac{\rho_0}{\rho}\right) \times 100\% \tag{1-7}$$

2. 开口孔隙率

材料中开口孔隙体积占材料自然状态下体积的百分率，称为材料的开口孔隙率（P_k）。其计算式如下。

$$P_k = \frac{V_K}{V_0} = \frac{V_w}{V_0} = \frac{m_b - m_g}{\rho_w} \times \frac{1}{V_0} \times 100\% \tag{1-8}$$

式中　V_w——材料吸水饱和时所吸收水的体积，cm³；

　　　m_b——材料在吸水饱和状态下的质量，g；

　　　m_g——材料在干燥状态下的质量，g；

　　　ρ_w——水的密度，g/cm³。

3. 闭口孔隙率

材料中闭口孔隙体积占材料自然状态下体积的百分率，称为材料的闭口孔隙率（P_b）。其计算式如下。

$$P_b = \frac{V_B}{V_0} = \frac{V_P - V_K}{V_0} = P_0 - P_K \tag{1-9}$$

材料孔隙率的大小反映了材料的密实程度，孔隙率大，则表观密实度小，强度低。材料开口孔隙率大则材料吸水率大，耐水性、抗冻性和抗渗性差。孔隙率对材料保温隔热性能和吸声性能也有很大影响，保温隔热材料和吸声材料要求孔隙率大。

4. 空隙率

散粒材料在堆积状态下，颗粒间的空隙体积占堆积体积的百分率，称为材料的空隙率（P_0'）。其计算式如下。

$$P_0' = \frac{V_0' - V_0}{V_0'} \times 100\% = \left(1 - \frac{\rho_0'}{\rho_0}\right) \times 100\% \tag{1-10}$$

空隙率的大小反映了散粒材料堆积时的致密程度，与颗粒的堆积状态密切相关，可以通过压实或振实的方法获得较小的空隙率，以满足不同工程的需要。

1.1.4 材料与水有关的性质

1. 亲水性与憎水性

当水与材料表面相接触时，不同的材料被水所润湿的情况各不相同，这种现象是由于材料与水和空气三相接触时的表面能不同而产生的(图1.3)。

材料、水和空气三相接触的交点处，沿水表面的切线与水和固体接触面所成的夹角 θ 称为润湿角。当水分子间的内聚力小于材料与水分子间的分子亲合力时，$\theta \leqslant 90°$，这种材料能被水润湿，表

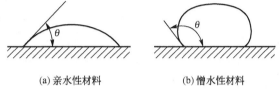

(a)亲水性材料   (b)憎水性材料

图 1.3 材料的润湿角

现为亲水性。当水分子间的内聚力大于材料与水分子间的分子亲合力时，$\theta > 90°$，这种材料不能被水润湿，表现为憎水性。土木工程材料中石材、金属、水泥制品、陶瓷等无机材料和部分木材为亲水性材料；沥青、塑料、橡胶和油漆等为憎水性材料，工程上多利用材料的憎水性来制造防水材料。

2. 吸水性

材料在水中吸收水分的性质称为吸水性。材料的吸水性用吸水率表示，材料的吸水率有质量吸水率和体积吸水率两种表达形式。

1) 质量吸水率

质量吸水率指材料吸水饱和时，所吸收水量占材料干质量的百分率。其计算式如下。

$$W_{m} = \frac{m_{b} - m_{g}}{m_{g}} \times 100\% \tag{1-11}$$

式中　W_{m}——材料的质量吸水率，%；

$\quad\quad m_{b}$——材料在吸水饱和状态下的质量，g；

$\quad\quad m_{g}$——材料在干燥状态下的质量，g。

2) 体积吸水率

体积吸水率指材料吸水饱和时，所吸收水分的体积占材料自然体积的百分率。其计算式如下。

$$W_{v} = \frac{m_{b} - m_{g}}{V_{0}} \times \frac{1}{\rho_{w}} \times 100\% \tag{1-12}$$

式中　W_{v}——材料的体积吸水率，%；

$\quad\quad m_{b}$——材料在吸水饱和状态下的质量，g；

$\quad\quad m_{g}$——材料在干燥状态下的质量，g；

$\quad\quad V_{0}$——材料的自然体积，cm^{3}；

$\quad\quad \rho_{w}$——水的密度，常温下取 $1.0g/cm^{3}$。

材料的吸水率一般用质量吸水率表示。体积吸水率与质量吸水率之间存在以下关系。

$$W_v = W_m \rho_0 \qquad (1-13)$$

材料吸水率的大小主要取决于它的孔隙率和孔隙特征。水分通过材料的开口孔隙吸入，通过连通孔隙渗入其内部，通过润湿作用和毛细管作用等因素将水分存留住。因此，具有较多细微连通孔隙的材料，其吸水率较大；而具有粗大孔隙的材料，虽水分容易渗入，但也仅能润湿孔壁表面，不易在孔内存留，其吸水率并不高；致密材料和仅有闭口孔隙的材料是不吸水的。

3. 吸湿性

材料在潮湿空气中吸收水分的性质称为吸湿性。材料的吸湿性用含水率表示，材料的吸湿性是可逆的。当较干燥材料处于较潮湿空气中时，会从空气中吸收水分；当较潮湿材料处于较干燥空气中时，材料就会向空气中放出水分。

材料的吸湿性受所处环境的影响，随环境的温度、湿度的变化而变化。当空气的湿度保持稳定时，材料中的湿度会与空气的湿度达到平衡，也即材料的吸湿与干燥达到平衡，这时的含水率称为平衡含水率。含水率计算式如下。

$$W_h = \frac{m_s - m_g}{m_g} \times 100\% \qquad (1-14)$$

式中　W_h——材料的含水率，%；

　　　m_s——材料吸湿后的质量，g；

　　　m_g——材料在干燥状态下的质量，g。

4. 耐水性

材料长期在水的作用下不被破坏，强度也不显著降低的性质称耐水性。材料的耐水性用软化系数来衡量，其计算式如下。

$$K_R = \frac{f_b}{f_g} \qquad (1-15)$$

式中　K_R——材料的软化系数；

　　　f_b——材料在吸水饱和状态下的抗压强度，MPa；

　　　f_g——材料在干燥状态下的抗压强度，MPa。

材料吸水后，水分会吸附到材料内物质微粒的表面，减弱微粒间的结合力，从而致使其强度下降，这是吸水材料性质变化的重要特征之一，软化系数反映了这一变化的程度。

软化系数 K_R 的范围在 0～1 之间，它是选择使用材料的重要参数。工程中通常将 $K_R >$ 0.85 的材料看作是耐水材料，可以用于水中或潮湿环境中的重要结构；用于受潮较轻或次要结构时，材料的 K_R 值也不得低于 0.75。

5. 抗渗性

材料抵抗压力水渗透的能力称为抗渗性。材料中含有孔隙、孔洞或其他缺陷，当材料两侧受水压差的作用时，水可能会从高压一侧向低压一侧渗透。水的渗透会对材料的性质和使用带来不利的影响。尤其当材料处于压力水中时，材料的抗渗性是决定其工程使用寿命的重要因素。材料的抗渗性常用渗透系数或抗渗等级来表示。

渗透系数计算式如下。

$$K_s = \frac{Qd}{AtH} \qquad (1-16)$$

式中　K_s——材料的渗透系数，cm/h；

　　　Q——时间 t 内的渗水总量，cm^3；

　　　d——材料试件的厚度，cm；

　　　A——材料垂直于渗水方向的渗水面积，cm^2；

　　　t——渗水时间，h；

　　　H——材料两侧的水头高度，cm。

渗透系数 K_s 的物理意义是一定时间内，在一定水压力作用下，单位厚度的材料，单位渗水面积上的渗水量。材料的 K_s 越小，说明材料的抗渗性越好。

材料的抗渗性也可用抗渗等级表示。抗渗等级用标准方法进行渗水性试验，测得材料能承受的最大水压力，并依此划分成不同的等级，常用"Pn"表示，其中 n 表示材料所能承受的最大水压力 MPa 数的 10 倍值，如 P6 表示材料最大能承受 0.6MPa 的水压力而不渗水。材料的抗渗等级越高，其抗渗性越好。

材料的抗渗性与其孔隙多少和孔隙特征关系密切，开口并连通的孔隙是材料渗水的主要渠道。材料越密实、闭口孔越多、孔径越小，水越难渗透；孔隙率越大、孔径越大、开口并连通的孔隙越多的材料，其抗渗性越差。此外，材料的亲水性、裂缝缺陷等也是影响抗渗性的重要因素。工程上常采用降低孔隙率、提高密实度、提高闭口孔隙比例、减少裂缝或进行憎水处理等方法来提高材料的抗渗性。

6. 抗冻性

材料在饱和水状态下，能经受多次冻融循环而不破坏，强度也不显著降低的性质称为抗冻性。当温度下降到负温时，材料内的水分会由表及里地冻结，内部水分不能外溢，水结冰后体积膨胀约 9%，产生强大的冻胀压力，使材料内毛细管壁胀裂，造成材料局部破坏，随着温度交替变化，冻结与融化循环反复，冰冻的破坏作用逐渐加剧，最终导致材料破坏。

材料的抗冻性用抗冻等级表示。抗冻等级是用标准方法进行冻融循环试验，测得材料强度降低不超过规定值，且无明显损坏和剥落时所能承受的冻融循环次数来确定，常用"Fn"表示，其中 n 表示材料能承受的最大冻融循环次数，如 F100 表示材料在一定试验条件下能承受 100 次冻融循环。

材料的抗冻性与材料的孔隙率、孔隙特征、充水程度和冷冻速度等因素有关。材料的强度越高，其抵抗冰冻破坏的能力也越强，抗冻性越好；材料的孔隙率及孔隙特征对抗冻性影响较大，其影响与抗渗性相似。

1.1.5　材料的热工性质

1. 热容量与比热容

热容量是指材料在温度变化时吸收或放出热量的能力。比热容也叫比热，指单位质量的材料在温度每变化 1K 时所吸收或放出的热量，用"C"表示。其计算式如下。

$$Q = Cm(t_1 - t_2) \tag{1-17}$$

$$C = \frac{Q}{m(t_1 - t_2)} \tag{1-18}$$

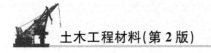

式中　Q——材料的热容量，kJ；

　　　C——材料的比热容，kJ/(kg·K)；

　　　m——材料的质量，kg；

　t_1-t_2——材料受热或冷却前后的温差，K。

比热容与材料质量的积称为材料的热容量值，即材料温度上升 1K 须吸收的热量或温度降低 1K 所放出的热量。材料的热容量值对于保持室内温度稳定作用很大，热容量值大的材料能在热流变化、采暖、空调不均衡时，缓和室内温度的波动。屋面材料也宜选用热容量值大的材料。

2. 导热性

导热性指材料传导热量的能力。导热性可用导热系数来表示，其物理意义是厚度为 1m 的材料，当其相对表面的温度差为 1K 时，1s 时间内通过 $1m^2$ 面积的热量。导热系数的计算式如下。

$$\lambda=\frac{Qa}{AT(t_1-t_2)} \qquad (1-19)$$

式中　λ——材料的导热系数，W/(m·K)；

　　　Q——传导的热量，J；

　　　a——材料的厚度，m；

　　　A——材料传热的面积，m^2；

　　　T——传热时间，s；

　t_1-t_2——材料两侧的温度差，K。

材料的导热系数越小，其热传导能力越差，绝热性能越好。工程上把 $\lambda<0.23$ W/(m·K) 的材料称为绝热材料。常用材料的热工性质指标见表 1-2。

表 1-2　常用材料的热工性质指标

材料名称	导热系数/[W/(m·K)]	比热容/[kJ/(kg·K)]	线膨胀系数/(10⁻⁶/K)
铜	370	0.38	18.6
钢	55	0.46	10～12
石灰岩	2.66～3.23	0.749～0.846	6.75～6.77
花岗岩	2.91～3.45	0.716～0.92	5.60～7.34
大理岩	2.45	0.875	6.50～10.12
普通混凝土	1.8	0.88	5.8～15
烧结普通砖	0.4～0.7		5～7
松木	0.17～0.35	2.51	
玻璃	2.7～3.26	0.83	8～10
泡沫塑料	0.03	1.30	
水	0.60	4.187	
密闭空气	0.023	1	
冰	2.20	2.05	

材料的导热系数与材料内部的孔隙构造密切相关。因为，密闭空气的导热系数仅为0.023W/(m·K)，所以，当材料中含有较多闭口孔隙时，其导热系数较小，材料的隔热绝热性较好；但当材料内部含有较多粗大、连通的孔隙时，则空气会产生对流作用，使其传热性大大提高。水的导热系数远大于空气，当材料吸水或吸湿后，其导热系数增加，导热性提高，隔热绝热性降低。

3. 耐火性

耐火性指材料在长期高温作用下，保持其结构和工作性能的基本稳定而不损坏的性能，用耐火度表示。工程上用于高温环境的材料和热工设备等都要使用耐火材料。根据材料耐火度的不同，可分为三大类。

1）耐火材料

耐火度不低于1 580℃的材料，如各类耐火砖等。

2）难熔材料

耐火度为1 350～1 580℃的材料，如难熔粘土砖、耐火混凝土等。

3）易熔材料

耐火度低于1 350℃的材料，如普通粘土砖、玻璃等。

4. 耐燃性

耐燃性指材料能经受火焰和高温的作用而不破坏，强度也不显著降低的性能，是影响建筑物防火、结构耐火等级的重要因素。根据材料耐燃性的不同，可分为三大类。

1）不燃材料

遇火或高温作用时，不起火、不燃烧、不碳化的材料，如混凝土、天然石材、砖、玻璃和金属等。需要注意的是玻璃、钢铁和铝等材料，虽然不燃烧，但在火烧或高温下会发生较大的变形或熔融，因而是不耐火的。

2）难燃材料

遇火或高温作用时，难起火、难燃烧、难碳化，只有在火源持续存在时才能继续燃烧，火源消除燃烧即停止的材料，如沥青混凝土和经防燃处理的木材等。

3）易燃材料

遇火或高温作用时，容易引燃起火或微燃，火源消除后仍能继续燃烧的材料，如木材、沥青等。用可燃材料制作的构件，一般应作防燃处理。

5. 温度变形

温度变形指材料在温度变化时产生的体积变化，多数材料在温度升高时体积膨胀，温度下降时体积收缩。温度变形在单向尺寸上的变化称为线膨胀或线收缩，一般用线膨胀系数来衡量，线膨胀系数用"α"表示，其计算式如下。

$$\alpha = \frac{\Delta L}{(t_2 - t_1)L} \tag{1-20}$$

式中　α——材料在常温下的平均线膨胀系数，1/K；

ΔL——材料的线膨胀或线收缩量，mm；

$t_2 - t_1$——温度差，K；

L——材料原长，mm。

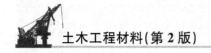

材料的线膨胀系数一般都较小，但由于土木工程结构的尺寸较大，温度变形引起的结构体积变化仍是关系其安全与稳定的重要因素。工程上常用预留伸缩缝的办法来解决温度变形问题。

1.2 材料的力学性质

1.2.1 材料受力状态

材料在受外力作用时，由于作用力的方向和作用线（点）的不同，表现为不同的受力状态，典型的受力情况如图1.4所示。

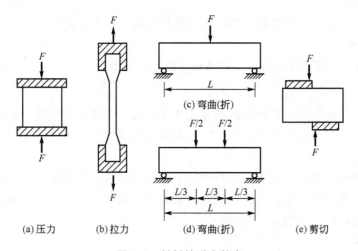

图1.4 材料的受力状态

1.2.2 材料的强度

1. 强度

材料在外力作用下抵抗破坏的能力称为材料的强度，并以单位面积上所能承受的荷载大小来衡量。

材料的强度本质上是材料内部质点间结合力的表现。当材料受外力作用时，其内部便产生应力相抗衡，应力随外力的增大而增大。当应力（外力）超过材料内部质点间的结合力所能承受的极限时，便导致内部质点的断裂或错位，使材料破坏。此时的应力为极限应力，通常用来表示材料强度的大小。

根据材料的受力状态，材料的强度可分为抗压强度、抗拉强度、抗弯（折）强度和抗剪强度。

1) 强度的计算

（1）抗压强度、抗拉强度、抗剪强度。抗压强度、抗拉强度、抗剪强度的计算式如下。

$$f = \frac{F}{A} \tag{1-21}$$

式中 f——材料的抗压、抗拉、抗剪强度，MPa；

F——材料承受的最大荷载，N；

A——材料的受力面积，mm^2。

（2）抗折（弯）强度。

① 集中加载，荷载作用在支点间距的中心线上 ［图1.4(c)］，抗折（弯）强度计算式如下。

$$f = \frac{3FL}{2bh^2} \tag{1-22}$$

式中 f——材料的抗弯（折）强度，MPa；

F——材料承受的最大荷载，N；

b——材料受力截面的宽度，mm；

h——材料受力截面的高度，mm。

② 三分点加载，荷载作用在支点间距的三等分线上 ［图1.4(d)］，此时的抗折（弯）强度按下式计算。

$$f = \frac{FL}{bh^2} \tag{1-23}$$

2）影响材料强度的主要因素

材料的强度与其组成和构造有关。不同种类的材料抵抗外力的能力不同，同类材料当其内部构造不同时，其强度也不同。致密度越高的材料，强度越高。同类材料抵抗不同外力作用的能力也不相同，尤其是内部构造非匀质的材料，其不同外力作用下的强度差别很大。如混凝土、砂浆、砖、石和铸铁等，其抗压强度较高，而抗拉、弯（折）强度较低；钢材的抗拉、抗压强度都较高。

对于某种材料，影响强度检测值的主要因素有以下几个。

（1）试件尺寸。试件尺寸越大，测得强度值越小，反之亦然。

（2）试件表面状况。试件表面涂油，测得的强度值偏小；试件表面凹凸不平时，测得的强度值显著降低。

（3）加荷速度。加荷速度越快，测得的强度值越大，反之亦然

（4）环境（或试件）的湿度或温度。湿度或温度越高，测得的强度值越小。

3）强度等级

为了掌握材料性能、便于分类管理、合理选用材料、正确进行设计、控制工程质量，常将材料按其强度的大小，划分成不同的等级，称为强度等级，它是衡量材料力学性质的主要技术指标。脆性材料如混凝土、砂浆、砖和石等，主要用于承受压力，其强度等级用抗压强度来划分；韧性材料如建筑钢材，主要用于承受拉力，其强度等级就用抗拉时的屈服强度来划分。

2. 比强度

比强度指单位体积质量材料所具有的强度，即材料的强度与其表观密度的比值（f/ρ_0）。

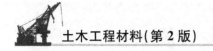

比强度是衡量材料轻质高强特性的技术指标。

土木工程中结构材料主要用于承受结构荷载。多数传统结构材料的自重都较大,其强度的相当一部分要用于抵抗自身和其上部结构材料的自重荷载,因而影响了材料承受外荷载的能力,使结构的尺度受到很大的限制。随着高层建筑、大跨度结构的发展,要求材料不仅要有较高的强度,而且要尽量减轻其自重,即要求材料具有较高的比强度。轻质高强性能已经成为材料发展的一个重要方向。

3. 弹性与塑性

1) 弹性与弹性变形

弹性指材料在外力作用下产生变形,当外力去除后,能完全恢复原来形状的性质,这种变形称为弹性变形。弹性变形的大小与所受应力的大小成正比,所受应力与应变的比值称为弹性模量,用"E"表示,它是衡量材料抵抗变形能力的指标。在材料的弹性范围内,E 是一个常数,按下式计算。

$$E = \frac{\sigma}{\varepsilon} \tag{1-24}$$

式中　E——材料的弹性模量,MPa;

　　　σ——材料所受的应力,MPa;

　　　ε——材料在应力 σ 作用下产生的应变,无量纲。

弹性模量越大,材料抵抗变形能力越强,在外力作用下的变形越小。材料的弹性模量是工程结构设计和变形验算的主要依据之一。

2) 塑性与塑性变形

塑性指材料在外力作用下产生变形,当外力去除后,仍保持变形后的形状和尺寸的性质,这种不可恢复的变形称为塑性变形。材料的塑性变形是由于其内部的剪应力作用,致使部分质点间产生相对滑移的结果。

完全的弹性材料或塑性材料是没有的,大多数材料在受力变形时,既有弹性变形,也有塑性变形,只是在不同的受力阶段,变形的主要表现形式不同。当外力去除后,弹性变形部分可以恢复,塑性变形部分不能恢复。有的材料如钢材,在受力不大的情况下,表现为弹性变形,而在受力超过一定限度后,就表现为塑性变形;有的材料如混凝土,受力后弹性变形和塑性变形几乎同时产生。

4. 脆性与韧性

1) 脆性

脆性指材料在外力作用下,无明显塑性变形而发生突然破坏的性质,具有这种性质的材料称为脆性材料,如普通混凝土、砖、陶瓷、玻璃、石材和铸铁等。一般脆性材料的抗压强度比其抗拉、抗弯强度高很多倍,其抵抗冲击和振动的能力较差,不宜用于承受振动和冲击的场合。

2) 韧性

韧性指材料在振动或冲击荷载作用下,能吸收较多的能量,并产生较大的变形而不破坏的性质,具有这种性质的材料称为韧性材料,如低碳钢、低合金钢、铝合金、塑料、橡胶、木材和玻璃钢等。材料的韧性用冲击试验来检验,又称为冲击韧性,用冲击韧性值即材料受冲击破坏时单位断面所吸收的能量来衡量。冲击韧性值用"a_k"表示,其计算式如下。

$$a_k = \frac{A_k}{A} \tag{1-25}$$

式中　a_k——材料的冲击韧性值，J/mm^2；

　　　A_k——材料破坏时所吸收的能量，J；

　　　A——材料受力截面积，mm^2。

韧性材料在外力作用下，会产生明显的变形，变形随外力的增大而增大，外力所做的功转化为变形能被材料所吸收，以抵抗冲击的影响。材料在破坏前所产生的变形越大，所能承受的应力越大，其所吸收的能量就越多，材料的韧性就越强。用于道路、桥梁、轨道、吊车梁及其他受振动影响的结构，应选用韧性较好的材料。

5. 硬度与耐磨性

1）硬度

硬度指材料表面抵抗其他硬物压入或刻划的能力。为保持较好表面使用性质和外观质量，要求材料必须具有足够的硬度。

非金属材料的硬度用莫氏硬度表示，它是用系列标准硬度的矿物块对材料表面进行划擦，根据划痕确定硬度等级。莫氏硬度等级见表1-3。

表 1-3　莫氏硬度等级

标准矿物	滑石	石膏	方解石	萤石	磷灰岩	长石	石英	黄玉	刚玉	金刚石
硬度等级	1	2	3	4	5	6	7	8	9	10

金属材料的硬度等级常用压入法测定，主要有布氏硬度法（HB），是以淬火的钢珠压入材料表面产生的球形凹痕单位面积上所受压力来表示；洛氏硬度法（HR），是用金刚石圆锥或淬火的钢球制成的压头压入材料表面，以压痕的深度来表示。硬度大的材料其强度也高，工程上常用材料的硬度来推算其强度，如用回弹法测定混凝土强度，即用回弹仪测得混凝土表面硬度，再间接推算出混凝土的强度。

2）耐磨性

耐磨性指材料表面抵抗磨损的能力。耐磨性常以磨损率衡量，以"G"表示，其计算式如下。

$$G = \frac{m_1 - m_2}{A} \tag{1-26}$$

式中　　G——材料的磨损率，g/cm^2；

　$m_1 - m_2$——材料磨损前后的质量损失，g；

　　　　A——材料受磨面积，cm^2。

材料的耐磨性与材料的组成结构、构造、材料强度和硬度等因素有关。材料的硬度越高、越致密，耐磨性越好。路面、地面等受磨损的部位，要求使用耐磨性好的材料。

1.3　材料的耐久性

材料的耐久性是指其在长期的使用过程中，能抵抗环境的破坏作用，并保持原有性质不变、不破坏的一项综合性质。由于环境作用因素复杂，耐久性也难以用一个参数来衡量。工程上通常用材料抵抗使用环境中主要影响因素的能力来评价耐久性，如抗渗性、抗冻性、抗老化和抗碳化等性质。

环境对材料的破坏作用，可分为物理作用、化学作用和生物作用，不同材料受到的环境作用及程度也不相同。影响材料耐久性的内在因素很多，除了材料本身的组成结构、强度等因素外，材料的致密程度、表面状态和孔隙特征对耐久性影响很大。一般来说，材料的内在结构密实、强度高、孔隙率小、连通孔隙少、表面致密，则抵抗环境破坏能力强，材料的耐久性好。工程上常用提高密实度、改善表面状态和孔隙结构的方法来提高耐久性。土木工程中材料的耐久性与破坏因素的关系见表1-4。

表 1-4 材料的耐久性与破坏因素的关系

破坏原因	破坏作用	破坏因素	评定指标	常用材料
渗透	物理	压力水	渗透系数、抗渗等级	混凝土、砂浆
冻融	物理	水、冻融作用	抗冻等级	混凝土、砖
磨损	物理	机械力、流水、泥砂	磨蚀率	混凝土、石材
热环境	物理、化学	冷热交替、晶型转变	*	耐火砖
燃烧	物理、化学	高温、火焰	*	防火板
碳化	化学	CO_2、H_2O	碳化深度	混凝土
化学侵蚀	化学	酸、碱、盐	*	混凝土、
老化	化学	阳光、空气、水、温度	*	塑料、沥青
锈蚀	物理、化学	H_2O、O_2、Cl^-	电位锈蚀率	钢材
腐朽	生物	H_2O、O_2、菌类	*	木材、棉、毛
虫蛀	生物	昆虫	*	木材、棉、毛
碱-骨料反应	物理、化学	R_2O、H_2O、SiO_2	膨胀率	混凝土

注：* 表示可参考强度变化率、开裂情况、变形情况等进行评定。

1.4 材料的组成、结构、构造与性质

1.4.1 材料的组成

材料的组成指组成材料的化学成分或矿物成分。它是决定材料性质的本质因素。

1. 化学组成

化学组成即化学成分，是构成材料的化学元素及化合物的种类和数量。无机非金属材料常用组成其的各氧化物的含量来表示；金属材料常用组成其的各化学元素的含量来表示；有机材料则常用组成其的各化合物含量来表示。化学组成是决定材料化学性质、物理

性质、力学性质的主要因素。

2. 矿物组成

矿物是具有一定化学成分和结构特征的稳定单质或化合物。无机非金属材料是由各种矿物组成的。材料的化学组成不同，其矿物组成不同；相同的化学组成，可组成多种不同的矿物。矿物组成不同的材料，其性质也不同。如硅酸盐水泥中，CaO 和 SiO_2 是其主要的化学成分，它们组成的主要矿物是硅酸三钙（Ca_3SiO_4）和硅酸二钙（$CaSiO_3$），这两者的性质相差很大，其组成比例是决定水泥性质的主要因素。

1.4.2　材料的结构

1. 微观结构

微观结构指材料物质的原子级或分子级的结构，需要用电子显微镜、X射线衍射等技术手段来观察研究，包括材料物质的种类、形态、大小及其分布特征。土木工程材料的使用状态一般为固体，固体的微观结构可分为晶体和非晶体两大类。

1）晶体

晶体是质点（原子、离子、分子）按一定规律在空间重复排列的固体，具有特定的几何外形和固定的熔点。由于质点在各方向上排列的规律和数量不同，单晶体具有各向异性的性质。但实际应用的材料，是由细小的晶粒杂乱排列组成的，其宏观性质常表现为各向同性。无机非金属材料的晶体，其键的构成不是单一的，往往是由共价键、离子键等共同联结，其性质差异较大。材料的微观结构形式与主要特征见表1-5。

表1-5　材料的微观结构形式与主要特征

微观结构		常见材料	主要特征
晶体	原子、离子、分子按一定规律排列 原子晶体（共价键）	金刚石、石英	强度、硬度、熔点高，密度较小
	离子晶体（离子键）	氯化钠、石膏、石灰岩	强度、硬度、熔点较高，但波动大。部分可溶，密度中等
	分子晶体（分子键）	蜡、斜方硫、萘	强度、硬度、熔点较低，大部分可溶，密度小
	金属晶体（库仑引力）	铁、钢、铜、铝及合金	强度、硬度变化大，密度大
非晶体（玻璃体）	原子、离子、分子以共价键、离子键或分子键结合，但为无序排列	玻璃、矿渣、火山灰、粉煤灰	无固定的熔点和几何形状，与同组成的晶体相比，强度、化学稳定性、导热性、导电性较差，各向同性

2）非晶体

非晶体是相对晶体而言的，又称玻璃体、无定形体，是熔融物在急速冷却时，质点来不及按特定规律排列所形成的质点无序排列的固体或固态液体。非晶体没有固定的熔点和

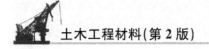

几何外形，各向同性，其强度、导热性和导电性等低于晶体。非晶体的质点无排列规律，即质点未到达能量最低的稳定位置，保留了高温下的高能量状态，内部还有大量的化学能未释放出来，而以内能的形式储存起来。故玻璃体具有化学活性，稳定性较差，易与其他物质反应或自行缓慢地向晶体转变。如粒化高炉矿渣、火山灰、粉煤灰等混合材料，都是经过高温急冷得到，含大量玻璃体，工程上利用它们活性高的特点，用于水泥和混凝土的生产，以改善水泥和混凝土的性质。

硅酸盐水泥水化后的主要产物是水化硅酸钙凝胶体，也是非晶体。水化硅酸钙凝胶体的尺寸只有几十至几百微米，内表面积巨大，具有很高的胶凝性，硬化后具有很高的强度。

2. 亚微观结构

亚微观结构指用光学显微镜和一般扫描透射所能观察到的结构，其尺度介于微观和宏观之间，范围在 $10^{-3} \sim 10^{-9}$ m。亚微观结构主要研究材料内部的晶粒、颗粒等的大小和形态、晶界或界面的形态、孔隙与微裂纹的大小形状及分布，如水泥石的孔隙结构、金属的金相组织、木材的纤维和管胞组织等。

材料的亚微观结构对材料的性质影响很大。通常，材料内部的晶粒越细小、分布越均匀，其受力越均匀、强度越高、脆性越小、耐久性越好；晶粒或不同材料组成之间的界面粘结越好，则其强度和耐久性越好。从亚微观结构层次上改善材料的性能，相对比较容易，具有十分重要的意义。

尺度范围在 $10^{-7} \sim 10^{-9}$ m 的结构为纳米结构，一般要用扫描透射电子显微镜观察。由于纳米级微粒具有独特的小尺寸效应和表面界面效应等基本特性，所以由纳米微粒组成的纳米材料具有许多奇特的物理和化学性质，自20世纪80年代以来，研究进展迅速，应用前景广阔。

3. 宏观结构(构造)

宏观结构(构造)指用肉眼或放大镜即可观察到的毫米级以上的组织。宏观结构主要研究和分析材料的组合与复合方式、组成材料的分布情况、材料中的孔隙构造、材料的构造缺陷等。

材料按其组成可分为单一材料和复合材料两大类，常见的结构形式有密实结构、多孔结构、纤维结构、聚集结构、叠合(层状)结构、散粒结构和纹理结构。材料宏观结构及主要特征见表1-6。

表1-6　材料宏观结构及主要特征

宏观结构	常用材料	主要特征
密实结构	钢材、玻璃、沥青、塑料	高强、不透水、耐腐蚀
多孔结构	泡沫塑料、泡沫玻璃	质轻、保温、绝热、吸声
纤维结构	木、竹、石棉、玻璃纤维	抗拉强度高、质轻、保温、吸声
聚集结构	陶瓷、砖、天然岩石	强度高
散粒结构	砂、石子、陶粒、膨胀珍珠岩	混凝土集料、轻集料、保温绝热材料

（续）

宏观结构	常用材料	主要特征
纹理结构	木材、大理石	装饰性强
粒状聚集结构	混凝土、砂浆	综合性能好、价格低
纤维聚集结构	石棉水泥制品、岩棉板、纤维板、纤维增强塑料	抗拉强度高、质轻、保温、吸声
多孔结构	加气混凝土、泡沫混凝土	质轻、保温
叠合结构	纸面石膏板、胶合板、夹芯板	综合性能好
纹理结构	人造石材、复合地板	装饰性强

复合材料是两种或两种以上的材料结合构成的新材料。它集中了组成材料的优点，避免了单一材料的缺陷，性能更优越，功能更强大，是材料发展的主要方向之一。

具有相同组成和微观结构的材料，可以制成宏观构造不同的材料，其性质和用途随宏观构造的不同，差别很大，如玻璃与泡沫玻璃、塑料与泡沫塑料、混凝土与加气混凝土；而宏观构造相似的材料，即便其组成和微观结构不同，也具有某些相同或相似的性能和用途，如泡沫玻璃、泡沫塑料、加气混凝土，都具有保温隔热的功能。工程上常用改变材料的密实度、孔隙结构，应用复合材料等方法，来改善材料的性能，以满足不同的需要。

1.4.3 材料内部孔隙与性质

1. 内部孔隙的来源与产生

无论是天然材料，还是人造材料，在宏观和亚微观层次上都含有一定数量和一定大小的孔隙，因此说孔隙是材料的组成部分之一，仅少数致密材料（如玻璃、金属）可近似看成是绝对密实的。

天然材料的内部孔隙是在其形成过程中产生的。如天然植物的生长需要养分的输送，其内部形成了一定数量的孔管结构，形成孔隙；天然石材由于在造岩运动中内部夹入部分空气，形成孔隙。人造材料的内部孔隙是在生产过程中，受生产条件所限，混入气体，而又去除不完全形成；或是为改变其性质，在材料设计和制造中，有意形成的孔隙。如钢在冶炼过程中，须将生铁熔融进行氧化，其中的碳被氧化成一氧化碳气体而逸出，使碳含量达到一定范围，但脱氧不完全时，就会形成内部气泡；混凝土是由水泥胶结散粒材料形成的，材料在混合中有一定量的气体引入，为保证施工成型，用水量也大大超过水泥水化的需要，多余水分蒸发后，又形成一定量的孔隙；保温绝热材料，则需要其内部有大量密闭空气，以降低导热系数。

2. 孔隙的分类

按内部孔隙的大小，可将孔隙分为微细孔、毛细孔、较粗大孔和粗大孔等。无机非金属材料中，孔径小于20nm的微细孔，水或有害气体难以侵入，可视为无害孔隙。按孔隙的形状可分为球状孔隙、片状孔隙（裂纹）、管状孔隙、墨水瓶状孔隙、尖角孔隙等。按常压下水能否进入，可分为开口孔隙（连通孔隙）和闭口孔隙（图1.1）。闭口孔隙常压下水不能进入，但当水压力高于孔壁阻力时，水也会进入其中。球状孔隙是闭口孔隙，其他形状的孔隙为开口孔隙。开口孔隙对材料性质的影响较大，可使材料的大多数性质降低。

3. 孔隙对材料性质的影响

同一种材料其孔隙率越高，密实度越低，则材料的表观密度、体积密度、堆积密度越小；强度、弹性模量越低；耐磨性、耐水性、抗渗性、抗冻性、耐腐蚀性及其他耐久性越差；而吸水性、吸湿性、保温性、吸声性越强。

孔隙是开口还是闭口，对性质的影响也有差异。水和侵蚀介质容易进入开口孔隙，开口孔隙多的材料，其强度、耐磨性、耐水性、抗渗性、抗冻性、耐腐蚀性等性质下降更多，而其吸声性、吸湿性和吸水性更好，孔隙的尺寸越大，其影响也越大。适当增加材料中密闭孔隙的比例，可阻断连通孔隙，抵消部分冰冻的体积膨胀，在一定范围内提高其抗渗性、抗冻性。由此可见，改变材料内部孔隙，是改善材料性能的重要手段。

习　　题

1. 材料的孔隙和体积形式有哪几种？密度、表观密度和堆积密度之间有什么区别？
2. 当某种材料的孔隙率增大时，表 1-7 内其他性质如何变化？（用符号表示：↑增大、↓下降、—不变、? 不定）

表 1-7　孔隙率增大时，材料其他性质变化表

孔隙率	密度	表观密度	强度	吸水率	抗冻性	导热性
↑						

3. 什么是材料的耐水性？用什么表示？在材料选用时有什么要求？
4. 材料发生渗水和冻融破坏的主要原因是什么？如何提高材料的抗渗性和抗冻性？
5. 什么是材料的导热性？用什么表示？一般如何利用孔隙提高材料的保温性能？
6. 影响材料强度试验结果的因素有哪些？强度与强度等级是否不同？试举例说明。
7. 什么是材料的耐久性？通常用哪些性质来反映？
8. 某工地有砂 50t，密度为 2.65g/cm³，堆积密度为 1 450kg/m³；石子 100t，密度为 2.70g/cm³，堆积密度为 1 500kg/m³。试计算砂石的空隙率，若平均堆积高度为 1.2m，各需要多大面积存放？
9. 一岩石试件破碎、磨细、过筛、烘干，称取 60g，用李氏瓶法测得其体积为 22.64cm³；一卵石试样，称取 1 000g，用广口瓶法测得其体积为 370cm³。试计算两试样的密度，并说明各是什么密度。
10. 某烧结普通砖抗压强度时，浸水饱和后的破坏荷载为 185kN，干燥状态的破坏荷载 206kN(受压面积为 114mm×119mm)，此砖的饱水抗压强度和干燥抗压强度各为多少？是否适用于常与水接触的工程结构？
11. 某多孔材料的密度为 2.59g/cm³。取一块该材料，称得其干燥时质量为 873g，同时量得体积为 480cm³。浸水饱和后取出，擦干表面水分称得质量为 972g。求其质量吸水

率、闭口孔隙率及开口孔隙率。

12. 选择题。

(1) 含水率为5%的湿砂220kg，将其烘干后的质量为( )kg。

① 209.0   ② 209.5   ③ 210.0

(2) 颗粒材料的密度为ρ，表观密度为ρ_0，堆积密度ρ_0'，则三者正确的关系为( )。

① $\rho > \rho_0 > \rho_0'$ ② $\rho_0 > \rho > \rho_0'$ ③ $\rho_0' > \rho_0 > \rho$

13. 是非判断题(对的画√，错的画×)。

(1) 热容量大的材料导热性好，受外界气温影响，室内温度变化比较快。( )

(2) 在进行材料抗压强度试验时，大试件较小试件的破坏荷载值小。( )

(3) 材料吸水率越小，表明材料越密实。( )

第2章

天然石材

教学目标

　　本章介绍了天然石材的优缺点与用途，岩石的形成与分类，天然石材的物理性质、力学性质和工艺性质，花岗石、大理石和石灰石等岩石的特性与应用以及建筑石材的选用原则。通过本章的学习，应达到以下目标。

　　（1）掌握天然石材的物理性质和力学性质。

　　（2）掌握花岗石、大理石和石灰石的特性与应用。

　　（3）了解岩石的形成与分类，天然石材的工艺性质，其他岩石的特性与应用。

　　（4）了解建筑石材的选用原则。

教学要求

知识要点	能力要求	相关知识
岩石的分类	（1）岩浆岩、沉积岩和变质岩的基本特性 （2）土木工程中常用天然石材的岩石属类	（1）岩浆岩：深成岩、喷出岩和火山岩 （2）沉积岩：机械沉积岩、化学沉积岩和生物沉积岩 （3）变质岩：正变质岩和副变质岩
天然石材基本性质与选用	（1）天然石材物理性质的基本参数 （2）天然石材抗压强度的检测方法与强度等级	（1）天然石材的表观密度、吸水性、耐水性、抗冻性、耐热性、导热性和放射性 （2）天然石材的抗压强度、冲击韧性、硬度和耐磨性 （3）天然石材的加工性、磨光性和易钻性 （4）天然石材的选用原则
常用天然石材的特性与应用	（1）花岗石、大理石和石灰石的鉴别方法 （2）花岗石、大理石和石灰石的特性与应用	花岗石、大理石和石灰石的含义、特性与应用

引例

1996 年 6 月广东东莞市某企业经理反映,家人新入住自有住宅 3 个月后,身体每况愈下,免疫力明显下降,经多家医院检查均没有查明原因。该经理的一位学地质专业的朋友提示他,查一查室内装修所用花岗岩装饰板材的放射性,后经检测,他家所用花岗岩装饰板放射性超过国家标准,且家人有关闭门窗的习惯。全部更换花岗岩装饰板材后,一家人才避免了一劫。

凡由天然岩石开采的,经加工或未加工的石材,统称为天然石材。

人类对天然石材的使用有着悠久的历史,古埃及的金字塔、太阳神神庙,中国隋、唐时代的石窟、石塔,赵州永济桥,明、清宫殿的汉白玉、大理石基座、栏杆,都是具有历史代表性的石材建筑。在现代建筑中,北京人民英雄纪念碑、毛主席纪念堂、人民大会堂、北京火车站等,都是使用石材的典范,石材被公认为是一种优良的土木工程材料,被广泛应用于土木工程中。

天然石材具有以下的优点。

(1)蕴藏量丰富、分布广,便于就地取材。

(2)石材结构致密,抗压强度高,大部分石材的抗压强度可达到 100MPa 以上。

(3)耐久性好,使用年限一般可达到百年以上。

(4)装饰性好。石材具有纹理自然、质感稳重、肃穆和雄伟的艺术效果。

(5)耐水性好。

(6)耐磨性好。

但石材也有自身不易克服的缺点,主要缺点是自重大、质地坚硬、加工困难、开采和运输不方便。

2.1 岩石的形成与分类

石材由岩石加工而成,岩石由造岩矿物组成,不同的造岩矿物在不同的地质条件下,形成不同性能的岩石。而造岩矿物是具有一定化学成分和一定结构特征的天然固态化合物或单质体。各种造岩矿物各具不同颜色和特征,如云母、角闪石、石英、方解石、黄铁矿等。目前,已发现的矿物有 3 300 多种,绝大多数是固态无机物,主要造岩矿物有 30 多种。

天然岩石按矿物组成不同可分为单矿岩和多矿岩(或复矿岩)。

凡是由单一的矿物组成的岩石叫单矿岩,如石灰岩就是由 95％以上的方解石组成的单矿岩。凡是由两种或两种以上的矿物组成的岩石叫多矿岩(复矿岩),如主要由长石、石英、云母组成的花岗岩。

天然岩石按形成的原因不同可分为岩浆岩、沉积岩、变质岩 3 大类。

1. 岩浆岩

岩浆岩又称火成岩,是由地壳内部熔融岩浆在上升的过程中,在地下或喷出地面后冷凝、结晶而成的岩石，它是组成地壳的主要岩石，占地壳总质量的89％。根据岩浆冷凝情况的不同，岩浆岩又分为以下3种。

1）深成岩

深成岩是地壳深处的岩浆在受上部覆盖层压力的作用下，经缓慢冷凝而形成的岩石。深成岩结晶完整、晶粒粗大、结构致密而没有层理，具有抗压强度高、孔隙率及吸水率小、表观密度大、抗冻性好等特点。工程上常用的深成岩有花岗岩、正长岩、橄榄岩、闪长岩等。

2）喷出岩

喷出岩是岩浆冲破覆盖层喷出地表时，在压力骤减和迅速冷却的条件下而形成的岩石。由于其大部分岩浆喷出后还来不及完全结晶即凝固，因而常呈隐晶质(细小的结晶)或玻璃质结构。当喷出的岩浆形成较厚的岩层时，其岩石的结构和性质与深成岩相似；当形成较薄的岩层时，由于冷却速度快及气压作用而易形成多孔结构的岩石，其性质近似于火山岩。工程上常用的喷出岩有玄武岩、辉绿岩和安山岩等。

3）火山岩

火山岩又称火山碎屑岩，是火山爆发时，岩浆被喷到空中而急速冷却后形成的岩石。呈多孔结构，且表观密度小。工程上常用的火山岩有火山灰、浮石、火山凝灰岩等。

2. 沉积岩

沉积岩又称为水成岩。它是由露出地表的各种岩石经自然界的风化、搬运、沉积并重新成岩而形成的岩石，主要存在于地表及不太深的地下。沉积岩为层状结构，各层的成分、结构、颜色和层厚均不相同，与岩浆岩相比，其特点是结构致密性较差，表观密度小，孔隙率和吸水率大，强度较低，耐久性相对较差，但分布较广，约占地表面积的75％，且藏地不深，开采、加工容易，在工程上应用较广。根据沉积岩的生成条件，可分为以下3种。

1）机械沉积岩

它是由自然风化逐渐破碎松散的岩石及砂等，经风、雨、冰川和沉积等机械力的作用而重新压实或胶结而成的岩石，如砂岩和页岩等。

2）化学沉积岩

由溶解于水中的矿物质经聚积、沉积、重结晶和化学反应等过程而形成的岩石，如石膏、白云石等。

3）有机沉积岩

由各种有机体的残骸沉积而成的岩石，如石灰岩和硅藻土等。

3. 变质岩

变质岩是地壳中原有岩浆岩或沉积岩在地层的压力或温度作用下，在固体状态下发生再结晶作用，使其矿物成分、结构构造乃至化学成分发生部分或全部改变而形成的新岩石。其性质决定于变质前的岩石成分和变质过程。沉积岩形成变质岩后，其建筑性能有所提高，称为副变质岩，如石灰岩和白云岩变质后得到的大理岩，比原来的岩石坚固耐久。而岩浆岩经变质后产生片状构造，性能反而下降，称为正变质岩，如花岗岩变质后成为片麻岩则易于分层剥落，耐久性差。

2.2 石材的技术性质

天然石材的技术性质可分为物理性质、力学性质和工艺性质。

天然石材因生成条件不同，常含有不同种类的杂质，矿物成分也会有所变化，因此，即使是同一类岩石，它们的性质有可能有很大差别，在使用前都必须进行检验和鉴定，以保证工程质量。

1. 物理性质

1）表观密度

岩石的表观密度由其矿物质组成及致密性所决定。表观密度的大小常间接地反映石材的致密性和孔隙的多少，一般情况下，同种石材表观密度越大，则抗压强度越高，吸水率越小，耐久性、导热性越好。

天然岩石按其表观密度的大小可分为轻质石材（表观密度$<1\,800kg/m^3$）和重质石材（表观密度$>1\,800kg/m^3$），

重石可用于建筑的基础、贴面、地面、不采暖房屋外墙、桥梁及水工构筑物等；轻石主要用于保温房屋外墙。

2）吸水性

天然石材的吸水率一般较小，但由于形成条件、密实程度与胶结情况的不同，石材的吸水率波动也较大，如花岗岩和致密的石灰岩，吸水率通常小于1%，而多孔的石灰岩，吸水率可达15%。石材吸水后强度降低，抗冻性、耐久性下降。

石材根据吸水率的大小分为低吸水性岩石（吸水率$<1.5\%$）、中吸水性岩石（吸水率为$1.5\%\sim3\%$）和高吸水性岩石（吸水率$>3\%$）。

3）耐水性

石材的耐水性用软化系数表示。当石材含有较多的粘土或易溶物质时，软化系数较小，其耐水性较差。根据各种石材软化系数的大小，可将石材分为高耐水性石材（软化系数大于0.90）、中耐水性石材（软化系数为0.75～0.90）和低耐水性石材（软化系数为0.60～0.75）。当石材软化系数<0.6时，则不允许用于重要建筑物中。

4）抗冻性

抗冻性是指石材抵抗冻融破坏的能力，可用在水饱和状态下能经受的冻融循环次数（强度降低值不超过25%、质量损失不超过5%、无贯穿裂缝）来表示。抗冻性是衡量石材耐久性的一个重要指标，能经受的冻融次数越多，则抗冻性越好。石材的抗冻性与吸水性有着密切的关系，吸水性大的石材其抗冻性差。根据经验，吸水率$<0.5\%$的石材，认为是抗冻的，可不进行抗冻试验。

5）耐热性

石材的耐热性与其化学成分及矿物组成有关。石材经高温后，由于热胀冷缩，体积变化而产生内应力或因组成矿物发生分解和变异等导致结构破坏。如含有石膏的石材，在100℃以上开始破坏；含有碳酸镁的石材，温度高于725℃会发生破坏；含有碳酸钙的石

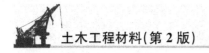

材，温度达827℃时开始破坏。由石英与其他矿物所组成的结晶石材如花岗岩等，当温度达到570℃以上时，由于石英受热发生膨胀，强度会迅速下降。

6) 导热性

主要与其致密程度有关，重质石材的热导率可达2.91~3.49W/(m·K)，而轻质石材的热导率则在0.23~0.7W/(m·K)之间，具有封闭孔隙的石材，热导率更低。

7) 放射性

地壳中含有原生放射性核素，主要的有^{40}K(钾)、^{232}Th(钍)、^{238}U(铀)和^{226}Ra(镭)等，次要的有^{87}Rb(铷)、^{235}U(铀)等。各类岩石因结构和矿物成分的差异，原生放射性核素的含量有明显不同，一般情况下，酸性岩浆岩(SiO_2含量大于65%)铀、钍含量较高，基性岩浆岩(SiO_2含量45%~52%)铀、钍含量较低。同一类型的花岗岩中，成岩年代越近，铀、钍含量越高。除原生放射性核素外，岩石中还含有某些宇生放射性核素，如^{14}C(碳)、^{3}H(氢)及重核裂变产物如^{95}Zr(锆)、^{137}Cs(铯)、^{90}Sr(锶)和^{131}I(碘)等。

因此，没有任何一种岩石是非放射性的，只是放射性水平有高低之分。当岩石放射性水平超过人体的承受能力时就会对人体产生伤害。国家标准《建筑材料放射性核素限量》(GB 6566—2010)规定：建筑主体材料中天然放射性核素放射性水平应同时满足内照射指数$I_{Ra} \leqslant 1.0$和外照射指数$I_r \leqslant 1.0$的要求；装饰、装修材料根据天然放射性核素的放射性水平划分为A类、B类和C类，3类材料的内照射指数和外照射指数要求以及它们的使用范围应符合表2-1的规定。

表2-1 装饰装修材料的放射性水平要求和使用范围

类别	放射性水平要求		使用范围
	内照射指数 I_{Ra}	外照射指数 I_r	
A类	$\leqslant 1.0$	$\leqslant 1.3$	不受限制
B类	$>1.0, \leqslant 1.3$	$>1.3, \leqslant 1.9$	不可用于Ⅰ类民用建筑物的内饰面，可用于Ⅱ类民用建筑物①、工业建筑②内饰面及其他一切建筑的外饰面
C类	>1.3	$>1.9, \leqslant 2.8$	只可用于建筑物的外饰面及室外其他用途

① 民用建筑是指供人类居住、工作、学习、娱乐及购物等建筑物；Ⅰ类民用建筑包括住宅、老年公寓、托儿所、医院、学校、办公楼、宾馆等；Ⅱ类民用建筑物包括商场、文化娱乐场所、书店、图书馆、展览馆、体育馆、公共交通等候室、餐厅、理发室等。
② 工业建筑指供人类进行生产活动的建筑物，如生产车间、包装车间、维修车间和仓库等。

放射性对人体的伤害除受放射水平高低的影响外，还与照射的方式有关。全身照射比局部照射危害大，吸入的氡或放射性颗粒的内照射比外照射对人体的损伤强10多倍。照射的剂量是随着时间的增长而增加的，在放射性超标的情况下，在封闭式的室内比在换气通风的室内，放射性伤人更厉害。正确理解放射性，就可以避免或减少危害。

2. 力学性质

1) 抗压强度

根据《砌体结构设计规范》(GB 50003—2011)的规定，石材的抗压强度是以3个边长为70 mm的立方体试块的抗压破坏强度的平均值表示，砌体所用石材根据抗压强度分成7

个强度等级：MU100、MU80、MU60、MU50、MU40、MU30 和 MU20。

抗压试件边长可采用表 2-2 所列各种边长尺寸的立方体，但应对其测定结果乘以相应的换算系数。

表 2-2　石材强度等级的换算系数

立方体边长/mm	200	150	100	70	50
换算系数	1.43	1.28	1.14	1	0.86

石材的抗压强度与其矿物组成、结构与构造特征等有密切的关系。如：组成花岗岩的主要矿物成分中石英是很坚强的矿物，其含量越多，则花岗岩的强度也越高，而云母为片状矿物，易于分裂成柔软薄片，因此，若云母含量越多，则其强度越低。另外，结晶质石材的强度较玻璃质的高，等粒状结构的强度较斑状结构的高，构造致密的强度较疏松多孔的高。

2) 冲击韧性

石材的冲击韧性决定于岩石的矿物组成与构造。石英岩、硅质砂岩脆性较大，含暗色矿物较多的辉长岩、辉绿岩等具有较高的韧性。一般来说，晶体结构的岩石较非晶体结构的岩石具有较高的韧性。

3) 硬度

石材的硬度取决于石材的矿物组成与构造，凡由致密、坚硬矿物组成的石材，其硬度就高。岩石的硬度以莫氏矿度来表示。

4) 耐磨性

耐磨性是石材抵抗摩擦、边缘剪切以及撞击等复杂作用的能力。石材的耐磨性包括耐磨损性(石材受摩擦作用)和耐磨耗性(以单位摩擦质量所产生的质量损失的大小来表示)。石材的耐磨性质与石材内部组成矿物的硬度、结构和构造有关。石材的组成矿物越坚硬，构造越致密以及其抗压强度和冲击韧性越高，则石材的耐磨性越好。

3. 工艺性质

石材的工艺性质，主要指其开采和加工过程的难易程度及可能性，包括以下几个方面。

1) 加工性

石材的加工性，是指对岩石开采、锯解、切割、凿琢、磨光和抛光等加工工艺的难易程度。凡强度、硬度、韧性较高的石材，不易加工；质脆而粗糙，有颗粒交错，含有层状或片粒结构以及易风化的岩石，都难以满足加工要求。

2) 磨光性

磨光性指石材能否磨成平整光滑表面的性质。致密、均匀、细粒的岩石，一般都有良好的磨光性，可以磨成光滑亮洁的表面；疏松多孔有鳞片状构造的岩石，磨光性不好。

3) 抗钻性

抗钻性指石材钻孔难易程度的性质。影响抗钻性的因素很复杂，一般与岩石的强度、硬度等性质有关。当石材的强度越高，硬度越大时，越不易钻孔。

2.3 石材在土木工程中的应用

由于天然石材具有抗压强度高、耐久性、耐磨性及装饰性好等优点，因此，目前在建筑工程的使用中仍然相当普遍。工程中所使用的石材，按加工后的外形分为块状石材、板状石材、散粒石材和各种石制品等。

1. 花岗石

1）花岗石的组成和特性

在商业上，花岗石包括以下两种石材。

（1）花岗岩。属典型的深成岩，是岩浆岩中分布最广的一种岩石。主要由长石、石英和少量暗色矿物及云母（或角闪石等）组成，其中长石含量为 40%～60%，石英含量为 20%～40%。

（2）其他各类较硬的岩浆岩或花岗质的变质岩。如安山岩、辉绿岩、辉长岩、闪长岩、玄武岩、橄榄岩、片麻岩等。

花岗石的造岩矿物中石英占较大比例，化学成分中 SiO_2 占较大比例，矿物全部结晶且晶粒粗大。

花岗石外观一般呈斑点状，有灰白、微黄、淡红、蔷薇等颜色，有以下特性。

（1）密度大。表观密度为 2 600～2 800 kg/m^3。

（2）结构致密，抗压强度高。一般抗压强度可达 120～250MPa。

（3）孔隙率小，吸水率低。吸水率小于 1%。

（4）材质坚硬。莫氏硬度为 6～7，具有优异的耐磨性。

（5）装饰性好。磨光花岗石板材表面平整光滑、色彩丰富、质感坚实、庄重。

（6）耐久性好。不易风化变质，耐酸性很强。细粒花岗石使用年限可达 500～1 000 年之久，粗粒花岗岩可达 100～200 年。

（7）不抗火。多数花岗石中含有较多的石英，受热至 573℃及 870℃时发生晶态转变，产生体积膨胀，致使花岗石开裂破坏。

2）花岗石的应用

花岗石是公认的高级建筑结构材料和装饰材料。花岗石石材常制成块状石材和板状饰面石材，块状石材用于重要的大型建筑物的基础、勒脚、柱子、栏杆、踏步等部位以及桥梁、堤坝等工程中，是建造永久性工程、纪念性建筑的良好材料。如毛主席纪念堂的台基为红色花岗石，象征着红色江山坚如磐石。板状饰面石材质感坚实、华丽庄重、是室内、外高级装饰、装修板材。根据在建筑物中使用部位的不同，对其表面的加工要求也就不同，通常可分为以下 4 种。

（1）剁斧板：表面粗糙，呈规则的条纹斧状。

（2）机刨板：用刨石机刨成较为平整的表面，呈相互平行的刨纹。

（3）粗磨板：表面经过粗磨，光滑而无光泽。

（4）磨光板：经过打磨后表面光亮、色泽鲜明、晶体裸露。再经抛光处理后，即成为镜面花岗石板材。

剁斧板多用于室外地面、台阶、基座等处；机刨板一般用于地面、台阶、基座、踏步、檐口等处；粗磨板常用于墙面、柱面、台阶、基座、纪念碑、墓碑、铭牌等处；磨光板因具有色彩绚丽的花纹和光泽，故多用于室内外墙面、地面、柱面的装饰，以及用作旱冰场地面、纪念碑、奠基碑、铭牌等处。

根据《天然花岗石建筑板材》(GB/T 18601—2009)的规定，天然花岗石板材按形状分为毛光板(MG)、普型板(PX)、圆弧板(HM)和异型板(YX)；按表面加工程度分为镜面板(JM)、细面板(YG)和粗面板(CM)。毛光板按厚度偏差、平面度公差、外观质量等将板材分为优等品(A)、一等品(B)、合格品(C)3个等级；普型板按规格尺寸偏差、平面度公差、角度公差、外观质量等分为优等品(A)、一等品(B)、合格品(C)3个等级；圆弧板按规格尺寸偏差、直线度公差、线轮廓度公差、外观质量等分为优等品(A)、一等品(B)、合格品(C)3个等级。

值得指出的是，花岗石的化学成分随产地的不同而有所区别，某些花岗石放射性水平较高，对于这类花岗石应避免应用于室内。

2. 大理石

1) 大理石的组成和特性

大理石因最早产于云南大理而得名，全世界的同类石材均以"大理"来命名。在商业上，大理石包括以下两种石材。

(1) 大理岩。由石灰岩或白云岩变质而成的变质岩，主要矿物成分是方解石或白云石，主要化学成分为碳酸钙和碳酸镁。

(2) 其他各类较软的各种沉积岩和变质岩(如石灰岩、白云岩、蛇纹岩和砂岩等)。

常见大理石的主要矿物为方解石或白云石，主要化学成分为 $CaCO_3$ 或 $MgCO_3$。

大理石的外观一般呈纹理状，有纯黑、纯白(汉白玉)、黄、红、绿等颜色，有以下特性。

(1) 密度大。表观密度为 $2\,600\sim2\,700kg/m^3$。

(2) 结构紧密，抗压强度高。一般抗压强度可达 $100\sim150MPa$。

(3) 孔隙率小，吸水率低。吸水率小于1%。

(4) 硬度不大。莫氏硬度为3～4，故较易进行锯解、雕琢和磨光等加工。

(5) 装饰性好。磨光大理石板材表面平整光滑，色彩斑斓，质感细腻、圆润、华丽。

(6) 抗风化性差。多数大理石的主要化学成分为碳酸钙或碳酸镁等碱性物质，易被酸侵蚀。一般不宜做室外装修，只有汉白玉、艾叶青等少数几种致密、质纯的品种可用于室外。

(7) 耐久性较好。使用年限一般为40～100年。

2) 大理石的应用

大理石荒料经锯切、研磨和抛光等加工工艺可制作大理石板材，主要用于建筑物室内饰面，如墙面、地面、柱面、台面、栏杆和踏步等。

根据《天然大理石建筑板材》(GB/T 19766—2005)的规定，天然大理石板材按形状分为普型板(PX)和圆弧板(HM)。普型板按规格尺寸偏差、平面度公差、角度公差及外观质量将板材分为优等品(A)、一等品(B)、合格品(C)3个等级；圆弧板按规格尺寸偏差、直线度公差、线轮廓度公差及外观质量将板材分为优等品(A)、一等品(B)、合格品(C)3个等级。

用大理石的边角料加工而成的正方体、长方体、多边体(此称冰裂块料)，或不加工而

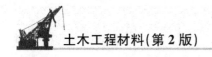

制作成的"碎拼大理石"墙面、地面、庭院走廊,格调优美、乱中有序且造价低廉。

用天然大理石或花岗石等残碎料加工而成的石渣,具有多种颜色和装饰效果,可作为人造大理石、水磨石、水刷石、斩假石、干粘石及其他饰面的骨料。

3. 石灰岩

石灰岩俗称"青石",是沉积岩的一种。主要化学成分为 $CaCO_3$,主要矿物成分为方解石,但常含有白云石、菱镁矿、石英、含铁矿物、粘土矿等,表观密度为 2 600～2 800kg/m³,抗压强度为 80～160MPa,吸水率为 2%～10%。如果岩石中粘土含量不超过 3%～4%时,其耐水性和抗冻性较好。

石灰岩来源广、硬度低、易劈裂、便于开采,具有一定的强度和耐久性,因而广泛地用于建筑工程中。其块石可作为建筑物的基础、墙身、阶石及路面等,其碎石是常用的混凝土骨料。此外,它也是生产水泥和石灰的主要原料。

由石灰岩加工而成的"青石板"造价不高,表面能保持劈裂后的自然形状,加之多种色彩的搭配,作为墙面装饰板材,具有独特的自然风格。

4. 砂岩

砂岩属沉积岩,它是由石英砂或石灰岩等的细小碎屑(直径 0.1～0.2mm)经沉积并重新胶结而形成的岩石。砂岩的主要矿物为石英、云母及粘土等。根据胶结物的不同,砂岩可分为硅质砂岩、钙质砂岩、铁质砂岩、粘土质砂岩。硅质砂岩由氧化硅胶结而成,常呈淡灰色;钙质砂岩由碳酸钙胶结而成,常呈白色;铁质砂岩由氧化铁胶结而成,常呈红色;粘土质砂岩由粘土胶结而成,常呈黄灰色。各种砂岩因胶结物质和构造的不同,其抗压强度(5～200MPa)、表观密度(2 200～2 500kg/m³)、孔隙率(1.6%～28.3%)、吸水率(0.2%～7.0%)、软化系数(0.44～0.97)等性质差异很大。建筑工程中,砂岩常用于基础、墙身、人行道和踏步等,也可破碎成散粒状用作混凝土集料。纯白色砂岩俗称白玉石,可用作雕刻及装饰材料。

5. 玄武岩、辉绿岩

玄武岩是喷出岩中最普通的一种,颜色较深,常呈玻璃质或隐晶质结构,有时也呈多孔状或斑形构造。硬度高、脆性大、抗风化能力强,表观密度为 2 900～3 500kg/m³,抗压强度为 100～500MPa。常用作高强混凝土的骨料,也用于铺筑道路路面等。

辉绿岩主要由铁、铝硅酸盐组成,具有较高的耐酸性,可用作耐酸混凝土的骨料。其熔点为 1 400～1 500℃,可用作铸石的原料。铸石的结构均匀致密且耐酸性好,因此,是化工设备耐酸衬里的良好材料。

6. 石英岩

石英岩是由硅质砂岩变质而成的晶体结构。岩体均匀致密,抗压强度大(250～400MPa)、耐久性好,但硬度大、加工困难。常用作重要建筑物的贴面石,耐磨耐酸的贴面材料,其碎块可用于道路或用作混凝土的骨料。

7. 片麻岩

片麻岩是由花岗岩变质而成,其矿物成分与花岗岩相似,而结构多呈片状构造,因而各个方向的物理力学性质不同。在垂直于解理(片层)方向有较高的抗压强度,可达 120～

200MPa。沿解理方向易于开采加工，但在冻融循环过程中易剥落分离成片状。故抗冻性差，易于风化，只能用于不重要的工程，也常用作碎石、块石及人行道的石板等。

8. 火山灰、沸石、火山凝灰岩

火山灰是颗粒粒径小于 5mm 的粉状火山岩。它具有火山灰活性，即在常温和有水的情况下可与石灰(CaO)反应生成具有水硬性胶凝能力的水化物。因此，可用作水泥的混合材料及混凝土的掺合料。

沸石是粒径大于 5mm 并具有多孔构造(海绵状或泡沫状火山玻璃)的火山岩。其表观密度小，一般为 $300\sim600kg/m^3$，可用作轻质混凝土的骨料。

火山凝灰岩是凝聚并胶结成大块的火山岩。具有多孔构造，表观密度小，抗压强度为 $5\sim20MPa$，可用作砌墙材料和轻混凝土的骨料。

2.4 建筑石材的选用

建筑工程中应根据建筑物的类型、环境条件等慎重选用石材，使其既符合工程要求，又经济合理。一般应从以下几个方面选用。

1. 力学性能

根据石材在建筑物中不同的使用部位和用途，选用满足强度、硬度等力学性能要求的石材，如承重用的石材(基础、墙体、柱等)主要应考虑其强度等级，而对于地面用的石材则应要求其具有较高的硬度和耐磨性能。

2. 耐久性

要根据建筑物的重要性和使用环境，选择耐久性良好的石材。如用于室外的石材要首先考虑其抗风化性能的优劣；处于高温、高湿、严寒等特殊环境中的石材应考虑所用石材的耐热、抗冻及耐化学侵蚀性等。

3. 装饰性

用于建筑物饰面的石材，选用时必须考虑其色彩、质感及天然纹理与建筑物周围环境的协调性，以取得最佳装饰效果，充分体现建筑物的艺术美。

4. 经济性

由于天然石材密度大、开采困难、运输不便、运费高，应综合考虑地方资源，尽可能做到就地取材，以降低成本。难于开采和加工的石材，将使材料成本提高，选材时应加以注意。

5. 环保性

在选用室内装饰用石材时，应注意其放射性指标是否合格。

习 题

1. 在建筑中常用的岩浆岩、沉积岩、变质岩有哪几种？主要用途是什么？

2. 表 2-2 中石材强度等级换算系数的取值有何规律? 试加以分析。

3. 花岗石和大理石各有何特性及用途?

4. 选择天然石材的基本原则是什么?

5. 填空题。

(1) 按地质形成条件的不同, 天然岩石可分为 _____ 岩、_____ 岩及 _____ 岩 3 大类。花岗岩属于其中的 _____ 岩, 石灰岩属于 _____ 岩, 大理岩属于 _____ 岩。

(2) 花岗石外观为 _____, 莫氏硬度为 _____, 加工 _____, 成本 _____。大理石外观为 _____, 莫氏硬度为 _____, 加工 _____, 成本 _____。

(3) 天然花岗石的技术要求主要包括加工质量、外观质量、_____ 和 _____。天然大理石的技术要求主要包括尺寸偏差、_____ 和 _____。

第3章
气硬性胶凝材料

本章介绍胶凝材料的分类及其特性与应用原则，建筑石膏、建筑石灰、水玻璃等气硬性胶凝材料的原材料、生产和水化硬化，讲述它们的性质和主要用途。通过本章的学习，应达到以下目标。

(1) 掌握胶凝材料的分类及其特性与应用原则。

(2) 掌握建筑石膏、建筑石灰、水玻璃的特性与应用。

(3) 熟悉建筑石膏、建筑石灰和水玻璃的原材料、生产和水化硬化。

(4) 了解建筑石膏、建筑石灰的技术标准。

知识要点	能力要求	相关知识
胶凝材料的基本概念	(1) 胶凝材料的分类方法 (2) 气硬性胶凝材料的特性与应用原则	(1) 胶凝材料的分类 (2) 气硬性胶凝材料的特性与应用原则 (3) 水硬性胶凝材料的特性与应用原则
建筑石膏、建筑石灰和水玻璃的特性与应用	(1) 建筑石膏、建筑石灰和水玻璃的主要特性，及其与应用之间的关系 (2) 建筑石膏、建筑石灰和水玻璃使用时易出现工程危害的特性	(1) 石膏、石灰和水玻璃的种类、生产、水化与硬化、硬化体基本结构 (2) 建筑石膏、建筑石灰和水玻璃及各自制品的特性与主要应用

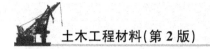
 引例

1967年10月正值"文革"时期,在长沙湘江大桥西头广场施工期间,片面追求工程进度,未经"陈伏"的生石灰与炉渣、粘土混合后制成三合土,直接铺摊,用作广场基层,准备第二天在基层上铺筑沥青混凝土面层,但第二天早上整个广场遍地"开花",只好返工。

石灰是土木工程中不可缺少的材料,大量用来配制砌筑砂浆、抹面砂浆和三合土,要使其在土木工程中发挥应有的作用,要特别注意生石灰使用前必须"陈伏",以消除过火石灰的危害,避免工程问题或事故的发生。

在土木工程中,将散粒状材料(如砂和石子)或块状材料(如砖块和石块)粘结成整体的材料,统称为胶凝材料。胶凝材料按其化学组成成分的不同,可分为无机胶凝材料和有机胶凝材料两大类,无机胶凝材料按硬化条件不同又分为气硬性和水硬性两种。相比较而言,无机胶凝材料在土木工程中的应用更加广泛。

气硬性胶凝材料只能在空气中凝结硬化和增长强度,因此只适用于地上和干燥环境中,不能用于潮湿环境,更不能用于水中,如建筑石膏、石灰和水玻璃等。而水硬性胶凝材料不但能在空气中凝结硬化和增长强度,在潮湿环境甚至水中也能更好地凝结硬化和增长强度,因此它既适用于地上,也能适用于潮湿环境或水中,如各种水泥。本章主要论述气硬性胶凝材料。

有机胶凝材料是以天然或人工合成高分子化合物为主要成分的胶凝材料。常用的有机胶凝材料主要有石油沥青、煤沥青和各种天然或人造树脂。

胶凝材料分类如图 3.1 所示。

$$\text{胶凝材料}\begin{cases}\text{无机胶凝材料}\begin{cases}\text{气硬性胶凝材料:如石灰、石膏、水玻璃}\\\text{水硬性胶凝材料:如各种水泥}\end{cases}\\\text{有机胶凝材料:如沥青、树脂}\end{cases}$$

图 3.1 胶凝材料的分类

3.1 石 膏

石膏胶凝材料是一种以硫酸钙为主要成分的气硬性胶凝材料。石膏胶凝材料及其制品是一种理想的高效节能材料,在建筑中已得到广泛应用。其制品具有质量轻、抗火、隔音、绝热效果好等优点,同时生产工艺简单、资源丰富。它不仅是一种有悠久历史的胶凝材料,而且是一种有发展前途的新型建筑材料。如美国目前80%的住宅用石膏板作内墙和吊顶,在日本、欧洲,石膏板的应用也很普遍。我国石膏板的应用正越来越多。

3.1.1 石膏的种类和建筑石膏的生产

1. 石膏的种类

根据硫酸钙所含结晶水数量的不同,石膏分为二水石膏($CaSO_4 \cdot 2H_2O$)、无水石膏

$\left(CaSO_4\right)$和半水石膏$\left(CaSO_4 \cdot \dfrac{1}{2}H_2O\right)$。

二水石膏有两个来源，一是天然石膏矿，这种石膏又称为软石膏或生石膏；二是化工石膏，这种石膏是含有较大量$CaSO_4 \cdot 2H_2O$的化学工业副产品，是一种废渣或废液，如磷化工厂的废渣为磷石膏，氟化工厂的废渣为氟石膏。此外，还有脱硫排烟石膏、硼石膏、盐石膏、钛石膏等。

无水石膏又称为硬石膏，来源于二水石膏高温煅烧后的产物或天然石膏矿。

半水石膏是二水石膏加热后生成的产物。

《天然石膏》(GB/T 5483—2008)按矿物组分将石膏分为石膏(即二水石膏，代号 G)、硬石膏(即无水石膏，代号 A)和混合石膏(二水石膏与无水石膏混合物，代号 M)3 类。各类天然石膏按品位分为特级、一级、二级、三级、四级 5 个级别，见表 3-1 所示。

表 3-1　天然石膏的等级

级别	品位(质量分数)/%		
	石膏(G)	硬石膏(A)	混合石膏(M)
特级	≥95	—	≥95
一级	≥85		
二级	≥75		
三级	≥65		
四级	≥55		

2. 建筑石膏的生产

生产建筑石膏的原材料主要是天然二水石膏，也可采用化工石膏。采用化工石膏作为生产原料时应注意，如废渣(液)中含有酸性成分时，须预先用水洗涤或用石灰中和后才能使用。用化工石膏生产建筑石膏，可扩大石膏原料的来源，变废为宝，达到综合利用的目的。将$CaSO_4 \cdot 2H_2O$在不同煅烧条件下、不同压力和温度下加热，可制得晶体结构和性质各异的多种石膏胶凝材料，如图 3.2 所示。

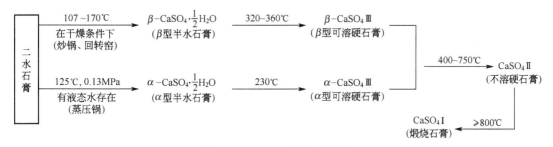

图 3.2　二水石膏的加热变种

从图 3.2 可知，$CaSO_4 \cdot 2H_2O$在干燥条件下经过低温煅烧，可得到β型半水石膏$\left(\beta\text{-}CaSO_4 \cdot \dfrac{1}{2}H_2O\right)$，这种石膏磨细加工即为建筑石膏。建筑石膏为白色粉末，密度约为

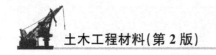

$2.60\sim2.75g/cm^3$，堆积密度约为 $800\sim1\,000kg/m^3$。

3.1.2　建筑石膏的水化与凝结硬化

建筑石膏与适量的水拌和后，最初形成可塑性良好的浆体，但很快就失去塑性而产生凝结硬化，继而发展成为固体。发生这种现象的实质，是由于浆体内部经历了一系列的物理化学变化。首先，β 型半水石膏溶解于水，与水化合形成了二水石膏。水化反应按下式进行。

$$CaSO_4 \cdot \frac{1}{2}H_2O + 1\frac{1}{2}H_2O \rightarrow CaSO_4 \cdot 2H_2O \downarrow$$

由于二水石膏在常温下的溶解度仅为半水石膏溶解度的 1/5，故二水石膏胶体微粒就从溶液中结晶析出。这时溶液浓度降低，并且促使新的一批半水石膏又可继续溶解和水化。如此循环进行，直到半水石膏全部耗尽，转化为二水石膏。在这个过程中，随着水化的进行，二水石膏生成量不断增加，水分逐渐减少，浆体开始失去可塑性，这称为初凝。而后浆体继续变稠，颗粒之间的摩擦力和粘结力增加，完全失去可塑性，并开始产生结构强度，称为终凝。

石膏终凝后，其晶体颗粒仍在不断长大、连生并互相交错，结构中孔隙率逐渐减小，石膏强度也不断增大，直至剩余水分完全蒸发后，强度才停止发展，形成硬化后的石膏结构。这就是建筑石膏的硬化过程(图 3.3)。

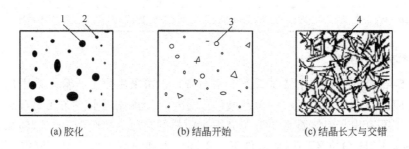

(a) 胶化　　　　　　(b) 结晶开始　　　　　　(c) 结晶长大与交错

图 3.3　建筑石膏凝结硬化示意图
1—半水石膏；2—二水石膏胶体微粒；3—二水石膏晶体；4—交错的晶体

3.1.3　建筑石膏及其制品的技术性质

1. 等级及质量标准

根据《建筑石膏》(GB 9776—2008)的规定，建筑石膏按 2h 抗折强度分为 3.0、2.0、1.6 共 3 个等级，其物理力学性能见表 3-2。

2. 建筑石膏的特性

1) 凝结硬化快

建筑石膏凝结硬化过程很快，初凝时间不小于 3min，终凝时间不超过 30min，在室内自然干燥条件下，一星期左右完全硬化。因此在施工时往往要根据实际需要掺加适量的缓凝剂，如 $0.1\%\sim0.2\%$ 的动物胶、$0.1\%\sim0.5\%$ 的硼砂等。

2）硬化时体积微膨胀

建筑石膏硬化时体积微膨胀（膨胀率为 $0.05\%\sim0.15\%$），这使石膏制品表面光滑饱满、棱角清晰，干燥时不开裂。

3）硬化后孔隙率大、表观密度和强度较低

建筑石膏在使用时为获得良好的流动性，加入的水量往往比水化所需水分多。石膏凝结后，多余水分蒸发，在石膏硬化体内留下大量孔隙（孔隙率高达 $50\%\sim60\%$），故表观密度小，强度低，其硬化后的强度仅为 $3\sim5MPa$，但这已能满足用作隔墙和饰面的要求。

不同品种的石膏胶凝材料硬化后的强度差别很大。高强石膏硬化后的强度通常比建筑石膏要高 $2\sim7$ 倍。

建筑石膏粉易吸潮，长期储存会降低强度，因此建筑石膏粉在储存及运输期间必须防潮，储存时间一般不得超过 3 个月。

4）绝热、吸声性良好

建筑石膏制品的导热系数较小，一般为 $0.121\sim0.205W/(m\cdot K)$，具有良好的绝热能力。

5）防火性能良好

建筑石膏硬化后生成二水石膏，遇火时，由于石膏中结晶水吸收热量蒸发，在制品表面形成蒸汽幕，有效阻止火的蔓延。制品厚度越大，防火性能越好。

6）有一定的调湿调温性

建筑石膏热容量大、吸湿性强，因此能对室内温度和湿度起到一定的调节作用。

7）耐水性、抗冻性差

因建筑石膏硬化后具有很强的吸湿性，所以在潮湿环境中会削弱晶体间结合力，使强度显著下降。遇水时晶体溶解而引起破坏，吸水后再受冻，孔隙内水分结冰而制品崩裂。因此，建筑石膏不耐水、不抗冻。

8）加工性和装饰性好

石膏硬化体可锯、可钉、可刨、可打眼、便于施工，其制品表面细腻平整、色洁白、极富装饰性。

3.1.4 建筑石膏的应用

石膏在建筑中的应用十分广泛，可用来制作各种石膏板、各种建筑艺术配件及建筑装饰、彩色石膏制品、石膏砖、空心石膏砌块、石膏混凝土、粉刷石膏和人造大理石等。另外，石膏也作为重要的外加剂，用于水泥及硅酸盐制品中。

1．粉刷石膏

粉刷石膏是由建筑石膏或由建筑石膏和 $CaSO_4 \mathrm{II}$ 二者混合后再加入外加剂、细骨料等而制成的气硬性胶凝材料。其按用途可分为面层粉刷石膏（M）、底层粉刷石膏（D）和保温层粉刷石膏（W）3 类。

2．建筑石膏制品

建筑石膏制品的种类很多，如纸面石膏板、空心石膏条板、石膏砌块和装饰石膏制品等，主要用作分室墙、内隔墙、吊顶和装饰。

表 3-2 建筑石膏物理力学性能

等级	细度(0.2mm 方孔筛筛余)/%	凝结时间/min		2h 强度/MPa	
		初凝	终凝	抗折	抗压
3.0				≥3.0	≥6.0
2.0	≤10	≥3	≤30	≥2.0	≥4.0
1.6				≥1.6	≥3.0

纸面石膏板是以建筑石膏为主要原料，掺入纤维、外加剂和适量的轻质填料等，加水拌成料浆，浇注在行进中的纸面上，成型后再覆以上层面纸。料浆经过凝固形成芯材，经切断、烘干，使芯材与护面纸牢固地结合在一起。

空心石膏条板生产方法与普通混凝土空心板类似。生产时常加入纤维材料或轻质填料，以提高板的抗折强度和减轻自重，多用于民用住宅的分室墙。

建筑石膏配以纤维增强材料、胶粘剂等可制成石膏角线、线板、角花、灯圈、罗马柱和雕塑等艺术装饰石膏制品。

3.2 石 灰

石灰是以氧化钙或氢氧化钙为主要成分的气硬性胶凝材料，是一种传统而又古老的建筑材料。石灰的原料来源广泛、生产工艺简单、使用方便、成本低廉，并具有良好的建筑性能，因此目前仍然是一种使用十分广泛的建筑材料。

3.2.1 石灰的种类和建筑石灰的生产

1. 石灰的种类

根据石灰成品的加工方法不同，石灰有以下 4 种成品。

(1) 生石灰：由石灰石煅烧成的白色或浅灰色疏松结构块状物，主要成分为 CaO。

(2) 生石灰粉：由块状生石灰磨细而成。

(3) 消石灰粉：将生石灰用适量水经消化和干燥而成的粉末，主要成分为 $Ca(OH)_2$，亦称熟石灰。

(4) 石灰膏：将块状生石灰用过量水(约为生石灰体积的 3~4 倍)消化，或将消石灰粉和水拌和，所得达一定稠度的膏状物，主要成分是 $Ca(OH)_2$ 和水。

2. 建筑石灰的原材料与生产

用于制备石灰的原料有石灰石、白垩、白云石和贝壳等，它们的主要成分都是碳酸钙，在低于烧结温度下煅烧所得到的块状物质即生石灰。反应式如下。

$$CaCO_3 \xrightarrow{900\sim1\,000℃} CaO + CO_2 \uparrow$$

煅烧良好的生石灰，质轻色匀，密度约为 $3.2g/cm^3$，表观密度约为 $800\sim1\,000kg/m^3$。煅烧温度的高低及分布情况，对石灰质量有很大影响。温度过低或煅烧时间不足，使得 $CaCO_3$ 不能完全分解，将生成"欠火石灰"，如果煅烧温度过高或时间过长，将生成颜色较深的"过火石灰"。欠火石灰中含有较多的未消化残渣，影响成品的出材率；过火石灰内部结构致密，CaO 晶粒粗大，表面被一层玻璃釉状物包裹，与水反应极慢，会引起制品的隆起或开裂。

《建筑生石灰》(JC/T 479—1992)中规定，按氧化镁含量的多少，建筑石灰分为钙质石灰和镁质石灰两类，前者氧化镁含量小于 5%。

3.2.2 石灰的水化与凝结硬化

1. 石灰的水化

工地上在使用石灰时，通常将生石灰加水，使之消解为膏状或粉末状的消石灰，这个过程称为石灰的水化，又称消化或熟化。其反应式如下。

$$CaO + H_2O \longrightarrow Ca(OH)_2 + 64.9kJ$$

上述化学反应有两个特点：一是水化热大、水化速率快；二是水化过程中固相体积增大 $1.5\sim2$ 倍。后一个特点易在工程中造成事故，应予高度重视。如前所述，过火石灰水化极慢，它要在占绝大多数的正常石灰凝结硬化后才开始慢慢熟化，并产生体积膨胀，从而引起已硬化的石灰体发生鼓包开裂破坏。为了消除过火石灰的危害，通常将生石灰放在消化池中"陈伏"$2\sim3$ 周以上才予使用。"陈伏"时，石灰浆表面应保持一层水来隔绝空气，防止碳化。

2. 石灰浆的凝结硬化

石灰的硬化是指石灰浆体由塑性状态逐步转化为具有一定强度的固体的过程。石灰浆体在空气中逐渐硬化，是由下面两个同时进行的过程来完成的。

1) 结晶作用

石灰浆体在干燥过程中由于水分蒸发或被周围气体吸收，各个颗粒间形成网状孔隙结构，在毛细管压力的作用下，颗粒间距逐渐减小，因而产生一定强度。同时氢氧化钙逐渐从饱和溶液中结晶析出，并形成一定的结晶强度。

2) 氢氧化钙与空气中的二氧化碳碳化生成碳酸钙结晶，释出水分并被蒸发。

$$Ca(OH)_2 + CO_2 + nH_2O \longrightarrow CaCO_3 + (n+1)H_2O$$

因为碳化作用实际是二氧化碳与水形成碳酸，然后与氢氧化钙反应生成碳酸钙，所以这个过程不能在没有水分的全干状态下进行。而且在长时间内，碳化作用只在表面进行，所以只有当孔壁完全湿润而孔中不充满水时，碳化作用才能进行较快。随着时间延长，表面形成的碳酸钙层达到一定厚度时，将阻碍 CO_2 向内渗透，同时也使浆体内部的水分不易脱出，使氢氧化钙结晶速度减慢。因此，石灰浆体的硬化过程只能是很缓慢的。

硬化后的石灰体表面为碳酸钙层，它会随着时间延长而厚度逐渐增加，里层是氢氧化钙晶体。

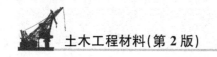

3.2.3　石灰及其制品的技术性质

1. 石灰的特性

1) 可塑性和保水性好

生石灰熟化为石灰浆时，能自动形成颗粒极细的呈胶体状态的氢氧化钙，表面吸附一层厚水膜，因而颗粒间的摩擦力减小，可塑性好。在水泥砂浆中加入石灰浆，可使可塑性和保水性显著提高。

2) 硬化缓慢，硬化后强度低

石灰的硬化只能在空气中进行，空气中 CO_2 含量少，使碳化作用进行缓慢。已硬化的表层对内部的硬化又有阻碍作用，因此石灰浆的硬化很缓慢。

熟化时的大量多余水分在硬化后蒸发，在石灰体内留下大量孔隙，因此硬化后的石灰体密实度小，强度也不高。石灰砂浆 28d 抗压强度通常只有 0.2～0.5MPa，受潮后石灰溶解，强度更低。

3) 硬化时体积收缩大

由于石灰浆中存在大量游离水，硬化时大量水分蒸发，导致内部毛细管失水紧缩，引起显著的体积收缩变形，使硬化石灰体产生裂纹。故除调成石灰乳作薄层粉刷外，石灰浆不宜单独使用。通常工程施工时常掺入一定量的骨料(如砂子)或纤维材料(如麻刀、纸筋等)。

4) 耐水性差

石灰浆硬化慢、强度低，因此在石灰硬化体中，大部分仍是尚未碳化的 $Ca(OH)_2$，易溶于水，这会使硬化石灰体遇水后产生溃散。因此石灰不宜在潮湿的环境下使用，也不宜单独用于建筑物基础。

2. 石灰的技术要求

1) 建筑生石灰和建筑生石灰粉的技术要求

根据我国建材行业标准《建筑生石灰》(JC/T 479—1992)与《建筑生石灰粉》(JC/T 480—1992)的规定，钙质生石灰、镁质生石灰可分为优等品、一等品和合格品 3 个等级，生石灰和生石灰粉的技术指标见表 3-3 和表 3-4。

表 3-3　建筑生石灰技术指标

项　目	钙质生石灰			镁质生石灰		
	优等品	一等品	合格品	优等品	一等品	合格品
$(CaO+MgO)$ 含量，≥/%	90	85	80	85	80	75
未消化残渣含量(5mm 圆孔筛筛余)，≤/%	5	10	15	5	10	15
CO_2 含量，≤/%	5	7	9	6	8	10
产浆量，≥/(L/kg)	2.8	2.3	2.0	2.8	2.3	2.0

表 3－4　建筑生石灰粉的技术指标

项　目		钙质生石灰			镁质生石灰		
		优等品	一等品	合格品	优等品	一等品	合格品
(CaO＋MgO) 含量，≥/%		85	80	75	80	75	70
CO_2 含量，≤/%		7	9	11	8	10	12
细度	0.90mm 筛筛余，≤/%	0.2	0.5	1.5	0.2	0.5	1.5
	0.125mm 筛筛余，≤/%	7.0	12.0	18.0	7.0	12.0	18.0

2）建筑消石灰粉的技术要求

根据《建筑消石灰粉》(JC/T 481—1992)的规定，消石灰粉分为钙质消石灰粉、镁质消石灰粉和白云石消石灰粉 3 类，并按它们的技术指标分为优等品、一等品和合格品 3 个等级，主要技术指标见表 3－5 和表 3－6。通常优等品、一等品适用于建筑装饰工程中的饰面层和中间涂层施工；合格品仅用于砌筑工程的施工。

表 3－5　建筑消石灰粉按氧化镁含量的分类界限

品种名称	钙质消石灰粉	镁质消石灰粉	白云石消石灰粉
氧化镁含量/%	＜4	4≤MgO＜24	24≤MgO＜30

表 3－6　建筑消石灰粉的技术指标

项　目		钙质消石灰粉			镁质消石灰粉			白云石消石灰粉		
		优等品	一等品	合格品	优等品	一等品	合格品	优等品	一等品	合格品
(CaO＋MgO) 含量，≥/%		70	65	60	65	60	55	65	60	55
游离水/%		0.4～2	0.4～2	0.4～2	0.4～2	0.4～2	0.4～2	0.4～2	0.4～2	0.4～2
体积安定性		合格	合格	—	合格	合格	—	合格	合格	—
细度	0.9mm 筛筛余，≤/%	0	0	0.5	0	0	0.5	0	0	0.5
	0.125mm 筛筛余，≤/%	3	10	15	3	10	15	3	10	15

3.2.4　石灰的应用

石灰在建筑工程中的应用范围很广，常用作以下几种用途。

1. 配制砂浆

石灰具有良好的可塑性和粘结性，常用来配制砂浆用于墙体的砌筑和抹面。石灰浆或消石灰粉与砂和水单独配制成的砂浆称石灰砂浆，与水泥、砂和水一起配制成的砂浆称混合砂浆。为了克服石灰浆收缩大的缺点，配制时常加入纸筋等纤维质材料。

2. 拌制三合土和灰土

三合土按生石灰粉(或消石灰粉)：粘土：砂子(或碎石、炉渣)＝1：2：3的比例来配制。灰土按石灰粉(或消石灰粉)：粘土＝1：(2～4)的比例来配制。它们主要用于建筑物的基础、路面或地面的垫层，也就是说用于与水接触的环境，这与其气硬性相矛盾。这可能是三合土和灰土在强力夯打之下，密实度大大提高，粘土中的少量活性 SiO_2 和活性 Al_2O_3 与石灰粉水化产物作用，生成了水硬性的水化硅酸钙和水化铝酸钙，从而有一定耐水性之故。

3. 制作石灰乳涂料

将消石灰粉或熟化好的石灰膏加入适量的水搅拌稀释，成为石灰乳，是一种廉价易得的涂料，主要用于内墙和天棚刷白，增加室内美观和亮度，我国农村也用于外墙。石灰乳可加入各种颜色的耐碱材料，以获得更好的装饰效果。

4. 生产硅酸盐制品

以石灰和硅质材料(如粉煤灰、石英砂、炉渣等)为原料，加水拌和，经成型、蒸养或蒸压处理等工序而成的建筑材料，统称为硅酸盐制品。如蒸压灰砂砖、粉煤灰砌块、硅酸盐砌块等，主要用作墙体材料。生石灰的水化产物 $Ca(OH)_2$ 能激发粉煤灰、炉渣等硅质工业废渣的活性，起碱性激发作用，$Ca(OH)_2$ 能与废渣中的活性 SiO_2、Al_2O_3 反应，生成有胶凝性、耐水性的水化硅酸钙和水化铝酸钙，这一原理在利用工业废渣来生产建筑材料时广泛采用。

5. 磨制生石灰粉

建筑工程中大量用磨细生石灰来代替石灰膏和消石灰粉配制灰土或砂浆，或直接用于生产硅酸盐制品。磨细生石灰可不经预先消化和"陈伏"直接应用。因为这种石灰具有很高的细度，水化反应速度快，水化时体积膨胀均匀，避免了产生局部膨胀过大现象。另外，石灰中的过火石灰和欠火石灰被磨细，提高了石灰的质量和利用率。

6. 加固软土地基

块状生石灰可用来加固含水的软土地基(称为石灰桩)。它是在桩孔内灌入生石灰块，利用生石灰吸水熟化产生体积膨胀的特性来加固地基。

7. 制造静态破碎剂和膨胀剂

将含有一定量 CaO 晶体、粒径为 $10\sim100\mu m$ 的过火石灰粉，与 5%～70% 的水硬性胶凝材料及 0.1%～0.5% 的调凝剂混合，可制得静态破碎剂。使用时将它与适量的水混合调成浆体，注入到欲破碎物的钻孔中。由于水硬性胶凝材料硬化后，过火石灰才水化，水化时体积膨胀，从而产生很大的膨胀压力，使物体破碎。该破碎剂可用于拆除建筑物和破碎分割岩石。用石灰制膨胀剂详见 5.1.5 "膨胀剂"。

3.3 水 玻 璃

水玻璃俗称泡花碱，是一种能溶于水的硅酸盐，由不同比例的碱金属氧化物和二氧化硅组成。目前最常用的是硅酸钠水玻璃 $Na_2O \cdot nSiO_2$，还有硅酸钾水玻璃 $K_2O \cdot nSiO_2$。

1. 水玻璃的种类与生产

水玻璃按其形态可分为液体水玻璃和固体水玻璃两种。液体水玻璃无色透明，当含有不同杂质时可呈青灰色、绿色或微黄色等，可以与水按任意比例混合而成不同浓度的溶液，浓度越稠，粘结力越强；固体水玻璃的形状呈块状、粒状或粉状。

水玻璃的生产方法有湿法生产和干法生产两种。湿法生产是将石英砂和氢氧化钠水溶液在压蒸锅（$0.2 \sim 0.3$MPa）内用蒸汽加热溶解而制成水玻璃溶液。干法是将石英砂和碳酸钠磨细拌匀，在熔炉中于 $1\,300 \sim 1\,400$℃温度下熔融，其反应式如下。

$$Na_2CO_3 + nSiO_2 \longrightarrow Na_2O \cdot nSiO_2 + CO_2 \uparrow$$

熔融的水玻璃冷却后得到固态水玻璃，然后在 $0.3 \sim 0.8$MPa 的蒸压釜内加热溶解成胶状玻璃溶液。

水玻璃分子式中 SiO_2 与 Na_2O 分子数比值 n 称为水玻璃硅酸盐模数，一般在 $1.5 \sim 3.5$ 之间。n 值越大，水玻璃中胶体组分越多，水玻璃粘性越大，越难溶于水。

2. 水玻璃的硬化与特性

水玻璃溶液在空气中吸收 CO_2 形成无定形硅胶，并逐渐干燥而硬化，其反应式如下。

$$Na_2O \cdot nSiO_2 + CO_2 + mH_2O \longrightarrow Na_2CO_3 + nSiO_2 \cdot mH_2O$$

上述反应过程进行缓慢。为加速硬化，常在水玻璃中加入促硬剂氟硅酸钠，促使硅酸凝胶加速析出，其反应式如下。

$$2(Na_2O \cdot nSiO_2) + Na_2SiF_6 + mH_2O \longrightarrow 6NaF + (2n+1)\,SiO_2 \cdot mH_2O$$

氟硅酸钠的适宜掺量为水玻璃质量的 $12\% \sim 15\%$。用量太少，硬化速度慢、强度低，且未反应的水玻璃易溶于水，导致耐水性差；用量过多，则凝结过快，造成施工困难，且渗透性大，强度也低。

水玻璃有以下特性。

（1）良好的粘结性。

（2）很强的耐酸性。水玻璃能抵抗多数酸的作用（氢氟酸除外）。

（3）较好的耐高温性。水玻璃可耐 $1\,200$℃的高温，在高温下不燃烧、不分解，强度不降低，甚至有所增加。

3. 水玻璃的应用

利用水玻璃的上述性能，在建筑工程中可有下列用途。

（1）涂刷建筑材料表面，提高密实度和抗风化能力。用水将水玻璃稀释，多次涂刷或浸渍材料表面，可提高材料的抗风化能力或使其密实度和强度提高。如果在液体水玻璃中加入适量尿素，在不改变其粘度情况下可提高粘结力 25% 左右。此方法对粘土砖、硅酸盐制品、水泥混凝土等含 $Ca(OH)_2$ 的材料效果良好。不能用于涂刷或浸渍石膏制品，因为 $Na_2O \cdot nSiO_2$ 与 $CaSO_4$ 反应生成 Na_2SO_4，Na_2SO_4 在制品孔隙中结晶，结晶时体积膨胀，引起制品开裂破坏。

（2）配制成耐热砂浆和耐热混凝土。水玻璃可与耐热骨料等一起来配制成耐热砂浆和耐热混凝土。

（3）配制成耐酸砂浆和耐酸混凝土。水玻璃可与耐酸骨料等一起来配制成耐酸砂浆和

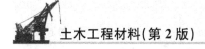

耐酸混凝土。

(4) 加固地基。将水玻璃溶液与氯化钙溶液交替注入土壤内，两者反应析出硅酸胶体，能起胶结和填充孔隙的作用，并可阻止水分的渗透，提高土壤的密度和强度。

(5) 以水玻璃为基料，配制各种防水剂。水玻璃能促进水泥凝结，如在水泥中掺入约为水泥质量 0.7 倍的水玻璃，初凝为 2min，可直接用于堵塞漏洞、缝隙等局部抢修。因凝结过速，不宜配制水泥防水砂浆用于屋面和地面刚性防水。

(6) 在水玻璃中加入 2~5 种矾，能配制各种快凝防水剂。常见的矾有蓝矾、明矾、红矾、紫矾等。防水剂的配制方法为选取 2 种、3 种、4 种或 5 种矾各 1 份溶于 60 份 100℃的水中，冷却至 50℃后，投入 400 份水玻璃中搅拌均匀即可。这种防水剂分别称为二矾、三矾、四矾或五矾防水剂。

(7) 配制水玻璃矿渣砂浆，修补砖墙裂缝。将液体水玻璃、粒化高炉矿渣粉、砂和氟硅酸钠按一定比例配合，压入砖墙裂缝。粒化高炉矿渣粉的加入不仅起填充及减少砂浆收缩的作用，还能与水玻璃起化学反应，成为增进砂浆强度的一个因素。

习　　题

1. 何谓气硬性胶凝材料和水硬性胶凝材料？如何正确使用这两类胶凝材料？

2. 试简述建筑石膏的特性及用途。为什么说石膏制品是有发展前途的建筑材料？

3. 生石灰熟化时为什么必须进行"陈伏"？磨细生石灰为什么可以不经"陈伏"而直接使用？石灰为气硬性胶凝材料，但为什么三合土和灰土可用于与水接触的部位？

4. 水玻璃有哪些特性？在工程中有哪些用途？

5. 哪种气硬性胶凝材料可用来加固软土地基？说明其机理。

6. 为什么说建筑石膏、石灰和水玻璃是气硬性胶凝材料？从它们的水化硬化过程加以说明。它们的耐水性是不是均很差？为什么？

7. 选择题。

(1) 石灰硬化时，体积（　　　）。

①增大 1.5~2.0 倍　②略微增大　③略微缩小　④显著缩小

(2) 石灰熟化过程中的"陈伏"是为了（　　　）。

①有利于结晶　②消除欠火石灰的危害　③降低发热量　④消除过火石灰的危害

8. 填空题。

(1) 半水石膏的结晶体有＿＿＿＿型和＿＿＿＿型两种。其中＿＿＿＿型为普通建筑石膏，＿＿＿＿型为高强建筑石膏。

(2) 水玻璃的模数越大，其溶于水的温度越＿＿＿＿，粘结力＿＿＿＿。常用水玻璃的模数为＿＿＿＿＿。

第4章 水泥

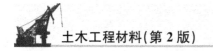

 引例

1961年1月15日，原长沙铁道学院某教学大楼施工时，4楼钢筋混凝土悬臂梁拆模后突然断塌，造成1人死亡，2人脊椎骨折。经分析，事故发生的原因有两个方面：一是使用了过期水泥，未经重新检验当作正常水泥使用，使混凝土拆模时的强度比预计的要低；二是施工时气温低，水泥水化缓慢，而未适当延长混凝土拆模时间。

水泥是一种粉状矿物胶凝材料，它与水混合后形成浆体，经过一系列的物理、化学变化，由可塑性浆体变成坚硬的石状体，并能将散粒材料胶结成整体。水泥浆体不仅能在空气中凝结硬化，更能在水中凝结硬化，是一种水硬性胶凝材料。

水泥是土木工程建筑中最重要的材料，也是用量最大的材料，水泥混凝土已经成为现代社会的基石，在经济社会的发展中发挥着重要作用。

水泥的发展历史也就是胶凝材料的发展历史。早在公元前3000年，古埃及人就开始采用煅烧石膏作建筑胶凝材料，而古希腊人则是将石灰石经煅烧后制得的石灰作为建筑的胶凝材料。现代意义上的水泥是在烧制石灰的过程中不断完善而制成的，1824年10月，英国工程师约瑟夫·阿斯帕丁(Joseph·Aspdin)获得了"波特兰水泥"(Portland Cement)专利，这标志着现代水泥的诞生。在我国，将波特兰水泥称为硅酸盐水泥。

土木工程中应用的水泥品种众多，按其化学组成的不同可分为硅酸盐系水泥、铝酸盐系水泥、硫铝酸盐系水泥、铁铝酸盐系水泥、磷酸盐系水泥、氟铝酸盐系水泥等系列。按其性能及用途可分为3大类，即用于一般土木工程的通用硅酸盐水泥，包括硅酸盐水泥、普通硅酸盐水泥、矿渣硅酸盐水泥、火山灰质硅酸盐水泥、粉煤灰硅酸盐水泥和复合硅酸盐水泥等6种；具有专门用途的专用水泥，如道路水泥、砌筑水泥和油井水泥等；具有某种比较突出性能的特性水泥，如快硬硅酸盐水泥、白色硅酸盐水泥、抗硫酸盐硅酸盐水泥、低热硅酸盐水泥和膨胀水泥等。

4.1 通用硅酸盐水泥

通用硅酸盐水泥是由硅酸盐水泥熟料、适量的石膏及规定的混合材料制成的水硬性胶凝材料。《通用硅酸盐水泥》(GB 175—2007)根据水泥中所掺混合材料的种类与掺量的不同，将通用硅酸盐水泥分为硅酸盐水泥、普通硅酸盐水泥(简称普通水泥)、矿渣硅酸盐水泥(简称矿渣水泥)、火山灰质硅酸盐水泥(简称火山灰水泥)、粉煤灰硅酸盐水泥(简称粉煤灰水泥)和复合硅酸盐水泥(简称复合水泥)6种。通用硅酸盐水泥的分类见表4-1。

表4-1 通用硅酸盐水泥的分类

品　　种	代号	组分(质量百分比)/%				
		熟料＋石膏	粒化高炉矿渣	火山灰质混合材料	粉煤灰	石灰石
硅酸盐水泥	P·I	100	—	—	—	—

（续）

品　种	代号	组分(质量百分比)/%				
		熟料＋石膏	粒化高炉矿渣	火山灰质混合材料	粉煤灰	石灰石
硅酸盐水泥	P·Ⅱ	≥95	≤5	—	—	—
		—	—	—	—	≤5
普通硅酸盐水泥	P·O	≥80且<95	>5且≤20			
矿渣硅酸盐水泥	P·S·A	≥50且<80	>20且≤50	—	—	—
	P·S·B	≥30且<50	>50且≤70	—	—	—
火山灰质硅酸盐水泥	P·P	≥60且<80	—	>20且≤40	—	—
粉煤灰硅酸盐水泥	P·F	≥60且<80	—	—	>20且≤40	—
复合硅酸盐水泥	P·C	≥50且<80	>20且≤50			

4.1.1　通用硅酸盐水泥的生产

生产硅酸盐水泥的原料主要是石灰石、粘土和铁矿石粉，煅烧一般用煤作燃料。石灰石主要提供 CaO，粘土主要提供 SiO_2、Al_2O_3 和 Fe_2O_3，铁矿石粉主要是补充 Fe_2O_3 的不足。硅酸盐水泥的生产工艺流程可用图 4.1 表示。

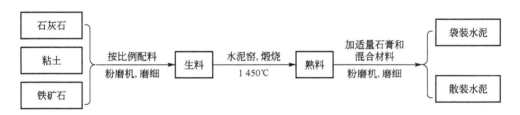

图 4.1　硅酸盐水泥的生产工艺流程

硅酸盐水泥的生产有 3 大主要环节，即生料制备、熟料烧成和水泥制成，这 3 大环节的主要设备是生料粉磨机、水泥熟料煅烧窑和水泥粉磨机，其生产过程常形象地概括为"两磨一烧"。水泥生产工艺按生料制备时加水制成料浆的称为湿法生产，干磨成粉料的称为干法生产。由于生料煅烧成熟料是水泥生产的关键环节，所以，水泥的生产工艺也常以煅烧窑的类型来划分。生料在煅烧过程中要经过干燥、预热、分解、烧成和冷却 5 个环节，通过一系列的物理、化学变化，生成水泥矿物，形成水泥熟料，为使生料能充分反应，在窑内烧成时温度要达到 1 450℃。目前，我国水泥熟料的煅烧主要有以悬浮预热和窑外分解技术为核心的新型干法生产工艺、回转窑生产工艺和立窑生产工艺等几种。由于新型干法生产工艺具有规模大、质量好、消耗低、效率高的特点，已经成为煅烧的发展方向和主流，而传统的回转窑和立窑生产工艺由于技术落后、消耗高、效率低，正逐渐被淘汰。

4.1.2　通用硅酸盐水泥的组成材料

1. 硅酸盐水泥熟料

由水泥原料经配比后煅烧而得到的块状料即为水泥熟料，是水泥的主要组成部分。水泥熟料的组成成分可分为化学成分和矿物成分两类。

硅酸盐水泥熟料的化学成分主要是氧化钙（CaO）、氧化硅（SiO_2）、氧化铝（Al_2O_3）、氧化铁（Fe_2O_3）4种氧化物，占熟料质量的94%左右。其中，CaO约占60%～67%，SiO_2约占20%～24%，Al_2O_3约占4%～9%，Fe_2O_3约占2.5%～6%。这几种氧化物经过高温煅烧后，反应生成多种具有水硬性的矿物，成为水泥熟料。

硅酸盐水泥熟料的主要矿物成分是硅酸三钙（$3CaO \cdot SiO_2$），简称为C_3S，约占50%～60%；硅酸二钙（$2CaO \cdot SiO_2$），简称为C_2S，约占15%～37%；铝酸三钙（$3CaO \cdot Al_2O_3$），简称为C_3A，约占7%～15%；铁铝酸四钙（$4CaO \cdot Al_2O_3 \cdot Fe_2O_3$），简称为$C_4AF$，约占10%～18%。

硅酸盐水泥熟料矿物的水化硬化特性见表4-2，熟料矿物的强度增长情况比较如图4.2所示。

表4-2　熟料矿物的水化硬化特性

矿物名称	水化速率	28d 水化热	凝结硬化速率	强度		耐化学侵蚀性
				早期	后期	
C_3S	快	多	快	高	高	中
C_2S	慢	少	慢	低	高	良
C_3A	最快	最多	最快	低	低	差
C_4AF	快	中	快	低	低	优

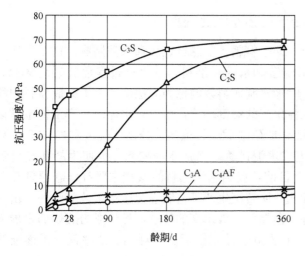

图4.2　各矿物强度增长曲线

2. 石膏

生产通用硅酸盐水泥时必须掺入适量石膏，其作用是延缓水泥的凝结时间，以满足水泥施工性能的要求。所掺石膏可以是天然石膏，要求其品位达到《天然石膏》（GB/T 5483—2008)中规定的 G 类石膏或 M 类二级及其以上混合石膏的要求；也可以是工业副产石膏，工业副产石膏是以硫酸钙为主要成分的工业副产物，采用前应经过试验证明其对水泥性能无害。

3. 混合材料

在磨制水泥时加入的天然或人工

矿物材料称为混合材料。混合材料的加入可以改善水泥的某些性能，拓宽水泥强度等级，扩大应用范围，并能降低水泥生产成本。掺加工业废料作为混合材料，能有效地减少污染，有利于环境保护和可持续发展。水泥混合材料包括非活性混合材料、活性混合材料和窑灰，其中活性混合材料的应用量最大。为确保工程质量，凡国家标准中没有规定的混合材料品种，严格禁止使用。

1）非活性混合材料

在常温下，加水拌和后不能与水泥、石灰或石膏发生化学反应的混合材料称为非活性混合材料，又称填充性混合材料。非活性混合材料加入水泥中的作用是提高水泥产量、降低生产成本、降低强度等级、减少水化热、改善耐腐蚀性和和易性等。这类材料中有磨细的石灰石、石英砂、慢冷矿渣、粘土和各种符合要求的工业废渣等。由于非活性混合材料的加入会降低水泥强度，其加入量一般较少。

2）活性混合材料

在常温下，加水拌和后能与水泥、石灰或石膏发生化学反应，生成具有一定水硬性的胶凝产物的混合材料称为活性混合材料。活性混合材料的加入可产生与非活性混合材料相同的作用。因活性混合材料的掺加量较大，其改善水泥性质的作用更加明显，当其活性激发后可使水泥后期强度大大提高，甚至赶上同等级的硅酸盐水泥。常用的活性混合材料有粒化高炉矿渣、火山灰质材料和粉煤灰等。

（1）粒化高炉矿渣。粒化高炉矿渣是高炉冶炼生铁时，将浮在铁水表面的熔融物经水淬等急冷处理而成的松散颗粒，又称为水淬矿渣。粒化高炉矿渣的主要化学成分是 CaO、SiO_2、Al_2O_3 和少量 MgO、Fe_2O_3。急冷的矿渣结构为不稳定的玻璃体，具有较大的化学潜能，其主要活性成分是活性 SiO_2 和活性 Al_2O_3。常温下能与 $Ca(OH)_2$ 反应，生成水化硅酸钙、水化铝酸钙等具有水硬性的产物，从而产生强度。在用石灰石作熔剂的矿渣中，含有少量 C_2S，本身就具有一定的水硬性，加入激发剂磨细就可制得无熟料水泥。

（2）火山灰质混合材料。天然火山灰材料是火山喷发时形成的一系列矿物，如火山灰、凝灰岩、浮石、沸石和硅藻土等；人工火山灰是与天然火山灰成分和性质相似的人造矿物或工业废渣，如烧粘土、粉煤灰、煤矸石渣和煤渣等。火山灰的主要活性成分是活性 SiO_2 和活性 Al_2O_3，在激发剂的作用下，可发挥出水硬性。

（3）粉煤灰。粉煤灰排放量很大，主要来自于火力发电厂燃烧后收集下来的极细的灰渣颗粒，为球状玻璃体结构。

3）窑灰

窑灰是水泥回转窑窑尾废气中收集的粉尘，活性较低，一般作为非活性混合材料加入水泥中，以减少污染，保护环境。

4.1.3　通用硅酸盐水泥的水化

1. 熟料矿物的水化

硅酸盐水泥熟料由 4 种主要矿物组成，这些矿物的水化硬化性质决定了水泥的性质。因此，研究水泥的水化硬化，必须首先研究各种矿物的水化硬化。对水泥水化硬化的研究主要关注 4 个方面的性质，即水化产物、水化速率、凝结硬化速率和硬化后强度。因水泥

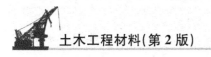

的强度随时间的延长而不断发展，研究其强度时，一般划分为早期强度和后期强度。

为简洁表达熟料的水化反应，通常对一些化学成分进行简写，简写规则如下：CaO 简写成 C，SiO_2 简写成 S，Al_2O_3 简写成 A，Fe_2O_3 简写成 F，H_2O 简写成 H，$Ca(OH)_2$ 简写成 CH，$CaSO_4$ 简写成 $\overline{S}$。

1) 硅酸三钙的水化

硅酸三钙是水泥熟料的主要矿物，其水化作用、产物和凝结硬化对水泥的性能有重要的影响。在常温下硅酸三钙的水化反应如下。

$$3CaO \cdot SiO_2 + nH_2O = xCaO \cdot SiO_2 \cdot yH_2O + (3-x)Ca(OH)_2$$

简写为

$$C_3S + nH = C\text{-}S\text{-}H + (3-x)CH$$

其水化产物为水化硅酸钙和氢氧化钙。水化硅酸钙为凝胶体，显微结构是纤维状，称为 C-S-H 凝胶。氢氧化钙为组成固定的晶体，易溶于水。

硅酸三钙水化速率很快，水化放热量大。生成的 C-S-H 凝胶的构成具有很高强度的空间网络结构，是水泥强度的主要来源，其凝结时间正常，早期和后期强度都较高。

2) 硅酸二钙的水化

硅酸二钙的水化与硅酸三钙相似，但水化速率慢很多，其水化反应如下。

$$2CaO \cdot SiO_2 + nH_2O = xCaO \cdot SiO_2 \cdot yH_2O + (2-x)Ca(OH)_2$$

简写为

$$C_2S + nH = C\text{-}S\text{-}H + (2-x)CH$$

其水化产物中水化硅酸钙在 C/S 和形貌方面都与 C_3S 的水化产物无大的区别，也称为 C-S-H 凝胶。而氢氧化钙的生成量较 C_3S 的少，且结晶比较粗大。

在硅酸盐水泥熟料矿物质中，硅酸二钙水化速率最慢，但后期增长大，水化放热量小；其早期强度低，后期强度增长，可接近甚至超过硅酸三钙的强度，是保证水泥后期强度增长的主要因素。

3) 铝酸三钙的水化

铝酸三钙的水化产物通称为水化铝酸钙，其组成和结构受液相中 CaO 浓度和温度的影响较大，在常温下生成介稳状态的水化铝酸钙，常温下典型的水化反应如下。

$$2(3CaO \cdot Al_2O_3) + 27H_2O = 4CaO \cdot Al_2O_3 \cdot 19H_2O + 2CaO \cdot Al_2O_3 \cdot 8H_2O$$

简写为

$$2C_3A + 27H = C_4AH_{19} + C_2AH_8$$

这些水化铝酸钙为片状晶体，最终会转化为等轴晶的水化铝酸三钙 $3CaO \cdot Al_2O_3 \cdot 6H_2O$（简写为 C_3AH_6）。当温度高于 35℃时，C_3A 则会直接水化成 C_3AH_6，因此，C_3A 的最终水化反应可表示如下。

$$3CaO \cdot Al_2O_3 + 6H_2O = 3CaO \cdot Al_2O_3 \cdot 6H_2O$$

简写为

$$C_3A + 6H = C_3AH_6$$

在硅酸盐水泥熟料矿物质中，铝酸三钙水化速率最快，水化放热量大且放热速率快。其早期强度增长快，但强度值并不高，后期几乎不再增长，对水泥的早期（3d 以内）强度有一定的影响。由于 C_3AH_6 为立方体晶体，是水化铝酸钙中结合强度最低的产物，它甚至会使水泥后期强度下降。水化铝酸钙凝结速率快，会使水泥产生快凝现象。因此，在水泥生产时要加入缓凝剂——石膏，以使水泥凝结时间正常。

4) 铁铝酸四钙的水化

铁铝酸四钙是熟料中铁相固溶体的代表，氧化铁的作用与氧化铝的作用相似，可看作

C_3A 中一部分氧化铝被氧化铁所取代。其水化反应及产物与 C_3A 相似,生成水化铝酸钙与水化铁酸钙的固溶体,其反应可表示如下。

$$4CaO \cdot Al_2O_3 \cdot Fe_2O_3 + 7H_2O = 3CaO \cdot Al_2O_3 \cdot 6H_2O + CaO \cdot Fe_2O_3 \cdot H_2O$$

简写为 $\qquad C_4AF + 7H = C_3AH_6 + CFH$

铁铝酸四钙水化速率较快,仅次于 C_3A,水化热不高,凝结正常,其强度值较低,但抗折强度相对较高。提高 C_4AF 的含量,可降低水泥的脆性,有利于道路等有振动交变荷载作用的应用场合。

2. 石膏的缓凝作用

在 C_3A 含量较高或石膏掺量过少时,硅酸盐水泥加水拌和后,C_3A 迅速反应,很快生成大量片状的水化铝酸钙(C_4AH_{13}),并相互连接形成松散的网状结构,出现不可逆的固化现象,导致水泥速凝。在石膏存在的条件下,C_3A 不再生成水化铝酸钙,而是与石膏反应生成溶解度极低的三硫型水化硫铝酸钙(又称钙矾石),其反应式如下。

$$3CaO \cdot Al_2O_3 + 3(CaSO_4 \cdot 2H_2O) + (24 \sim 26)H_2O = 3CaO \cdot Al_2O_3 \cdot 3CaSO_4 \cdot (30 \sim 32)H_2O$$

简写为 $\qquad C_3A + \overline{S}_3H_2 + (24 \sim 26)H = C_3A\overline{S}_3H_{30 \sim 32}$

若石膏消耗完毕,还有 C_3A 时,则钙矾石会与 C_3A 继续作用转化为单硫型水化硫铝酸钙,其反应式如下。

$$3CaO \cdot Al_2O_3 \cdot 3CaSO_4 \cdot 32H_2O + 2(3CaO \cdot Al_2O_3) + 4H_2O = 3(3CaO \cdot Al_2O_3) \cdot CaSO_4 \cdot 12H_2O$$

简写为 $\qquad C_3A\overline{S}_3H_{32} + 2C_3A + 4H = 3C_3A\overline{S}H_{12}$

石膏与 C_3A 生成的针状水化硫铝酸钙晶体沉积、包裹在水泥颗粒表面,阻滞了水分子及离子的扩散,使水泥凝结硬化速度减慢,起缓凝作用。

3. 活性混合材料的水化

活性混合材料具有潜在水化活性,但在常温下与水拌和时,本身不会水化或水化硬化极为缓慢,基本没有强度。但在 $Ca(OH)_2$ 溶液中,会发生显著的水化作用,在 $Ca(OH)_2$ 饱和溶液中反应更快。混合材料中的活性 SiO_2 和活性 Al_2O_3 与溶液中的 $Ca(OH)_2$ 反应,生成具有水硬性的水化硅酸钙和水化铝酸钙,其反应可表示如下。

$$xCa(OH)_2 + SiO_2 + nH_2O = xCaO \cdot SiO_2 \cdot (x+n)H_2O$$
$$yCa(OH)_2 + Al_2O_3 + mH_2O = yCaO \cdot Al_2O_3 \cdot (y+m)H_2O$$

当有石膏存在时,混合材料中活性 Al_2O_3 生成的水化铝酸钙会与石膏反应,生成水化硫铝酸钙,其反应可表示如下。

$$Al_2O_3 + 3Ca(OH)_2 + 3(CaSO_4 \cdot 2H_2O) + 23H_2O = 3CaO \cdot Al_2O_3 \cdot 3CaSO_4 \cdot 32H_2O$$

$Ca(OH)_2$ 或石膏的存在是活性混合材料潜在活性发挥的必要条件,这类能激发活性的物质称为激发剂。$Ca(OH)_2$ 为碱性激发剂,石膏为硫酸盐激发剂。

掺活性混合材料硅酸盐水泥加水拌和后,水泥熟料矿物首先与水作用,生成水化硅酸钙、水化铝酸钙、水化铁酸钙和 $Ca(OH)_2$ 等,其反应与硅酸盐水泥水化大致相同。然后,在溶液中 $Ca(OH)_2$ 的激发下,混合材料中的活性成分开始水化(也称为二次水化),生成以水化硅酸钙为主的水化产物。熟料与混合材料的水化相互影响、相互促进,二次水化消耗大量 $Ca(OH)_2$,水泥的碱度下降,促使熟料加速水化,又保证了混合材料的继续水化。

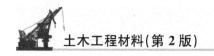

4. 通用硅酸盐水泥的主要水化产物

如果忽略一些次要的和少量的成分，通用硅酸盐水泥水化的主要产物为：C-S-H凝胶和水化铁酸钙凝胶，氢氧化钙、水化铝酸钙和水化硫铝酸钙等晶体。在完全水化的水泥石中，C-S-H凝胶约占70%、氢氧化钙约占20%、水化硫铝酸钙(包括钙矾石和单硫型水化硫铝酸钙)约占7%，水化铝酸钙和水化铁酸钙合计约占3%。

4.1.4 通用硅酸盐水泥的凝结硬化

水泥的凝结指水泥加水后从流动状态到固体状态的变化，即水泥浆失去流动性而生成具有一定强度的水泥石。凝结时间分为"初凝"和"终凝"，它直接影响工程的施工。硬化则是指水泥浆体固化后所建立的网状结构，具有一定的机械强度，并不断发展的过程。水泥的水化与凝结硬化是一个连续的过程。水化是凝结硬化的前提，凝结硬化是水化的结果。凝结与硬化是同一过程的不同阶段，但凝结硬化的各个阶段是交错进行的，不能截然分开。

关于水泥凝结硬化机理的研究，已经有100多年的历史，并有多种理论进行解释，随着现代测试技术的发展应用，其研究还在不断地深入。一般认为水泥浆体凝结硬化过程可分为早、中、后3个时期，分别相当于一般水泥在20℃温度环境中水化3h、20～30h以及更长时间。水泥凝结硬化过程如图4.3所示。

水泥加水后，水泥颗粒迅速分散于水中［图4.3(a)］。在水化早期，大约是加水拌和到初凝时止，水泥颗粒表面迅速发生水化反应，几分钟内即在表面形成凝胶状膜层，并从中析出六方片状的氢氧化钙晶体，大约1h左右即在凝胶膜外及液相中形成粗短的棒状钙矾石晶体，如图4.3(b)所示。这一阶段，由于晶体太小不足以在颗粒间搭接，使之连结成网状结构，所以水泥浆既有可塑性又有流动性。

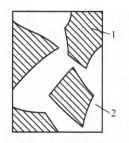 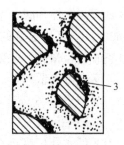 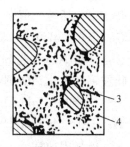 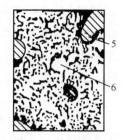

(a) 分散在水中的水泥颗粒　(b) 在水泥颗粒表面　(c) 膜层长大并互相　(d) 水泥产物进一步发展，
　　　　　　　　　　　　形成水化物膜层　　　连接(凝结)　　　填充毛细孔(硬化)

图4.3　水泥凝结硬化过程示意图

1—水泥颗粒；2—水；3—凝胶；4—晶体；5—未水化水泥内核；6—毛细孔

在水化中期，约有30%的水泥已经水化，以C-S-H、CH和钙矾石的快速形成为特征，由于颗粒间间隙较大，C-S-H呈长纤维状。此时水泥颗粒被C-S-H形成的一层包裹膜完全包住，并不断向外增厚，逐渐在膜内沉积。同时，膜的外侧生长出长针状钙矾石晶体，膜内侧则生成低硫型水化硫铝酸钙，CH晶体在原先充水的空间形成。这期间膜层和长针状钙矾石晶体长大，将各颗粒连接起来，使水泥凝结。同时，大量形成的C-S-H长纤维状晶体和钙矾石晶体一起，使水泥石网状结构不断致密，逐步发挥出强度。

水化后期(大约是 1d 以后)直到水化结束,水泥水化反应渐趋渐缓,各种水化产物逐渐填满原来由水占据的空间,由于颗粒间间隙较小,C-S-H 呈短纤维状。水化产物不断填充水泥石网状结构,使之不断致密,渗透率降低,强度增加。随着水化的进行,凝胶体膜层越来越厚,水泥颗粒内部的水化越来越困难,经过几个月甚至若干年的长时间水化后,多数颗粒仍剩余未水化的内核。因此,硬化后的水泥浆体是由凝胶体、晶体、未水化的水泥颗粒内核、毛细孔及孔隙中的水与空气组成,是固—液—气三相多孔体系,具有一定的机械强度和孔隙率,外观和性能与天然石材相似,因而称为水泥石。其在不同时期的相对数量变化,影响着水泥石性质的变化。

在水泥石中,水化硅酸钙凝胶是组成的主体,对水泥石的强度、凝结速率、水化热及其他主要性质起支配作用。水泥石中凝胶之间、晶体与凝胶、未水化颗粒与凝胶之间产生的粘结力是凝胶体具有强度的实质,至今尚无明确的结论。一般认为范德华力、氢键、离子引力和表面能是产生粘结力的主要原因,也有认为是存在化学键力的作用。

水泥熟料矿物的水化是放热反应。水化放热量和放热速率不仅影响水泥的凝结硬化速率,还会由于热量的积蓄产生较大的内外温差,影响结构的稳定性。大体积混凝土工程如大型基础、水库大坝和桥墩等,结构中的水泥水化热不易散发,积蓄在内部,可使内外温差达到 60℃ 以上,引起较大的温度应力,产生温度裂缝,导致结构开裂,甚至引起严重的破坏。因此,大体积混凝土宜采用低热水泥,并采取措施进行降温,以保证结构的稳定和安全。在低温条件和冬季施工中,采用水化热高的水泥,则可促进水泥的水化和凝结硬化,提高早期强度。

4.1.5 水泥石的腐蚀与防止

硬化水泥石在通常条件下具有较好的耐久性,但在流动的淡水和某些侵蚀介质存在的环境中,其结构会受到侵蚀,直至破坏,这种现象称为水泥石的腐蚀。它对水泥耐久性影响较大,必须采取有效的措施予以防止。

1. 水泥石的主要腐蚀类型

1) 软水腐蚀(溶出性腐蚀)

$Ca(OH)_2$ 晶体是水泥的主要水化产物之一,水泥的其他水化产物也须在一定浓度的 $Ca(OH)_2$ 溶液中才能稳定存在。而 $Ca(OH)_2$ 又是易溶于水的,若水泥石中的 $Ca(OH)_2$ 被溶解流失,其浓度低于水化产物所需要的最低要求时,水泥的水化产物就会被溶解或分解,从而造成水泥石的破坏。因此软水腐蚀是一种溶出性的腐蚀。

雨水、雪水、蒸馏水、冷凝水、含碳酸盐较少的河水和湖水等都是软水,当水泥石长期与这些水接触时,$Ca(OH)_2$ 会被溶出,每升水中可溶解 $Ca(OH)_2 1.3g$ 以上。在静水无压或水量不多的情况下,由于 $Ca(OH)_2$ 的溶解度较小,溶液易达到饱和,故溶出作用仅限于表面,并很快停止,其影响不大。但在流水、压力水或大量水的情况下,$Ca(OH)_2$ 会不断地被溶解流失。一方面使水泥石孔隙率增大,密实度和强度下降,水更易向内部渗透;另一方面,水泥石的碱度不断降低,引起水化产物分解,最终变成胶结能力很差的产物,使水泥石结构遭到破坏。

软水腐蚀的程度与水的暂时硬度(水中重碳酸盐即碳酸氢钙和碳酸氢镁的含量)有关,

碳酸氢钙和碳酸氢镁能与水泥石中的 $Ca(OH)_2$ 反应生成不溶于水的碳酸钙，其反应式如下。

$$Ca(OH)_2 + Ca(HCO_3)_2 = 2CaCO_3 \downarrow + 2H_2O$$

生成的碳酸钙沉淀在水泥石的孔隙内从而提高其密实度，并在水泥石表面形成紧密不透水层，从而可以阻止外界水的侵入和内部 $Ca(OH)_2$ 的扩散析出。因此，水的暂时硬度越高，腐蚀作用就越小。应用这一性质，对须与软水接触的混凝土制品或构件，可先在空气中硬化，再进行表面碳化，形成碳酸钙外壳，可起到一定的保护作用。

2) 盐类腐蚀

(1) 硫酸盐腐蚀（膨胀腐蚀）。硫酸盐腐蚀是指在海水、湖水、盐沼水、地下水、某些工业污水、流经高炉矿渣或煤渣的水中，常含钾、钠和氨等的硫酸盐。它们与水泥石中的 $Ca(OH)_2$ 发生置换反应，生成硫酸钙。硫酸钙与水泥石中的水化铝酸钙作用会生成高硫型水化硫铝酸钙（钙矾石），其反应式如下。

$$Ca(OH)_2 + Na_2SO_4 + 2H_2O = CaSO_4 \cdot 2H_2O + 2NaOH$$

$$4CaO \cdot Al_2O_3 \cdot 19H_2O + 3(CaSO_4 \cdot 2H_2O) + 7H_2O = 3CaO \cdot Al_2O_3 \cdot 3CaSO_4 \cdot 31H_2O + Ca(OH)_2$$

$$3CaO \cdot Al_2O_3 \cdot 6H_2O + 3(CaSO_4 \cdot 2H_2O) + 19H_2O = 3CaO \cdot Al_2O_3 \cdot 3CaSO_4 \cdot 31H_2O$$

生成的高硫型水化硫铝酸钙晶体比原有的水化铝酸钙体积增大 $1 \sim 1.5$ 倍，硫酸盐浓度高时还会在孔隙中直接结晶成二水石膏，比 $Ca(OH)_2$ 的体积增大 1.2 倍以上。由此引起水泥石内部膨胀，致使水泥结构胀裂、强度下降，从而遭到破坏。因为，生成的高硫型水化硫铝酸钙晶体呈针状，所以又形象地称为"水泥杆菌"，如图 4.4 所示。

图 4.4 水化硫铝酸钙晶体——水泥杆菌

(2) 镁盐腐蚀。镁盐腐蚀是指在海水及地下水中，常含有大量的镁盐。主要是硫酸镁和氯化镁，它们可与水泥石中的 $Ca(OH)_2$ 发生如下反应。

$$MgSO_4 + Ca(OH)_2 + 2H_2O = CaSO_4 \cdot 2H_2O + Mg(OH)_2$$

$$MgCl_2 + Ca(OH)_2 = CaCl_2 + Mg(OH)_2$$

所生成的 $Mg(OH)_2$ 松软而无胶凝性，$CaCl_2$ 易溶于水，会引起溶出性腐蚀，二水石膏又会引起膨胀腐蚀。因此硫酸镁对水泥起硫酸盐和镁盐的双重腐蚀作用，危害更严重。

3) 酸类腐蚀

(1) 碳酸腐蚀。碳酸腐蚀是指在工业污水、地下水中常溶解有较多的二氧化碳，形成碳酸水，这种水对水泥石有较强的腐蚀作用。

首先，二氧化碳与水泥石中的 $Ca(OH)_2$ 反应，生成碳酸钙，反应式如下。

$$Ca(OH)_2 + CO_2 + H_2O = CaCO_3 + 2H_2O$$

生成的碳酸钙是固体，但它在含碳酸的水中是不稳定的，会发生可逆反应，转变成重碳酸钙，反应式如下。

$$CaCO_3 + CO_2 + H_2O \Longleftrightarrow Ca(HCO_3)_2$$

所生成的重碳酸钙易溶于水。当水中含有较多的碳酸，且超过平衡浓度时，上式反应就向右进行，将导致水泥石中的 $Ca(OH)_2$ 转变成为重碳酸盐而溶失，发生溶出性的腐蚀。当水的暂时硬度较大时，所含重碳酸盐较多，上式平衡所需的碳酸就要越多，因而，可以减轻腐蚀的影响。

（2）一般酸的腐蚀。一般酸的腐蚀是指水泥水化生成大量 $Ca(OH)_2$，因而呈碱性，一般酸都会对它有不同的腐蚀作用。主要原因是一般酸都会与 $Ca(OH)_2$ 发生中和反应，其反应的产物或者易溶于水，或者体积膨胀，使水泥石性能下降，甚至导致其结构破坏；无机强酸还会与水泥石中的水化硅酸钙、水化铝酸钙等水化产物反应，使之分解，从而导致腐蚀破坏。一般来说，有机酸的腐蚀作用较无机酸弱；酸的浓度越大，腐蚀作用越强。例如下面的反应。

$$Ca(OH)_2 + 2HCl = CaCl_2 + 2H_2O$$
$$Ca(OH)_2 + 2H_2SO_4 = CaSO_4 \cdot 2H_2O$$
$$2CaO \cdot SiO_2 + 4HCl = 2CaCl_2 + SiO_2 \cdot 2H_2O$$
$$3CaO \cdot Al_2O_3 + 6HCl = 3CaCl_2 + Al_2O_3 \cdot 3H_2O$$

腐蚀作用较强的是无机酸中的盐酸（HCl）、氢氟酸（HF）、硝酸（H_3NO_3）、硫酸（H_2SO_4）和有机酸中的醋酸（即乙酸 CH_3COOH）、蚁酸（即甲酸 HCOOH）和乳酸（$CH_3CH(OH)COOH$）等。氢氟酸能侵蚀水泥石中的硅酸盐和硅质骨料，腐蚀作用非常强烈；而草酸（即乙二酸 $HOOC-COOH \cdot 2H_2O$）与 $Ca(OH)_2$ 反应生成的草酸钙为不溶性盐，可在水泥石表面形成保护层，因此腐蚀作用很小。

4）强碱的腐蚀

浓度不高的碱类溶液，一般对水泥石无害。但若长期处于较高浓度（大于 10%）的含碱溶液中也能发生缓慢腐蚀，主要是化学腐蚀和结晶腐蚀。

化学腐蚀：如氢氧化钠与水化产物反应，生成胶结力不强、易溶析的产物，反应式如下。

$$2CaO \cdot SiO_2 \cdot nH_2O + 2NaOH = 2Ca(OH)_2 + Na_2O \cdot SiO_2 + (n-1)H_2O$$
$$3CaO \cdot Al_2O_3 \cdot 6H_2O + 2NaOH = 3Ca(OH)_2 + Na_2O \cdot Al_2O_3 + 4H_2O$$

结晶腐蚀：如氢氧化钠渗入水泥石后，与空气中的二氧化碳反应生成含结晶水的碳酸钠，碳酸钠在毛细孔中结晶，使其体积膨胀，从而使水泥石开裂破坏。

5）其他腐蚀

除了上述 4 种主要的腐蚀类型外，一些其他物质也对水泥石有腐蚀作用，如糖、氨盐、酒精、动物脂肪、含环烷酸的石油产品及碱—骨料反应等。它们或是影响水泥的水化，或是影响水泥的凝结，或是体积变化引起开裂，或是影响水泥的强度，从不同的方面造成水泥石的性能下降甚至破坏。

实际工程中水泥石的腐蚀是一个复杂的物理，化学作用过程，腐蚀的作用往往不是单一的，而是几种同时存在，相互影响的。

2. 腐蚀的防止

水泥石腐蚀的产生，主要有 3 个基本原因：一是水泥石中存在易被腐蚀的组分，主要是 $Ca(OH)_2$ 和水化铝酸钙；二是有能产生腐蚀的介质和环境条件；三是水泥石本身不密实，有许多毛细孔，使侵蚀介质能进入其内部。防止水泥石的腐蚀，一般可采取以下措施。

（1）合理选用水泥品种。水泥品种不同，其矿物组成也不同，对腐蚀的抵抗能力不同。水泥生产时，调整矿物的组成，掺加相应耐腐蚀性强的混合材料，就可制成具有相应耐腐蚀性能的特性水泥。水泥使用时必须根据腐蚀环境的特点，合理地选择品种。如硅酸盐水泥水化时产生大量 $Ca(OH)_2$，易受各种腐蚀的作用，抵抗腐蚀能力较差；而掺加活性混合材料的水泥，其熟料比例降低，水化时 $Ca(OH)_2$ 较少，抵抗各种腐蚀的能力较强；铝酸钙含量低的水泥，其抗硫酸盐、抗碱腐蚀性能较强。

（2）提高水泥石的密实度，改善孔隙结构。水泥石的构造是一个多孔体系，因多余水分蒸发形成的毛细孔隙是连通的孔隙，介质能渗入其内部，造成腐蚀。提高水泥石的密实度、减少孔隙，能有效地阻止或减少腐蚀介质的侵入，提高耐腐蚀能力；改善水泥石的孔隙结构，引入密闭孔隙，减少毛细孔、连通孔，可提高抗渗性，这是提高耐腐蚀能力的有效措施。

（3）通过表面处理，形成保护层。当腐蚀作用较强时，应在水泥石表面加做不透水的保护层，隔断腐蚀介质的接触，保护层材料选用耐腐蚀性强的石料、陶瓷、玻璃、塑料、沥青和涂料等。也可用化学方法进行表面处理，形成保护层，如表面碳化形成致密的碳酸钙，表面涂刷草酸形成不溶的草酸钙等。对于特殊抗腐蚀的要求，则可采用抗腐蚀性强的聚合物混凝土。

4.1.6 通用硅酸盐水泥的技术性质

1. 化学指标

1）不溶物

不溶物是指经盐酸处理后的不溶残渣，再以氢氧化钠溶液处理，经盐酸中和、过滤后所得的残渣，再经高温灼烧所剩的物质。不溶物含量高对水泥质量有不良的影响。GB 175—2007 规定，Ⅰ型硅酸盐水泥中不溶物≤0.75%，Ⅱ型硅酸盐水泥中不溶物≤1.50%，其他硅酸盐水泥没有不溶物限值要求。

2）烧失量

用烧失量来限制石膏和混合材料中的杂质含量，以保证水泥质量。GB 175—2007 规定，Ⅰ型硅酸盐水泥烧失量≤3.0%，Ⅱ型硅酸盐水泥烧失量≤3.5%，普通水泥烧失量≤5.0%，其他水泥没有烧失量限值要求。

3）三氧化硫

水泥中的三氧化硫由水泥中硫酸盐和硫化物折算而来，三氧化硫过量会与铝酸钙矿物生成较多的钙矾石，产生较大的体积膨胀，引起水泥安定性不良。GB 175—2007 规定，矿渣水泥的 SO_3 含量≤4.0%，其他 5 种水泥的 SO_3 含量≤3.5%。

4）氧化镁

水泥中游离氧化镁(f-MgO)呈过烧状态，水化很慢，且水化生成的 $Mg(OH)_2$ 体积膨胀 1.5 倍，过量会引起水泥安定性不良。GB 175—2007 规定，硅酸盐水泥和普通水泥的 f-MgO 含量≤5.0%，其他 4 种水泥的 f-MgO 含量≤6.0%(P·S·B水泥不作规定)。

5）氯离子

氯离子是强氧化剂，会破坏钢筋混凝土中钢筋表面的保护膜，引起钢筋锈蚀，钢筋锈蚀时产生的体积膨胀会使混凝土开裂。GB 175—2007 规定，通用水泥的氯离子含量 ≤0.06％。

2. 碱含量（选择性指标）

当混凝土骨料中含有活性二氧化硅时，会与水泥中的碱相互作用形成碱的硅酸盐凝胶，由于后者体积膨胀可引起混凝土开裂，造成结构的破坏，这种现象称为"碱—骨料反应"（详见第5.5节）。它是影响混凝土耐久性的一个重要因素。碱—骨料反应与混凝土中的总碱量、骨料及使用环境等有关。为防止碱—骨料反应，GB 175—2007 对碱含量作出了相应规定。

GB 175—2007 规定，水泥中碱含量按 $Na_2O+0.658K_2O$ 计算值来表示。若使用活性骨料，要求提供低碱水泥时，水泥中碱含量不得大于 0.60％或由供需双方商定。

3. 物理指标

1）凝结时间

从水泥加入到水中开始至水泥浆失去流动性（即水泥浆从可塑性状态发展到固体状态）所需时间称水泥的凝结时间。水泥的凝结时间分为初凝时间和终凝时间。自水泥加入水中拌和起，至水泥浆开始失去可塑性所需的时间称为初凝时间。自水泥加入水中拌和起，至水泥浆完全失去可塑性并开始产生强度所需的时间称为终凝时间。

为使水泥混凝土和砂浆有充分的时间进行搅拌、运输、浇捣和砌筑，水泥初凝时间不能过短。当施工完成，则要求尽快硬化，具有强度，故终凝时间不能太长。国家标准 GB 175—2007 规定，硅酸盐水泥初凝时间不小于 45min，终凝时间不大于 390min，普通水泥、矿渣水泥、火山灰水泥、粉煤灰水泥和复合水泥的初凝时间不小于 45min，终凝时间不大于 600min。

水泥凝结时间的测定是以标准稠度的水泥净浆，在规定温度和湿度下，用凝结时间测定仪来测定。所谓标准稠度是指水泥净浆达到规定稠度时所需的拌和水量与水泥质量的百分比。通用硅酸盐水泥的标准稠度用水量一般在 24％～30％之间，水泥熟料矿物成分不同时，其标准稠度用水量有所差别，磨得越细的水泥，标准稠度用水量会越大。

2）安定性

安定性是指水泥在凝结硬化过程中体积变化的均匀性。当水泥浆体硬化过程发生不均匀的体积变化时，就会导致水泥石膨胀开裂、翘曲，甚至失去强度，这即是安定性不良。安定性不良的水泥会降低建筑物质量，甚至引起严重事故。

引起水泥安定性不良的原因主要是水泥熟料中存在过多的游离氧化钙（f-CaO），水泥中含有过多的游离氧化镁（f-MgO），以及水泥中存在过多三氧化硫（SO_3）。熟料中所含的游离氧化钙（f-CaO）或水泥中的游离氧化镁（f-MgO）是在高温下形成的，属于过烧氧化物，水化很慢，它要在水泥凝结硬化后才慢慢开始水化，水化时产生体积膨胀，从而引起不均匀的体积变化而使水泥石开裂。三氧化硫（SO_3）过多主要由外掺石膏过量引起，有时也由混合材料中 SO_3 含量过大引起。水泥硬化后，在有水存在的情况下，SO_3 还会继续与固态的水化铝酸钙反应生成高硫型水化硫铝酸钙（钙矾石），体积增大，引起水泥石开裂。

对于 $f\text{-}CaO$ 引起的安定性不良，采用国家标准《水泥标准稠度用水量、凝结时间、安定性检验方法》(GB 1346—2001)规定的沸煮法检验。沸煮法检验又分为试饼法和雷氏法。试饼法是将标准稠度的水泥净浆做成试饼经沸煮 3h 后，目测试饼未发现裂缝，用钢直尺检查也没有弯曲(使钢直尺和试饼底部紧靠，以两者间不透光为不弯曲)此时水泥为安定性合格，反之为不合格。当两个试饼判别结果有矛盾时，该水泥的安定性为不合格。雷氏法是将标准稠度的水泥净浆做成雷氏夹经沸煮 3h 后，测量雷氏夹指针尖端的距离，当两个试件煮后增加距离(C-A)的平均值不大于 5.0mm 时，即认为该水泥安定性合格，当两个试件的(C-A)值相差超过 5.0mm 时，应用同一样品立即重做一次试验。再如此，则认为该水泥为安定性不合格。当试饼法与雷氏法的结果相矛盾时，以雷氏法为准。

对于 $f\text{-}MgO$ 和 SO_3 引起的安定性不良，不能用上述方法进行快速检验，因为 $f\text{-}MgO$ 的水化速度比 $f\text{-}CaO$ 更加缓慢，必须用压蒸法才能检验出它的危害，SO_3 的危害需经长期浸在常温水才能发现。$f\text{-}MgO$ 和 SO_3 的危害不易快速检验，常用化学限量的方法来防范。

3) 强度

强度是水泥的主要技术性质，是评定其质量的主要指标。《水泥胶砂强度检验方法(ISO 法)》(GB/T 17671—1999)规定，将水泥与中国 ISO 标准砂按质量以 1∶3 混合，用 0.5 的水灰比，按规定的方法制成 40mm×40mm×160mm 的试件，在标准温度下(20±1)℃的水中养护，分别测定其 3d 和 28d 的抗折强度和抗压强度。根据测定结果，硅酸盐水泥分为 42.5、42.5R、52.5、52.5R、62.5 和 62.5R 共 6 个等级，普通水泥分为 42.5、42.5R、52.5 和 52.5R 共 4 个等级，矿渣水泥、火山灰水泥、粉煤灰水泥和复合水泥分 32.5、32.5R、42.5、42.5R、52.5 和 52.5R 共 6 个等级，有代号 R 的为早强型水泥。GB 175—2007 规定，各等级的强度值不低于表 4-3 中的标准值。

表 4-3　通用硅酸盐水泥各龄期的强度值

强度等级		抗压强度/MPa		抗折强度/MPa	
		3d	28d	3d	28d
硅酸盐水泥	42.5	17.0	42.5	3.5	6.5
	42.5R	22.0		4.0	
	52.5	23.0	52.5	4.0	7.0
	52.5R	27.0		5.0	
	62.5	28.0	62.5	5.0	8.0
	62.5R	32.0		5.5	
普通水泥	42.5	17.0	42.5	3.5	6.5
	42.5R	22.0		4.0	
	52.5	23.0	52.5	4.0	7.0
	52.5R	27.0		5.0	

（续）

强度等级		抗压强度/MPa		抗折强度/MPa	
		3d	28d	3d	28d
矿渣水泥 火山灰水泥 粉煤灰水泥 复合水泥	32.5	10.0	32.5	2.5	5.5
	32.5R	15.0		3.5	
	42.5	15.0	42.5	3.5	6.5
	42.5R	19.0		4.0	
	52.5	21.0	52.5	4.0	7.0
	52.5R	23.0		4.5	

4）细度（选择性指标）

水泥的细度并不改变其根本性质，但却直接影响水泥的水化速率、凝结硬化、强度、干缩和水化放热等。因为水泥的水化是从颗粒表面逐步向内部发展的，颗粒越细小，其表面积越大，与水接触面积就越大，水化作用就越迅速、越充分，使水泥的凝结硬化速率加快，早期强度越高。但水泥颗粒过细时，在磨细时消耗的能量和成本会显著提高且水泥易与空气中的水分和二氧化碳反应，使之不易久存；另外，过细的水泥，达到相同稠度时的用水量增加，硬化时会产生较大的体积收缩，同时水分蒸发产生较多的孔隙，使水泥石强度下降。因此，水泥细度要控制在一个合理的范围。

国家标准 GB 175—2007 规定，硅酸盐水泥和普通水泥的细度以比表面积表示，其比表面积不小于 $300m^2/kg$；矿渣水泥、火山灰水泥、粉煤灰水泥和复合水泥的细度以筛余表示，其 $80\mu m$ 方孔筛筛余不大于 10% 或 $45\mu m$ 方孔筛筛余不大于 30%。

水泥检验时，应按同品种、同强度等级编号和取样，袋装水泥和散装水泥应分别进行编号和取样，每一编号为一取样单位。

检验结果判定规则如下：不溶物、烧失量、三氧化硫、氧化镁和氯离子 5 项化学指标和凝结时间、安定性和强度 3 项物理指标符合 GB 175—2007 规定的为合格品，上述 5 项化学指标和 3 项物理指标中的任何一项不符合 GB 175—2007 规定的为不合格品。

检验报告的内容应包括出厂检验项目（上述 5 项化学指标和 3 项物理指标）、细度、混合材料品种和掺加量、石膏和助磨剂的品种及掺加量、属旋窑或立窑生产及合同约定的其他技术要求。当用户需要时，生产者应在水泥发出之日起 7d 内寄发除 28d 强度以外的各项检验结果，32d 内补报 28d 强度的检验结果。在 40d 以内，买方检验认为产品质量不符合标准要求，而卖方又有异议时，则双方应将卖方保存的另一份试样送省级或省级以上国家认可的水泥质量监督检验机构进行仲裁检验。水泥安定性的仲裁检验，应在取样之日起 10d 以内完成。

4.1.7　通用硅酸盐水泥的包装、标志、运输与储存

水泥可以散装或袋装，袋装水泥每袋净含量为 50kg，且应不少于标志质量的 99%；随机抽取 20 袋总质量（含包装袋）应不少于 1 000kg。

水泥包装袋上应清楚标明：执行标准、水泥品种、代号、强度等级、生产者名称、生产许可证标志(QS)及编号、出厂编号、包装日期、净含量。包装袋两侧应根据水泥的品种采用不同的颜色印刷水泥名称和强度等级，硅酸盐水泥和普通水泥采用红色，矿渣水泥采用绿色，火山灰水泥、粉煤灰水泥和复合水泥采用黑色或蓝色。

水泥在运输与储存时不得受潮和混入杂物，不同品种和强度等级的水泥在储运中避免混杂。

水泥储运时如果受潮，其部分颗粒会因水化而结块，从而失去胶结能力，强度严重降低。即使是在良好的干燥条件下，也不宜储存过久。因为水泥会吸收空气中的水分和二氧化碳，发生缓慢水化和碳化现象，使其强度下降。通常，储存 3 个月的水泥，强度约下降 10%～20%；储存 6 个月的水泥，强度下降约 15%～30%；储存一年后，强度下降约 25%～40%。所以，水泥的储存期一般规定不超过 3 个月。受潮水泥必须经重新检验强度等指标后方可使用。

4.1.8　通用硅酸盐水泥的特性与应用

1. 硅酸盐水泥和普通水泥的特性与应用

1) 特性

硅酸盐水泥和普通水泥中混合材料的掺量较少，熟料所占比例高，性能相近，与其他 4 种通用水泥相比具有以下特性。

(1) 早期强度高。这两种水泥中 C_3S 含量较高，凝结硬化快、强度高，尤其是早期强度增快，特别适合早期强度要求高的工程、高强混凝土结构和预应力混凝土工程。

(2) 水化热大。这两种水泥所含 C_3S 和 C_3A 较高，水泥放热大、放热速率快、早期强度高，用于冬季施工可避免冻害。但水化热大对大体积混凝土工程不利，如无可靠的降温措施，不宜用于大体积混凝土工程。

(3) 抗冻性好。这两种水泥水化热集中于早期放出，早期强度高，同时它们的拌合物不易泌水，水泥石密实度较大，因此抗冻性较好，适用于冬季施工和严寒地区施工受反复冻融的混凝土工程。

(4) 碱度高、抗碳化能力强。这两种水泥的水泥石含有较多的 $Ca(OH)_2$，呈强碱性，可有效防止钢筋混凝土中的钢筋发生电化学锈蚀，也使水泥石碳化后内部碱度下降不明显，故其抗碳化性较好，因此特别适用于重要的钢筋混凝土结构和预应力混凝土结构。

(5) 耐腐蚀性差。这两种水泥的水泥石中含有大量的 $Ca(OH)_2$ 和水化铝酸钙，其耐软水、酸、碱、盐等腐蚀的能力较差，因此不宜用于受流动水、压力水、酸类和硫酸盐侵蚀的工程。

(6) 干燥收缩小。由于水化中形成较多的 C-S-H 凝胶体，使水泥石密实，游离水分较少，硬化时不易产生干缩裂纹，其干缩值较小。

(7) 耐热性差。虽然水泥石在短时间受热时不会破坏，但在高温或长时间受热的情况下，水泥石中的一些重要组分，在高温下发生脱水或分解，使强度下降甚至破坏。一般当受热达到 300℃时，水化产物开始脱水，体积收缩强度下降，温度达 700～1 000℃时，强度下降 85%～90%，甚至完全破坏。

（8）湿热养护效果差。这两种水泥在常温下养护硬化快、早期强度高，若进行湿热养护水泥早期水化更快，产生的大量水化产物来不及扩散，从而使水泥石后期强度反而降低。

2) 应用

（1）适用于一般气候环境中的混凝土工程。

（2）适用于重要结构的高强混凝土及预应力混凝土工程。

（3）适用于早期强度要求高的混凝土工程及冬季施工的混凝土工程。

（4）适用于严寒地区，遭受反复冻融的混凝土工程及干湿交替的部位。

（5）不能用于海水和有侵蚀性介质存在的混凝土工程。

（6）不能用于大体积混凝土工程。

（7）不能用于高温环境的混凝土工程。

2. 矿渣水泥、火山灰水泥、粉煤灰水泥和复合水泥的特性与应用

1) 特性

矿渣水泥、火山灰水泥、粉煤灰水泥和复合水泥中混合材料掺量大，熟料所占比例少，水化被认为分两次进行，第一次水化主要是熟料快速水化生成 $Ca(OH)_2$ 等水化产物，第二次水化主要是第一次水化生成的 $Ca(OH)_2$ 和外掺石膏激发活性混合材料的水化，"二次水化"的存在使 4 种水泥性能相近。

（1）4 种水泥的共同特性如下。

① 凝结硬化慢、早期强度低和后期强度增长快。在早期，4 种水泥"二次水化"明显，水化慢，强度低；在后期，"二次水化"的产物不断增多，水泥强度发展较快，达到甚至超过同等级的硅酸盐水泥。因此，这 4 种水泥不宜用于早期强度要求高的工程、冬季施工工程和预应力混凝土等工程，且应加强早期养护。

② 水化热低。由于熟料用量少，水化放热量大的矿物 C_3S 和 C_3A 较少，水泥的水化热大大降低，适合用于大体积混凝土工程，如大型基础和水坝等。适当调整其组成比例就可生产出大坝专用的低热水泥。

③ 抗冻性差，耐磨性差。由于加入较多的混合材料，水泥的需水性增加，用水量较多，易形成较多的毛细孔或粗大孔隙，且水泥早期强度较低，使抗冻性和耐磨性下降。因此，不宜用于严寒地区水位升降范围内的混凝土工程和有耐磨性要求的工程。

④ 抗碳化能力差。由于水化产物中 $Ca(OH)_2$ 少，水泥石的碱度较低，遇有碳化的环境时，表面碳化较快，碳化深度较深，对钢筋的保护不利。若碳化深度达到钢筋表面，会导致钢筋锈蚀，使钢筋混凝土产生顺筋裂缝，降低耐久性。不过，在一般环境中，这 4 种水泥对钢筋都具有良好的保护作用。

⑤ 耐腐蚀性能强。由于熟料用量少，水化生成的 $Ca(OH)_2$ 少，且"二次水化"还要消耗大量 $Ca(OH)_2$，使水泥石中易腐蚀的成分减少，水泥石的耐软水腐蚀、耐硫酸盐腐蚀、耐酸性腐蚀等能力大大提高，可用于有耐腐蚀要求的工程中。但如果火山灰水泥掺加的是以 Al_2O_3 为主要成分的烧粘土类混合材料，因水化后生成水化铝酸钙较多，其耐硫酸盐腐蚀的能力较差，不宜用于有耐硫酸盐腐蚀要求的场合。

⑥ 温度敏感性高，适宜高温湿热养护。这 4 种水泥在低温下水化速率和强度发展较慢，而在高温养护时水化速率大大提高，强度发展加快，可得到较高的早期强度和后期强

度。因此，适合采用高温湿热养护，如蒸汽养护和蒸压养护。

（2）4种水泥的个别特性如下。

① 矿渣硅酸盐水泥。由于矿渣是在高温下形成的材料，所以矿渣水泥具有较强的耐热性。粒化高炉矿渣玻璃体对水的吸附力差，导致矿渣水泥的保水性差，易泌水，产生较多的连通孔隙，水分的蒸发增加，使矿渣水泥的抗渗性差，干燥收缩较大，易在表面产生较多的细微裂缝，影响其强度和耐久性。

② 火山灰质硅酸盐水泥。火山灰质硅酸盐水泥具有较好的抗渗性和耐水性。因为，火山灰质混合材料的颗粒有大量的细微孔隙，保水性良好，泌水性低，并且水化中形成的水化硅酸钙凝胶较多，水泥石结构比较致密，所以具有较好的抗渗性和抗淡水溶析的能力，可优先用于有抗渗性要求的工程。

火山灰质硅酸盐水泥的干燥收缩比矿渣水泥更加显著，在长期干燥的环境中，其水化反应会停止，已经形成的凝胶还会脱水收缩，形成细微裂缝，影响水泥石的强度和耐久性。因此，火山灰质硅酸盐水泥施工时要加强养护，较长时间保持潮湿状态，且不宜用于干热环境中。

③ 粉煤灰水泥。粉煤灰水泥的干缩性较小，甚至优于硅酸盐水泥和普通水泥，具有较好的抗裂性。因为，粉煤灰颗粒呈球形，较为致密，吸水性差，加水拌和时的内摩擦阻力小、需水性小，所以其干缩小、抗裂性好，同时配制的混凝土、砂浆和易性好。

由于粉煤灰吸水性差，水泥易泌水，会形成较多连通孔隙，干燥时易产生细微裂缝，抗渗性较差，不宜用于干燥环境和抗渗要求高的工程。

④ 复合水泥。复合水泥的早期强度接近于普通水泥，性能略优于其他掺大量混合材料的水泥，适用范围较广。它掺加了两种或两种以上的混合材料，有利于发挥各种材料的优点，为充分利用混合材料生产水泥，扩大水泥应用范围，提供了广阔的途径。

2）应用

（1）适用于受侵蚀性介质作用的混凝土工程。

（2）适用于大体积混凝土工程。

（3）适用于湿热养护混凝土工程。

（4）适用于高湿环境中或长期处于水中的混凝土工程。

（5）不适用于要求早期强度高的混凝土工程。

（6）不适用于严寒地区的露天混凝土工程，寒冷地区和严寒地区处于水位升降范围内的混凝土工程。

（7）火山灰水泥适用于有抗渗要求的混凝土工程。

（8）矿渣水泥可用于温度不高于200℃的混凝土工程，如轧钢、铸造、锻造、热处理等高温车间及热工窑炉的基础等；也可用于温度达300～400℃的热气体通道等耐热工程。

4.2 硅酸盐系特种水泥

通用硅酸盐水泥品种不多，用量大。除此之外，工程上还广泛应用硅酸盐系特性水泥和专用水泥，又称为特种水泥。

1. 白色与彩色硅酸盐水泥

1) 白色硅酸盐水泥

白色硅酸盐水泥熟料是以适当成分的生料烧至部分熔融，所得的以硅酸钙为主要成分含少量氧化铁的熟料。由氧化铁含量少的硅酸盐水泥熟料、适量石膏及标准规定的混合材料，磨细制成的水硬性胶凝材料称为白色硅酸盐水泥，简称白水泥，代号 P·W。

硅酸盐水泥的颜色主要由氧化铁引起。当氧化铁含量在 3%～4% 时，熟料呈暗灰色；在 0.45%～0.7% 时，带淡绿色；而降低到 0.35%～0.40% 后，接近白色。因此，白色硅酸盐水泥的生产主要是降低氧化铁的含量。此外，氧化锰、氧化铬、氧化钴和氧化钛等也对白水泥的白度有显著影响，故其含量也应尽量减少。

《白色硅酸盐水泥》(GB/T 2015—2005)规定，白水泥的细度要求为 $80\mu m$ 方孔筛筛余不得超过 10.0%；凝结时间初凝不早于 45min，终凝不迟于 10h；体积安定性用沸煮法检验必须合格；水泥中三氧化硫含量不得超过 3.5%。

白水泥的强度分为 32.5、42.5、52.5 共 3 个等级，各龄期的强度不得低于表 4-4 的规定。

表 4-4 白水泥各龄期强度标准值

强度等级	抗压强度/MPa		抗折强度/MPa	
	3d	28d	3d	28d
32.5	12.0	32.5	3.0	6.0
42.5	17.0	42.5	3.5	6.5
52.5	22.0	52.5	4.0	7.0

白水泥的白度用样品与氧化镁标准白板反射率的比例衡量，要求白度值不得低于 87。

白水泥主要用于建筑物的装饰，如地面、楼梯、外墙饰面，彩色水刷石和水磨石制造，大理石及瓷砖镶贴，混凝土雕塑工艺制品等。还可与彩色颜料配成彩色水泥，配制彩色砂浆或混凝土，用于装饰工程。

2) 彩色硅酸盐水泥

彩色硅酸盐水泥简称彩色水泥，主要有两种生产方法，即染色法和烧成法。染色法是将碱性颜料、白色水泥熟料和石膏共同磨细制成，其产品标准为《彩色硅酸盐水泥》(JC/T 870—2000)；也可将颜料直接与白水泥混合配制而成，这种方法灵活简单，但颜料消耗大，色泽不易均匀。烧成法是将着色剂加入水泥生料中，经过煅烧使熟料具有所需的颜色，再与石膏混合磨细而成。

烧成法制得的彩色水泥，色泽均匀，颜色保持持久，但生产成本较高；染色法制得的彩色水泥，色泽不易均匀，长期使用易出现褪色，但生产成本较低。目前彩色水泥以染色法较常用。染色法使用的颜料多为无机矿物颜料，要求不溶于水、分散性好、大气稳定性好、抗碱性强、着色力强，并不得显著影响水泥的强度和其他性质。有机颜料易老化，只能作为辅助用途使用，通常只加入少量，以提高水泥色彩的鲜艳度。

彩色水泥主要是配制彩色砂浆或混凝土，用于制造人工石材和装饰工程。

2. 道路硅酸盐水泥

依据国家标准《道路硅酸盐水泥》(GB 13693—2005)的规定,由道路硅酸盐水泥熟料、适量石膏,加入标准规定的混合材料,磨细制成的水硬性胶凝材料,称为道路硅酸盐水泥(简称道路水泥),代号 P·R。

对道路水泥的性能要求是耐磨性好、收缩小、抗冻性好、抗冲击性好,有高的抗折强度和良好的耐久性。道路水泥的上述特性,主要依靠改变水泥熟料的矿物组成、粉磨细度、石膏加入量及外加剂来达到。一般适当提高熟料中 C_3S 和 C_4AF 的含量,限制 C_3A 和游离氧化钙的含量。C_4AF 的脆性小、抗冲击性强、体积收缩最小,提高 C_4AF 的含量,可以提高水泥的抗折强度及耐磨性。水泥的粉磨细度增加,虽可提高强度,但水泥的细度增加,收缩增加很快,从而易产生微细裂缝,使道路易于破坏。研究表明,当细度从 2 720 cm^2/g 增至 3 250 cm^2/g 时,收缩增加不大,因此,生产道路水泥时,水泥的比表面积一般可控制在 3 000～3 200 cm^2/g,0.08 mm 方孔筛筛余宜控制在 5%～10%。适当提高水泥中的石膏加入量,可提高水泥的强度和降低收缩率,对制造道路水泥是有利的。另外,为了提高道路混凝土的耐磨性,可加入 5% 以下的石英砂。

道路水泥的熟料矿物组成要求 $C_3A<5$%,$C_4AF>16$%;f-CaO 旋窑生产的不得大于 1.0%,立窑生产的不得大于 1.8%。道路水泥中氧化镁含量不得超过 5.0%,三氧化硫不得超过 3.5%,烧失量不得大于 3.0%,碱含量不得大于 0.6% 或由供需双方协商;比表面积为 300～450 m^2/kg,初凝不早于 1.5 h,终凝不迟于 10 h,沸煮法安定性必须合格,28 d 干缩率不大于 0.10%,28d 磨耗量应不大于 3.00 kg/m^2。道路水泥的各龄期强度不得低于表 4-5 的数值。

表 4-5　道路水泥各龄期强度

强度等级	抗压强度/MPa		抗折强度/MPa	
	28d	3d	28d	3d
32.5	16.0	32.5	3.5	6.5
42.5	21.0	42.5	4.0	7.0
52.5	26.0	52.5	5.0	7.5

道路水泥可以较好地承受高速车辆的车轮摩擦、循环负荷、冲击和震荡、货物起卸时的骤然负荷,较好地抵抗路面与路基的温差和干湿度差产生的膨胀应力,抵抗冬季的冻融循环。使用道路水泥铺筑路面,可减少路面裂缝和磨耗,减少维修量,延长使用寿命。

道路水泥主要用于道路路面、机场跑道路面和城市广场等工程。

3. 膨胀硅酸盐水泥与自应力硅酸盐水泥

膨胀水泥和自应力水泥都是硬化时具有一定体积膨胀的水泥品种。通用硅酸盐水泥在空气中硬化,一般都表现为体积收缩,平均收缩率为 0.02%～0.035%。混凝土成型后,7～60d 的收缩率较大,以后趋向缓慢。收缩使水泥石内部产生细微裂缝,导致其强度、抗渗性、抗冻性下降;用于装配式构件接头、建筑连接部位和堵漏补缝时,水泥收缩会使结合不牢，达不到预期效果。而使用膨胀水泥就能改善或克服上述的不足。另外，在钢筋混凝土中，利用混凝土与钢筋的握裹力，使钢筋在水泥硬化发生膨胀时被拉伸，而混凝土内侧产生压应力，钢筋混凝土内由组成材料(水泥)膨胀而产生的压应力称为自应力。自应力的存在使混凝土抗裂性提高。

膨胀水泥膨胀值较小，主要用于补偿收缩；自动水泥膨胀值较大，用于产生混凝土预应力。

使水泥产生膨胀主要有 3 种途径，即氧化钙水化生成 $Ca(OH)_2$，氧化镁水化生成 $Mg(OH)_2$，铝酸盐矿物生成钙矾石。因前两种反应不易控制，一般多采用以钙矾石为膨胀组分生产各种膨胀水泥。

自应力硅酸盐水泥是以适当比例的硅酸盐水泥或普通硅酸盐水泥、铝酸盐水泥和天然二水石膏磨制而成的膨胀性的水硬性胶凝材料。硅酸盐水泥或普通硅酸盐水泥强度等级不低于 42.5MPa，铝酸盐水泥强度不低于 42.5MPa。自应力水泥的自应力值指水泥水化硬化后体积膨胀能使砂浆或混凝土在限制条件下产生可资应用的化学预应力，自应力值是通过测定水泥砂浆的限制膨胀率，计算得到的。要求其 28d 的自由膨胀率不得大于 3%，膨胀稳定期不得迟于 28d。自应力硅酸盐水泥按其自应力值分为 S1、S2、S3、S4 共 4 个能级，对应的自应力值见表 4-6。

表 4-6　自应力硅酸盐水泥的能级

能级	S1	S2	S3	S4
自应力值/MPa	1.0≤S1<2.0	2.0≤S2<3.0	3.0≤S3<4.0	4.0≤S4<5.0

自应力硅酸盐水泥适用于制造自应力钢筋混凝土压力管及其配件，制造一般口径和压力的自应力水管和城市煤气管。

4. 低水化热硅酸盐水泥

低水化热硅酸盐水泥原称大坝水泥，是专门用于要求水化热较低的大坝和大体积工程的水泥品种。主要品种有 3 种，国家标准《中热硅酸盐水泥、低热硅酸盐水泥、低热矿渣硅酸盐水泥》(GB 200—2003)对这 3 种水泥作出了规定。

以适当成分的硅酸盐水泥熟料，加入适量石膏，磨细制成的具有中水化热的水硬性胶凝材料，称为中热硅酸盐水泥(简称中热水泥)，代号 P·MH。

以适当成分的硅酸盐水泥熟料，加入适量石膏，磨细制成的具有低水化热的水硬性胶凝材料，称为低热硅酸盐水泥(简称低热水泥)，代号 P·LH。

以适当成分的硅酸盐水泥熟料，加入粒化高炉矿渣、适量石膏，磨细制成的具有低水化热的水硬性胶凝材料，称为低热矿渣硅酸盐水泥(简称低热矿渣水泥)，代号 P·SLH。

生产低水化热水泥，主要是降低水泥熟料中的高水化热组分 C_3S、C_3A 和 $f\text{-}CaO$ 的含量。中热水泥熟料中 C_3S 不超过 55%，C_3A 不超过 6%，$f\text{-}CaO$ 不超过 1%；低热水泥熟料中 C_2S 不低于 40%，C_3A 不超过 6%，$f\text{-}CaO$ 不超过 1%；低热矿渣水泥熟料中 C_3A 不超过 8%，$f\text{-}CaO$ 不超过 1.2%。低热矿渣水泥中矿渣掺量为 20%～60%，允许用不超过混合材料总量 50% 的粒化电炉磷渣或粉煤灰代替部分矿渣。各水泥的强度不得低于表 4-7 的要求；水化热不得高于表 4-8 的要求。

表 4-7 低水化热水泥各龄期强度

品种	强度等级	抗压强度/MPa			抗折强度/MPa		
		3d	7d	28d	3d	7d	28d
中热水泥	42.5	12.0	22.0	42.5	3.0	4.5	6.5
低热水泥	42.5	—	13.0	42.5	—	3.5	6.5
低热矿渣水泥	32.5	—	12.0	32.5	—	3.0	5.5

表 4-8 低水化热水泥各龄期水化热

品种	强度等级	水化热(不高于)/(kJ·kg^{-1})		
		3d	7d	28d
中热水泥	42.5	251	293	—
低热水泥	42.5	230	260	310
低热矿渣水泥	32.5	197	230	—

中热水泥主要适用于大坝溢流面的面层和水位变动区等要求较高的耐磨性和抗冻性的工程,低热水泥和低热矿渣水泥主要适用于大坝或大体积建筑物内部及水下工程。

5. 抗硫酸盐硅酸盐水泥

国家标准《抗硫酸盐硅酸盐水泥》(GB 748—2005)按抵抗硫酸盐腐蚀的程度分成中抗硫酸盐硅酸盐水泥和高抗硫酸盐硅酸盐水泥两大类。

以适当成分的硅酸盐水泥熟料,加入适量石膏,磨细制成的具有抵抗中等浓度硫酸根离子侵蚀的水硬性胶凝材料,称为中抗硫酸盐硅酸盐水泥(简称中抗硫水泥),代号 P·MSR。具有抵抗较高浓度硫酸根离子侵蚀的,称为高抗硫酸盐硅酸盐水泥(简称高抗硫水泥),代号 P·HSR。

水泥石中的 $Ca(OH)_2$ 和水化铝酸钙是硫酸盐腐蚀的内在原因,水泥的抗硫酸盐性能就决定于水泥熟矿物中这些成分的相对含量。降低熟料中 C_3S 和 C_3A 的含量,相应增加耐蚀性较好的 C_2S 替代 C_3S,增加 C_4AF 替代 C_3A,是提高耐硫酸盐腐蚀的主要措施之一。

抗硫酸盐硅酸盐水泥的成分要求、耐蚀程度和强度等级见表 4-9。

表 4-9 抗硫酸盐水泥成分、耐蚀程度、强度等级表

名称	C_3S	C_3A	耐蚀 SO_4^{2-}浓度 /(mg·L^{-1})	强度等级	中抗硫、高抗硫水泥			
					抗压强度/MPa		抗折强度/MPa	
					3d	28d	3d	28d
中抗硫水泥	≤55.0	≤5.0	≤2 500	32.5	10.0	32.5	2.5	6.0
高抗硫水泥	≤50.0	≤3.0	≤8 000	42.5	15.0	42.5	3.0	6.5

抗硫酸盐水泥除了具有较强的抗腐蚀能力外,还要求具有较高的抗冻性,主要适用于受硫酸盐腐蚀、冻融循环及干湿交替作用的海港、水利、地下、隧涵、道路和桥梁基础等

工程。

6. 砌筑水泥

目前，我国建筑，尤其住宅建筑中，砖混结构仍占很大比例，砌筑砂浆成为需要量很大的建筑材料。通常，在施工配制砌筑砂浆时，会采用最低强度即 32.5 级或 42.5 级的通用水泥，而常用砂浆的强度仅为 2.5MPa、5.0MPa，水泥强度与砂浆强度的比值大大超过了 4~5 倍的经济比例，为了满足砂浆和易性的要求，又需要用较多的水泥，造成砌筑砂浆强度等级超高，形成较大浪费。因此，生产专为砌筑用的低强度水泥非常必要。

《砌筑水泥》(GB/T 3183—2003)规定：凡由一种或一种以上的水泥混合材料，加入适量硅酸盐水泥熟料和石膏，经磨细制成的工作性能较好的水硬性胶凝材料，称为砌筑水泥，代号 M。

砌筑水泥用混合材料可采用矿渣、粉煤灰、煤矸石、沸腾炉渣和沸石等，掺加量应大于 50%，允许掺入适量石灰石或窑灰。凝结时间要求初凝不早于 60min，终凝不迟于 12h。按砂浆吸水后保留的水分计，保水率应不低于 80%。砌筑水泥的各龄期强度应不低于表 4-10 的要求。

表 4-10　砌筑水泥的各龄期强度值

强度等级	抗压强度/MPa		抗折强度/MPa	
	7d	28d	7d	28d
12.5	7.0	12.5	1.5	3.0
22.5	10.0	22.5	2.0	4.0

砌筑水泥适用于砌筑砂浆、内墙抹面砂浆及基础垫层；允许用于生产砌块及瓦等制品。砌筑水泥一般不得用于配制混凝土，通过试验，允许用于低强度等级混凝土，但不得用于钢筋混凝土等承重结构。

4.3 铝酸盐水泥

铝酸盐系水泥是应用较多的非硅酸盐系水泥，是具有快硬早强性能和较好耐高温性能的胶凝材料，还是膨胀水泥的主要组分，在军事工程、抢修工程、严寒工程、耐高温工程和自应力混凝土等方面应用广泛，是重要的水泥系列之一。

1. 铝酸盐水泥的原料与组成

《铝酸盐水泥》(GB 201—2000)规定，凡以铝酸钙为主的铝酸盐水泥熟料，磨细制成的水硬性胶凝材料称为铝酸盐水泥(又称高铝水泥、矾土水泥)，代号 CA。

我国铝酸盐水泥按 Al_2O_3 的含量分为 4 类，分类及化学成分范围见表 4-11。

铝酸盐水泥的主要原料是矾土(铝土矿)和石灰石，矾土提供 Al_2O_3，石灰石提供 CaO。主要化学成分是 CaO、Al_2O_3、SiO_2；主要矿物成分是铝酸一钙($CaO \cdot Al_2O_3$，CA)、二铝酸一钙($CaO \cdot 2Al_2O_3$，CA_2)、七铝酸十二钙($C_{12}A_7$)，此外还有少量的其他铝酸盐和硅酸二钙。

表 4-11　铝酸盐水泥类型及化学成分范围

类型	Al_2O_3	SiO_2	Fe_2O_3	R_2O	$S^{①}$	Cl
CA—50	$\geqslant 50,\ <60$	$\leqslant 8.0$	$\leqslant 2.5$			
CA—60	$\geqslant 60,\ <68$	$\leqslant 2.0$	$\leqslant 2.0$	$\leqslant 0.4$	$\leqslant 0.1$	$\leqslant 0.1$
CA—70	$\geqslant 68,\ <77$	$\leqslant 1.0$	$\leqslant 0.7$			
CA—80	$\geqslant 77$	$\leqslant 0.5$	$\leqslant 0.5$			

① 当用户需要时，生产厂应提供结果和检测方法。

铝酸一钙是铝酸盐水泥的最主要矿物，约占 40%～50%，具有很高的活性，其特点是凝结正常、硬化迅速，是铝酸盐水泥强度的主要来源。二铝酸一钙约占 20%～35%，凝结硬化慢、早期强度低，但后期强度较高。

铝酸盐水泥熟料的煅烧有熔融法和烧结法两种。熔融法采用电弧炉、高炉、化铁炉和射炉等煅烧设备；烧结法采用通用水泥的煅烧设备。我国多采用回转窑烧结法生产，熟料具有正常的凝结时间，磨制水泥时不用掺加石膏等缓凝剂。

2. 铝酸盐水泥的水化与硬化

铝酸一钙是铝酸盐水泥的主要矿物成分，其水化硬化情况对水泥的性质起着主导作用。铝酸一钙水化极快，其水化反应及水化产物随温度的变化而变化。一般研究认为不同温度下，铝酸一钙水化反应有以下形式。

（1）当温度在 <20℃时，

$$CaO \cdot Al_2O_3 + 10H_2O = CaO \cdot Al_2O_3 \cdot 10H_2O$$

简写为
$$CA + 10H = CAH_{10}$$

（2）当温度在 20～30℃时，

$$3(CaO \cdot Al_2O_3) + 21H_2O = CaO \cdot Al_2O_3 \cdot 10H_2O + 2CaO \cdot Al_2O_3 \cdot 8H_2O + Al_2O_3 \cdot 3H_2O$$

简写为
$$3CA + 21H = CAH_{10} + C_2AH_8 + AH_3$$

（3）当温度 >30℃时，

$$3(CaO \cdot Al_2O_3) + 12H_2O = 3CaO \cdot Al_2O_3 \cdot 6H_2O + 2(Al_2O_3 \cdot 3H_2O)$$

简写为
$$3CA + 12H = C_3AH_6 + 2AH_3$$

二铝酸一钙的水化反应产物与铝酸一钙相同。常温下，CAH_{10} 和 C_2AH_8 同时形成，一起共存，其相对比例随温度上升而减小。

铝酸盐水泥的硬化机理与硅酸盐水泥基本相同。水化铝酸钙是多组分的共溶体，呈晶体结构，其组成与熟料成分、水化条件和环境温度等因素相关。CAH_{10} 和 C_2AH_8 都属六方晶系，结晶形态为片状、针状，硬化时互相交错搭接，重叠结合，形成坚固的网状骨架，产生较高的机械强度。水化生成的氢氧化铝（AH_3）凝胶又填充于晶体骨架，形成比较致密的结构。铝酸盐水泥的水化主要集中在早期，5～7d 后水化产物数量就很少增加，因此其早期强度增长很快，后期增长不显著。

要注意的是，CAH_{10} 和 C_2AH_8 等水化铝酸钙晶体都是亚稳相，会自发地转化为最终稳定产物 C_3AH_6，析出大量游离水，这种转化随温度的增高而加速。C_3AH_6 晶体属立方晶系，为等尺寸的晶体，结构强度远低于 CAH_{10} 和 C_2AH_8。同时水分的析出使内部孔隙增加，结构强度下降。因此，铝酸盐水泥的长期强度会有所下降，一般降低 $40\%\sim50\%$，湿热环境下影响更严重，甚至引起结构破坏。一般情况下，限制铝酸盐水泥用于结构工程。

3. 铝酸盐水泥的性能与用途

铝酸盐水泥的密度为 $3.0\sim3.2g/cm^3$，疏松状态的体积密度为 $1.0\sim1.3\ g/cm^3$，紧密状态的体积密度为 $1.6\sim1.8\ g/cm^3$。《铝酸盐水泥》(GB 201—2000)规定的细度、凝结时间和强度等级要求见表 4-12。

表 4-12 铝酸盐水泥的细度、凝结时间、强度要求

项 目		水泥类型			
		CA-50	CA-60	CA-70	CA-80
细度		比表面积不小于 $300m^2 g^{-1}$ 或 0.045mm 筛筛余不得超过 20%			
凝结时间	初凝，不早于/min	30	60	30	30
	终凝，不迟于/h	6	18	6	6
抗压强度 /MPa	6h	20[1]	—	—	—
	1d	40	20	30	25
	3d	50	45	40	30
	28d	—	85		
抗折强度 /MPa	6h	3.0[1]	—	—	—
	1d	5.5	2.5	5.0	4.0
	3d	6.5	5.0	6.0	5.0
	28d	—	10.0		

[1] 当用户需要时，生产厂应提供结果。

铝酸盐水泥的性能与应用归纳如下。

(1) 具有早强快硬的特性，1d 强度可达本等级强度的 80% 以上。适用于工期紧急的工程，如军事、桥梁、道路、机场跑道、码头和堤坝的紧急施工与抢修等。

(2) 放热速率快，早期放热量大，1d 放热可达水化热总量的 $70\%\sim80\%$，在低温下也能很好地硬化。适用于冬季及低温环境下施工，不宜用于大体积混凝土工程。

(3) 抗硫酸盐腐蚀性强。由于铝酸盐水泥的矿物主要是低钙铝酸盐，不含 C_3A，水化时不产生 $Ca(OH)_2$，所以具有强的抗硫酸盐性，甚至超过抗硫酸盐水泥。另外，铝酸盐水泥水化时产生铝胶(AH)，使水泥石结构极为密实，并能形成保护性薄膜，对其他类腐蚀也有很好的抵抗性。

(4) 耐磨性良好。适用于耐磨性要求较高的工程，受软水、海水、酸性水和受硫酸盐腐蚀的工程。

(5) 耐热性好。在高温条件下，铝酸盐水泥会发生固相反应，烧结结合逐步代替水化结合，不会使强度过分降低。如采用耐火骨料时，可制成使用温度达 $1\ 300\sim1\ 400℃$ 的耐热混凝土。适用于制作各种锅炉、窑炉用的耐热和隔热混凝土和砂浆。

(6) 抗碱性差。铝酸盐水泥是不耐碱的，在碱性溶液中水化铝酸钙会与碱金属的碳酸

盐反应而分解，使水泥石很快地被破坏。因此，铝酸盐水泥不得用于与碱溶液相接触的工程，也不得与硅酸盐水泥、石灰等能析出 $Ca(OH)_2$ 的胶凝材料混合使用。

铝酸盐水泥与石膏等材料配合，可以制成膨胀水泥和自应力水泥，还可用于制作防中子辐射的特殊混凝土。

由于铝酸盐水泥的后期强度倒缩，所以，不宜用于长期承重的结构及处于高温高湿环境的工程。

4.4 硫铝酸盐水泥

硫铝酸盐水泥是我国发明的组成不同于硅酸盐水泥和铝酸盐水泥的水泥系列。

硫铝酸盐水泥是以适当成分的生料，经煅烧所得的以无水硫铝酸钙和硅酸二钙为主要矿物成分的水泥熟料，掺加不同量的石灰石、适量石膏共同磨细制成，具有水硬性的胶凝材料。硫铝酸盐水泥又分为快硬硫铝酸盐水泥、低碱度硫铝酸盐水泥和自应力硫铝酸盐水泥。

快硬硫铝酸盐水泥是以适当成分的硫铝酸盐水泥熟料和少量石灰石（占水泥质量≤15%）、适量石膏共同磨细制成的，早期强度高的水硬性胶凝材料，代号 R·SAC。

低碱度硫铝酸盐水泥由适当成分的硫铝酸盐水泥熟料和较多量石灰石（占水泥质量>15%且≤35%）、适量石膏共同磨细制成，碱度低的水硬性胶凝材料，代号 L·SAC。

自应力硫铝酸盐水泥由适当成分的硫铝酸盐水泥熟料加入适量石膏磨细制成的具有膨胀性的水硬性胶凝材料，代号 S·SAC。

1. 硫铝酸盐水泥的组成与水化

硫铝酸盐水泥的主要原料是矾土、石灰石和石膏，用烟煤作为燃料。矾土主要提供 Al_2O_3，其中 Fe_2O_3 含量小于 5% 的称为铝矾土，Fe_2O_3 含量大于 5% 的称为铁矾土。对矾土所含 SiO_2 的量也有一定的限制。石灰石主要提供 CaO，要求与硅酸盐水泥一样。石膏主要提供 SO_3，可用二水泥石膏（$CaSO_4 \cdot H_2O$）或硬石膏（$CaSO_4$）。

硫铝酸盐水泥的主要矿物成分是无水硫铝酸钙（$3CaO \cdot 3Al_2O_3 \cdot CaSO_4$）、硅酸二钙（$2CaO \cdot SiO_2$）和含铁相固溶体。普通硫铝酸盐水泥的含铁相为 $4CaO \cdot Al_2O_3 \cdot Fe_2O_3$，高铁硫铝酸盐水泥为 $6CaO \cdot Al_2O_3 \cdot 2Fe_2O_3$。$3CaO \cdot 3Al_2O_3 \cdot CaSO_4$ 水化速率较快，力学强度较高，是早期水化活性高的矿物。含铁相早期水化快、强度较高。硅酸二钙与硅酸盐水泥中的不同，主要是在 $1\,250 \sim 1\,280℃$ 时由硫铝酸钙的过渡相分解生成，水化速率有所提高。

无水硫铝酸钙的水化反应可用下式表示。

$$3CaO \cdot 3Al_2O_3 \cdot CaSO_4 + 18H_2O = 3CaO \cdot Al_2O_3 \cdot CaSO_4 \cdot 12H_2O + 2(Al_2O_3 \cdot 3H_2O)$$

$6CaO \cdot Al_2O_3 \cdot 2Fe_2O_3$ 的水化反应可表示如下。

$$6CaO \cdot Al_2O_3 \cdot 2Fe_2O_3 + 15H_2O = 2\{3CaO \cdot [xAl_2O_3 \cdot (1-x)Fe_2O_3] \cdot 6H_2O\}$$
$$+ 4xFe(OH)_3 + (2-4x)Al(OH)_3$$

硫铝酸盐水泥水化时，各矿物的水化反应均较快。无水硫铝酸钙在水泥浆失去塑性前就形成了大量的钙矾石和氢氧化铝凝胶，硅酸二钙水化又形成 C—S—H 凝胶，铁相反应生成水化铁铝酸钙及氢氧化铝、氢氧化铁凝胶。各种凝胶体快速地不断填充由钙矾石晶体构成的空间网络骨架中，逐渐形成致密的水泥石结构，获得很高的早期强度，后期强度还有增长。硫铝酸盐水泥具有显著的快硬早强特性，与铝酸盐水泥相比，其后期强度不倒缩，性能更优良。

2. 硫铝酸盐水泥的技术要求

1) 硫铝酸盐水泥的物理性能、碱度和碱含量

硫铝酸盐水泥物理性能、碱度和碱含量应符合表4-13的规定。

表4-13 硫铝酸盐水泥物理性能、碱度和碱含量

项 目		指 标		
		快硬硫铝酸盐水泥	低碱度硫铝酸盐水泥	自应力硫铝酸盐水泥
比表面积，$\geqslant$/(m²/kg)		350	400	370
凝结时间/min	初凝，$\leqslant$	25		40
	终凝，$\geqslant$	180		240
碱度 pH 值，$\leqslant$		—	10.5	—
28d 自由膨胀率/%		—	0.00~0.15	—
自由膨胀率/%	7d，$\leqslant$	—	—	1.30
	28d，$\leqslant$	—	—	1.75
水泥中的碱含量 Na₂O + 0.658K₂O，$<$/%		—	—	0.50
28d 自应力增进率，$\leqslant$/(MPa/d)		—	—	0.010

2) 硫铝酸盐水泥的强度指标

各种硫铝酸盐水泥的各种强度等级水泥强度值应不低于表4-14的数值。

表4-14 硫铝酸盐水泥的各种强度等级水泥强度标准值

强度等级		抗压强度/MPa				抗折强度/MPa			
		1d	3d	7d	28d	1d	3d	7d	28d
快硬硫铝酸盐水泥	42.5	30.0	52.5	—	45.0	6.0	6.5	—	7.0
	52.5	40.0	52.5	—	55.0	6.5	7.0	—	7.5
	62.5	50.0	62.5	—	65.0	7.0	7.5	—	8.0
	72.5	55.0	72.5	—	75.0	7.5	8.0	—	8.5
低碱度硫铝酸盐水泥	32.5	25.0	—	32.5	—	3.5	—	5.0	—
	42.5	30.0	—	42.5	—	4.0	—	5.5	—
	52.5	40.0	—	52.5	—	4.5	—	6.0	—
自应力硫铝酸盐水泥	—	—	—	32.5	42.5	—	—	—	—

自应力硫铝酸盐水泥各级别各龄期自应力应符合表 4 - 15 的要求。

表 4 - 15　自应力硫铝酸盐水泥各级别各龄期自应力(MPa)

级别	7d		28d	
3.0	2.0	3.0		4.0
3.5	2.5	3.5		4.5
4.0	3.0	4.0		5.0
4.5	3.5	4.5		5.5

3. 硫铝酸盐水泥的特性与应用

硫铝酸盐水泥是现代水泥中的新型系列,与其他系列水泥相比,有其自身的特点和优势,目前应用推广已显示出良好的发展前景。其主要特性如下。

(1) 水化硬化快,早期强度高,是快硬早强水泥的主要品种。

(2) 结构致密、干缩小、抗冻性、抗渗性良好。

(3) 抗腐蚀性强,对于大部分酸和盐类都有较强的抵抗能力。

(4) 碱度低,与玻璃纤维等增强材料具有很好的结合能力,但对钢筋的锈蚀有一定影响。

(5) 耐热性较差。钙矾石在 150℃ 高温下易脱水发生晶形转变,引起强度大幅下降。

(6) 高硫型水化硫铝酸钙的膨胀值较大,且易控制,可制成膨胀水泥和自应力水泥。

硫铝酸盐水泥主要应用是有高早强要求的工程,如抢修、接缝堵漏和喷锚支护等;冬季施工工程;高强度混凝土工程;有抗渗要求、抗腐蚀性要求的工程,如地下工程和抗硫酸盐腐蚀工程等;与玻璃纤维配合,生产耐久性好的玻璃纤维增强水泥制品,制作喷射混凝土和薄壳结构构件;由于耐热性较差,不宜用于高温施工及高温结构中。

目前,我国生产的硫铝酸盐水泥,已经在房屋建筑工程、市政建筑工程、防水建筑工程、海洋建筑工程和混凝土制品等领域应用,取得了较好的效果。

习　　题

1. 我国主要有哪些水泥系列? 各主要有哪些品种?

2. 硅酸盐水泥熟料的主要矿物是什么? 各有什么水化硬化特性?

3. 什么是非活性混合材料和活性混合材料? 将它们掺入水泥中各起什么作用?

4. 硅酸盐水泥中加入石膏的作用是什么? 膨胀水泥中加入石膏的作用是什么?

5. 通用硅酸盐水泥有哪些品种? 各有什么性质和特点?

6. 什么是水泥的体积安定性? 如何检验安定性? 安定性不良的主要原因是什么?

7. 试验测得某硅酸盐水泥各龄期的破坏荷载见表 4 - 16,确定该水泥的强度等级。

8. 什么样的水泥产品是合格品、不合格品?

表 4-16　某硅酸盐水泥各龄期破坏荷载

破坏类型	抗折荷载/N		抗压荷载/kN	
龄期	3d	28d	3d	28d
试验结果	1 750	3 100	70	120
			61	125
	1 800	3 300	62	126
			59	138
	1 760	3 200	60	125
			58	130

9. 硅酸盐水泥的腐蚀有哪些类型？如何防止水泥石的腐蚀？

10. 降低水泥水化热的方法有哪些？低热水泥适用于什么用途？

11. 试述铝酸盐水泥的矿物组成、水化产物及特性。使用时注意哪些事项？

12. 下列混凝土工程中宜选用哪种水泥？不宜使用哪种水泥？为什么？

①高强度混凝土工程；②预应力混凝土工程；③采用湿热养护的混凝土制品；④处于干燥环境中的混凝土工程；⑤厚大体积基础工程；⑥水下混凝土工程；⑦高温设备或窑炉的基础；⑧严寒地区受冻融的混凝土工程；⑨有抗渗要求的混凝土工程；⑩混凝土地面或道路工程；⑪海港工程；⑫有耐磨性要求的混凝土工程；⑬与流动水接触的工程。

13. 填空题。

(1) 通用硅酸盐水泥根据_____和_____被分为 6 种硅酸盐水泥，其中大掺量混合材料的硅酸盐水泥是指混合材料掺量为_____％及其以上的硅酸盐水泥，包括_____、_____、_____和_____。

(2) 安定性不合格的水泥存放一段时间后可能变合格，其原因是_____；水泥的"安定期"是指_____。

(3)《通用硅酸盐水泥》(GB 175—2007)技术要求中的安定性指标是用来规定水泥熟料中是否含有过多_____，用_____方法来检验。而水泥中由_____和_____过多引起的水泥安定性不良用化学限量来控制或用压蒸法来检验。

14. 选择题。

(1) 通用硅酸盐水泥胶砂强度检测时，水泥与标准砂的比例、水灰比是(　　　)。
①1：2.5，0.50　　②1：2.5，0.48　　③1：3.0，0.50　　④1：3.0，0.45

(2) 铝酸盐水泥最适宜使用的温度为(　　　)℃。
①50～80　　②30～40　　③40～50　　④15～20

第5章
混凝土

本章介绍了混凝土的定义、重要发展阶段、分类和优缺点。讲述了普通混凝土组成材料的技术要求和常用技术指标测定方法；混凝土和易性及其测定与调整方法；混凝土力学性质、变形性质和耐久性以及影响上述性质的主要因素，重要力学性能和耐久性检测方法；普通混凝土配合比设计方法。讲述了粉煤灰混凝土和轻骨料混凝土的性能、配合比设计方法。介绍了其他混凝土的配制原理与性能、混凝土技术的新进展及其发展趋势。通过本章的学习，应达到以下目标。

(1) 掌握普通混凝土组成材料的技术要求和常用技术指标测定方法。

(2) 掌握普通混凝土和易性及其测定与调整方法。

(3) 熟练掌握普通混凝土力学性质、变形性质和耐久性以及影响上述性质的主要因素，重要力学性能和耐久性检测方法。

(4) 熟练掌握普通混凝土配合比设计方法。

(5) 熟悉粉煤灰混凝土和轻骨料混凝土的性能、配合比设计方法。

(6) 了解混凝土的定义、重要发展阶段、分类和优缺点。

(7) 了解其他混凝土的配制原理与性能、混凝土技术的新进展及其发展趋势。

教学要求

知识要点	能力要求	相关知识
混凝土的基本概念	(1) 混凝土的分类方法 (2) 混凝土优缺点的意义	(1) 混凝土的定义、分类 (2) 混凝土的发展阶段 (3) 混凝土的优缺点
普通混凝土的性能	(1) 普通混凝土组成材料的技术要求和常用技术指标的测定方法 (2) 混凝土和易性测定与调整方法 (3) 混凝土常用强度检测方法，正确分析影响混凝土强度主要因素、混凝土养护方法 (4) 能正确分析混凝土干缩变形、温度变形产生的原因，提出防止上述变形的主要措施 (5) 能指出提高(或防止)混凝土耐久性常见问题的主要措施 (6) 普通混凝土配合比设计方法	(1) 普通混凝土组成材料的技术要求和常用技术指标测定 (2) 混凝土和易性的概念、测定方法、调整方法 (3) 混凝土的结构、混凝土常用强度的含义与测定、影响混凝土强度的主要因素、混凝土的养护 (4) 混凝土变形种类、产生变形的原因、防止变形的主要措施 (5) 混凝土耐久性的概念、常见耐久性问题及提高耐久性的主要措施 (6) 普通混凝土配合比设计方法
粉煤灰混凝土和轻骨料混凝土的性能	粉煤灰混凝土和轻骨料混凝土的配合比设计方法	粉煤灰混凝土和轻骨料混凝土的主要性能和配合比设计

引例

长沙湘江大桥桥墩混凝土施工时，因使用普通水泥而导致混凝土开裂。湖南益阳大桥桥墩施工时，采用矿渣水泥，先浇筑墩体外层混凝土，待硬化后再浇筑内部混凝土。这样既减少了混凝土一次浇筑厚度而降低了总水化热量，又减小了混凝土内外温差，从而成功地防止了混凝土开裂。

混凝土是当代最重要的结构材料，但成型后易产生裂缝，如何防止混凝土裂缝的出现已成为世界性难题，防止混凝土裂缝的产生必须采取综合措施，包括严格控制原材料质量、优选混凝土配合比、加强早期养护、采用特殊施工方法等。混凝土经常出现的裂缝是干燥收缩裂缝和温度裂缝。

混凝土是由胶凝材料、粗骨料、细骨料和水(或不加水)按适当的比例配合、拌和制成的混合物，经一定时间后硬化而成的人造石材。混凝土常简写为"砼"。

混凝土材料的应用可追溯到古老年代。数千年前，我国劳动人民及埃及人就用石灰与砂配制成砂浆砌筑房屋。后来罗马人又使用石灰、砂及石子配制成混凝土，并在石灰中掺入火山灰配制成用于海岸工程的混凝土，这类混凝土强度不高，使用量少。

现代意义上的混凝土，是在约瑟夫·阿斯帕丁 1824 年发明波特兰水泥以后才出现。1830 年前后水泥混凝土问世；1850 年出现了钢筋混凝土，使混凝土技术发生了第一次革命；1928 年制成了预应力钢筋混凝土，产生了混凝土技术的第二次革命；1965 年前后混凝土外加剂，特别是减水剂的应用，使轻易获得高强度混凝土成为可能，混凝土的工作性显著提高，导致了混凝土技术的第三次革命。目前，混凝土技术正朝着超高强、轻质、高耐久性、多功能和智能化的方向发展。

水泥混凝土经过 170 多年的发展，已演变成了众多品种，通常从以下几个方面进行分类。

按所用的胶凝材料可分为水泥混凝土、沥青混凝土、水玻璃混凝土、聚合物混凝土、聚合物水泥混凝土、石膏混凝土和硅酸盐混凝土等几种。

按干表观密度分为 3 类：重混凝土，其干表观密度大于 $2\,600\text{kg/m}^3$，采用重骨料和水泥配制而成，主要用于防辐射工程，又称为防辐射混凝土；普通混凝土，其干表观密度为 $2\,000\sim2\,500\text{kg/m}^3$，一般在 $2\,400\text{kg/m}^3$ 左右，用水泥、水与普通砂、石配制而成，主要用作承重结构材料，是目前应用最多的混凝土，广泛用于工业与民用建筑、道路与桥梁、海工与大坝、军事工程等工程；轻混凝土，其干表观密度小于 $1\,950\text{kg/m}^3$，包括轻骨料混凝土、大孔混凝土和多孔混凝土，用作承重结构、保温结构和承重兼保温结构。

按施工工艺可分为泵送混凝土、预拌混凝土(商品混凝土)、喷射混凝土、真空脱水混凝土、自密实混凝土、堆石混凝土、压力灌浆混凝土(预填骨料混凝土)、造壳混凝土(裹砂混凝土)、离心混凝土、挤压混凝土、真空吸水混凝土、热拌混凝土和太阳能养护混凝土等。

按用途可分为结构混凝土、防水混凝土、防辐射混凝土、耐酸混凝土、装饰混凝土、耐热混凝土、大体积混凝土、膨胀混凝土、道路混凝土和水下不分散混凝土等多种。

按掺合料可分为粉煤灰混凝土、硅灰混凝土、碱矿渣混凝土和纤维混凝土等多种。

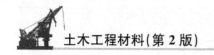

按抗压强度(f_{cu})的大小可分为低强混凝土($f_{cu}<30\text{MPa}$)、中强混凝土($f_{cu}=30\sim60\text{MPa}$)、高强混凝土($f_{cu}\geqslant60\text{MPa}$)和超高强混凝土($f_{cu}\geqslant100\text{MPa}$)等。

按每立方米中的水泥用量(C)分为贫混凝土($C\leqslant170\text{kg}$)和富混凝土($C\geqslant230\text{kg}$)。

本章讲述的混凝土,如无特别说明,均指普通混凝土。

普通混凝土与钢材、木材等常用土木工程材料相比有许多优点:原材料丰富,造价低廉,可以就地取材;可根据混凝土的用途来配制不同性质的混凝土;凝结前有良好的可塑性,可利用模板浇灌成任何形状及尺寸的构件或结构物;与钢筋有较高的握裹力,混凝土与钢筋的线膨胀系数基本相同,两者复合后能很好地共同工作等。

普通混凝土也存在一些缺点:抗拉强度低,一般为抗压强度的$\dfrac{1}{20}\sim\dfrac{1}{10}$,易产生裂缝,受拉时易产生脆性破坏;自重大,比强度小,不利于建筑物(构筑物)向高层、大跨度方向发展;耐久性不够,在自然环境、使用环境及内部因素作用下,混凝土的工作性能易发生劣化,硬化较慢,生产周期长,在自然条件下养护的混凝土预制构件,一般要养护7~14d方可投入使用;耐热性能差,温度超过300℃时,强度就开始快速下降。

5.1 普通混凝土的组成材料

普通混凝土是由水泥、水、砂子和石子组成,另外还常掺入适量的外加剂和掺合料。

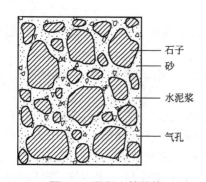

图 5.1 混凝土的结构

砂子和石子在混凝土中起骨架作用,故称为骨料(又叫集料),砂子称为细骨料,石子称为粗骨料。水泥和水形成水泥浆包裹在骨料的表面并填充骨料之间的空隙,在混凝土硬化之前起润滑作用,赋予混凝土拌合物流动性,便于施工;硬化之后起胶结作用,将砂石骨料胶结成一个整体,使混凝土产生强度,成为坚硬的人造石材。外加剂起改性作用。掺合料与水泥一起共同构成胶凝材料,可起胶结、改性和降低成本等作用,混凝土的结构如图5.1所示。

5.1.1 水泥

水泥是混凝土中最重要的组分,同时是混凝土组成材料中总价最高的材料。配制混凝土时,应正确选择水泥品种和水泥强度等级,以配制出性能满足要求、经济性好的混凝土。

1. 水泥品种的选择

配制混凝土时,应根据工程性质、部位、施工条件和环境状况等选择水泥的品种。

2. 水泥强度等级的选择

水泥强度等级的选择应与混凝土的设计强度等级相适应。原则上配制高强度等级的混凝土，选用高强度等级的水泥；配制低强度等级的混凝土，选用低强度等级的水泥。若用低强度等级的水泥配制高强度等级混凝土时，为了满足强度要求，必然增大水泥用量，不经济；同时混凝土易于出现干缩开裂和温度裂缝等劣化现象。反之，用高强度等级的水泥配制低强度等级的混凝土时，若只考虑满足混凝土强度要求，水泥用量较少，难以满足混凝土和易性和耐久性等要求；若水泥用量兼顾了耐久性等性能，又会导致混凝土超强和不经济。

根据经验，水泥的强度等级宜为混凝土强度等级的 1.3～1.7 倍，如配制 C30 混凝土时，水泥胶砂试件 28d 抗压强度宜在 39.0～51.0MPa 之间，宜选用 42.5 级水泥。当然，这种经验关系并不是严格的规定，在实际应用时可略有超出。表 5-1 是各水泥强度等级的水泥宜配制的混凝土。

表 5-1 水泥强度等级可配制的混凝土强度等级

水泥强度等级	宜配制的混凝土强度等级	水泥强度等级	宜配制的混凝土强度等级
32.5	C10、C15、C20、C25	52.5	C40、C45、C50、C60、≥C60
42.5	C30、C35、C40、C45	62.5	≥C60

5.1.2 细骨料

细骨料技术标准有《建设用砂》（GB/T 14684—2011）和《普通混凝土用砂、石质量及检验方法标准》（JGJ 52—2006），下面主要根据 GB/T 14684—2011 学习混凝土用细骨料的技术要求。

1. 细骨料的种类及其特性

细骨料按产源分为天然砂和机制砂。天然砂是指自然生成的，经人工开采和筛分的粒径小于 4.75mm 的岩石颗粒，包括河砂、湖砂、山砂和淡化海砂，但不包括软质、风化的岩石颗粒；机制砂是指经除土处理，由机械破碎、筛分制成的粒径小于 4.75mm 的岩石、矿山尾矿或工业废渣颗粒，但不包括软质、风化的颗粒，俗称人工砂。

天然砂是由天然岩石经自然条件作用而形成的细骨料。河砂和湖砂因长期经受流水和波浪的冲洗，颗粒较圆，比较洁净，且分布较广，一般工程都采用这种砂。海砂因长期受到海流冲刷，颗粒圆滑，比较洁净且粒度一般比较整齐，但常混合有贝壳及盐类等有害杂质，海砂中水溶性 Cl^- 含量不得大于 0.03%（以全部 Cl^- 换算成 NaCl 占干砂质量的百分率计），超过该值时，应通过淋洗，使 Cl^- 含量降低至 0.03% 以下，或在拌制的混凝土中掺入占水泥质量 0.6%～1.0% 的 $NaNO_2$ 等阻锈剂，对于预应力钢筋混凝土，则不宜采用海砂。山砂是从山谷或旧河床中采运而得到的，其颗粒多带棱角，表面粗糙，但含泥量和有机物杂质较多，使用时应加以限制。

由天然岩石轧碎而成的机制砂颗粒富有棱角，比较洁净，砂中片状颗粒及石粉含量较大，成本较高；由矿山尾矿或工业废渣生产的机制砂，颗粒也富有棱角，但质地较软，含泥量较大,有些含有对人体、环境有害的成分。随着天然砂资源的日益减少,我国机制砂的应用量已日益增加。

砂按技术要求分为Ⅰ类、Ⅱ类和Ⅲ类。

2. 细骨料的技术要求

1) 含泥量、石粉含量和泥块含量

含泥量是指天然砂中粒径小于 $75\mu m$ 的颗粒含量;石粉含量是指机制砂中粒径小于 $75\mu m$ 的颗粒含量;泥块含量是指砂中原粒径大于 $1.18mm$,经水浸洗、手捏后小于 $600\mu m$ 的颗粒含量。亚甲蓝 MB 值是用于判定机制砂中粒径小于 $75\mu m$ 颗粒的吸附性能的指标。天然砂的含泥量和泥块含量应符合表 5-2 的规定。机制砂 MB 值≤1.4 或快速法试验合格时,石粉含量和泥块含量应符合表 5-3 的规定;机制砂 MB 值>1.4 或快速法试验不合格时,石粉含量和泥块含量应符合表 5-4 的规定。

表 5-2　天然砂的含泥量和泥块含量

类　别	Ⅰ	Ⅱ	Ⅲ
含泥量(按质量计)/%	≤1.0	≤3.0	≤5.0
泥块含量(按质量计)/%	0	≤1.0	≤2.0

表 5-3　石粉含量和泥块含量(MB 值≤1.4 或快速法试验合格)

类　别	Ⅰ	Ⅱ	Ⅲ
MB 值	≤0.5	≤1.0	≤1.4 或合格
石粉含量(按质量计)/%[①]		≤10.0	
泥块含量(按质量计)/%	0	≤1.0	≤2.0

①此指标根据使用地区和用途,经试验验证,可由供需双方协商确定。

表 5-4　石粉含量和泥块含量(MB 值>1.4 或快速法试验不合格)

类　别	Ⅰ	Ⅱ	Ⅲ
石粉含量(按质量计)/%	≤1.0	≤3.0	≤5.0
泥块含量(按质量计)/%	0	≤1.0	≤2.0

泥、石粉和泥块对混凝土是有害的。泥包裹于砂子的表面,隔断了水泥石与砂子之间的粘结,影响混凝土的强度。当含泥量多时,会降低混凝土的强度和耐久性,并增加混凝土的干缩性。石粉会增大混凝土拌合物的需水量,影响混凝土和易性,降低混凝土的强度。泥块在混凝土内成为薄弱部位,引起混凝土强度和耐久性的降低。

2) 有害物质

砂子中不应混有草根、树叶、树枝、塑料、煤块和炉渣等杂物。砂中有害物质包括云母、轻物质、有机物、硫化物及硫酸盐、氯盐等,它们的限量应符合表 5-5 的规定。

云母是表面光滑的小薄片,会降低混凝土拌合物的和易性,也会降低混凝土的强度和耐久性。轻物质在混凝土拌合物成型时上浮,形成薄弱带,降低混凝土的整体性、强度和耐久性。有机物主要来自于动植物的腐殖质、腐殖土、泥煤和废机油等,会延缓水泥的水化,降低混凝土的强度,尤其是早期强度。硫化物及硫酸盐主要由硫铁矿(FeS_2)和石膏($CaSO_4$)等杂物带入,它们与水泥石中固态水化铝酸钙反应生成钙矾石,反应产物的固相体积膨胀 1.5 倍,从而引起混凝土膨胀开裂。Cl^- 是强氧化剂,会导致钢筋混凝土中的钢筋锈蚀,钢筋锈蚀后体积膨胀和受力面减小,从而引起混凝土开裂。贝壳对混凝土的和易性、强度及耐久性均有不同程度的影响,特别是对于 C40 以上的混凝土,两年后的强度会产生明显下降,对于低等级混凝土其影响较小。

表 5-5 砂中有害物质限量

类 别	I	II	III
云母(按质量计)/%	≤1.0	≤2.0	
轻物质(按质量计)/%	≤1.0		
有机物	合格		
硫化物及硫酸盐(按 SO_3 质量计)/%	≤0.5		
氯化物(以氯离子质量计)/%	≤0.01	≤0.02	≤0.06
贝壳(按质量计)/%	≤3.0	≤5.0	≤8.0

3) 碱—骨料反应

碱—骨料反应是指水泥、外加剂等混凝土组成物及环境中的碱与骨料中碱活性矿物在潮湿环境下缓慢发生反应并导致混凝土开裂破坏的膨胀反应。

当对砂的碱活性有怀疑时或用于重要工程的砂,需进行碱活性检验。检测方法及结果判定原则见"5.5 混凝土的碱-骨料反应"。经碱—骨料反应试验后,由砂制备的试件应无裂缝、酥裂、胶体外溢等现象,在规定的试验龄期内,膨胀率应小于 0.10%。

4) 粗细程度和颗粒级配

在混凝土中,砂子的表面由胶凝材料浆体(主要是水泥浆)包裹,砂子之间的空隙由胶凝材料浆体来填充。为了节约胶凝材料,提高混凝土的密实度和强度,应尽可能减少砂子的总表面积,同时减少砂子的空隙率。

砂的粗细程度是指不同粒径的砂粒混合在一起后的平均粗细程度。砂的粗细程度与其总表面积有直接的关系,对于相同质量的砂,细砂的总表面积较大,粗砂的总表面积较小。当混凝土拌合物的和易性要求一定时,粗砂较细砂的胶凝材料用量省。但若砂子过粗,易使混凝土拌合物产生离析、泌水等现象。因此,混凝土用砂不宜过细,也不宜过粗。

砂的颗粒级配是指粒径大小不同的砂粒的搭配情况。粒径相同的砂粒堆积在一起,会产生很大的空隙率,如图 5.2(a)所示;当用两种粒径的砂搭配起来,空隙率就减少了,如图 5.2(b)所示;而用 3 种粒径的砂搭配,空隙率就更小了,如图 5.2(c)所示。由此可见,要想减小砂粒间的空隙,就必须将大小不同的颗粒搭配起来使用。

砂的粗细程度和颗粒级配通常用筛分析的方法进行测定。GB/T 14684—2011 规定,砂的筛分析法是用 4.75mm、2.36mm、1.18mm、$600\mu m$、$300\mu m$ 和 $150\mu m$ 方孔筛,将 500g 干砂样由粗到细依次过筛,称取留在各筛上砂的筛余量 G_i(G_1、G_2、G_3、G_4、G_5、G_6)和筛底盘上砂的质量 $G_底$,然后计算各筛的分计筛余百分率 a_i(各筛上的筛余量占砂样总重的百分率),$a_i = [G_i/(\sum G_i + G_底)] \times 100\%$,计算累计筛余百分率 A_i(各筛及比该筛

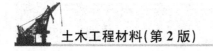
粗的所有筛的分计筛余百分率之和)。累计筛余与分计筛余的关系见表 5-6。

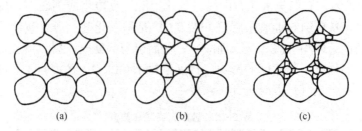

图 5.2　骨料的颗粒级配

表 5-6　分计筛余和累计筛余的关系

筛孔尺寸	分计筛余/%	累计筛余/%
4.75mm	a_1	$A_1 = a_1$
2.36mm	a_2	$A_2 = a_1 + a_2$
1.18mm	a_3	$A_3 = a_1 + a_2 + a_3$
600μm	a_4	$A_4 = a_1 + a_2 + a_3 + a_4$
300μm	a_5	$A_5 = a_1 + a_2 + a_3 + a_4 + a_5$
150μm	a_6	$A_6 = a_1 + a_2 + a_3 + a_4 + a_5 + a_6$
底盘	—	—

砂的粗细程度用根据累计筛余百分率计算而得的细度模数(M_x)来表示,其计算式如下。

$$M_x = \frac{(A_2 + A_3 + A_4 + A_5 + A_6) - 5A_1}{100 - A_1}$$

(5-1)

用该式计算时,A_i 用百分点而不是百分率来计算。如 $A_2 = 18.6\%$,计算时代入 18.6 而不是 0.186。

细度模数越大,表示砂越粗。按细度模数将砂分为粗、中、细 3 种规格:粗砂 $M_x = 3.1 \sim 3.7$,中砂 $M_x = 2.3 \sim 3.0$,细砂 $M_x = 1.6 \sim 2.2$。

在我国,有些地区(如四川和重庆的部分地区),天然砂的细度模数小于上述范围。一般将 $M_x = 0.7 \sim 1.5$ 的砂称为特细砂,$M_x < 0.7$ 的砂称为粉砂。

砂的细度模数不能反映砂的级配优劣。细度模数相同的砂,其级配可以很不相同。因此,在配制混凝土时,必须同时考虑砂的级配和砂的细度模数。GB/T 14684—2011 根据 600μm 筛孔的累计筛余,把 M_x 在 1.6～3.7 之间的砂的颗粒级配分为 1 区、2 区和 3 区,见表 5-7。

表 5-7　建设用砂颗粒级配

砂的分类	天然砂			机制砂		
级配区	1 区	2 区	3 区	1 区	2 区	3 区
方筛孔	累计筛余/%					
4.75mm	10～0	10～0	10～0	10～0	10～0	10～0
2.36mm	35～5	25～0	15～0	35～5	25～0	15～0

（续）

砂的分类	天然砂			机制砂		
级配区	1 区	2 区	3 区	1 区	2 区	3 区
方筛孔	累计筛余/%					
1.18mm	65～35	50～10	25～0	65～35	50～10	25～0
600μm	85～71	70～41	40～16	85～71	70～41	40～16
300μm	95～80	92～70	85～55	95～80	92～70	85～55
150μm	100～90	100～90	100～90	97～85	94～80	94～75

将筛分析试验的结果与表 5-7 进行对照，来判断砂的级配是否符合要求。但用表 5-7
来判断砂的级配不直观，为了方便应用，常用筛分曲线来判断。所谓筛分曲线是指以累计筛余百分率为纵坐标，以筛孔尺寸为横坐标所画的曲线。用表 5-7 中天然砂的限值画出 1、2、3 三个级配区上、下限的筛分曲线得到相应的级配区，如图 5.3 所示，用同样的方法也能画出机制砂的级配区曲线。筛分试验时，将砂样筛分析试验得到的各筛累计筛余百分率标注在图 5.3 中，并连线，就可观察筛分曲线落在哪个级配区。

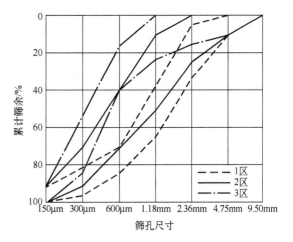

图 5.3 天然砂的级配区曲线

判定砂级配是否合格的方法如下。

（1）Ⅰ类砂应符合 2 级配区，Ⅱ类砂和Ⅲ类砂应符合 1 级配区、2 级配区和 3 级配区的任意一个区。

（2）允许有少量超出，但超出总量应小于 5%。

（3）4.75mm 和 600μm 筛号上不允许有任何超出。

配制混凝土时宜优先选用 2 区砂。当采用 1 区砂时，应提高砂率，并保持足够的水泥用量，以满足混凝土的和易性。当采用 3 区砂时，宜适当降低砂率，以保证混凝土强度。

如果某地区的砂子自然级配不符合要求，可采用人工级配砂。配制方法是当有粗、细两种砂时，将两种砂按合适的比例掺配在一起。当仅有一种砂时，筛分分级后，再按一定比例配制。

5）坚固性

砂的坚固性是指砂在自然风化和其他外界物理化学因素作用下抵抗破裂的能力。

天然砂的坚固性根据砂在硫酸钠溶液中经 5 次浸泡循环后质量损失的大小来判定。浸泡试验后，Ⅰ类砂和Ⅱ类砂质量损失不大于 8%，Ⅲ类砂质量损失不大于 10%。

机制砂采用压碎指标法进行检验。将砂筛分成 300～600μm，600μm～1.18mm，1.18～2.36mm，2.36～4.75mm 共 4 个单粒级，按规定方法对单粒级砂样施加压力，施压后重新筛分，用单粒级下限筛的试样通过量除以该粒级试样的总量即为压碎指标。Ⅰ类、Ⅱ类和Ⅲ类砂的单级最大压碎指标分别不大于 20%、25% 和 30%。

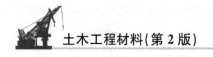

6）表观密度、堆积密度、空隙率

砂表观密度不小于 2 500kg/m³，松散堆积密度不小于 1 400kg/m³，空隙率不大于47%。

5.1.3　粗骨料

粗骨料技术标准有《建设用卵石、碎石》（GB/T 14685—2011)和《普通混凝土用砂、石质量及检验方法标准》（JGJ 52—2006），下面主要根据 GB/T 14685—2011 学习混凝土用粗骨料的技术要求。

1．粗骨料的种类及其特性

粗骨料分为卵石和碎石两类。卵石是由自然风化、水流搬运和分选、堆积形成的，粒径大于 4.75mm 的岩石颗粒；碎石是由天然岩石、卵石或矿山废石经机械破碎、筛分制成的，粒径大于 4.75mm 的岩石颗粒。

卵石表面光滑，有机杂质含量较多，与水泥石胶结力较差；碎石表面粗糙，棱角多，且较洁净，与水泥石粘结比较牢固。在相同条件下，卵石混凝土的强度较碎石混凝土低，在单位用水量相同的条件下，卵石混凝土的流动性较碎石混凝土大。

卵石、碎石按技术要求分为Ⅰ类、Ⅱ类和Ⅲ类。

2．粗骨料的技术要求

1）含泥量和泥块含量

粗骨料中的泥、泥块等杂质对混凝土的危害与细骨料的相同。卵石、碎石的含泥量和泥块含量应符合表 5-8 的规定。

表 5-8　粗骨料含泥量和泥块含量

类别	Ⅰ	Ⅱ	Ⅲ
含泥量(按质量计)/%	≤0.5	≤1.0	≤1.5
泥块含量(按质量计)/%	0	≤0.2	≤0.5

2）有害物质含量

卵石和碎石中不应混有草根、树叶、树枝、塑料、煤块和炉渣等杂物，粗骨料中的有害物质主要有有机物、硫化物及硫酸盐，有时也有氯化物，它们对混凝土的危害与细骨料的相同。粗骨料有害物质含量应符合表 5-9 的要求。

表 5-9　粗骨料有害物质

类别	Ⅰ	Ⅱ	Ⅲ
有机物	合格	合格	合格
硫化物及硫酸盐(按 SO_3 质量计)/%	≤0.5	≤1.0	≤1.0

另外，粗骨料中严禁混入煅烧过的石灰石或白云石，以免过火生石灰引起混凝土的膨胀开裂。粗骨料中如发现含有颗粒状的硫酸盐或硫化物杂质时，要进行专门试验，当确认

能满足混凝土耐久性要求时方能采用。

3）碱-骨料反应

与细骨料一样，粗骨料也存在碱-骨料反应，而且更为常见。当对粗骨料的碱活性有怀疑时或用于重要工程的粗骨料，需进行碱活性检验，检测方法见"5.5 混凝土的碱-骨料反应"。若为含有活性 SiO_2 时，采用化学法或砂浆长度法检验；若为活性碳酸盐时，则采用岩石柱法进行检测。经上述检验的粗骨料，当被判定为具有碱—碳酸反应潜在危害时，则不能用作混凝土骨料；当被判定为有潜在碱—硅酸反应危害时，则遵守以下规定方可使用：使用碱含量（$Na_2O+0.658K_2O$）小于 0.6％的水泥，或掺入硅灰、粉煤灰等能抑制碱集料反应的掺合料；当使用含钾、钠离子的混凝土外加剂时，必须进行专门的试验。

4）最大粒径和颗粒级配

与细骨料一样，为了节约混凝土的水泥用量，提高混凝土的密实度和强度，混凝土粗骨料的总表面积应尽可能减少，其空隙率应尽可能降低。

粗骨料最大粒径与其总表面积的大小紧密相关。所谓粗骨料最大粒径是指粗骨料公称粒级的上限。当骨料最大粒径增大时，其总表面积减少，保证一定厚度润滑层所需的水泥浆数量减少。因此，在条件许可的情况下，粗骨料的最大粒径应尽量用大些。

研究表明，对于贫混凝土（$1m^3$ 混凝土水泥用量≤170kg），采用大粒径骨料是有利的。但是对于结构常用混凝土，骨料粒径大于 40mm，并无多大好处，甚至可能造成混凝土的强度下降。根据《混凝土结构工程施工质量验收规范》（GB 50204—2002）（2011版）的规定，混凝土粗骨料的最大粒径不得超过截面最小尺寸的 1/4，且不得大于钢筋最小净距的 3/4；对于混凝土实心板，骨料最大粒径不宜超过板厚的 1/3，且不得超过 40mm。

粗骨料颗粒级配的含义和目的与细骨料相同，级配也是通过筛分试验来测定。所用标准筛一套有 12 个，均为方孔，孔径依次为 2.36mm、4.75mm、9.50mm、16.0mm、19.0mm、26.5mm、31.5mm、37.5mm、53.0mm、63.0mm、75.0mm、90.0mm。试样筛分时，按表 5-10 选用部分筛号进行筛分，将试样的累计筛余百分率结果与表 5-10 对照，来判断该试样级配是否合格。

表 5-10 卵石和碎石的颗粒级配

公称粒级/mm		累计筛余/%											
		方筛孔/mm											
		2.36	4.75	9.50	16.0	19.0	26.5	31.5	37.5	53.0	63.0	75.0	90.0
连续粒级	5～16	95～100	85～100	30～60	0～10	0							
	5～20	95～100	90～100	40～80	—	0～10	0						
	5～25	95～100	90～100	—	30～70	—	0～5	0					
	5～31.5	95～100	90～100	70～90	—	15～45	—	0～5	0				
	5～40	—	95～100	70～90	—	30～65	—	—	0～5	0			

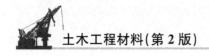
（续）

公称粒级/mm		累计筛余/%											
		方筛孔/mm											
		2.36	4.75	9.50	16.0	19.0	26.5	31.5	37.5	53.0	63.0	75.0	90.0
单粒粒级	5~10	95~100	80~100	0~15	0								
	10~16		95~100	80~100	0~15								
	10~20		95~100	85~100		0~15	0						
	16~25			95~100	55~70	25~40	0~10						
	16~31.5		95~100		85~100			0~10	0				
	20~40			95~100		80~100			0~10	0			
	40~80					95~100			70~100		30~60	0~10	0

粗骨料的颗粒级配分连续级配和间断级配两种。连续级配是石子由小到大各粒级相连的级配；间断级配是指用小颗粒的粒级石子直接与大颗粒的粒级石子相配，中间缺了一段粒级的级配。土木工程中多采用连续级配，间断级配虽然可获得比连续级配更小的空隙率，但混凝土拌合物易产生离析现象，不便于施工，较少使用。

单粒粒级不宜单独配制混凝土，主要用于组合连续级配或间断级配。

5）颗粒形状

粗骨料颗粒外形有方形、圆形、针状（指颗粒长度大于骨料平均粒径2.4倍的）、片状（颗粒厚度小于骨料平均粒径0.4倍的）等。混凝土用粗骨料以接近球状或立方体形的为好，这样的骨料颗粒之间的空隙小，混凝土更易密实，有利于混凝土强度的提高。粗骨料中针状、片状颗粒不仅本身受力时易折断，且易产生架空现象，增大骨料空隙率，使混凝土拌合物和易性变差，同时降低混凝土的强度。Ⅰ类、Ⅱ类和Ⅲ类粗骨料的针片状颗粒总含量按质量计分别不大于5%、10%和15%。

骨料平均粒径指一个粒级的骨料其上、下限粒径的算术平均值。

6）强度

为了保证混凝土的强度，粗骨料必须致密并具有足够的强度。粗骨料强度表示方法有直接法和间接法两种。

所谓直接法就是将制作粗骨料的母岩制成边长为50mm的立方体（或直径与高均为50mm的圆柱体）试件，每组6个试件。对有明显层理的岩石，应制作两组，一组保持层理与受力方向平行；另一组保持层理与受力方向垂直，分别测试。试件浸水48h后，测定其极限抗压强度值。碎石抗压强度一般在混凝土强度等级大于或等于C60时才检验，其他情况如有怀疑或必要时也可进行抗压强度检验。通常要求岩石抗压强度与混凝土强度等级之比不应小于1.5，在水饱和状态下，其抗压强度火成岩应不小于80MPa，变质岩应不小于60MPa，水成岩应不小于30MPa。

骨料在混凝土中呈堆积状态受力，而采用直接法测定粗骨料抗压强度时，骨料是相对面受力。为了模拟粗骨料在混凝土中的实际受力状态，采用压碎指标法来表示粗骨料强度，即所谓间接法。压碎指标法，它是将一定质量气干状态的9.5～19.0mm石子装入标准筒内,按 1kN/s 的速度均匀加荷至 200kN,并稳荷 5s。卸荷后称取试样质量 G_0,再用 2.36mm 孔径的筛筛除被压碎的细粒。称出留在筛上的试样质量 G_1,按下式计算压碎指标值 Q_e。

$$Q_e = \frac{G_0 - G_1}{G_0} \times 100\% \tag{5-2}$$

用压碎指标值间接反映粗骨料的强度大小。压碎指标值越小,说明粗骨料抵抗受压破碎能力越强,其强度越大。

粗骨料压碎指标符合表 5-11 的规定。

表 5-11 粗骨料压碎指标(%)

类别	Ⅰ	Ⅱ	Ⅲ
碎石压碎指标	≤10	≤20	≤30
卵石压碎指标	≤12	≤14	≤16

碎石的强度可用抗压强度和压碎指标值表示,卵石的强度只用压碎指标值表示。

7) 坚固性

粗骨料在混凝土中起骨架作用,必须有足够的坚固性。粗骨料的坚固性指粗骨料在气候、环境或其他物理因素作用下抵抗碎裂的能力。

粗骨料的坚固性用试样在硫酸钠溶液中经 5 次浸泡循环后质量损失的大小来判定。浸泡试验后,Ⅰ类、Ⅱ类和Ⅲ类粗骨料的质量损失分别不大于 5%、8% 和 12%。

8) 表观密度、连续级配松散堆积空隙率

粗骨料的表观密度不小于 2 600kg/m³,Ⅰ类、Ⅱ类和Ⅲ类粗骨料连续级配松散堆积空隙率分别不大于 43%、45% 和 47%。

5.1.4 水

混凝土拌和及养护用水应不影响混凝土的凝结硬化,无损于混凝土强度发展及耐久性,不加快钢筋锈蚀,不引起预应力钢筋脆断,不污染混凝土表面。根据《混凝土用水标准》(JGJ 63—2006)的规定,混凝土用水中的物质含量限值见表 5-12。

表 5-12 混凝土用水中的物质含量限值

项目	预应力混凝土	钢筋混凝土	素混凝土
pH 值	≥5.0	≥4.5	≥4.5
不溶物/(mg/L)	≤2 000	≤2 000	≤5 000
可溶物/(mg/L)	≤2 000	≤5 000	≤10 000
Cl^-/(mg/L)	≤500	≤1 000	≤3 500
SO_4^{2-}/(mg/L)	≤600	≤2 000	≤2 700
碱含量/(rag/L)	≤1 500	≤1 500	≤1 500

5.1.5 外加剂

混凝土外加剂是一种在混凝土搅拌之前或搅拌过程中掺入的、用以改善新拌混凝土和(或)硬化混凝土性能的材料。

混凝土外加剂不包括生产水泥时加入的混合材料、石膏和助磨剂，也不同于在混凝土拌制时掺入的掺合料。外加剂在混凝土中的掺量不多，但可显著改善混凝土拌合物的和易性，明显提高混凝土的物理力学性能和耐久性。外加剂的研究和应用促进了混凝土生产和施工工艺以及新型混凝土的发展，外加剂的出现导致了混凝土技术的第三次革命。目前，外加剂在混凝土中的应用非常普遍，成为制备优良性能混凝土的必备条件，被称为混凝土第5组分。

1. 外加剂的分类

外加剂按主要功能分为4类。

(1) 改善混凝土拌合物流变性能的外加剂，如减水剂、引气剂和泵送剂等。

(2) 调节混凝土凝结时间和硬化性能的外加剂，如缓凝剂、早强剂和速凝剂等。

(3) 改善混凝土耐久性的外加剂，如引气剂、防水剂、防冻剂和阻锈剂等。

(4) 改善混凝土其他性能的外加剂，如加气剂、膨胀剂、防冻剂、着色剂、泵送剂、碱—骨料反应抑制剂和道路抗折剂等。

2. 几种常用的混凝土外加剂

1) 减水剂

在混凝土组成材料种类和用量不变的情况下，往混凝土中掺入减水剂，混凝土拌合物的流动性将显著提高。若要维持混凝土拌合物的流动性不变，则可减少混凝土的加水量。减水剂是指在混凝土拌合物坍落度(表示混凝土流动性的指标，见第5.2节)基本相同的条件下，能减少拌和用水量的外加剂。是工程中应用最广泛的一种外加剂。

减水剂之所以能减水，是由于它是一种表面活性剂，其分子是由亲水基团和憎水基团两部分组成，与其他物质接触时会定向排列，如图5.4所示。水泥加水拌和后，由于颗粒之间分子凝聚力的作用，会形成絮凝结构，如图5.5(a)所示，将一部分拌和用水包裹在絮凝结构内，从而使混凝土拌合物的流动性降低。当水泥中加入减水剂后，减水剂的憎水基团定向吸附于水泥颗粒表面，使水泥颗粒表面带有相同的电荷，产生静电斥力，使水泥颗粒相互分开，絮凝结构解体，如图5.5(b)所示，释放出游离水，从而增大了混凝土拌合物的流动性。另外，减水剂还能在水泥颗粒表面形成一层稳定的溶剂化水膜，如图5.5(c)所示，这层水膜是很好的润滑剂，有利于水泥颗粒的滑动，从而使混凝土拌合物的流动性进一步提高。

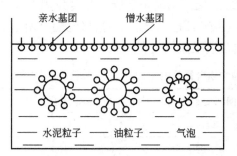

图 5.4 表面活性剂分子的定向排列

在混凝土中加入减水剂后，可取得以下技术经济效果。

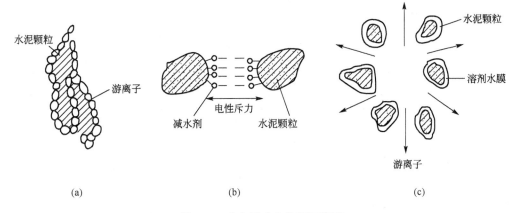

图 5.5 减水剂减水机理示意图

(1) 在拌合物用水量不变时，混凝土流动性显著增大，混凝土拌合物坍落度可增大 $100\sim200\mathrm{mm}$。

(2) 保持混凝土拌合物坍落度和水泥用量不变，减水 $5\%\sim30\%$，混凝土强度可提高 $5\%\sim25\%$，特别是早期强度会显著提高。

(3) 保持混凝土强度不变时，可节约水泥用量 $5\%\sim25\%$。

另外，缓凝型减水剂可使水泥水化放热速度减慢，热峰出现推迟；引气型减水剂可提高混凝土抗渗性和抗冻性。

减水剂掺入混凝土的主要作用是减水，不同系列的减水剂的减水率差异较大，部分减水剂兼有早强、缓凝和引气等效果。减水剂品种繁多，根据化学成分可分为木质素系、萘系、树脂系、糖蜜系、腐殖酸系和聚羧酸系；根据减水效果可分为普通减水剂和高效减水剂；根据对混凝土凝结时间的影响可分为标准型、早强型和缓凝型；根据是否在混凝土中引入空气可分为引气型和非引气型；根据外形可分为粉体型和液体型。

木质素系减水剂属于普通减水剂，是用亚硫酸盐法生产纸浆的副产品，主要成分是木质素磺酸盐，又分为木质素磺酸钙（木钙）、木质素磺酸钠（木钠）和木质素磺酸镁（木镁）。应用最广泛的是木钙，它是以废纸浆或废纤维浆为原料，采用石灰乳中和，经发酵除糖、蒸发浓缩、喷雾干燥而制成，为棕色粉状物。木质素质减水剂因含有一定的糖分，从而具有缓凝等作用。

糖蜜系减水剂也属于普通减水剂，它以制糖后的糖渣或废蜜为原料，采用石灰中和处理而成，为棕色粉状物或糊状物。糖为多羟基碳水化合物，亲水性强，致使水泥颗粒表面的溶剂化水膜增厚，在较长时间内难于粘连与凝聚。因而，糖蜜系减水剂具有明显的缓凝作用。

萘系减水剂属于高效减水剂，它以工业萘或煤焦油中分馏出的萘及萘的同系物为原料，经磺化、水解、缩合、中和、过滤和干燥而成，为棕色粉状物。

树脂系减水剂为高效减水剂，主要有三聚氰胺甲醛树脂（代号 SM）和磺化古马龙树脂（代号 CRS）。SM 是由三聚氰胺、甲醛和亚硫酸钠按一定比例，在一定条件下磺化、缩聚而成。

聚羧酸系减水剂为高效减水剂，是由含有羧基的不饱和单体和其他单体共聚而成，使混凝土在减水、保坍、增塑、收缩及环保等方面具有优良性能的系列减水剂。

常用减水剂的特性见表 5-13。

表 5-13　常用减水剂的特性

代别	第 1 代减水剂	第 2 代减水剂	第 3 代减水剂
代表产品	木钙、木钠、木镁等	萘系、三聚氰胺系	聚羧酸及其酯聚合物
减水率	6%～12%	15%～25%	25%～45%
掺量	0.20%～0.30%	0.50%～1.0%	0.20%～0.40%
性能特点	减水率低，有一定的缓凝和引气作用，水泥适应性差，超掺严重降低混凝土性能	减水率高，不引气，不缓凝，增强效果好，但混凝土坍落度损失大，超掺对混凝土性能影响不大	掺量低，减水率高，流动性保持好，水泥适应性好，有害成分含量低，硬化混凝土性能好，适宜配制高性能混凝土
混凝土强度	28d 比强度为 115% 左右	28d 比强度在 120%～135% 之间	28d 比强度在 140%～200% 之间
混凝土体积稳定性	增加混凝土收缩，收缩率比为 120%	萘系增加混凝土收缩，收缩率比为 120%～135%；三聚氰胺系对混凝土的 28d 收缩影响较小	与萘系相比，大大减少混凝土的塑性收缩，28d 收缩率比约为 95%～110%
混凝土含气量	增加混凝土的含气量 2%～4%	增加混凝土的含气量 1%～2%	一般会增加混凝土的含气量，可以用消泡剂调整

外加剂掺入混凝土中的方法，对其作用效果影响很大。减水剂的掺法有同掺法、先掺法和后掺法等。同掺法是指将减水剂预先溶于水中形成溶液，再加入拌合物中一起搅拌的方法。该掺法计量准确，搅拌均匀，工程上经常采用。先掺法是指将减水剂与水泥混合后再与骨料和水一起搅拌的方法。该掺法使用方便，但减水剂有粗粒时不易分散，搅拌时间要延长，工程上不常采用。后掺法是指在混凝土拌合物运送到浇筑地点后，再分次加入减水剂进行搅拌的方法。该方法可避免混凝土在运输途中的分层、离析和坍落度损失，提高水泥的适应性，常用于商品混凝土。

2）早强剂

早强剂是指能加速混凝土早期强度发展的外加剂。早强剂能促进水泥的水化和硬化，提高早期强度，缩短养护周期，提高模板和场地周转率，加快施工速度。常用的早强剂有氯盐类、硫酸盐类、有机胺类以及它们的复合类。

氯盐类早强剂。主要有氯化钙、氯化钠、氯化钾、氯化铝及三氯化铁等，其中氯化钙应用最广。氯化钙的早强机理是 $CaCl_2$ 能与水泥中的 C_3A 作用，生成几乎不溶于水的水化氯铝酸钙（$3CaO \cdot Al_2O_3 \cdot 3CaCl_2 \cdot 32H_2O$），又能与 $Ca(OH)_2$ 反应生成溶解度极小的氧氯化钙 $[CaCl_2 \cdot 3Ca(OH)_2 \cdot 12H_2O]$。水化氯铝酸钙和氧氯化钙固相早期析出，形成骨架，加速水泥浆体结构的形成。同时，由于水泥浆中 $Ca(OH)_2$ 浓度的降低，有利于 C_3S 水化反应的进行，使混凝土早期强度得以提高。氯化钙为白色粉末，其适宜掺量为水泥质量的 0.5%～1.0%，能使混凝土 3d 强度提高 50%～100%，7d 强度提高 20%～40%。同时，能降低混凝土中水的冰点，防止混凝土早期受冻。

硫酸盐类早强剂。主要有硫酸钠、硫代硫酸钠、硫酸钙、硫酸铝及硫酸钾铝等，其中应用最多的是硫酸钠。硫酸钠的早强机理是 Na_2SO_4 与水泥水化生成的 $Ca(OH)_2$ 反应生成 $CaSO_4 \cdot 2H_2O$，生成的 $CaSO_4 \cdot 2H_2O$ 高度分散在混凝土中，它与 C_3A 的反应较生产水泥时外掺的石膏与 C_3A 的反应快得多，能迅速生成水化硫铝酸钙针状晶体，形成早期骨架。同时水化体系中 $Ca(OH)_2$ 浓度的降低，C_3S 水化也会加速。因此，混凝土早期强度得以提高。硫酸钠为白色粉末，其适宜掺量为水泥质量的 $0.5\% \sim 2.0\%$，达到混凝土强度的 70% 的时间可缩短一半，对矿渣水泥混凝土效果更好，但28d强度稍有降低。

有机胺类早强剂。主要有三乙醇胺、三异丙醇胺等，其中三乙醇胺最为常用。三乙醇胺的早强机理是它是一种络合剂，在水泥水化的碱性溶液中，能与 Fe^{3+}、Al^{3+} 等离子形成较稳定的络离子，这种络离子与水泥的水化物作用生成溶解度很小的络盐并析出，有利于早期骨架的形成，从而使混凝土早期强度提高。三乙醇胺一般不单独使用，常与其他早强剂复合用，其掺量为水泥质量的 $0.02\% \sim 0.05\%$，能使水泥的凝结时间延缓 $1 \sim 3h$，使混凝土早期强度提高 50% 左右，28d强度不变或略有提高，对普通水泥的早强作用大于矿渣水泥。

复合早强剂。采用两种或两种以上的早强剂复合，可以弥补不足，取长补短。通常用三乙醇胺、硫酸钠、氯化钠、亚硝酸钠和石膏等组成二元、三元或四元复合早强剂。复合早强一般可使混凝土3d强度提高 $70\% \sim 80\%$，28d强度可提高 20% 左右。常用复合早强剂配方见表 5-14。

表 5-14 常用复合早强剂配方

外加剂组分	配方(以水泥质量计)/%
三乙醇胺+氯化钠	$(0.02\sim0.05)+0.5$
三乙醇胺+氯化钠+亚硝酸钠	$(0.02\sim0.05)+0.5+(0.5\sim1)$
三乙醇胺+二水石膏+亚硝酸钠	$(0.02\sim0.05)+2.0+1.0$
硫酸钠+氯化钠+二水石膏	$(1.5\sim2.0)+(0.5\sim1.0)+2.0$
硫酸钠+氯化钠+亚硝酸钠+二水石膏	$(1.5\sim2.0)+1.5+1.0+2.0$
硫酸钠+氯化钠+亚硝酸钠+二水石膏	$(1.5\sim2.0)+2.0+2.0+2.0$
硫酸钠+氯化钠	$(0.5\sim1.5)+(0.3\sim0.5)$
硫酸钠+亚硝酸钠	$(0.5\sim1.5)+1.0$
硫酸钠+三乙醇胺	$(0.5\sim1.5)+0.05$

早强剂可用于蒸汽养护的混凝土及常温、低温和最低温度不低于 $-5℃$ 环境中施工的有早强要求的混凝土工程。炎热环境条件下不宜使用早强剂和早强减水剂。掺入混凝土对人体产生危害或对环境产生污染的化学物质严禁用作早强剂，含有六价铬盐、亚硝酸盐等有害成分的早强剂严禁用于饮水工程及与食品相接触的工程，硝铵类严禁用于办公、居住等建筑工程。含强电解质无机盐类的早强剂和早强减水剂，严禁用于与镀锌钢材或铝铁相接触部分的结构，有外露钢筋预埋铁件而无防护措施的结构，使用直流电源的结构以及距高压直流电源100m以内的结构。

氯离子会引起钢筋锈蚀，因此《混凝土外加剂应用技术规范》(GB 50119—2003)规定，下列结构中严禁采用含有氯盐配制的早强剂及早强减水剂：预应力混凝土结构；相对湿度大于80％环境中使用的结构、处于水位变化部分的结构、露天结构及经常受水淋、受水流冲刷的结构；大体积混凝土；直接接触酸、碱或其他侵蚀性介质的结构；经常处于温度为60℃以上的结构，需经蒸养的钢筋混凝土预制构件；有装饰要求的混凝土，特别是要求色彩一致的或是表面有金属装饰的混凝土；薄壁混凝土结构，中级和重级工作制吊车的梁、屋架、落锤及锻锤混凝土基础等结构；使用冷拉钢筋或冷拔低碳钢丝的结构；骨料具有碱活性的混凝土结构。

为了防止氯盐类的危害和硫酸钠掺量过大在混凝土表面产生盐板现象和对水泥石产生硫酸盐侵蚀，GB 50119—2003 规定了早强剂的掺量，见表 5－15。

表 5－15　常用早强剂掺量限值(%)

混凝土种类	使用环境	早强剂名称	掺量限值(占水泥质量，　)
预应力混凝土	干燥环境	三乙醇胺 硫酸钠	0.05 1.0
钢筋混凝土	干燥环境	氯离子(Cl⁻) 硫酸钠 与缓凝减水剂复合的硫酸钠 三乙醇胺	0.6 2.0 3.0 0.05
	潮湿环境	硫酸钠 三乙醇胺	1.5 0.05
有饰面要求的混凝土	—	硫酸钠	0.08
无筋混凝土	—	氯离子(Cl⁻)	1.8

3) 引气剂

引气剂是指在搅拌混凝土过程中能引入大量均匀分布、稳定而封闭的微小气泡(直径 $10\sim100\mu m$)的外加剂。

混凝土引气剂有松香树脂类、烷基苯磺酸盐类、脂肪醇磺酸盐类、蛋白质盐及石油磺酸盐等几种。其中以松香树脂类的应用最为广泛，这类引气剂的主要品种有松香热聚物和松香皂两种。

引气剂为表面活性剂，由于在搅拌混凝土时会混入一些气泡，掺入的引气剂就定向排列在泡膜界面(气—液界面)上，所以形成大量微小气泡。被吸附的引气剂离子增强了泡膜的厚度和强度，使气泡不易破灭。这些气泡均匀分散在混凝土中，互不相连，使混凝土的一些性能得以改善。

(1) 改善混凝土拌合物的和易性。封闭的小气泡在混凝土拌合物中如滚珠，减少了骨料间的摩擦，增强了润滑作用，从而提高了混凝土拌合物的流动性。同时微小气泡的存在可阻滞泌水作用并提高保水能力。

(2) 提高混凝土的抗渗性和抗冻性。引入的封闭气泡能有效隔断毛细孔通道，并能减少泌水造成的渗水通道，从而提高了混凝土的抗渗性。另外，引入的封闭气泡对水结冰产生的膨胀力起缓冲作用，从而提高抗冻性。

(3) 强度有所降低。气泡的存在，使混凝土的有效受力面积减少，导致混凝土强度的下降。一般混凝土的含气量每增加1％，其抗压强度将降低4％～6％，抗折强度降低

2%～3%。因此引气剂的掺量必须适当。松香热聚物和松香皂掺量，一般为水泥质量的
0.005%～0.01%。

混凝土中掺引气剂及引气减水剂后，混凝土强度会下降，故 GB 50119—2003 规定了
混凝土中掺引气剂及引气减水剂混凝土的含气量，见表 5-16。

表 5-16 掺引气剂及引气减水剂混凝土的含气量

粗骨料最大粒径/mm	20	25	40	50	80
混凝土含气量/%	5.5	5.0	4.5	4.0	3.5

引气剂及引气减水剂可用于抗冻混凝土、抗渗混凝土、抗硫酸盐混凝土、泌水严重的
混凝土、贫混凝土、轻骨料混凝土、人工骨料配制的普通混凝土、高性能混凝土以及有饰
面要求的混凝土。不宜用于蒸养混凝土及预应力混凝土，必要时，应经试验确定。

4）缓凝剂

缓凝剂是指能延缓混凝土凝结时间，而不显著影响混凝土后期强度的外加剂。

缓凝剂分为有机和无机两大类。有机缓凝剂包括木质素磺酸盐、羟基羧基及其盐、糖
类及碳水化合物、多元醇及其衍生物等；无机缓凝剂包括硼砂、氯化锌、碳酸锌、硫酸铁
（铜、锌、镉等）、磷酸盐及偏磷酸盐等。有机类缓凝剂多为表面活性剂，掺入混凝土中，能
吸附在水泥颗粒表面，形成同种电荷的亲水膜，使水泥颗粒相互排斥，阻碍水泥水化产物粘
连和凝结，起缓凝作用；无机类缓凝剂，一般是在水泥颗粒表面形成一层难溶的薄膜，对水
泥的正常水化起阻碍作用，从而导致缓凝。常用缓凝剂的掺量及缓凝效果见表 5-17。

表 5-17 常用缓凝剂的掺量及缓凝效果

类 别	掺量（占水泥质量）/%	缓凝效果/h
糖类	0.2～0.5（水剂），0.1～0.3（粉剂）	2～4
木质素磺酸盐类	0.2～0.3	2～3
羟基羧酸盐类	0.03～0.1	4～10
无机盐类	0.1～0.2	不稳定

缓凝剂、缓凝减水剂及缓凝高效减水剂可用于大体积混凝土、碾压混凝土、炎热气候
条件下施工的混凝土、大面积浇筑的混凝土、避免冷缝产生的混凝土、需较长时间停放或
长距离运输的混凝土、自流平免振混凝土、滑模施工或拉模施工的混凝土及其他需要延缓
凝结时间的混凝土。它们宜用于最低气温 5℃ 以上施工的混凝土，不宜单独用于有早强要
求的混凝土及蒸养混凝土。缓凝高效减水剂可制备高强、高性能混凝土。柠檬酸及酒石酸
钾钠等缓凝剂不宜单独用于水泥用量较低、水胶比较大的贫混凝土。

5）速凝剂

速凝剂是指能使混凝土迅速凝结硬化的外加剂。大部分速凝剂的主要成分为铝酸钠
（铝氧熟料），此外还有碳酸钠、铝酸钙、氟硅酸锌、氟硅酸镁、氯化亚铁、硫酸铝、三氯
化铝等盐类。国产的速凝剂主要有"红星 1 型"、"711 型"和"782 型"等，它们的组成、
掺量和效果见表 5-18。

表 5-18　常用速凝剂的组成、掺量和效果

品种	红星 1 型	711 型	782 型
组成及配比	铝氧熟料：碳酸钠：生石灰 =1：1：0.5	铝氧烧结块：无水石膏 =3：1	矾泥：铝氧熟料：生石灰 =74.5：14.5：11
适宜掺量 （占水泥质量)/%	2.5～4.0	2.5～5.0	5.0～8.0
初凝/min	≤5		
终凝/min	≤10		
混凝土强度	1h 产生强度，1d 强度提高 2～3 倍，28d 强度损失 15%～40%		

速凝剂产生速凝的原因是，速凝剂中的铝酸钠、碳酸钠在碱溶液中迅速与水泥中的石膏反应生成硫酸钠，使石膏丧失缓凝作用或迅速生成钙矾石。

速凝剂主要用于喷射混凝土和喷射砂浆，亦可用于需要速凝的其他混凝土。喷射混凝土是利用喷射机中的压缩空气，将混凝土喷射到基体(岩石、坚土等)表面，并迅速硬化产生强度的一种混凝土。主要用于矿山井巷、隧道、涵洞及地下工程的岩壁衬砌、坡面支护等。用于喷射混凝土的速凝剂主要起 3 种作用：抵抗喷射混凝土因重力而引起的脱落和空鼓；提高喷射混凝土的粘结力，缩短间隙时间，增大一次喷射厚度，减少回弹率；提高早期强度，及时发挥结构的承载能力。为了降低喷射混凝土 28d 强度损失率，减少回弹率，减少粉尘，可将高效减水剂与速凝剂复合使用，因此速凝剂的发展方向是液态复合速凝剂。

喷射混凝土宜采用最大粒径不大于 20mm 的粗骨料，细度模数为 2.8～3.5 的细骨料，经验配合比为水泥用量约 400kg/m³、砂率 45%～60%、水灰比约为 0.4。

6) 防冻剂

防冻剂指能使混凝土在负温下硬化，并在规定时间内达到足够防冻强度的外加剂。常用防冻剂由多组分复合而成，主要组分的常用物质及其作用如下。

(1) 防冻组分。如氯化钙、氯化钠、亚硝酸钠、硝酸钠、硝酸钾、硝酸钙、碳酸钾、硫代硫酸钠和尿素等。其作用是降低混凝土中液相的冰点，使负温下的混凝土内部仍有液相存在，水泥能继续水化。

(2) 引气组分。如松香热聚物、木钙和木钠等。其作用是在混凝土中引入适量的封闭微小气泡，减轻冰胀应力。

(3) 早强组分。如氯化钠、氯化钙、硫酸钠和硫代硫酸钠等。其作用是提高混凝土的早期强度，增强混凝土抵抗冰冻的破坏能力。

(4) 减水组分。如木钙、木钠和萘系减水剂等。其作用是减少混凝土拌和用水量，以减少混凝土内的成冰量，并使冰晶粒度细小且均匀分散，减小对混凝土的膨胀应力。

防冻剂包括强电解质无机盐类、水溶性有机化合物类、有机化合物与无机盐复合类和复合型 4 类。目前应用最广泛的是强电解质无机盐类，它又分为氯盐类(以氯盐为防冻组分)、氯盐阻锈类(以氯盐与阻锈组分为防冻组分)和无氯盐类(以亚硝酸钠、硝酸钠等无机盐为防冻组分)3 类。

防冻剂应用于负温条件下施工的混凝土。目前国产防冻剂适用于在 -15～0℃ 气温下

施工的混凝土，当在更低气温下施工混凝土时，应加用其他的混凝土冬季施工措施方法，如原材料预热法、暖棚法等。由于部分防冻剂含有对混凝土、环境等产生危害的成分，因此 GB 50119—2003 规定：含强电解质无机盐类防冻剂，其严禁使用的范围与氯盐类、强电解质无机盐类早强剂的相同；含亚硝酸盐、碳酸盐的防冻剂严禁用于预应力混凝土结构；含有六价铬盐、亚硝酸盐等有害成分的防冻剂，严禁用于饮水工程及与食品相接触的工程；含有硝铵、尿素等产生刺激性气味的防冻剂，严禁用于办公、居住等建筑工程；有机化合物防冻剂、有机化合物与无机盐复合防冻剂、复合防冻剂可用于素混凝土、钢筋混凝土及预应力混凝土工程。

7）膨胀剂

膨胀剂指能使混凝土产生一定体积膨胀的外加剂。混凝土中采用的膨胀剂有硫铝酸钙类、氧化钙类和硫铝酸钙—氧化钙类 3 类。常用膨胀剂有明矾石膨胀剂（明矾石＋无水石膏或二水石膏）、CSA（兰方石，$3CaO \cdot 3Al_2O_3 \cdot CaSO_4$＋生石灰＋无水石膏）、UEA（无水硫铝酸钙＋明矾石＋石膏）、M 型膨胀剂（铝酸盐水泥＋二水石膏）。此外还有 AEA（铝酸钙膨胀剂）、SAEA（硅铝酸盐膨胀剂）、CEA（复合膨胀剂）等。

硫铝酸类膨胀剂的作用机理是，自身的无水硫铝酸钙水化或参与水泥矿物的水化或与水泥水化产物水化，生成大量钙矾石，反应后固相体积增大，导致混凝土体积膨胀。石灰类膨胀剂的作用机理是，在水化早期，CaO 水化生成 $Ca(OH)_2$，反应后固相体积增大；随后 $Ca(OH)_2$ 发生重结晶，固相体积再次增大，从而导致混凝土体积膨胀。

膨胀剂的膨胀源（钙矾石或氢氧化钙）不仅使混凝土体积产生了适度的膨胀，减少了混凝土的收缩，而且能填充、堵塞和隔断混凝土中的毛细孔及其他孔隙，从而改善混凝土的孔结构，提高了混凝土的密实度、抗渗性和抗裂性。因此膨胀剂常用于补偿收缩混凝土、填充用膨胀混凝土、灌浆用膨胀砂浆和自应力混凝土，适用范围见表 5 - 19。另外应注意：对于含硫铝酸钙类和硫铝酸钙—氧化钙类膨胀剂的混凝土（砂浆），因钙矾石在 80℃以上分解，导致混凝土强度下降，所以不得用于长期环境温度为 80℃以上的工程；对于含氧化钙类膨胀剂配制的混凝土（砂浆），因 $Ca(OH)_2$ 化学稳定性、胶凝性较差，它与 Cl^-、SO_4^{2-}、Na^+、Mg^{2+} 等离子进行置换反应，形成膨胀结晶体或被溶出，降低了混凝土的耐久性，所以不得用于海水或有侵蚀性水的工程；掺膨胀剂的大体积混凝土，其内部最高温度应符合有关标准的规定，混凝土内外温差宜小于 25℃；掺膨胀剂的补偿收缩混凝土刚性屋面宜用于南方地区。

表 5 - 19　膨胀剂的适用范围

用途	适用范围
补偿收缩混凝土	地下、水中、海水中、隧道等构筑物，大体积混凝土（除大坝外），配筋路面和板、屋面与厕浴间防水、构件补强、渗漏修补、预应力混凝土、回填槽等
填充用膨胀混凝土	结构后浇带、隧洞堵头、钢管与隧道之间的填充等
灌浆用膨胀砂浆	机械设备的底座灌浆、地脚螺栓的固定、梁柱接头、构件补强、加固等
自应力混凝土	仅用于常温下使用的自应力钢筋混凝土压力管

为了保证掺有膨胀剂的混凝土的质量，混凝土的胶凝材料（水泥和掺合料）用量不能过

少，膨胀剂的掺量也应合适。补偿收缩混凝土、填充用膨胀混凝土和自应力混凝土中每立方米混凝土的胶凝材料最少用量(kg)分别为300(有抗渗要求时为320)、350和500，膨胀剂合适掺量分别为6%～12%、10%～15%和15%～25%。

8) 防水剂

防水剂指能降低混凝土在静水压力下的透水性的外加剂。它包括以下4类。

(1) 无机化合物类：氯化铁、硅灰粉末、锆化合物等。

(2) 有机化合物类：脂肪酸及其盐类、有机硅表面活性剂(甲基硅醇钠、乙基硅醇钠、聚乙基羟基硅氧烷)、石蜡、地沥青、橡胶及水溶性树脂乳液等。

(3) 混合物类：无机类混合物、有机类混合物、无机类与有机类混合物。

(4) 复合类：上述各类与引气剂、减水剂、调凝剂(指缓凝剂和速凝剂)等外加剂复合的复合型防水剂。

防水剂可用于工业与民用建筑的屋面、地下室、隧道、巷道、给排水池、水泵站等有防水抗渗要求的混凝土工程。含氯盐的防水剂可用于素混凝土、钢筋混凝土工程，严禁用于预应力混凝土工程，其他严禁使用的范围与早强剂及早强型减水剂的规定相同，防水剂的掺量要求也与早强剂的限值(表5-15)相同。

9) 泵送剂

泵送剂指能改善混凝土拌合物泵送性能的外加剂。一般由减水剂、缓凝剂、引气剂等单独使用或复合使用而成。适用于工业与民用建筑及其他构筑物的泵送施工的混凝土、滑模施工、水下灌注桩混凝土等工程，特别适用于大体积混凝土、高层建筑和超高层建筑等工程。

泵送剂的品种、掺量应按供货单位提供的推荐掺量和环境温度、泵送高度、泵送距离、运输距离等要求经混凝土试配后确定。

5.1.6　掺合料

混凝土掺合料是指在混凝土搅拌前或在搅拌过程中，与混凝土其他组分一起，直接加入的人造或天然的矿物材料以及工业废料，掺量一般大于水泥质量的5%。其目的是改善混凝土性能、调节混凝土强度等级和节约水泥用量等。

掺合料与水泥混合材料在种类上基本相同，主要有粉煤灰、硅灰、磨细矿渣粉、磨细自燃煤矸石以及其他工业废渣。粉煤灰是目前用量最大、使用范围最广的掺合料。

1. 粉煤灰

当锅炉以磨细的煤粉作为燃料时，煤粉喷入炉膛中，以细颗粒火团的形式进行燃烧，释放出热量，煤中的有机物燃烧后挥发，而煤中的固定碳和矿物杂质燃烧后收缩成球状液体，经迅速冷却而成为粉煤灰。粉煤灰主要从火力发电厂的烟气中收集得到。

粉煤灰按收集方法的不同分为静电收尘灰和机械收尘灰两种。按排放方式不同分为湿排灰和干排灰。按CaO的含量高低分为高钙灰(CaO含量大于10%)和低钙灰(CaO含量小于10%)两类。我国绝大多数电厂排放的粉煤灰为低钙灰，湿排灰的活性不如干排灰。

1) 粉煤灰的颗粒形貌和化学成分

煤粉燃烧时，其中较细的粒子随气流掠过燃烧区，立即熔融成水滴状，到了炉膛外面，受到骤冷，就将熔融时由于表面张力作用形成的圆珠的形态保持下来，成为玻璃微珠。因此粉煤灰的颗粒形貌主要是玻璃微珠，如图 5.6(a)所示。玻璃微珠有空心和实心之分。空心微珠是因矿物杂质转变过程中产生的 CO_2、CO、SO_2、SO_3 等气体，被截留于熔融的灰滴之中而形成。空心微珠有薄壁与厚壁之分，前者能漂浮在水面上，又叫做"漂珠"，其活性高；后者置于水中能下沉，又叫"空心沉珠"。另外粉煤灰中还有部分未燃尽的碳粒，未成珠的多孔玻璃体［一些来不及完全变成液态的粗灰变成的渣状物，如图 5.6(b)所示］等。

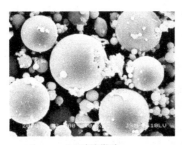

(a) 玻璃微珠　　　　　　　　　　(b) 多孔玻璃体

图 5.6　粉煤灰颗粒形貌

粉煤灰的化学成分主要有 SiO_2、Al_2O_3、Fe_2O_3、CaO、MgO、SO_3 等，我国火力发电厂粉煤灰的化学成分范围见表 5-20。

表 5-20　我国火力发电厂粉煤灰的化学成分范围

化学成分	SiO_2	Al_2O_3	Fe_2O_3	CaO	MgO	SO_3	Na_2O 及 K_2O	烧失量
含量范围/%	40~60	17~35	2~15	1~10	0.5~2	0.1~2	0.5~4	1~26

2) 粉煤灰的利用

我国是粉煤灰产生大国，年排放量在 2.0 亿吨以上，粉煤灰资源化技术主要有以下 7 个方面。

(1) 作混凝土和砂浆的掺合料。

(2) 作水泥的混合材料或生产原料。

(3) 烧制普通砖和粉煤灰陶粒。

(4) 生产硅酸盐制品，如蒸养粉煤灰砖、粉煤灰加气混凝土、空心或实心粉煤灰砌块、粉煤灰板材等。

(5) 用于筑路和回填。

(6) 农田改造。

(7) 制作功能材料，如保温材料、耐火材料、塑料及橡胶填料、防水材料等。

与我国粉煤灰质量控制、应用技术有关的技术标准、规范有《用于水泥和混凝土中的粉煤灰》(GB/T 1596—2005)、《硅酸盐建筑制品用粉煤灰》(JC/T 409—2001)、《粉煤灰混凝土应用技术规范》(GBJ 146—1990)和《粉煤灰在混凝土和砂浆澡应用技术规程》(JGJ 28—1986)等。GB/T 1596—2005 规定，粉煤灰按煤种分为 F 类(由无烟煤或烟煤煅烧收集的粉煤灰)和 C 类(由褐煤或次烟煤煅烧收集的粉煤灰，其氧化钙含量一般大于

10%)，分为Ⅰ、Ⅱ、Ⅲ 3个等级，相应的技术要求见表5-21。

表5-21 用于混凝土中的粉煤灰技术要求

项 目		技术要求		
		Ⅰ	Ⅱ	Ⅲ
细度(0.045mm方孔筛筛余)/%	F类粉煤灰 C类粉煤灰	≤12.0	≤25.0	≤45.0
需水量比/%		≤95	≤105	≤115
烧失量/%		≤5.0	≤8.0	≤15.0
含水量/%		≤1.0		
三氧化硫含量/%		≤3.0		
游离氧化钙/%		F类粉煤灰≤1.0；C类粉煤灰≤4.0		
安定性，雷氏夹沸煮后增加距离/mm		C类粉煤灰≤5.0		

粉煤灰由于其本身的化学成分、结构和颗粒形状等特征，掺入混凝土中可产生以下3种效应，总称为"粉煤灰效应"。

(1) 活性效应。粉煤灰中所含的 SiO_2 和 Al_2O_3 具有化学活性，在水泥水化产生的 $Ca(OH)_2$ 和水泥中所掺石膏的激发下，能水化生成水化硅酸钙和水化铝酸钙等产物，可作为胶凝材料的一部分，起增强作用。

(2) 形态效应。粉煤灰颗粒绝大多数为玻璃微珠，在混凝土拌合物中起"滚珠轴承"的作用，能减小内摩阻力，使掺有粉煤灰的混凝土拌合物比基准混凝土流动性好，便于施工，具有减水作用。

(3) 微骨料效应。粉煤灰中的微细颗粒均匀分布在水泥浆内，填充孔隙和毛细孔，改善了混凝土的孔结构和增大了混凝土的密实度。

粉煤灰掺入混凝土中，可以改善混凝土拌合物的和易性、可泵性和可塑性，能降低混凝土的水化热，使混凝土的弹性模量提高，提高混凝土抗化学侵蚀性、抗渗性、抑制碱-骨料反应等耐久性。粉煤灰取代混凝土中部分水泥后，混凝土的早期强度有所降低，但后期强度可以赶上甚至超过未掺粉煤灰的混凝土。

3) 粉煤灰活性的激发

粉煤灰在常温常压下结构很稳定，表现出较高的化学稳定性，因此在自然环境下一般要经1个月或更长时间的激发，化学活性才能较显著地表现出来。加之我国大多数电厂粉煤灰的品质低，多为Ⅲ级灰或等外灰，这使粉煤灰产品的早期强度低，阻碍了利用。为了提高粉煤灰综合利用技术水平，应将粉煤灰的潜在活性激发出来。

我国粉煤灰多为"贫钙"且颗粒表面致密的 $CaO-SiO_2-Al_2O_3$ 系统。粉煤灰活性激发的基本思路：一是破坏玻璃体表面光滑致密、牢固的 Si-O-Si 和 Si-O-Al 网络结构；二是"补钙"，提高体系中的 CaO/SiO_2 比；三是激发生成具有增加作用的水化产物或促进水化反应。

粉煤灰活性激发途径有物理活化、化学活化、水热活化和复合活化4种。

(1) 物理活化就是通过机械方法破坏粉煤灰表层玻璃体结构和改变其粒度分布，从而提高粉煤灰活性的一种方法，即通过磨细来提高粉煤灰活性的一种方法，也称为机械活化。

（2）化学活化是指通过化学激发剂来激发粉煤灰活性的方法。常用激发剂有碱性盐激发剂（$Ca(OH)_2$、NaOH、KOH 和 Na_2SiO_3 等）、硫酸盐激发剂（$CaSO_4 \cdot 2H_2O$、$CaSO_4$、$CaSO_4 \cdot 1/2H_2O$ 和 Na_2SO_4 等）和氯盐激发剂（$CaCl_2$ 和 NaCl 等）。

（3）水热活化分直接水热活化和预先水热活化两种。直接水热活化是指将成型后的制品（或试样）直接置于温度大于 30℃ 的湿热（常压或蒸压）条件下养护，以提高粉煤灰水化能力的一种方法；预先水热活化是指预先将粉煤灰在激发剂作用下，采用蒸汽养护或经过一定龄期的湿养护，使之水化至一定程度，再对水化产物进行热处理，制备出具有水硬特性胶凝材料的一种活化方法。

（4）复合活化是将两种及两种以上活化方法进行复合的方法，包括化学物理活化和化学物理水热活化两种。这种方法活化效果好，尤其是化学物理水热活化已成为粉煤灰活性激发研究的热点和发展方向。

4）粉煤灰的环境特性

长期以来，人们一方面致力于粉煤灰资源化工作，另一方面对它的环境特性心存疑虑，粉煤灰曾被视为一种有毒、有害物质，我国 20 世纪 70 年代对粉煤灰毒性产生过恐慌。

粉煤灰有害物质包括 As、Se、Pb、B、Zn、Cd、Cr、Hg、Mo、Ni、Tl、S、Sb 等 20 余种有潜在毒害性的微量元素，^{238}U（铀）、^{226}Ra（镭）、^{232}Th（钍）、^{40}K（钾）和 ^{222}Rn（氡）等放射性元素和粉尘 3 类。它们通过 3 种形式对环境产生危害，即粉煤灰中有毒、有害元素通过水的淋溶、浸渍进入周围环境，污染地表水、地下水及土壤，或被直接饮用，或被农作物吸收后为人食用而影响人们身体健康；粉煤灰的放射性物质通过辐射或释放有害气体危害人们身体健康；极细的粉煤灰颗粒在空气中飘浮，被人吸入而影响人们身体健康。

粉煤灰中的有毒、有害物质来源于原煤，并经燃烧而富集在粉煤灰颗粒中，原煤的有毒、有害成分越多，粉煤灰的环境危害性就越大。掺粉煤灰的建筑材料，其放射性应符合《建筑材料用工业废渣放射性物质限制标准》（GB 6763—1986）和《掺工业废渣建筑材料产品放射性物质控制标准》（GB 9196—1988）。

有关粉煤灰环境特性的研究主要在粉煤灰建筑材料的放射性评价、施灰农田的土壤和农作物的微量元素富集程度及放射性水平研究、粉煤灰储灰场淋溶性研究 3 个方面。而有关粉煤灰对地下水放射性污染研究、粉煤灰污染空气与疾病关系研究较少。根据大量的研究，粉煤灰总体上对环境不会产生显著危害，包括我国在内的很多国家已将粉煤灰排除在有毒、有害废渣之外。

2. 硅灰

硅灰是在生产硅铁、硅钢或其他硅金属时，高纯度石英和煤在电弧炉中还原所得到的以无定形 SiO_2 为主要成分的球状玻璃体颗粒粉尘。硅灰中无定形 SiO_2 的含量在 90% 以上，其化学成分随所生产的合金或金属的品种不同而异，一般其化学成分为 SiO_2，85%～92%；Fe_2O_3，2%～3%；MgO，1%～2%；Al_2O_3，0.5%～1.0%；CaO，0.2%～0.5%。

硅灰颗粒极细，平均粒径为 0.1～0.2μm，比表面积为 20 000～25 000m²/kg。密度为 2.2g/cm³，堆积密度为 250～300kg/m³。由于硅灰单位质量很轻，包装、运输不是很方便。

硅灰活性极高，火山灰活性指标高达 110%。其中的 SiO_2 在水化早期就可与 $Ca(OH)_2$

发生反应,可配制出 100MPa 以上的高强混凝土。硅灰取代水泥后,其作用与粉煤灰类似,可改善混凝土拌合物的和易性,降低水化热,提高混凝土抗化学侵蚀性、抗冻性、抗渗性,抑制碱—骨料反应,且效果比粉煤灰好得多。另外,硅灰掺入混凝土中,可使混凝土的早期强度提高。

硅灰需水量比为 134% 左右,若掺量过大,将会使水泥浆变得十分粘稠。在土建工程中,硅灰取代水泥量常为 5%～15%,且必须同时掺入高效减水剂。

3. 磨细矿渣粉

磨细矿渣粉是将粒化高炉矿渣经磨细而成的粉状掺合料。其主要化学成分为 CaO、SiO_2、Al_2O_3,三者的总量占 90% 以上,另外含有 Fe_2O_3 和 MgO 等氧化物及少量 SO_3。其活性较粉煤灰高,掺量也可比粉煤灰大。磨细矿渣粉可以等量取代水泥,使混凝土的多项性能得以显著改善,如大幅度提高混凝土强度、提高混凝土耐久性和降低水泥水化热等。

根据《用于水泥和混凝土中的粒化高炉矿渣粉》(GB/T 18046—2008)的规定,矿渣粉根据 28d 活性指数(%)分为 S105、S95 和 S75 共 3 个级别,相应的技术要求见表 5-22。

表 5-22 用于水泥和混凝土中的粒化高炉矿渣粉的技术要求

级别	密度,/(g/cm³)	比表面积,/(m²/kg)	活性指数,/%		流动度比,/%	含水量,/%	三氧化硫,/%	氯离子,/%	烧失量,/%	玻璃体,/%	放射性
			7d	28d							
S105		500	95	105							
S95	2.8	400	75	95	95	1.0	4.0	0.06	3.0	85	合格
S75		350	55	75							

4. 沸石粉

沸石粉是由沸石岩经粉磨加工制成的含水化硅铝酸盐为主的矿物火山灰质活性掺合材料。沸石岩系有 30 多个品种,用作混凝土掺合料的主要有斜发沸石或绿光沸石。沸石粉的主要化学成分为 SiO_2 占 60%～70%,Al_2O_3 占 10%～30%,可溶硅占 5%～12%,可溶铝占 6%～9%。沸石岩具有较大的内表面积和开放性结构,沸石粉本身没有水化能力,在水泥中碱性物质激发下其活性才表现出来。

沸石粉的技术要求:细度为 0.080mm,方孔筛筛余≤7%;吸氨值≥100mg/100g;密度为 2.2～2.4g/cm³;堆积密度为 700～800kg/m³;火山灰试验合格;SO_3≤3%;水泥胶砂 28d 强度比不得低于 62%。

沸石粉掺入混凝土中,可取代 10%～20% 的水泥,可以改善混凝土拌合物的粘聚性,减少泌水,宜用于泵送混凝土,可减少混凝土离析及堵泵。沸石粉应用于轻骨料混凝土,可较大改善轻骨料混凝土拌合物的粘聚性,减少轻骨料的上浮。

5. 其他掺合料

1) 磨细自燃煤矸石粉

自燃煤矸石粉是由煤矿洗煤过程中排出的矸石,经自燃而形成的。自燃煤矸石具有一定的火山灰活性，磨细后可作为混凝土的掺合料。

2）浮石粉、火山渣粉

浮石粉和火山渣粉均是火山喷出的轻质多孔岩石经磨细而得的掺合料。《用于水泥中的火山灰质混合材料》（GB/T 2847—2005）规定，浮石粉和火山渣粉的烧失量小于或等于10%，火山灰试验合格，SO_3 含量小于或等于 3.5%，水泥胶砂 28d 强度比不得低于 65%，

5.2 混凝土拌合物的和易性

混凝土的性能包括两个部分：一是混凝土硬化之前的性能，即和易性；二是混凝土硬化之后的性能，包括强度、变形性能和耐久性等。

5.2.1 和易性的概念

由混凝土组成材料拌和而成、尚未硬化的混合料，称为混凝土拌合物，又称新拌混凝土。

和易性指混凝土拌合物易于施工操作（拌和、运输、浇筑和振捣），不发生分层、离析、泌水等现象，以获得质量均匀、密实的混凝土的性能。

和易性是反映混凝土拌合物易于流动但组分间又不分离的一种性能，是一项综合技术性能，包括流动性、粘聚性和保水性 3 个方面的含义。

（1）流动性是指混凝土拌合物在自重或施工机械振捣的作用下，能产生流动，并均匀密实地充满模板的性能。

（2）粘聚性是指混凝土拌合物内部各组分间具有一定的粘聚力，在运输和浇筑过程中不致产生分层离析现象的性能。

（3）保水性是指混凝土拌合物具有保持内部水分不流失，不致产生严重泌水现象的性能。

混凝土拌合物的流动性、粘聚性和保水性，三者既相互联系又相互矛盾。当流动性大时，往往粘聚性和保水性差，反之亦然。因此，和易性良好就是要使这 3 方面的性质达到良好的统一。

5.2.2 和易性的测定

混凝土和易性内涵较复杂，目前尚未通过一个技术指标来全面反映混凝土拌合物和易性的方法。通常是测定混凝土拌合物的流动性，观察、评定粘聚性和保水性。流动性测定的方法有坍落度筒法和维勃稠度法。

1. 坍落度筒法

坍落度筒法是将混凝土拌合物分 3 层（每层装料约 1/3 筒高）装入坍落度筒内（图 5.7），每层用 $\phi16$ 的光圆铁棒插捣 25 次。待装满刮平后，垂直平稳地向上提起坍落度筒。用尺量测

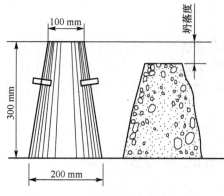

图 5.7　混凝土拌合物坍落度测定

筒高与坍落后混凝土拌合物最高点之间的高度差（mm），即为该混凝土拌合物的坍落度值。坍落度越大，表明混凝土拌合物的流动性越好。

测定混凝土拌合物坍落度后，观察拌合物的粘聚性和保水性。粘聚性的检查方法是，用捣棒在已坍落的拌合物锥体侧面轻轻击打，如果锥体逐渐下沉，表示粘聚性良好；如果突然倒坍，部分崩裂或石子离析，即为粘聚性不良。保水性的检查方法是查看提起坍落度筒后，地面上是否有较多的稀浆流淌，骨料是否因失浆而大量裸露，存在上述现象表明保水性不好；反之，则表明保水性良好。

坍落度试验只适用于骨料最大粒径不大于 40mm 的非干硬性混凝土（指混凝土拌合物的坍落度值大于 10mm 的混凝土）。根据坍落度大小，将混凝土拌合物分为 4 级，见表 5-23。

表 5-23　混凝土按坍落度的分级

级　　别	名　　称	坍落度/mm
T_1	低塑性混凝土	10～40
T_2	塑性混凝土	50～90
T_3	流动性混凝土	100～150
T_4	大流动性混凝土	≥160

2. 维勃稠度法

对于干硬性混凝土，通常采用维勃稠度仪（图 5.8）来测定混凝土拌合物的流动性。试验时先将混凝土拌合物按规定的方法装入存放在圆桶内的坍落度筒内，装满后垂直提起坍落度筒，在拌合物试体顶面放一透明圆盘，开启振动台，同时用秒表计时，到透明圆盘的下表面完全布满水泥浆时停止秒表，关闭振动台。所读秒数即为维勃稠度。

维勃稠度试验适用于骨料最大粒径不大于 40mm，维勃稠度在 5～30s 之间的混凝土。根据维勃稠度，将混凝土拌合物分为 4 级，见表 5-24。

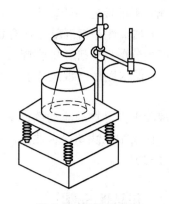

图 5.8　维勃稠度仪

表 5-24　混凝土按维勃稠度的分级

级　　别	名　　称	维勃稠度/s
V_0	超干硬性混凝土	≥31
V_1	特干硬性混凝土	21～30
V_2	干硬性混凝土	11～20
V_3	半干硬性混凝土	5～10

5.2.3　流动性(坍落度)的选择

选择混凝土拌合物的坍落度,应根据结构构件截面尺寸的大小、配筋的疏密、施工捣实方法和环境温度来确定。当构件截面尺寸较小时或钢筋较密,或采用人工插捣时,坍落度可选择大些。反之,如构件截面尺寸较大或钢筋较疏,或者采用振动器振捣时,坍落度可选择小些。当环境温度在30℃以下时,可按表5-25确定混凝土拌合物坍落度值;当环境温度在30℃以上时,由于水泥水化和水分蒸发的加快,混凝土拌合物流动性下降加快,在混凝土配合比设计时,应将混凝土拌合物坍落度提高15~25mm。

表 5 - 25　混凝土浇筑时的坍落度

结构种类	坍落度/mm
基础或地面等的垫层、无配筋的大体积结构(挡土墙、基础等)或配筋稀疏的结构	10~30
板、梁或大型及中型截面的柱子等	35~50
配筋密列的结构(薄壁、斗仓、筒仓、细柱等)	55~70
配筋特密的结构	75~90

5.2.4　影响和易性的主要因素

1. 胶凝材料浆体数量和水胶比的影响

混凝土拌合物要产生流动必须克服其内部的阻力,拌合物内的阻力主要来自两个方面,一是骨料间的摩擦阻力,二是胶凝材料浆体的粘聚力。

(1)骨料间摩擦阻力的大小主要取决于骨料颗粒表面胶凝材料浆体的厚度,即胶凝材料浆体数量的多少。在水胶比不变的情况下,单位体积拌合物内,胶凝材料浆体数量愈多,拌合物的流动性愈大。但若胶凝材料浆体过多,将会出现流浆现象;若胶凝材料浆体过少,则骨料之间缺少粘结物质,易使拌合物发生离析和崩坍。

注:水胶比是指水与胶凝材料质量之比,以前常称为"水灰比","水灰比"是指水与水泥用量之比,现在混凝土中普遍掺加粉煤灰、粒化矿渣粉等掺合料,因此将水灰比扩称为水胶比。

(2)胶凝材料浆体粘聚力大小主要取决于水胶比。在水泥用量、骨料用量均不变的情况下,水胶比增大即增大水的用量,拌合物流动性增大;反之则减小。但水胶比过大,会造成拌合物粘聚性和保水性不良;水胶比过小,会使拌合物流动性过低。

总之,无论是胶凝材料浆体数量的影响还是水胶比的影响,实际上都是用水量的影响。因此,影响混凝土和易性的决定性因素是单位体积混凝土用水量的多少。

实践证明,在配制混凝土时,当所用粗、细骨料的种类及比例一定时,如果单位用水量一定,即使水泥用量有所变动(对于1m³混凝土,水泥用量增减50~100kg)时,混凝土的流动性大体保持不变,这一规律称为恒定需水量法则。这一法则意味着如果其他条件不变,即使水泥用量有某种程度的变化,对混凝土的流动性影响不大。运用于配合比设计,就是通过固定单位水量,变化水灰比,得到既满足拌合物和易性要求,又满足混凝土强

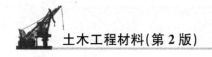

度要求的混凝土。

2. 砂率的影响

砂率是指混凝土中砂的质量占砂、石总质量的百分比。

$$S_p = \frac{S}{S+G} \times 100\% \tag{5-3}$$

式中　S_p——砂率,%;

　　　S、G——分别为砂、石子的用量,kg。

砂率大小确定原则是砂子填充满石子的空隙并略有富余。富余的砂子在粗骨料之间起滚珠作用,能减少粗骨料之间的摩擦力。根据此原则砂率可按以下公式计算。

首先

$$V'_{os} = V'_{og} \cdot P'_0$$

那么

$$S_p = \beta \frac{S}{S+G} = \beta \frac{\rho'_{os} \cdot V'_{os}}{\rho'_{os} \cdot V'_{os} + \rho'_{og} \cdot V'_{og}}$$

$$= \beta \frac{\rho'_{os} \cdot V'_{og} \cdot P'_0}{\rho'_{os} \cdot V'_{og} \cdot P'_0 + \rho'_{og} \cdot V'_{og}} = \beta \frac{\rho'_{os} \cdot P'_0}{\rho'_{os} \cdot P'_0 + \rho'_{og}} \tag{5-4}$$

式中　V'_{os}、V'_{og}——分别为砂子、石子的堆积体积,m^3;

　　　ρ'_{os}、ρ'_{og}——分别为砂子、石子堆积密度,kg/m^3;

　　　　　P'_0——石子空隙率,%;

　　　　　β——砂浆剩余系数,一般取1.1~1.4。

砂率过小,砂浆不能够包裹石子表面、不能充满石子间隙,使拌合物粘聚性和保水性变差,产生离析和流浆等现象。当砂率在一定范围内增大,混凝土拌合物的流动性提高,但是当砂率增大超过一定范围后,流动性反而随砂率增加而降低。因为随着砂率的增大,骨料的总表面积必随之增大,润湿骨料的水分需求量增多,在单位用水量一定的条件下,混凝土拌合物的流动性降低。

由此可见,在配制混凝土时,砂率不能过大,也不能过小,应有合理砂率。合理砂率的技术经济效果可从图5.9中反映出来。图5.9(a)表明,在用水量及水泥用量一定的情况下,合理砂率能使混凝土拌合物获得最大的流动性(且能保持粘聚性及保水性能良好);图5.9(b)表明,在保持混凝土拌合物坍落度基本相同的情况下(且能保持粘聚性及保水性能良好),合理砂率能使水泥浆的数量减少,从而节约水泥用量。

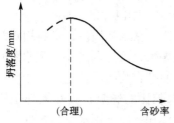
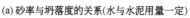
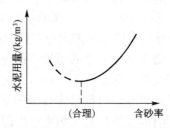

(a)砂率与坍落度的关系(水与水泥用量一定)　　(b)砂率与水泥用量的关系(达到相同的坍落度)

图5.9　合理砂率的技术经济效果

3. 组成材料性质的影响

1) 水泥

水泥对拌合物和易性的影响主要是水泥品种和水泥细度的影响。在其他条件相同的情况下，需水量大的水泥比需水量小的水泥配制的拌合物流动性要小。如矿渣水泥或火山灰水泥拌制的混凝土拌合物，其流动性比用普通水泥时小。另外，矿渣水泥易泌水。水泥颗粒越细，总表面积越大，润湿颗粒表面及吸附在颗粒表面的水越多，在其他条件相同的情况下，拌合物的流动性变小。

2）骨料

骨料对拌合物和易性的影响主要是骨料总表面积、骨料的空隙率和骨料间摩擦力大小的影响，具体地说是骨料级配、颗粒形状、表面特征及粒径的影响。一般说来，级配好的骨料，其拌合物流动性较大，粘聚性与保水性较好；表面光滑的骨料，如河砂、卵石，其拌合物流动性较大；骨料的粒径增大，总表面积减小，拌合物流动性就增大。

3）外加剂

混凝土拌合物中掺入减水剂或引气剂，拌合物的流动性明显增大。引气剂还可有效地改善混凝土拌合物的粘聚性和保水性。

4）温度和时间的影响

随环境温度的升高，混凝土拌合物的坍落度损失加快（即流动性降低速度加快）。据测定，温度每增高10℃，拌合物的坍落度约减小20～40mm。这是由于温度升高，水泥水化加速，水分蒸发加快。

混凝土拌合物随时间的延长而变干稠，流动性降低，这是由于拌合物中一些水分被骨料吸收，一些水分蒸发，一些水分与水泥水化反应变成水化产物结合水。

5.2.5 混凝土拌合物的凝结时间

混凝土拌合物的凝结时间与其所用水泥的凝结时间是不相同的。水泥的凝结时间是水泥净浆在规定的稠度和温度条件下测得的，混凝土拌合物的存在条件与水泥凝结时间测定条件不一定相同。混凝土的水灰比、环境温度和外加剂的性能等均对混凝土的凝结快慢产生很大影响。水灰比增大，水泥水化产物间的间距增大，水化产物粘连及填充颗粒间隙的时间延长，凝结时间延长；环境温度升高，水泥水化和水分蒸发加快，凝结时间缩短；缓凝剂会明显延长凝结时间，速凝剂会显著缩短凝结时间。

混凝土拌合物的凝结时间通常用贯入阻力仪来测定。先用5mm的圆孔筛从混凝土拌合物中筛取砂浆，按一定的方法装入规定的容器中，然后每隔一定时间测定砂浆贯入到一定深度的贯入阻力。绘制贯入阻力与时间的关系曲线。在贯入阻力为3.5MPa和280MPa时画两条平行于时间坐标的直线，直线与曲线交点的时间分别为混凝土拌合物的初凝时间和终凝时间。

5.3 混凝土的强度

5.3.1 混凝土的结构和受压破坏过程

1. 混凝土的结构

混凝土是一种颗粒型多相复合材料，至少包含7个相，即粗骨料、细骨料、未水化水泥颗粒、水泥凝胶、凝胶孔、毛细管孔和引进的气孔。为了简化分析，一般认为混凝土是由粗骨料与砂浆或粗细骨料与水泥石两相组成的、不十分密实的、非匀质的分散体。

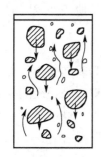

(a)组成材料分层过程

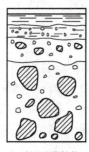

(b)宏观堆聚结构

图5.10 混凝土宏观堆聚分层结构

流动性混凝土拌合物在浇灌成型过程中和在凝结之前，由于固体粒子的沉降作用，很少能保持其稳定性，一般都会发生不同程度的分层现象，粗大的颗粒沉积于下部，多余的水分被挤，上升至表层或积聚于粗骨料的下方。沿浇灌方向的下部混凝土的强度大于顶部，表层混凝土成为最疏松和最软弱的部分。因此混凝土宏观结构为堆聚分层结构，如图5.10所示。

混凝土结构的另一个特征是在粗骨料的表面到水泥石之间存在 $10\sim50\mu m$ 界面过渡区，如图5.11所示。在新拌混凝土中，粗骨料表面包裹了一层水膜，贴近粗骨料表面的水胶比大，导致过渡区的氢氧化钙、钙矾石等晶体的颗粒大且数量多，水化硅酸钙凝胶相对较少，孔隙率大。

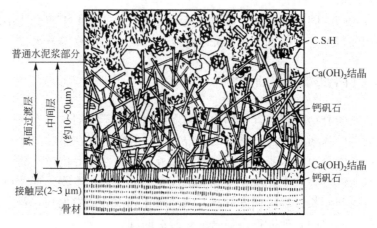

图5.11 混凝土界面过渡区示意图

由于水泥水化造成的化学收缩和物理收缩，使界面过渡区在混凝土未受外力之前就存在许多微裂缝。所以过渡区水泥石的结构比较疏松、缺陷多、强度低。

普通混凝土骨料与水泥石之间的结合主要是粘着和机械啮合，骨料界面是最薄弱的环节，特别是粗骨料下方因泌水留下的孔隙，尤为薄弱。

2. 混凝土受压破坏过程

混凝土在外力作用下，很容易在楔形的微裂缝尖端形成集中应力，随着外力的逐渐增大，微裂缝会进一步延伸、连通、扩大，最后形成几条肉眼可见的裂缝而破坏。以混凝土单轴受压为例，典型的静力受压时的荷载—变形曲线如图5.12所示。

通过显微镜观察混凝土受压破坏过程，混凝土内部的裂缝发展可分为如图5.12所示的4个阶段，每个阶段的裂缝状态示意图，如图5.13所示。

（1）Ⅰ阶段：当荷载到达"比例极限"（约为极限荷载的30%）以前，界面裂缝无明显变化，荷载—变形近似呈直线关系，如图 5.12 所示的 OA 段。

（2）Ⅱ阶段：荷载超过"比例极限"后，界面裂缝的数量、长度及宽度不断增大，界面借摩擦阻力继续承担荷载，但无明显的砂浆裂缝，荷载—变形之间不再是线性关系，如图 5.12 所示的 AB 段。

（3）Ⅲ阶段：荷载超过"临界荷载"（约为极限荷载的 70%～90%）以后，界面裂缝继续发展，砂浆中开始出现裂缝，并将邻近的界面裂缝连接成连续裂缝。此时，变形增大的速度进一步加快，曲线明显弯向变形坐标轴，如图 5.12 所示的 BC 段。

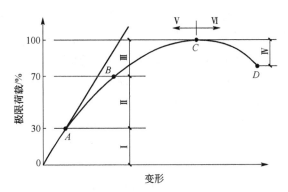

图 5.12 混凝土受压变形曲线

Ⅰ—界面裂缝无明显变化；Ⅱ—界面裂缝增长；
Ⅲ—出现砂浆裂缝和连续裂缝；
Ⅳ—连续裂缝迅速发展；Ⅴ—裂缝缓慢增长；
Ⅵ—裂缝迅速增长

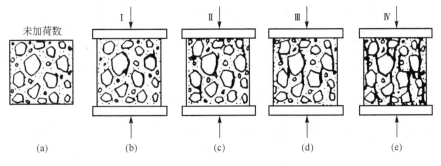

图 5.13 混凝土压时不同受力阶段裂缝示意图

（4）Ⅳ阶段：荷载超过极限荷载以后，连续裂缝急速发展，混凝土承载能力下降，荷载减小而变形迅速增大，以致完全破坏，曲线逐渐下降而最后破坏，如图 5.12 所示的 CD 段。

由此可见，混凝土受压时荷载与变形的关系，是内部微裂缝发展规律的体现。混凝土在外力作用下的变形和破坏过程，也就是内部裂缝的发生和发展过程，它是一个从量变到质变的过程。只有当混凝土内部的微观破坏发展到一定量级时，才会使混凝土的整体遭受破坏。

5.3.2 混凝土强度

在土木工程结构和施工验收中，常用的强度有立方体抗压强度、轴心抗压强度、抗拉强度和抗折强度等几种。

1. 混凝土立方体抗压强度（f_{cu}）

根据《普通混凝土力学性能试验方法标准》（GB/T 50081—2002）规定，混凝土立方体抗压强度是指按标准方法制作的，标准尺寸为 150mm×150mm×150mm 的立方体试件，在标准养护条件下 [(20±2)℃，在相对湿度为 95% 以上的标准养护室或(20±2)℃的不流动的 $Ca(OH)_2$ 饱和溶液中]，养护到 28d 龄期，以标准试验方法测得的抗压强度值。

非标准试件为 200mm×200mm×200mm 和 100mm×100mm×100mm；当施工涉及外工程或必须用圆柱体试件来确定混凝土力学性能等特殊情况时，也可用 ϕ150mm×300mm 的圆柱体标准试件或 ϕ200mm×400mm 的圆柱体非标准试件。

测定混凝土试件的强度时，试件的尺寸和表面状况等对测试结果产生较大影响。下面以混凝土受压为例，来分析这两个因素对检测结果的影响。

当混凝土立方体试件在压力机上受压时，在沿加荷方向发生纵向变形的同时，也按泊松比效应产生横向变形。但是由于压力机上下压板(钢板)的弹性模量比混凝土大 5～15 倍，而泊松比则不大于混凝土的两倍，所以在压力的作用下，钢压板的横向变形小于混凝土的横向变形，因而上下压板与试件的接触面之间产生摩擦阻力。这种摩擦阻力分布在整个受压接触面，对混凝土试件的横向膨胀起约束限制作用，使混凝土强度检测值提高。通常称这种作用为"环箍效应"，如图 5.14 所示，它随着离试件端部距离的增大而变小，大约在距离 $\frac{\sqrt{3}}{2}a$(a 为立方体试件边长)以外消失，因此受压试件正常破坏时，其上下部分各呈一个较完整的棱锥体，如图 5.15 所示。如果在压板和试件接触面之间涂上润滑剂，则"环箍效应"大大减小，试件出现直裂破坏，如图 5.16 所示。如果试件表面凹凸不平，"环箍效应"小，并有明显应力集中现象，测得的强度值会显著降低。

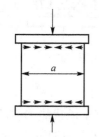
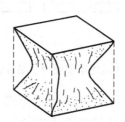

图 5.14　混凝土"环箍效应"　　图 5.15　混凝土受压试件破坏时残存的棱锥体　　图 5.16　混凝土受压试件不受约束时的破坏情况

混凝土立方体试件尺寸较大时，"环箍效应"的作用相对较小，测得的抗压强度偏低；反之测得的抗压强度偏高。另外，由于混凝土试件内部不可避免地存在一些微裂缝和孔隙等缺陷，这些缺陷处易产生应力集中的现象。大尺寸试件存在缺陷的概率较大，使得测定的强度值也偏低。

为了使混凝土抗压强度测试结果具有可比性，《普通混凝土力学性能试验方法标准》(GB/T 50081—2002)规定，混凝土强度等级小于 C60 时，用非标准试件测得的强度值均应乘以尺寸换算系数，来换算成标准试件强度值。200mm×200mm×200mm 试件换算系数为 1.05，100mm×100mm×100mm 试件换算系数为 0.95。当混凝土强度等级大于或等于 C60 时，宜采用标准试件；使用非标准试件时，尺寸换算系数应由试验确定。

需要说明的是，混凝土各种强度的测定值，均与试件尺寸、试件表面状况、试验加荷速度、环境(或试件)的湿度和温度等因素有关。在进行混凝土各种强度测定时，应按 GB/T 50081—2002 等标准规定的条件和方法进行检测，以保证检测结果的可比性。

2. 混凝土强度等级

按《混凝土结构设计规范》(GB 50010—2010)的规定，混凝土的强度等级按其立方体抗压强度标准值划分为 C15、C20、C25、C30、C35、C40、C45、C50、C55、C60、C65、C70、C75 、C80 共 14 个等级。"C"代表混凝土，是 Concrete 的第一个英文字母，C 后面的数字为立方体抗压强度标准值(MPa)。混凝土强度等级是混凝土结构设计时强度计算取值、混凝土施工质量控制和工程验收的依据。

混凝土立方体抗压强度标准值指按照标准方法制作养护的边长为 150mm 的立方体试件，在 28d 龄期或设计规定龄期内，以标准试验方法测得的具有 95% 保证率的抗压强度。

3. 混凝土轴心抗压强度

确定混凝土强度等级是采用立方体试件，但在实际结构中，钢筋混凝土受压构件多为棱柱体或圆柱体。为了使测得的混凝土强度与实际情况接近，在进行钢筋混凝土受压构件(如柱子、桁架的腹杆等)计算时，都是采用混凝土的轴心抗压强度。

《普通混凝土力学性能试验方法标准》(GB/T 50081—2002)规定，混凝土轴心抗压强度是指按标准方法制作的，标准尺寸为 150mm×150mm×300mm 的棱柱体试件，在标准养护条件下养护到 28d 龄期，以标准试验方法测得的抗压强度值。

非标准试件为 100mm×100mm×300mm 和 200mm×200mm×400mm；当施工涉及外工程或必须用圆柱体试件来确定混凝土力学性能等特殊情况时，也可用 ϕ150mm×300mm 的圆柱体标准试件或 ϕ100mm×200mm 和 ϕ200mm×400mm 的非圆柱体标准试件。

轴心抗压强度比同截面面积的立方体抗压强度要小，当标准立方体抗压强度在 10~50MPa 范围内时，两者之间的比值近似为 0.7~0.8。

4. 混凝土抗拉强度

混凝土是脆性材料，抗拉强度很低，拉压比为 $\frac{1}{20}$~$\frac{1}{10}$，拉压比随着混凝土强度等级的提高而降低。因此在钢筋混凝土结构设计时，不考虑混凝土承受拉力(考虑钢筋承受拉应力)，但抗拉强度对混凝土抗裂性具有重要作用，是结构设计时确定混凝土抗裂度的重要指标，有时也用它来间接衡量混凝土与钢筋的粘结强度。

混凝土抗拉强度测定应采用轴拉试件，因此过去多用 8 字形或棱柱体试件直接测定混凝土轴心抗拉强度。但是这种方法由于夹具附近局部破坏很难避免，而且外力作用线与试件轴心方向不易调成一致而较少采用。目前我国采用劈裂抗拉试验来测定混凝土的抗拉强度。劈裂抗拉强度测定时，对试件前期制作方法、试件尺寸、养护方法及养护龄期等的规定，与检验混凝土立方体抗压强度的要求相同。该方法的原理是在试件两个相对的表面轴线上，作用着均匀分布的压力，这样就能使在此外力作用下的试件的竖向平面内，产生均布拉应力，如图 5.17 所示。该拉应力可以根据弹性理论计算得出。

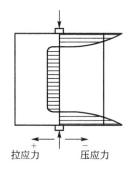

图 5.17 劈裂试验时垂直受力面的应力分布

这个方法克服了过去测试混凝土抗拉强度时出现的一些问题，并且也能较正确地反映试件的抗拉强度。

混凝土劈裂抗拉强度按下式计算。

$$f_{ts} = \frac{2F}{\pi A} = 0.637 \frac{F}{A} \tag{5-5}$$

式中　f_{ts}——混凝土劈裂抗拉强度，MPa；

　　　F——破坏荷载，N；

　　　A——试件劈裂面积，mm^2。

混凝土劈裂抗拉强度较轴心抗拉强度低，试验证明两者的比值为 0.9 左右。

5. 混凝土抗折强度

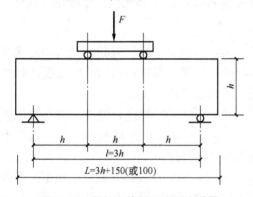

图 5.18　混凝土抗折强度测定装置

混凝土道路工程和桥梁工程的结构设计、质量控制与验收等环节，需要检测混凝土的抗折强度。

GB/T 50081—2002 规定，混凝土抗折强度是指按标准方法制作的，标准尺寸为 150mm×150mm×600mm(或 550mm)的长方体试件，在标准养护条件下养护到 28d 龄期，以标准试验方法测得的抗折强度值。按三分点加荷，试件的支座一端为铰支，另一端为滚动支座，如图 5.18 所示。抗折强度计算公式如下。

$$f_{cf} = \frac{FL}{bh^2} \tag{5-6}$$

式中　f_{cf}——混凝土抗折强度，MPa；

　　　F——破坏荷载，N；

　　　L——支座之间的距离，mm；

　　b，h——试件截面的宽度和高度，mm。

当试件尺寸为 100mm×100mm×400mm 非标准试件时，应乘以换算系数 0.85；当混凝土强度等级≥C60 时，宜采用标准试件；使用非标准试件时，尺寸换算系数应由试验确定。

5.3.3　影响混凝土强度的因素

1. 胶凝材料强度和水胶比的影响

胶凝材料强度和水胶比(水与胶凝材料质量之比)是影响混凝土强度的决定性因素。因为混凝土的强度主要取决于水泥石的强度及其与骨料间的粘结力，而水泥石的强度及其与骨料间的粘结力，又取决于胶凝材料强度和水胶比的大小。在相同配合比、相同成型工艺、相同养护条件的情况下，胶凝材料强度越高，配制的混凝土强度越高。

在胶凝材料品种、强度不变时，混凝土在振动密实的条件下，水胶比越小，强度越高，反之亦然(图 5.19)。但是为了使混凝土拌合物获得必要的流动性，常要加入较多的水

（水胶比为 0.35～0.75），它往往超过了胶凝材料水化的理论需水量（水胶比 0.23～0.25）。多余的水残留在混凝土内形成水泡或水道，随着混凝土硬化而蒸发成为孔隙，使混凝土的强度下降。

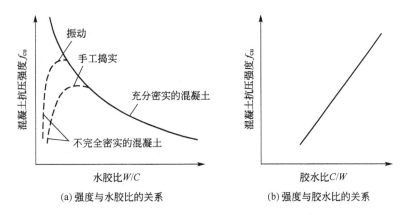

图 5.19 混凝土强度与水胶比及胶水比的关系

大量试验结果表明，在原材料一定的情况下，混凝土 28d 龄期抗压强度（f_{cu}）与胶凝材料实际强度（f_b）及胶水比（$\dfrac{B}{W}$）之间的关系符合下列经验公式。

$$f_{cu} = \alpha_a f_b \left(\frac{B}{W} - \alpha_b \right) \tag{5-7}$$

式中　f_{cu}——混凝土 28d 抗压强度，MPa；

　　α_a、α_b——回归系数，它们与粗骨料、细骨料、水泥产地有关，可通过历史资料统计计算得到，若无统计资料，可按《普通混凝土配合比设计规程》（JGJ 55—2011）提供的 α_a、α_b 经验值，碎石 $\alpha_a = 0.53$，$\alpha_b = 0.20$，卵石 $\alpha_a = 0.49$，$\alpha_b = 0.13$；

　　B——混凝土中的水泥用量，kg；

　　W——混凝土中的用水量，kg；

　　$\dfrac{B}{W}$——混凝土的胶水比（胶凝材料与水的质量之比）；

　　f_b——胶凝材料 28d 胶砂抗压强度，MPa，可实测，且试验方法按《水泥胶砂强度检验方法（ISO 法）》（GB/T 17671—1999）执行；若无实测值，可用式（5-8）计算。

$$f_b = \gamma_f \gamma_s f_{ce} \tag{5-8}$$

式中　γ_f、γ_s——分别为粉煤灰影响系数和粒化高炉矿渣粉影响系数，按表 5-26 选用；

　　f_{ce}——水泥 28d 胶砂抗压强度，MPa，可实测，当无实测值时，按式（5-9）计算。

$$f_{ce} = \gamma_c f_{ce,g} \tag{5-9}$$

式中　γ_c——水泥强度等级富余系数，可按实际统计资料确定；当缺乏实际统计资料时，也可按表 5-27 选用；

　　$f_{ce,g}$——水泥强度等级值。

表 5-26　粉煤灰影响系数和粒化高炉矿渣粉影响系数

掺量/% 种类	粉煤灰影响系数(γ_f)	粒化高炉矿渣粉影响系数(γ_s)
0	1.00	1.00
10	0.85～0.95	1.00
20	0.75～0.85	0.95～1.00
30	0.65～0.75	0.90～1.00
40	0.55～0.65	0.80～0.90
50	—	0.70～0.85

注：① 采用Ⅰ级、Ⅱ级粉煤灰宜取上限值；
　　② 采用 S75 级粒化高炉矿渣粉宜取下限值，采用 S95 级粒化高炉矿渣粉宜取上限值，采用 S105 级粒化高炉矿渣粉宜取上限值加 0.05；
　　③ 当超出表中的掺量时，粉煤灰和粒化高炉矿渣粉影响系数应经试验确定。

表 5-27　粉煤灰影响系数和粒化高炉矿渣粉影响系数

水泥强度等级值	32.5	42.5	52.5
富余系数	1.12	1.16	1.10

在混凝土施工过程中，常发现向混凝土拌合物中随意加水的现象，这使得混凝土水胶比增大，导致混凝土强度的严重下降，是必须禁止的。在混凝土施工过程中，节约水和节约水泥同等重要。

2. 骨料的影响

骨料本身的强度一般大于水泥石的强度，对混凝土的强度影响很小。但骨料中有害杂质含量较多、级配不良均不利于混凝土强度的提高。骨料表面粗糙，则与水泥石粘结力较大。但达到同样流动性时，需水量大，随着水胶比变大，强度降低。试验证明，水胶比小于 0.4 时，用碎石配制的混凝土比用卵石配制的混凝土强度约高 30%～40%，但随着水胶比增大，两者的差异就不明显了。另外，在相同水胶比和坍落度下，混凝土强度随骨灰比（骨料与胶凝材料质量之比）的增大而提高。

3. 养护温度及湿度的影响

温度及湿度对混凝土强度的影响，本质上是对水泥水化的影响。

养护温度越高，水泥早期水化越快，混凝土的早期强度越高（图 5.20）。但混凝土早期养护温度过高（40℃以上），导致水泥水化产物来不及扩散而使混凝土后期强度反而降低。当温度在 0℃以下时，水泥水化反应停止，混凝土强度停止发展。这时还会因为混凝土中的水结冰产生体积膨胀，对混凝土产生相当大的膨胀压力，使混凝土结构破坏，强度降低。

湿度是决定水泥能否正常进行水化作用的必要条件。浇筑后的混凝土所处环境湿度相宜，水泥水化反应顺利进行，混凝土强度得以充分发展。若环境湿度较低，水泥不能正常进行水化作用，甚至停止水化，混凝土强度将严重降低或停止发展。图 5.21 是混凝土强度与保湿养护时间的关系。

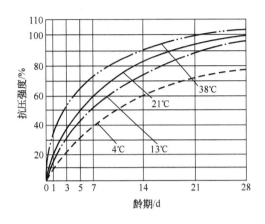

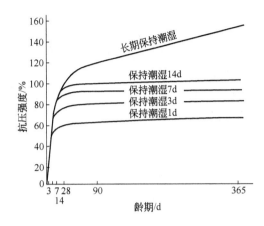

图 5.20　养护温度对混凝土强度的影响　　图 5.21　混凝土强度与保湿养护时间的关系

为了保证混凝土强度正常发展和防止失水过快引起的收缩裂缝，混凝土浇筑完毕后，应及时覆盖和浇水养护。气候炎热和空气干燥时，不及时进行养护，混凝土中水分会蒸发过快，出现脱水现象，混凝土表面出现片状、粉状剥落和干缩裂纹等劣化现象，混凝土强度明显降低；在冬季应特别注意保持必要的温度，以保证水泥能正常水化和防止混凝土内水结冰引起的膨胀破坏。

常见的混凝土养护有以下几种。

1）自然养护

混凝土在自然条件下于一定时间内使混凝土保持湿润状态的养护。包括洒水养护和喷涂薄膜养护两种。

洒水养护是指用草帘等将混凝土覆盖，经常洒水使其保持湿润。养护时间取决于混凝土的特性和水泥品种，非干硬性混凝土浇筑完毕 12h 以内应加以覆盖并保湿养护，干硬性混凝土应于浇筑完毕后立即进行养护。使用硅酸盐水泥、普通水泥和矿渣水泥时，浇水养护时间不应少于 7d；使用火山灰水泥和粉煤灰水泥或混凝土掺用缓凝型外加剂或有抗渗要求时，不得少于 14d；道路路面水泥混凝土宜为 14～21d；使用铝酸盐水泥时，不得少于 3d。洒水次数以能保证混凝土表面湿润为宜，混凝土养护用水应与拌制用水相同。

喷涂薄膜养生液适用于不易洒水的高耸构筑物和大面积混凝土结构的养护。它是将过氯乙烯树脂溶液用喷枪喷涂在混凝土表面上，溶液挥发后在混凝土表面形成一层塑料薄膜，将混凝土与空气隔绝，阻止其中水分的蒸发以保证水泥水化用水。有的薄膜在养护完成后要求能自行老化脱落，否则，不宜用于以后要做粉刷的混凝土表面。在夏季薄膜成型后要防晒，否则易产生裂纹。地下建筑或基础，可在其表面涂刷沥青乳液以防止混凝土内水分的蒸发。

2）标准养护

将混凝土放在 (20±2)℃，相对湿度为 95% 以上的标准养护室或 (20±2)℃ 的不流动的 $Ca(OH)_2$ 饱和溶液中进行的养护。测定混凝土强度时，一般采用标准养护。

3）蒸汽养护

将混凝土放在近 100℃ 的常压蒸汽中进行的养护。蒸汽养护的目的是加快水泥的水化，提高混凝土的早期强度，以加快拆模，提高模板及场地的周转率，提高生产效率和降低成本，这种养护方法非常适用于生产预制构件、预应力混凝土梁及墙板等。这种养护适合于早期强度较低的水泥，如矿渣水泥、粉煤灰水泥等掺有大量混合材料的水泥，不适合于硅酸盐水泥、普通水泥等早期强度高的水泥。研究表明，硅酸盐水泥和普通水泥配制的混凝土，其养护温度不宜超过 80℃，否则待其再养护到 28d 时的强度，将比一直自然养护至28d 的强度低 10% 以上，这是由于水泥的过快反应，致使在水泥颗粒外围过早地形成了大量的水化产物，阻碍了水分深入内部进一步水化。

4) 蒸压养护

将混凝土放在 175℃ 及 8 个大气压的压蒸釜中进行的养护。这种养护的目的和适用的水泥与蒸汽养护相同，主要用于生产硅酸盐制品，如加气混凝土、蒸养粉煤灰砖和灰砂砖等。

5) 同条件养护

将用于检查混凝土实体强度的试件，置于混凝土实体旁，试件与混凝土实体在同一温度和湿度条件下进行的养护。同条件养护的试件强度能真实反映混凝土构件的实际强度。

4. 龄期与强度的关系

在正常养护条件下，混凝土强度随龄期的增长而增大，最初 7~14d 发展较快，28d后强度发展趋于平缓(图 5.21)，因此混凝土以 28d 龄期的强度作为质量评定依据。

在混凝土施工过程中，经常需要尽快知道已成型混凝土的强度，以便决策，因此快速评定混凝土强度一直受到人们的重视。经过多年的研究，国内外已有多种快速评定混凝土强度的方法，有些方法已被列入国家标准中。

在我国，工程技术人员常用下面的经验公式来估算混凝土 28d 强度。

$$f_{28} = f_n \frac{\lg 28}{\lg n} \tag{5-10}$$

式中　f_{28}——混凝土 28d 龄期的抗压强度，MPa；

　　　f_n——混凝土 nd 龄期的抗压强度，MPa；

　　　n——养护龄期，d($n \geqslant 3d$)。

应注意的是，该公式仅适用于在标准条件下养护，中等强度(C20~C30)的混凝土。对较高强度混凝土(≥C35)和掺外加剂的混凝土，用该公式估算会产生很大误差。

实践证明，我国"一小时推定混凝土强度"的方法准确性较好，现场操作较简便。"一小时推定混凝土强度"的主要步骤如下。

(1) 在新拌混凝土的湿筛砂浆中加入 CAS 促凝剂，制作砂浆试件。

(2) 将砂浆试件，带模放入安装有压力表的家用压力锅内压蒸 1h。

(3) 立即测定砂浆的抗压强度 f_{1h}。

(4) 将 f_{1h} 代入事先建立的 f_{1h}—f_{28}(混凝土标准养护 28d 的抗压强度)关系式中，计算出 f_{28}。

该方法的关键是建立 f_{1h}—f_{28} 之间的回归公式，回归公式通常为 $f_{28} = A f_{1h}^B$。试验时，用有代表性、稳定的原材料配制 100 组以上不同强度的混凝土，分别测定每组混凝土的 f_{1h} 和 f_{28}，然后进行回归计算，求出 A 和 B。以后在应用时，只要测定出 f_{1h}，就可计算出 f_{28}。

5.4 混凝土的变形性能

混凝土在硬化和使用过程中，由于受到物理、化学和力学等因素的作用，常发生各种变形。由物理、化学因素引起的变形称为非荷载作用下的变形，包括化学收缩、干湿变形、碳化收缩及温度变形等；由荷载作用引起的变形称为在荷载作用下的变形，包括在短期荷载作用下的变形及长期荷载作用下的变形。

5.4.1 在非荷载作用下的变形

1. 化学收缩

由于水泥水化生成物的体积比反应前物质的总体积小，从而引起的混凝土的收缩称为化学收缩。收缩量随混凝土硬化龄期的延长而增加，一般在混凝土成型后 40d 内增长较快，以后逐渐趋于稳定。化学收缩值很小（小于 1‰），对混凝土结构没有破坏作用。混凝土的化学收缩是不可恢复的。

2. 干湿变形

混凝土因周围环境湿度的变化，会产生干燥收缩和湿胀，统称为干湿变形。

混凝土在水中硬化时，由于凝胶体中的胶体粒子表面的吸附水膜增厚，胶体粒子间距离增大，引起混凝土产生微小的膨胀，即湿胀。湿胀对混凝土无危害。

混凝土在空气中硬化时，首先失去自由水；继续干燥时，毛细管水蒸发，使毛细孔中形成负压力产生收缩；再继续受干燥则吸附水蒸发，引起凝胶体失水而紧缩。以上这些作用导致混凝土产生干缩变形。混凝土的干缩变形在重新吸水后大部分可以恢复，但不能完全恢复。

在一般条件下，混凝土极限收缩值可达 $5 \times 10^{-4} \sim 9 \times 10^{-4}$ mm/mm，在结构设计中混凝土干缩率取值为 $1.5 \times 10^{-4} \sim 2.0 \times 10^{-4}$ mm/mm，即每米混凝土收缩 $0.15 \sim 0.20$mm。由于混凝土抗拉强度低，而干缩变形又如此大，所以很容易产生干缩裂缝。

混凝土中水泥石是引起干缩的主要组分，骨料起限制收缩的作用，孔隙的存在会加大收缩。因此减少胶凝材料用量，减小水胶比，加强振捣，保证骨料洁净和级配良好是减少混凝土干缩变形的关键。另外，混凝土的干缩主要发生在早期，前 3 个月的收缩量为 20 年收缩量的 40%~80%。由于混凝土早期强度低，抵抗干缩应力的能力弱，因此加强混凝土的早期养护，延长湿养护时间，对减少混凝土干缩裂缝具有重要作用（但对混凝土的最终干缩率无显著影响）。

水泥的细度及品种对混凝土的干缩也产生一定的影响。水泥颗粒越细干缩也越大；掺大量混合材料的硅酸盐水泥配制的混凝土，比用普通水泥配制的混凝土干缩率大，其中火山灰水泥混凝土的干缩率最大，粉煤灰水泥混凝土的干缩率较小。

3. 碳化收缩

混凝土的碳化是指混凝土内水泥石中的 $Ca(OH)_2$ 与空气中的 CO_2，在湿度适宜的条件下发生化学反应，生成的 $CaCO_3$ 和 H_2O 的过程，也称为中性化。

混凝土的碳化会引起收缩，这种收缩称为碳化收缩。碳化收缩可能是由于在干燥收缩引起的压应力下，因 $Ca(OH)_2$ 晶体应力释放和在无应力空间 $CaCO_3$ 的沉淀所引起。碳化收缩会在混凝土表面产生拉应力，导致混凝土表面产生微细裂纹。观察碳化混凝土的切割面，可以发现细裂纹的深度与碳化层的深度相近。但是，碳化收缩与干燥收缩总是相伴发生，很难准确划分开来。

4. 温度变形

混凝土同其他材料一样，也会随着温度的变化而产生热胀冷缩变形。混凝土的温度膨胀系数为 $0.7 \times 10^{-5} \sim 1.4 \times 10^{-5}/℃$，一般取 $1.0 \times 10^{-5}/℃$，即温度改变 $1℃$，1m 混凝土将产生 $0.01mm$ 膨胀或收缩变形。

混凝土是热的不良导体，传热很慢，因此在大体积混凝土(截面最小尺寸大于 $1m^2$ 的混凝土，如大坝、桥墩和大型设备基础等)硬化初期，由于内部水泥水化热而积聚较多热量，造成混凝土内外层温差很大(可达 $50 \sim 80℃$)。这将使内部混凝土的体积产生较大热膨胀，而外部混凝土与大气接触，温度相对较低，产生收缩。内部膨胀与外部收缩相互制约，在外表混凝土中将产生很大拉应力，严重时使混凝土产生裂缝。

大体积混凝土施工时，需采取一些措施来减小混凝土内外层温差，以防止混凝土温度裂缝，目前常用的方法有以下几种。

(1) 采用低热水泥(如矿渣水泥、粉煤灰水泥、大坝水泥等)和尽量减少水泥用量，以减少水泥水化热。

(2) 在混凝土拌合物中掺入缓凝剂、减水剂和掺合料，降低水泥水化速度，使水泥水化热不至于在早期过分集中放出。

(3) 预先冷却原材料，用冰块代替水，以抵消部分水化热。

(4) 在混凝土中预埋冷却水管，从管子的一端注入冷水，冷水流经埋在混凝土内部的管道后，从另一端排出，将混凝土内部的水化热带出。

(5) 在建筑结构安全许可的条件下，将大体积化整为零施工，减轻约束和扩大散热面积。

(6) 表面绝热，调节混凝土表面温度下降速率。

对于纵长和大面积混凝土工程(如混凝土路面、广场、地面和屋面等)，常采用每隔一段距离设置一道伸缩缝或留设后浇带来防止混凝土温度缝。

监测混凝土内部温度场是控制与防范混凝土温度裂缝的重要工作内容。过去多采用点式温度计来测试，这种方法布点有限、施工工艺复杂、温度信息量少；现在一些大型水利水电工程(如三峡大坝)，通过在混凝土内埋设光纤维，利用光纤传感技术来监测内部温度场，该方法具有测点连续、温度信息量大、定位准确、抗干扰性强、施工简便等优点。

5.4.2　在荷载作用下的变形

1. 在短期荷载作用下的变形

1) 混凝土的弹塑性变形

混凝土是一种弹塑性体，静力受压时，既产生弹性变形，又产生塑性变形，其应力

（σ）与应变（ε）的关系是一条曲线，如图 5.22 所示。当在图中 A 点卸荷时，$\sigma\text{-}\varepsilon$ 曲线沿 AC 曲线回复，卸荷后弹性变形 $\varepsilon_{弹}$ 恢复了，而残留下塑性变形 $\varepsilon_{塑}$。

2）混凝土的弹性模量

材料的弹性模量是指 $\sigma\text{-}\varepsilon$ 曲线上任一点的应力与应变之比。混凝土 $\sigma\text{-}\varepsilon$ 曲线是一条曲线，因此混凝土的弹性模量是一个变量，这给确定混凝土弹性模量带来不便。但是，通过大量的试验发现，混凝土在静力受压加荷与卸荷的重复荷载作用下，其 $\sigma\text{-}\varepsilon$ 曲线的变化存在以下的规律：在混凝土轴心抗压强度的 50％～70％应力水平下，反复加荷、卸荷，混凝土的塑性变形逐渐增大，最后导致混凝土产生疲劳破坏。而在轴心抗压强度的 30％～50％的应力水平下，反复加荷卸荷，混凝土的塑性变形的增量逐渐减少，最后得到的 $\sigma\text{-}\varepsilon$ 曲线 $A'C'$ 几乎与初始切线平行，如图 5.23 所示。用这条曲线的斜率来表示混凝土的弹性模量，通常把这种方法测得的弹性模量称作混凝土割线弹性模量。

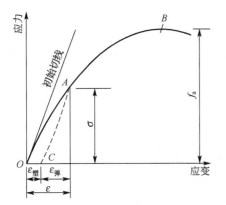

图 5.22　混凝土在压力作用下的应力-应变曲线

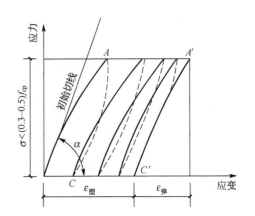

图 5.23　混凝土在低应力水平下反复加
卸荷时的应力-应变曲线

GB/T 50081—2002 规定，混凝土弹性模量的测定，采用标准尺寸为 150mm×150mm×300mm 的棱柱体试件，试验控制应力荷载值为轴心抗压强度的 1/3，经 3 次以上反复加荷和卸荷后，测定应力与应变的比值，得到混凝土的弹性模量。

混凝土的弹性模量与混凝土的强度、骨料的弹性模量、骨料用量和早期养护温度等因素有关。混凝土强度越高、骨料弹性模量越大、骨料用量越多、早期养护温度较低，混凝土的弹性模量越大。C10～C60 的混凝土其弹性模量为 $1.75\times10^{4}\sim4.90\times10^{4}$ MPa。

2. 混凝土在长期荷载作用下的变形

混凝土在长期荷载作用下会发生徐变。所谓徐变是指混凝土在长期恒载作用下，随着时间的延长，沿作用力的方向发生的变形，即随时间而发展的变形。

混凝土的徐变在加荷早期增长较快，然后逐渐减慢，2～3 年才趋于稳定。当混凝土卸载后，一部分变形瞬时恢复，一部分要过一段时间才能恢复（称为徐变恢复），剩余的变形是不可恢复部分，称作残余变形，如图 5.24 所示。

混凝土产生徐变的原因，一般认为是在长期荷载作用下，水泥石中的凝胶体产生粘性流动，向毛细孔中迁移，或者凝胶体中的吸附水或结晶水向内部毛细孔迁移渗透所致。

因此，影响混凝土徐变的主要因素是胶凝材料用量的多少和水胶比的大小。胶凝材料

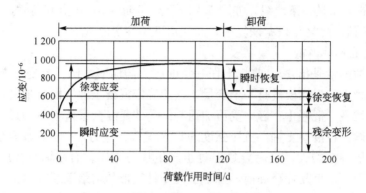

图 5.24　混凝土的应变与持荷时间的关系

用量越多,混凝土中凝胶体含量越大;水胶比越大,混凝土中的毛细孔越多,这两个方面均会使混凝土的徐变增大。

混凝土的徐变对混凝土及钢筋混凝土结构物的影响有有利的一面,也有不利的一面。徐变有利于削弱由温度、干缩等引起的约束变形,从而防止裂缝的产生。但在预应力结构中,徐变将产生应力松弛,引起预应力损失。在钢筋混凝土结构设计中,要充分考虑徐变的影响。

5.5　混凝土的耐久性

在人们的传统观念中,认为混凝土是经久耐用的,钢筋混凝土结构是由最为耐久的混凝土材料浇筑而成,虽然钢筋易腐蚀,但有混凝土保护层,钢筋也不会锈蚀,因此,对钢筋混凝土结构的使用寿命期望值也很高,忽视了钢筋混凝土结构的耐久性问题,并为此付出了巨大代价。据调查,美国目前每年由混凝土各种腐蚀引起的损失为 2 500 亿～3 500 亿美元,瑞士每年仅用于桥面检测及维护的费用就高达 8 000 万瑞士法郎,我国每年由混凝土腐蚀造成的损失为 1 800 亿～3 600 亿元。因此,加强混凝土结构耐久性研究,提高建筑物、构筑物使用寿命显得十分迫切和必要。

钢筋混凝土结构耐久性包括材料的耐久性和结构的耐久性两个方面,本节仅学习混凝土材料的耐久性,结构的耐久性在"混凝土结构"等课程中将涉及。

混凝土的耐久性是指混凝土能抵抗环境介质的长期作用,保持正常使用性能和外观完整性的能力。下面是常见的几种耐久性问题。

1. 混凝土的抗渗性

混凝土的抗渗性是指混凝土抵抗压力液体(水、油和溶液等)渗透作用的能力。它是决定混凝土耐久性最主要的因素。因为外界环境中的侵蚀性介质只有通过渗透才能进入混凝土内部产生破坏作用。

混凝土在压力液体作用下产生渗透的主要原因,是其内部存在连通的渗水孔道。这些孔道来源于胶凝材料浆体中多余水分蒸发留下的毛细管道、混凝土浇筑过程中泌水产生的通道、混凝土拌合物振捣不密实、混凝土干缩和热胀产生的裂缝等。

由此可见，提高混凝土抗渗性的关键是提高混凝土的密实度或改变混凝土孔隙特征。

在受压力液体作用的工程，如地下建筑、水池、水塔、压力水管、水坝、油罐以及港工、海工等，必须要求混凝土具有一定的抗渗性能。提高混凝土抗渗性的主要措施有降低水胶比，以减少泌水和毛细孔；掺引气型外加剂，将开口孔转变成闭口孔，割断渗水通道；减小骨料最大粒径，骨料干净、级配良好；加强振捣，充分养护等。

工程上用抗渗等级来表示混凝土的抗渗性。测定混凝土的抗渗等级采用顶面直径为175mm、底面直径为185mm、高度为150mm的圆台体标准试件，在规定的试验条件下，以6个试件中4个试件未出现渗水时的最大水压力来表示混凝土的抗渗等级，试验时加水压至6个试件中有3个试件端面渗水时为止。计算公式如下。

$$P = 10H - 1 \tag{5-11}$$

式中　P——混凝土的抗渗等级；

　　　H——6个试件中3个试件表面渗水时的水压力，MPa。

混凝土抗渗标号分为P4、P6、P8、P10、P12、>P12，相应地表示混凝土抗渗标准试件能抵抗0.4MPa、0.6MPa、0.8MPa、1.0MPa、1.2MPa、>1.2MPa的水压不渗漏。

2. 混凝土的抗冻性

混凝土的抗冻性是指混凝土在水饱和状态下，经受多次冻融循环作用，强度不严重降低，外观能保持完整的性能。

水结冰时体积膨胀约9%，如果混凝土毛细孔充水程度超过某一临界值（91.7%），则结冰产生很大的压力。此压力的大小取决于毛细孔的充水程度、冻结速度及尚未结冰的水向周围能容纳水的孔隙流动的阻力（包括凝胶体的渗透性及水通路的长短）。除了水的冻结膨胀引起的压力之外，当毛细孔水结冰时，凝胶孔水处于过冷的状态，过冷水的蒸气压比同温度下冰的蒸气压高，将发生凝胶水向毛细孔中冰的界面迁移渗透，并产生渗透压力。因此，混凝土受冻融破坏的原因是其内部的空隙和毛细孔中的水结冰产生体积膨胀和过冷水迁移产生压力所致。当两种压力超过混凝土的抗拉强度时，混凝土发生微细裂缝。在反复冻融作用下，混凝土内部的微细裂缝逐渐增多和扩大，导致混凝土强度降低甚至破坏。

以上讨论的是混凝土在纯水中的抗冻性，对于道路工程还存在盐冻破坏问题。为防止冰雪冻滑影响行驶和引发交通事故，常常在冰雪路面撒除冰盐（NaCl、$CaCl_2$ 等）。因为盐能降低水的冰点，达到自动融化冰雪的目的。但除冰盐会使混凝土的饱水程度、膨胀压力、渗透压力提高，加大冰冻的破坏力；并且在干燥时盐会在孔中结晶，产生结晶压力。以上两个方面的共同作用，使混凝土路面剥蚀，并且氯离子能渗透到混凝土内部引起钢筋锈蚀。因此，盐冻比纯水结冰的破坏力大。盐冻破坏已成为北美、北欧等国家混凝土路桥破坏的最主要原因之一。

混凝土的抗冻性与混凝土的密实度、孔隙充水程度、孔隙特征、孔隙间距、冰冻速度及反复冻融的次数等有关。对于寒冷地区经常与水接触的结构物，如水位变化区的海工、水工混凝土结构物、水池、发电站冷却塔及与水接触的道路、建筑物勒脚等，以及寒冷环境的建筑物，如冷库等，要求混凝土必须有一定的抗冻性。提高混凝土抗冻性的主要措施有：降低水胶比，加强振捣，提高混凝土的密实度；掺引气型外加剂，将开口孔转变成闭口孔，使水不易进入孔隙内部，同时细小闭孔可减缓冰胀压力；保持骨料干净和级配良好；充分养护。

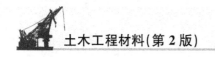

检测混凝土抗冻性的方法有慢冻法、快冻法和单面冻融法(或称盐冻法)。

慢冻法是用标准养护 28d 龄期的 100mm×100mm×100mm 立方体试件,浸水饱和后,在 $-20\sim-18℃$ 下慢慢冰冻,在 $18\sim20℃$ 的水中慢慢融化,最后以抗压强度下降率不超过 25%、质量损失率不超过 5% 时,混凝土所能承受的最大冻融循环次数来表示混凝土的抗冻标号。抗冻标号有 D50、D100、D150、D200、>D200。等级越高,混凝土抗冻性越好。

快冻法是以标准养护 28d 龄期的 100mm×100mm×400mm 的棱柱体试件,浸水饱和后,进行快速冻融循环,冷冻时试件中心最低温度控制在 $-20\sim-16℃$ 内,融化时试件中心最低温度控制在 $3\sim7℃$ 内,最后以相对动弹性模量不小于 60%、质量损失率不超过 5% 时的最大冻融循环次数表示混凝土的抗冻等级。抗冻等级有 F50、F100、F150、F200、F250、F300、F350、F400、>F400。等级越高,混凝土抗冻性越好。

单面冻融法是将标准养护 7d 以后的 150mm×150mm×150mm 立方体试件,切割成 150mm×110mm×70mm 试件,然后在室内干燥至 28d 龄期,用环氧树脂密封除测试面及与其平行的顶面外的各面,之后将密封试件放入单面冻融试验箱,让测试面单面吸水,由单面冻融试验箱自动进行冻融循环。最后以混凝土试件经受的冻融循环次数或者单位表面面积剥落物总质量或超声波相对动弹模量来表示混凝土的抗冻性能。

3. 混凝土的碳化

混凝土的碳化是指混凝土内水泥石中的 $Ca(OH)_2$ 与空气中的 CO_2,在一定湿度条件下发生化学反应,生成 $CaCO_3$ 和 H_2O 的过程。

混凝土的碳化弊多利少。由于中性化,混凝土中的钢筋因失去碱性保护而锈蚀,并引起混凝土顺筋开裂;碳化收缩会引起微细裂纹,使混凝土强度降低。但是碳化时生成的碳酸钙填充在水泥石的孔隙中,使混凝土的密实度和抗压强度提高,对防止有害杂质的侵入有一定的缓冲作用。

影响混凝土碳化的因素有以下几个。

(1) 环境湿度。当环境的相对湿度在 50%～75% 时,混凝土碳化速度最快,当相对湿度小于 25% 或达 100% 时,碳化停止,这是因为在环境水分太少时碳化不能发生,混凝土孔隙中充满水时,二氧化碳不能渗入扩散。

(2) 水胶比。水胶比越小,混凝土越密实,二氧化碳和水不易渗入,碳化速度越慢。

(3) 环境中二氧化碳的浓度。二氧化碳浓度越大,混凝土碳化作用越快。

(4) 水泥品种。普通水泥、硅酸盐水泥水化产物碱度高,其抗碳化能力优于矿渣水泥、火山灰质水泥和粉煤灰水泥,且水泥的碳化速度而随混合材料掺量的增多加快。

(5) 外加剂。混凝土中掺入减水剂、引气剂或引气型减水剂时,由于可降低水胶比或引入封闭小气泡,可使混凝土碳化速度明显减慢。

提高混凝土密实度(如降低水胶比,采用减水剂,保证骨料级配良好,加强振捣和养护等),是提高混凝土碳化能力的根本措施。

混凝土碳化深度的检测方法有两种,一种是 X 射线法,另一种是化学试剂法。X 射线法适用于实验室的精确测量,需要专门的仪器,既可测试完全碳化深度,又可测试部分碳化深度。现场检测主要用化学试剂法。检测时在混凝土表面凿洞,立即滴上化学试剂,根据反应的颜色测量碳化深度。常用试剂是 1% 浓度的酚酞酒精溶液,它以 pH＝9 为界线,已碳化部分呈无色,未碳化的地方呈粉红色,这种方法仅能测试完全碳化深度。另有一种彩虹指示剂,可以根据反应的颜色判别不同的 pH 值(pH＝5～13),因此可以测试完全碳化深度和部分碳化深度。

根据混凝土碳化深度,将混凝土抗碳化等级分 5 级:T-Ⅰ(d≥30)、T-Ⅱ(20≤d<30)、T-Ⅲ(10≤d<20)、T-Ⅳ(0.1≤d<10)和 T-Ⅴ(d<0.1)。d 为碳化深度(mm)。一般认为碳化深度小于 10mm 的混凝土,其抗碳化性能良好。

4. 混凝土的抗氯离子渗透性

如果混凝土原材料中氯离子含量过大,或环境介质中的氯离子因混凝土不密实而渗入到混凝土内部,将对混凝土的质量产生严重危害。一是使钢筋混凝土中的钢筋锈蚀,导致混凝土顺筋开裂,二是氯盐溶液随着混凝土的不断干燥迁移至混凝土表层,产生泛霜或在混凝土表层孔隙中结晶并产生结晶膨胀应力,导致表层混凝土剥离、开裂。

混凝土拌合物中水溶性氯离子最大含量应符合表 5-28 的规定。

表 5-28　混凝土拌合物中水溶性氯离子最大含量(%)

环境条件	水溶性氯离子最大含量(水泥用量的质量百分比)		
	钢筋混凝土	预应力混凝土	素混凝土
干燥环境	0.30		
潮湿但不含氯离子的环境	0.20	0.06	1.00
潮湿且含有氯离子的环境、盐渍土环境	0.10		
除冰盐等侵蚀性物质的腐蚀环境	0.06		

测定混凝土抗氯离子渗透性能的方法有氯离子迁移系数法(或称 RCM 法)和电通量法。当采用 RCM 法划分混凝土抗氯离子渗透性能等级时,用尺寸为 ϕ100mm×50mm 的圆柱体试件,标准养护 28d(也可根据设计要求选用 56d 或 84d)来测试,将混凝土抗氯离子渗透等级分为 5 级:RCM-Ⅰ(D_{RCM}≥4.5)、RCM-Ⅱ(3.5≤D_{RCM}<4.5)、RCM-Ⅲ(2.5≤D_{RCM}<3.5)、RCM-Ⅳ(1.5≤D_{RCM}<2.5)和 RCM-Ⅴ(D_{RCM}<1.5)。D_{RCM} 为非稳态氯离子迁移系数。

当采用电通量法划分混凝土抗氯离子渗透性能等级时,用尺寸为 ϕ100mm×50mm 的圆柱体试件、标准养护 28d(当混凝土中水泥混合材料与矿物掺合料之和超过胶凝材料用量的 50％时选用 56d)来测试,将混凝土抗氯离子渗透等级分为 5 级:Q-Ⅰ(Q_s≥4000)、Q-Ⅱ(2000≤Q_s<4000)、Q-Ⅲ(1000≤Q_s<2000)、Q-Ⅳ(500≤Q_s<1000)和 T-Ⅴ(Q_s<500)。Q_s 为电通量(C)。

从Ⅰ级到Ⅴ级,混凝土抗氯离子渗透性能越来越高。

5. 混凝土的抗硫酸盐侵蚀性

如果混凝土原材料中硫酸盐或硫化物含量过大,或环境介质中的硫酸根离子因混凝土不密实而渗入到混凝土内部,将对混凝土产生硫酸盐侵蚀危害。

测定混凝土抗硫酸盐侵蚀性时,将混凝土制成 100mm×100mm×100mm 立方体试件,试件数量为 6 块(其中 3 块做硫酸盐侵蚀循环,另外 3 块作为对比样),试件进行标准养护。对比试件养护龄期与做硫酸盐侵蚀循环结束时龄期相同。做硫酸盐侵蚀循环试验的试件，标准养护 28d 后，在(80±5)℃下烘干 48h，冷却后放入 pH 在 6～8 之间、温度在 25～30℃的 5％Na$_2$SO$_4$ 溶液中浸泡 15h，之后排液、风干、烘干 [(80±5)℃]、冷却，而后重新将试件浸入上述条件的 Na$_2$SO$_4$ 溶液中，重复上述过程。以混凝土干湿循环试验后，抗压强度耐蚀系数不超过 75％时的干湿循环次数来表示混凝土抗硫酸盐侵蚀性。混凝土抗硫酸盐等级分为 KS30、KS60、KS90、KS120、KS150、＞KS150，等级越高，抗硫酸盐侵蚀性越好。

6. 混凝土的碱-骨料反应

碱-骨料反应(Alkali - Aggregate Reaction，AAR)是指混凝土中的碱与具有碱活性的骨料之间发生反应，反应产物吸水膨胀或反应导致骨料膨胀，造成混凝土开裂破坏的现象。根据骨料中活性成分的不同，碱-骨料反应分为 3 种类型：碱-硅酸反应(Alkali - Silica Reaction，ASR)、碱-碳酸盐反应(Alkali - Carbonate Reaction，ACR)和碱-硅酸盐反应(Alkali - Silicate Reaction)。

碱-硅酸反应是分布最广、研究最多的碱-骨料反应，该反应是指混凝土内的碱与骨料中的活性 SiO$_2$ 反应，生成碱-硅酸凝胶，并从周围介质中吸收水分而膨胀，导致混凝土开裂破坏的现象。其化学反应试如下。

$$2ROH + nSiO_2 \longrightarrow R_2O \cdot nSiO_2 \cdot H_2O$$

式中 R——Na 或 K。

(1) 碱-骨料反应必须同时具备以下 3 个条件。

① 混凝土中含有过量的碱(Na$_2$O＋K$_2$O)。混凝土中的碱主要来自于水泥，也来自外加剂、掺合料、骨料、拌合水等组分。水泥中的碱(Na$_2$O＋0.658K$_2$O)含量大于 0.6％的水泥称为高碱水泥，我国许多水泥碱含量在 1％左右，如果加上其他组分引入的碱，混凝土中的碱含量较高。《混凝土碱含量限制标准》(CECS 53：1993)根据工程环境条件，提出了防止碱—硅酸反应的碱含量限值，见表 5 - 29。

表 5 - 29 防止 ASR 破坏的混凝土含碱量限值限值

环境条件	混凝土最高碱含量/(kg/m³)		
	一般工程	主要工程	特殊工程
干燥环境	不限制	不限制	3.0
潮湿环境	3.5	3.0	2.1
含碱环境	3.0	用非活性骨料	

② 碱活性骨料占骨料总量的比例大于 1％。碱活性骨料包括含活性 SiO$_2$ 的骨料(引起 ASR)、粘土质白云石质石灰石(引起 ACR)和层状硅酸盐骨料(引起碱—硅酸盐反应)。含活性 SiO$_2$ 的碱活性骨料分布最广，目前已被确定有安山石、蛋白石、玉髓、鳞石英、方石英等。美国、日本、英国等发达国家已建立了区域性碱活性骨料分布图，我国已开始绘制这种图，第一个分布图是京津塘地区碱活性骨料分布图。

③ 潮湿环境。只有在空气相对湿度大于 80％，或直接接触水的环境，AAR 破坏才会发生。

(2) 碱-骨料反应很慢，引起的破坏往往经过若干年后才会出现。一旦出现，破坏性则很大,难以加固处理,应加强防范。可采取以下措施来预防。

① 尽量采用非活性骨料。

② 当确认为碱活性骨料又非用不可时,则要严格控制混凝土中碱含量,如采用碱含量小于 0.6%的水泥,降低水泥用量,选用含碱量低的外加剂等。

③ 在水泥中掺入火山灰质混合材料(如粉煤灰、硅灰和矿渣等)。因为它们能吸收溶液中的钠离子和钾离子,使反应产物早期能均匀分布在混凝土中,不致集中于骨料颗粒周围,从而减轻或消除膨胀破坏。

④ 在混凝土中掺入引气剂或引气减水剂。它们可以产生许多分散的气泡,当发生碱-骨料反应时,反应生成的胶体可渗入或被挤入这些气泡内,降低了膨胀破坏应力。

⑤ 在混凝土中掺入碱-骨料反应抑制剂。

骨料碱活性检验方法有岩相法、化学法、砂浆长度法、岩石柱法、混凝土棱柱法和压蒸法等。

《普通混凝土用砂、石质量及检验方法标准》(JGJ 52—2006)规定的细骨料碱活性检测方法有砂浆长度法和化学法。这两种方法均只适用于鉴定由硅质骨料引起的碱活性反应,不适用于含碳酸盐的骨料。砂浆长度法应用较普遍,检测时,用碱($Na_2O+0.658K_2O$)含量为 1.2%的高碱水泥,按规定方法配制成灰砂比为 1:2.25、尺寸为 $25mm \times 25mm \times 280mm$ 的砂浆试件。将试件放入湿度 95%、温度为 (40 ± 2)℃的恒温、恒湿养护器中养护,测定自测定基准长度之日起计算的 14d、1 个月、2 个月、3 个月、6 个月时砂浆试件的长度。当砂浆半年膨胀率小于 0.10%或 3 个月的膨胀率小于 0.05%(只有在缺少半年膨胀率时才有效)时,则判为无潜在危害。反之,如超过上述数值,则判为有潜在危害。

《普通混凝土用砂、石质量及检验方法标准》(JGJ 52—2006)规定的粗骨料碱活性检测方法有砂浆长度法、快速法、岩相法和岩石柱法。前两种方法适用于鉴定由硅质骨料引起的碱活性反应,不适用于含碳酸盐的骨料,岩石柱法用于检验碳酸盐岩石是否有碱活性。采用砂浆长度法检测时,先将粗骨料破碎成砂,筛分后按规定方法进行级配,然后按砂浆的长度鉴定细骨料碱活性时所规定的方法,进行试件制作、养护、测定和判定。采用岩石柱法检测时,钻取直径 $(9 \pm 1)mm$、长 $(35 \pm 5)mm$ 的圆柱体岩石试件,浸入浓度为 1mol/L、温度为 (20 ± 2)℃的 NaOH 溶液中,测定自浸泡时开始计算的 7d、14d、21d、56d、84d 时岩石试件的长度。岩石试件浸泡 84d 的膨胀率如超过 0.10%,则该岩石样应评定为具有潜在的碱活性危害,必要时应以混凝土试验结果作出最后评定。

7. 混凝土的表面磨损

混凝土的表面磨损有 3 种情况:一是机械磨耗,如路面、机场跑道、厂房地坪等处的混凝土受到反复摩擦、冲击而造成的磨耗;二是冲磨,如桥墩、水工泄水结构物、沟渠等处的混凝土受到高速水流中夹带的泥砂、石子颗粒的冲刷、撞击和摩擦造成的磨耗;三是空蚀,如水工泄水结构物受到水流速度和方向改变形成的空穴冲击而造成的磨耗。

影响混凝土耐磨性的因素有以下几个方面。

(1)混凝土的强度。混凝土抗压强度越高,耐磨性越好。通过降低水胶比、掺高效减水剂等方法来提高混凝土强度的措施均对提高混凝土耐磨性有利。

(2)粗骨料的品种和性能。粗骨料硬度越高,韧性越高,混凝土的耐磨性越好。辉绿石、铁矿石的硬度和韧性最好,用这些骨料配制的混凝土抗冲击性能较好,花岗岩、闪长岩次之，石灰岩、白云岩较差。卵石表面光滑，碎石表面粗糙，从骨料本身来讲，前者的耐磨性更好，但是在相同条件下，卵石与水泥石之间的粘结强度比碎石的低，因此碎石更适合于配制高耐磨性混凝土。《公路工程石料试验规程》(JTJ 054—1994)按抗压强度与磨耗率将粗骨料分为4级，一般道路混凝土采用的粗骨料不低于3级。

(3) 细骨料与砂率。细骨料按耐磨性排列的顺序为铁粉＞河砂＞石灰石砂＞矾土砂＞水淬矿渣砂。砂中石英等坚硬的矿物含量多，粘土等有害杂质含量少，则混凝土的抗冲磨性好，级配良好的中砂配制的混凝土比用细砂或特细砂配制的混凝土的抗冲磨性好得多。当水泥用量小于 $400kg/m^3$ 时，混凝土的磨损系数随砂率的降低而降低；当水泥用量大于 $450kg/m^3$ 时，混凝土的磨损系数在砂率为 30％左右时最低。

(4) 水泥和掺合料。水泥中 C_3S 的抗冲磨性最好，C_3A 和 C_4AF 次之，C_2S 最低。配制抗冲磨混凝土应尽量选用 C_3S 和 C_3A 含量高、强度等级高的水泥，水泥中不得掺煤矸石、火山灰、粘土等混合材料。在混凝土中掺入硅灰、磨细矿渣粉和钢纤维等掺合料，可使混凝土耐磨性大幅度提高。

(5) 养护和施工方法。防止表面混凝土离析、泌水，充分养护混凝土，均有利于提高混凝土耐磨性。混凝土表面经真空脱水和机械二次抹面，可使混凝土耐磨性提高 30％～100％。

混凝土耐磨性试验方法有钢球法、转盘法、摩轮法和滚珠轴承法等。《混凝土及其制品耐磨性试验方法》(GB/T 16925—1997)规定的滚珠轴承法，以滚珠轴承为磨头，滚珠在额定负荷下滚动时摩擦湿试件表面，在受磨面上形成环形磨槽，通过测量磨槽深度和磨头转数，计算耐磨度，用耐磨度评价路面(地面)混凝土耐磨性。

5.6 混凝土质量波动与混凝土配制强度

1. 混凝土质量会产生波动

混凝土在生产过程中由于受到许多因素的影响，其质量不可避免地存在波动。造成混凝土质量波动的主要因素有以下几个方面。

(1) 混凝土生产前的因素：主要包括组成材料、配合比和设备状况等。

(2) 混凝土生产过程中的因素：主要包括计量、搅拌、运输、浇筑、振捣和养护，试件的制作与养护等。

(3) 混凝土生产后的因素：主要包括批量划分、验收界限、检测方法和检测条件等。

虽然混凝土的质量波动是不可避免的，但并不意味着不去控制混凝土的质量。相反，要认识到混凝土质量控制的复杂性，必须将质量管理贯穿于生产的全过程，使混凝土的质量在合理范畴内波动，确保土木工程的结构安全。

2. 混凝土强度的波动规律——正态分布

在正常生产条件下，影响混凝土强度的因素是随机变化的，对同一种混凝土进行系统的随机抽样，测试结果表明其强度的波动规律符合正态分布，如图 5.25 所示。混凝土强度正态分布曲线有以下特点。

（1）曲线呈钟型，两边对称。对称轴为平均强度，曲线的最高峰出现在该处。这表明混凝土强度接近其平均强度值处出现的次数最多，而随着远离对称轴，强度测定值出现的概率越来越小，最后趋近于零。

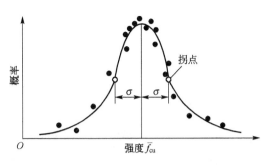

图 5.25　混凝土强度的正态分布曲线

（2）曲线和横坐标之间所包围的面积为概率的总和，等于 100%。对称轴两边出现的概率相等，各为 50%。

（3）在对称轴两边的曲线上各有一个拐点。两拐点间的曲线向上凸弯，拐点以外的曲线向下凹弯，并以横坐标为渐近线。

3. 衡量混凝土施工质量水平的指标

衡量混凝土施工质量的指标主要包括正常生产控制条件下混凝土强度的平均值、标准差、变异系数和强度保证率等。

1）混凝土强度平均值（$\overline{f_{cu}}$）

$$\overline{f_{cu}} = \frac{1}{n} \sum_{i=1}^{n} f_{cu,i} \qquad (5-12)$$

式中　$\overline{f_{cu}}$——n 组抗压强度的算术平均值，MPa；

　　　$f_{cu,i}$——第 i 组试件的抗压强度，MPa；

　　　n——试件的组数。

强度平均值仅表示混凝土强度总体的平均水平，但不能反映混凝土强度的波动情况。

2）混凝土强度标准差（σ）

混凝土强度标准差又称均方差，其计算式如下。

$$\sigma = \sqrt{\frac{\sum\limits_{i=1}^{n}(f_{cu,i} - \overline{f_{cu}})^2}{n-1}} = \sqrt{\frac{\sum\limits_{i=1}^{n}(f_{cu,i}^2 - n\overline{f_{cu}}^2)}{n-1}} \qquad (5-13)$$

式中　n——试验组数（$n \geqslant 25$）；

　　　σ——n 组抗压强度的标准差，MPa。

标准差的几何意义是正态分布曲线上拐点至对称轴的垂直距离，如图 5.25 所示。图 5.26 是强度平均值相同而标准差不同的两条正态分布曲线。由图可以看出，σ 值越小者曲线高而窄，说明混凝土质量控制较稳定，生产管理水平较高。而 σ 值大者曲线矮而宽，表明强度值离散性大，施工质量控制差。因此，σ 值是评定混凝土质量均匀性的一种指标。

但是，并不是 σ 值越小越好，σ 值过小，则意味着不经济。工程上由于影响混凝土质量的因素多，σ 值一般不会过小，因此我国混凝土强度检验评定标准仅规定了 σ 值的上限，详见表 5-30。

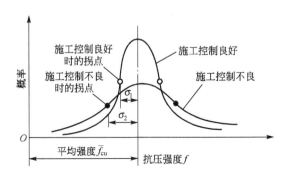

图 5.26　混凝土强度离散性不同的正态分布曲线

表 5-30　混凝土生产管理水平

生产质量水平		优良		一般		差	
混凝土强度等级		<C20	≥C20	<C20	≥C20	<C20	≥C20
评定指标 · 混凝土强度标准差 σ/MPa	预拌混凝土厂和预制混凝土构件厂	≤3.0	≤3.5	≤4.0	≤5.0	>4.0	>5.0
	集中搅拌混凝土的施工现场	≤3.5	≤4.0	≤4.5	≤5.5	>4.5	>5.5
强度不低于要求强度等级的百分率 P/%	预拌混凝土厂和预制混凝土构件厂及集中搅拌混凝土的施工现场	≥95		>85		≤85	

注：商品混凝土厂属于预拌混凝土厂。

4. 变异系数(C_v)

变异系数又称离散系数，其计算式如下。

$$C_v = \frac{\sigma}{f_{cu}} \tag{5-14}$$

由于混凝土强度的标准差随强度等级的提高而增大，故也可采用变异系数作为评定混凝土质量均匀性的指标。C_v 值越小，表明混凝土质量越稳定；C_v 值越大，则表示混凝土质量稳定性越差。

5. 强度保证率(P)

混凝土强度保证率 P(%) 是指混凝土强度总体中，大于等于设计强度等级($f_{cu,k}$)的概率，在混凝土强度正态分布曲线图中以阴影面积表示，如图 5.27 和图 5.28 所示。强度保证率 P(%) 可由正态分布曲线方程积分求得。

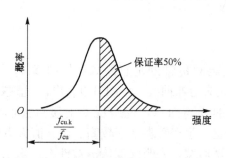

图 5.27　按设计强度来配制混凝土时的强度保证率

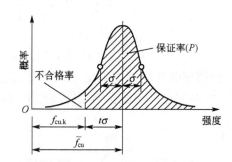

图 5.28　混凝土配制强度大于设计强度时的强度保证率

$$P = \frac{1}{\sqrt{2\pi}} \int_t^\infty e^{-\frac{t^2}{2}} dt \tag{5-15}$$

式中　t——概率度，可按下式计算。

$$t = \frac{f_{cu,k} - \overline{f_{cu}}}{\sigma} \tag{5-16}$$

或

$$t = \frac{f_{cu,k} - \overline{f_{cu}}}{C_v \overline{f_{cu}}} \qquad (5-17)$$

计算出概率度 t 后，按式(5-15)求出强度保证率 $P(\%)$ 或按表5-31查取。

表 5-31 不同 t 值的保证率 P

t	0.00	0.50	0.84	1.00	1.20	1.28	1.40	1.60
$P/$	50.0	69.2	80.0	84.1	88.5	90.0	91.9	94.5
t	1.645	1.70	1.81	1.88	2.00	2.05	2.33	3.00
$P/$	95.0	95.5	96.5	97.0	97.7	99.0	99.4	99.87

工程上 $P(\%)$ 值可根据统计周期内混凝土试件强度不低于要求强度等级的组数 N_0 与试件总数 $N(N \geqslant 25)$ 之比求得。

$$P = \frac{N_0}{N} \times 100\% \qquad (5-18)$$

根据统计周期内混凝土强度的 σ 值和保证率 $P(\%)$，可将混凝土生产单位的生产管理水平，划分为优良、一般、差3个级别，见表5-30。

6. 混凝土配制强度的确定

由正态分布曲线的特点可知，如果按设计强度来配制混凝土(即混凝土强度的平均值为设计强度)，那么混凝土强度保证率为50%(图5.27中的阴影部分)，显然，这会给土木工程造成极大的隐患。

为了提高混凝土强度保证率 $P(\%)$，在混凝土配合比设计时，必须使混凝土的配制强度 $f_{cu,o}$ 大于设计强度等级 $f_{cu,k}$，超出值为 $t\sigma$。

$$f_{cu,o} = f_{cu,k} + t\sigma \qquad (5-19)$$

此时，混凝土强度保证率将大于50%，如图5.28所示的阴影部分。

式(5-19)中，概率度 t 与强度保证率 $P(\%)$ 对应，通常从表5-31中查取。如 $P(\%)=90\%$ 时，查得 $t=1.28$。

式(5-19)中，强度标准差 σ 是由混凝土施工水平所决定的，可根据以往同配合比、同生产条件的混凝土强度抽检值，按强度标准差计算式(5-13)统计计算。当无历史资料时，也可参考表5-32选取。

表 5-32 σ 参考值(无历史资料时)

混凝土强度等级	$\leqslant$C20	C25～C45	C50～C55
$\sigma/$MPa	4.0	5.0	6.0

根据《普通混凝土配合比设计规程》(JGJ 55—2011)的规定，当混凝土的设计强度等级小于C60时，配制强度 $f_{cu,o}$ 可按式(5-20)计算；当混凝土设计强度等级不小于C60时，配制强度 $f_{cu,o}$ 可按式(5-21)计算。

$$f_{cu,o} \geqslant f_{cu,k} + 1.645\sigma \qquad (5-20)$$

$$f_{cu,o} \geqslant 1.15 f_{cu,k} \qquad (5-21)$$

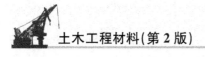

另外，混凝土配制强度 $f_{cu,o}$ 还可根据强度离散系数 C_v 来确定。

令 $$f_{cu,o}=\overline{f_{cu}} \tag{5-22}$$

则 $$\sigma=f_{cu,o}\cdot C_v \tag{5-23}$$

$$f_{cu,o}=f_{cu,k}+t\cdot(f_{cu,o}\cdot C_v) \tag{5-24}$$

所以 $$f_{cu,o}=\frac{f_{cu,k}}{1-tC_v} \tag{5-25}$$

5.7 普通混凝土配合比设计

普通混凝土配合比设计是确定混凝土中各组成材料的质量比。配合比有两种表示方法，一是以 $1m^3$ 混凝土中各材料的质量表示，如水泥 300kg、粉煤灰 60kg、砂 660kg、石子 1 200kg、水 180kg；另一种是以各材料相互间的质量比来表示，以水泥质量为 1，按水泥、矿物掺合料(如粉煤灰)、砂子、石子和水的顺序排列，将上例换算成质量比为 1：0.20：2.20：4.00：0.60。

5.7.1 配合比设计的基本要求、基本参数和符号含义

混凝土配合比设计必须达到以下 3 项基本要求。

(1) 混凝土硬化之前的性能要求：和易性。

(2) 混凝土硬化之后的性能要求：强度和耐久性。

(3) 经济性要求：节约水泥以降低成本。

混凝土配合比设计的 3 个基本参数是水胶比 $\left(\dfrac{W}{B}\right)$、砂率($S_p$)和单位用水量($W$)。

常用符号含义如下：B 表示胶凝材料(Binder)，C 表示水泥(Cement)，F 表示矿物掺合料(Mineral Admixture)，S 表示砂(Sand)，G 表示石子(Gravel)，W 表示水(Water)。如 ρ_c 表示水泥的密度，ρ_{os} 表示砂的表观密度，ρ'_{og} 表示石子的堆积密度。

5.7.2 普通混凝土配合比设计方法

1. 绝对体积法

绝对体积法简称体积法，其基本原理是假定刚浇捣完毕的混凝土拌合物的体积，等于其各组成材料的绝对体积及其所含少量空气体积之和。在 $1m^3$ 混凝土中，以 C_0、F_0、S_0、G_0、W_0 分别表示混凝土的水泥、矿物掺合料、砂子、石子、水的用量，并以 ρ_c、ρ_f、ρ_{os}、ρ_{og}、ρ_w 分别表示水泥密度、矿物掺合料密度、砂子表观密度、石子表观密度和水密度，又假定混凝土拌合物中含空气体积为 10α，则有以下关系式

$$\frac{C_0}{\rho_c}+\frac{F_0}{\rho_f}+\frac{S_0}{\rho_{os}}+\frac{G_0}{\rho_{og}}+\frac{W_0}{\rho_w}+10\alpha=1\,000(L) \tag{5-26}$$

式中 α——为混凝土含气量的百分数，%，一般为 $1\sim2$，在不使用引气型外加剂时，α 可取 1。

2. 假定表观密度法

假定表观密度法又称为质量法，其基本原理是假定普通混凝土拌合物表观密度(ρ_{oc})接近一个恒值。对于1m³混凝土拌合物则有以下关系式。

$$C_0 + F_0 + S_0 + G_0 + W_0 = \rho_{oc} \tag{5-27}$$

ρ_{oc} 在 2 350～2 450kg/m³ 之间，可根据混凝土强度等级来确定：C15～C20，ρ_{oc} = 2 350kg/m³；C25～C40，ρ_{oc} = 2 400kg/m³；C45～C80，ρ_{oc} = 2 450kg/m³。

5.7.3　普通混凝土配合比设计步骤

普通混凝土配合比设计分3步进行。

第一步，计算初步配合比。

第二步，对初步配合比进行试配调整，包括：和易性调整——确定混凝土的基准配合比；强度调整——确定混凝土的实验室配合比。

第三步，计算混凝土施工配合比。

1. 计算初步配合比

普通混凝土初步配合比设计依据《普通混凝土配合比设计规程》（JGJ 55—2011）进行，见表5-33，用该表确定的是1m³混凝土中各材料的用量（kg），见表5-34～表5-38。计算时要注意各表的"说明"和"注"。

表 5-33　普通混凝土初步配合比设计

序号	步骤	方　　法	说　　明
1	确定配制强度（$f_{cu,o}$）	当 $f_{cu,k}$ < C60 时， $$f_{cu,o} = f_{cu,k} + t\sigma$$ 或 $$f_{cu,o} = \frac{f_{cu,k}}{1-tC_v}$$ 当 $f_{cu,k} \geq$ C60 时， $$f_{cu,o} \geq 1.15 f_{cu,k}$$	$f_{cu,k}$——混凝土设计强度等级（MPa）。 t——概率度，它与强度保证率 $P(\%)$ 相对应，可查表5-31。JGJ 55—2011 规定 $P(\%)=95\%$，$t=1.645$。 σ——混凝土强度标准差（MPa）。可根据混凝土生产单位的历史资料，用式(5-13)统计计算；无历史资料时，按表5-32选取。 C_v——混凝土强度变异系数。根据混凝土生产单位的施工管理水平来确定，一般为 0.13～0.18
2	确定水胶比（$\frac{W}{B}$）	$$\frac{W}{B} = \frac{\alpha_a f_b}{f_{cu,o} + \alpha_a \alpha_b f_b}$$	碎石混凝土：$\alpha_a = 0.53$，$\alpha_b = 0.20$。 卵石混凝土：$\alpha_a = 0.49$，$\alpha_b = 0.13$。 f_b——胶凝材料 28d 胶砂抗压强度（MPa），可实测；若无实测值，可用式(5-8)计算。计算出 W/B 后查表5-34进行耐久性鉴定
3	确定用水量（W_0）	当混凝土水胶比在 0.40～0.80 范围时，查表5-35。 当混凝土水胶比小于 0.40 时，可通过试验确定	

(续)

序号	步骤	方 法	说 明
4	计算胶凝材料用量(B_0)	$B_0 = \dfrac{W_0}{W/B}$	计算 B_0 后查表 5-36 进行耐久性鉴定。
5	计算矿物物掺合料用量(F_0)	$F_0 = B_0 \beta_f$	β_f——矿物掺合料掺量(%),结合表 5-37 和表 5-26 确定
6	计算水泥用量(C_0)	$C_0 = B_0 - F_0$	
7	确定砂率(S_p)	查表 5-38 或用公式(5-4)计算	
8	计算砂、石用量(S_0、G_0)	(1) 体积法,$$\begin{cases} \dfrac{C_0}{\rho_c} + \dfrac{F_0}{\rho_f} + \dfrac{S_0}{\rho_{os}} + \dfrac{G_0}{\rho_{og}} + \dfrac{W_0}{\rho_w} + 10\alpha = 1\,000(L) \\ \dfrac{S_0}{S_0 + G_0} \times 100\% = S_p \end{cases}$$	不掺引气型外加剂时,α 可取 1;掺引气型外加剂时,$\alpha = 2 \sim 4$。ρ_c、ρ_f、ρ_{os}、ρ_{og}、ρ_w 的单位均为 g/cm³,即 kg/L
		(2) 质量法,$$\begin{cases} C_0 + F_0 + S_0 + G_0 + W_0 = \rho_{oc} \\ \dfrac{S_0}{S_0 + G_0} \times 100\% = S_p \end{cases}$$	ρ_{oc} 的参考值,C15~C20,$\rho_{oc} = 2\,350$kg/m³;C25~C40,$\rho_{oc} = 2\,400$kg/m³;C45~C80,$\rho_{oc} = 2\,450$kg/m³

表 5-34 结构混凝土的耐久性基本要求

环境条件	最大水胶比	最低强度等级	最大氯离子含量/%	最大碱含量/(kg/m³)
室内干燥环境; 无侵蚀性静水浸没环境	0.60	C20	0.30	不限制
室内潮湿环境; 非严寒和非寒冷地区的露天环境; 非严寒和非寒冷地区与无侵蚀性的水或土壤直接接触的环境; 严寒和寒冷地区的冰冻线以下与无侵蚀性的水或土壤直接接触的环境	0.55	C25	0.20	0.30
干湿交替环境; 水位频繁变动环境; 严寒和寒冷地区的露天环境; 严寒和寒冷地区冰冻线以上与无侵蚀性的水或土壤直接接触的环境	0.50(0.55)[①]	C30(C25)[①]	0.15	
严寒和寒冷地区冬季水位变动区的环境; 受除冰盐影响的环境; 海风环境	0.45(0.50)[①]	C35(C30)[①]	0.15	
盐渍土环境; 受除冰盐作用的环境; 海岸环境	0.40	C40	0.10	

① 处于严寒和寒冷地区环境中的混凝土应使用引气剂,并可采用括号中的有关参数。

表 5-35　混凝土单位用水量选用表(kg/m³)

混凝土类型	项目	指标	卵石最大粒径/mm				碎石最大粒径/mm			
			10	20	31.5	40	16	20	31.5	40
塑性混凝土	坍落度/mm	10～30	190	170	160	150	200	185	175	165
		35～50	200	180	170	160	210	195	185	175
		55～70	210	190	180	170	220	205	195	185
		75～90	215	195	185	175	230	215	205	195
干硬性混凝土	维勃稠度/s	16～20	175	160	—	145	180	170	—	155
		11～15	180	165	—	150	185	175	—	160
		5～10	185	170	—	155	190	180	—	165

注：①塑性混凝土的用水量是采用中砂时的取值，采用细砂时，1m³ 混凝土用水量可增加 5～10kg；采用粗砂则可减少 5～10kg；
②塑性混凝土掺用矿物掺合料和外加剂时，用水量应相应调整；
③掺外加剂时，每立方米流动性或大流动性混凝土的用水量(W_0)，可按公式 $W_0 = W'_0(1-\beta)$ 计算。式中 W'_0 是指未掺外加剂时推定的满足实际坍落度要求的每立方米混凝土用水量(kg/m³)，以本表塑性混凝土中 90mm 坍落度的用水量为基础，按每增大 20mm 坍落度相应增加 5kg/m³ 用水量来计算，当坍落度增大到 180mm 以上时，随坍落度相应增加的用水量可减少，式中 β 为外加剂的减水率(%)。

表 5-36　混凝土的最小胶凝材料用量(kg/m³)

最大水胶比	素混凝土	钢筋混凝土	预应力混凝土
0.60	250	280	300
0.55	280	300	300
0.50	320		
≤0.45	330		

注：C15 及其以下强度等级的混凝土不受本表最小胶凝材料用量限制。

表 5-37　钢筋混凝土中矿物掺合料最大掺量(%)

矿物掺合料种类	水胶比	最大掺量			
		采用硅酸盐水泥时		采用普通硅酸盐水泥时	
		钢筋混凝土	预应力混凝土	钢筋混凝土	预应力混凝土
粉煤灰	≤0.40	45	35	35	30
	>0.40	40	25	30	20
粒化高炉矿渣粉	≤0.40	65	55	55	45
	>0.40	55	45	45	35
钢渣粉	—	30	20	20	10
磷渣粉	—	30	20	20	10
硅灰	—	10	10	10	10

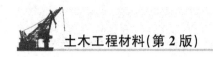

（续）

矿物掺合料种类	水胶比	最大掺量			
		采用硅酸盐水泥时		采用普通硅酸盐水泥时	
		钢筋混凝土	预应力混凝土	钢筋混凝土	预应力混凝土
复合掺合料	≤0.40	65	55	55	45
	>0.40	55	45	45	35

注：① 采用其他通用硅酸盐水泥时，宜将水泥混合材掺量20%以上的混合材量计入矿物掺合料；
② 复合掺合料各组分的掺量不宜超过单掺时的最大掺量；
③ 在混合使用两种或两种以上矿物掺合料时，矿物掺合料总掺量应符合表中复合掺合料的规定；
④ 对于基础大体积混凝土，粉煤灰、粒化高炉矿渣粉和复合掺合料的最大掺量可增加5%；
⑤ 采用掺量大于30%的C类粉煤灰的混凝土应以实际使用的水泥和粉煤灰掺量进行安定性检验。

表 5-38　混凝土砂率选用表(%)

水胶比 (W/C)	卵石最大粒径/mm			碎石最大粒径/mm		
	10	20	40	16	20	40
0.40	26～32	25～31	24～30	30～35	29～34	27～32
0.50	30～35	29～34	28～33	33～38	32～37	30～35
0.60	33～38	32～37	31～36	36～41	35～40	33～38
0.70	36～41	35～40	34～39	39～44	38～43	36～41

注：① 本表数值系中砂的选用砂率，对细砂或粗砂，可相应地减小或增大砂率；
② 采用人工砂配制混凝土时，砂率可适当增大；
③ 只用一个单粒级粗骨料配制混凝土时，砂率应适当增大；
④ 本表适用于坍落度为10～60mm的混凝土，对于坍落度大于60mm的混凝土，应在上表的基础上，按坍落度每增大20mm，砂率增大1%的幅度予以调整，坍落度小于10mm的混凝土，其砂率应经试验确定。

2. 混凝土配合比调整

按表 5-33 计算的混凝土配合比是初步配合比，还不能用于工程施工，需采用工程中实际使用的材料进行试配，经调整和易性和检验强度后方可用于施工。

1）和易性调整——确定基准配合比

（1）按初步配合比试拌一定体积的混凝土，测定混凝土拌合物的和易性。若拌合物不符合设计要求，调整的方法如下。

初步配合比设计确定的是 1m³ 混凝土中各材料的用量，在实验室进行试配时，为节约材料，通常混凝土试拌体积远小于 1m³。混凝土试拌体积可根据混凝土试件的计算体积，乘上 1.15～1.2 富余系数来确定，如计划配制 1 组（3 块）混凝土立方体抗压强度标准试件，计算体积约为 10L，乘上 1.2 系数后确定试拌体积为 12L。根据《普通混凝土配合比设计规程》（JGJ 55—2011）的规定：骨料最大粒径≤31.5mm 时，拌合物最小拌合体积为 20L；骨料最大粒径≥40mm 时，拌合物最小拌合体积为 25L。

实测坍落度小于设计要求时，保持水胶比不变，增加胶凝材料浆体，每增大 10mm 坍落度，需增加胶凝材料浆体 5%～8%；实测坍落度大于设计要求时，保持砂率不变，增加骨料，每减少 10mm 坍落度，增加骨料 5%～10%；粘聚性、保水性不良时，单独加砂，即增大砂率。

（2）测定和易性满足设计要求的混凝土拌合物的表观密度 $\rho_{oc实测}$。

（3）计算混凝土基准配合比（结果为 $1m^3$ 混凝土各材料用量，kg）。

$$C_基 = \frac{C_拌}{C_拌 + F_拌 + S_拌 + G_拌 + W_拌} \times \rho_{oc实测} \qquad (5-28)$$

$$F_基 = \frac{F_拌}{C_拌 + F_拌 + S_拌 + G_拌 + W_拌} \times \rho_{oc实测} \qquad (5-29)$$

$$S_基 = \frac{S_拌}{C_拌 + F_拌 + S_拌 + G_拌 + W_拌} \times \rho_{oc实测} \qquad (5-30)$$

$$G_基 = \frac{G_拌}{C_拌 + F_拌 + S_拌 + G_拌 + W_拌} \times \rho_{oc实测} \qquad (5-31)$$

$$W_基 = \frac{W_拌}{C_拌 + F_拌 + S_拌 + G_拌 + W_拌} \times \rho_{oc实测} \qquad (5-32)$$

式中　$C_拌$、$F_拌$、$S_拌$、$G_拌$、$W_拌$——分别指试拌的混凝土拌合物和易性合格后，水泥、矿物掺合料、砂子、石子和水的实际拌和用量；

$C_基$、$F_基$、$S_基$、$G_基$、$W_基$——分别表示混凝土基准配合比中，水泥、矿物掺合料、砂子、石子和水的用量。

2）强度调整——确定实验室配合比

由基准配合比配制的混凝土虽然满足了和易性要求，但强度是否能满足要求尚不知道，需按下列方法来进行确定。

（1）调整水胶比。检验强度时至少用 3 个不同的配合比，其中一个是基准配合比，另外两个配合比的水胶比较基准配合比分别增加和减少 0.05，用水量与基准配合比相同，砂率可分别增加或减少 1%。

测定每个配合比的和易性及表观密度，并以此结果代表这一配合比的混凝土拌合物的性能，每种配合比按标准方法制作 1 组（3 块）试块，标准养护至 28d 试压。

注：每个配合比亦可同时制作两组试块，其中 1 组供快速检验或较早龄期时试压，以便提前定出混凝土配合比，供施工使用，另 1 组标准养护 28d 试压。

（2）确定达到配制强度时各材料的用量。将 3 个胶水比值 $\left(\dfrac{B}{W}\right)$ 与对应的混凝土强度值 $(f_{cu,i})$ 作图（f_{cu}—$\dfrac{B}{W}$ 的关系曲线应为直线）或线性回归计算。从图上找出或用回归方程计算出混凝土配制强度 $(f_{cu,o})$ 对应的胶水比 $\left(\dfrac{B}{W}\right)$。最后按下列原则确定 $1m^3$ 混凝土中各材料用量。

用水量 (W_q)——取基准配合比中的用水量，并根据制作强度试件时测得的坍落度或维勃稠度进行调整。

胶凝材料用量 (B_q)——用 W_q 乘以选定的胶水比计算确定。

矿物掺合料用量 (F_q)——用 B_q 乘以掺合料掺量（%）计算确定。

水泥用量 (C_q)——用 $B_q - F_q$ 计算确定。

砂子、石子用量 $(S_q、G_q)$——取基准配合比中的砂子、石子用量，并按选定的胶水比

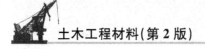

作适当调整。

（3）确定实验室配合比。根据上述配合比混凝土拌合物的实测表观密度 $\rho_{oc实测}$ 和计算表观密度 $\rho_{oc计算}$，计算校正系数(δ)。$\rho_{oc计算}$ 和 δ 计算方法如下。

$$\rho_{oc计算}=C_q+F_q+S_q+G_q+W_q \tag{5-33}$$

$$\delta=\frac{\rho_{oc实测}}{\rho_{oc计算}} \tag{5-34}$$

然后按下式计算出实验室配合比(结果为 $1m^3$ 混凝土各材料用量)。

$$C_实=C_q\cdot\delta \tag{5-35}$$

$$F_实=F_q\cdot\delta \tag{5-36}$$

$$S_实=S_q\cdot\delta \tag{5-37}$$

$$G_实=G_q\cdot\delta \tag{5-38}$$

$$W_实=W_q\cdot\delta \tag{5-39}$$

式中 $C_实$、$F_实$、$S_实$、$G_实$、$W_实$——分别混凝土实验室配合比中，水泥、矿物掺合料、砂子、石子和水的用量，kg。

3. 确定混凝土施工配合比

在建筑工程的混凝土配合设计中，无论是初步配合比设计，还是配合比的试配调整，均以干燥材料为基准，而施工工地的砂石一般含有一定的水分，且含水率经常变化。如果按照实验室配合比不作修正地计量，就意味着混凝土实际配合的用水量增大，骨料用量减少，特别是用水量的增大将导致混凝土的水胶比增大，引起混凝土强度的明显降低。因此，施工时必须根据骨料含水情况，随时修正，换算成施工配合比。设工地砂子含水率为 $a\%$，石子含水率为 $b\%$，则施工配合比计算如下。

$$C_施=C_实 \tag{5-40}$$

$$F_施=F_实 \tag{5-41}$$

$$S_施=S_实(1+a\%) \tag{5-42}$$

$$G_施=G_实(1+b\%) \tag{5-43}$$

$$W_施=W_实-S_实\times a\%-G_实\times b\% \tag{5-44}$$

式中 $C_施$、$F_施$、$S_施$、$G_施$、$W_施$——分别混凝土施工配合比中，水泥、矿物掺合料、砂子、石子和水的用量，kg。

骨料的含水状态有干燥状态、气干状态、饱和面干状态和湿润状态 4 种情况，如图 5.29 所示。干燥状态指骨料含水率等于或接近于零时的含水状态；气干状态指骨料在空气中风干，含水率与大气湿度相平衡时的含水状态；饱和面干状态指骨料表面干燥而内部孔隙含水达饱和时的含水状态；湿润状态指不仅骨料内部孔隙充满水，而且表面还附有一层表面水时的含水状态。

饱和面干骨料既不从混凝土中吸取水分，也不向混凝土拌合物中释放水分，在配合比设计时，如果以饱和面干骨料为基准，则不会影响混凝土的用水量和骨料用量，因此一些大型水利工程、道路工程常以饱和面干骨料为基准。因坚固骨料的饱和面干吸率一般在 1% 以下，所以在建筑工程中混凝土配合比设计时，以干燥状态骨料为基准，这种方法使混凝土实际水胶比有所降低，有利于保证混凝土的强度。

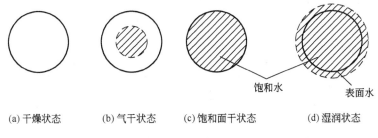

饱和水	表面水

(a) 干燥状态   (b) 气干状态   (c) 饱和面干状态   (d) 湿润状态

图 5.29　骨料的含水状态

细骨料的自然堆积体积会随含水率的变化而增大或缩小。气干状态的砂随着其含水率的增大,砂子颗粒表面吸附了一层水膜,水膜推挤使砂粒分开而引起砂子的自然堆积体积增大,产生所谓的"容胀"现象(粗骨料因颗粒较大,不存在"容胀"现象)。当含水率达到 5%～7%时,砂子的自然堆积体积增至最大,膨胀率达 25%～30%。如果含水率继续增大,砂子的自然堆积体积将不断减小。含水率达到 20%左右时,湿砂体积与干砂体积相近,当砂子处于含水饱和状态时,湿砂体积比干砂体积减小 10%左右。因此,在混凝土施工时,砂子的计量应采用质量法,不能用体积法,以免引起混凝土用砂量的不足。

5.7.4　混凝土配合比设计实例

【例 5.1】　某工程结构采用"T"形梁,最小截面尺寸为 100mm,钢筋最小净距为 40mm。要求混凝土的设计强度等级为 C30,采用机械搅拌机械振捣,拟采用的材料规格如下。

水泥:普通水泥,强度等级 42.5,实测 28d 胶砂抗压强度为 47.9MPa,密度为 3.10g/cm³。

矿物掺合料:S95 粒化高炉矿渣粉,密度为 2.85g/cm³。

砂子:河中砂,级配合格,表观密度为 2 630kg/m³。

石子:碎石,粒径 5～20mm,级配合格,表观密度为 2 710kg/m³。

水:自来水。

试确定该混凝土的配合比。

解: 依题意知,应首先判断原材料是否符合要求。由表 5-1 知,用 42.5 级水泥配制 C30 混凝土是合适的。根据《混凝土结构工程施工质量验收规范》(GB 50204—2002)的规定,混凝土粗骨料的最大粒径不得超过截面最小尺寸的 1/4,同时不得大于钢筋最小净距的 3/4,以此为依据进行判断。

$$100 \times 1/4 = 25(\text{mm}) > 20\text{mm}$$
$$40 \times 3/4 = 30(\text{mm}) > 20\text{mm}$$

因此,选用粒径 5～20mm 的碎石符合要求。

1. 计算初步配合比

1) 确定混凝土配制强度($f_{cu,o}$)

题中无混凝土强度历史资料,因此按表 5-32 选取 σ,$\sigma = 5.0$MPa。根据 JGJ 55—

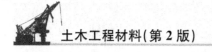

土木工程材料(第 2 版)

2011 规定，取 $P(\%)=95\%$，相应的 t 值为 1.645。

$$f_{cu,o}=f_{cu,k}+t\sigma=30+1.645\times5.0=38.23(\text{MPa})$$

2）确定水胶比 $\left(\dfrac{W}{B}\right)$

（1）确定胶凝材料 28d 胶砂抗压强度值 f_b。水泥 28d 胶砂抗压强度值 $f_{ce}=47.9\text{MPa}$。查表 5-26，S95 粒化高炉矿渣粉影响系数 γ_s 取 1.00。那么，胶凝材料 28d 胶砂抗压强度值 f_b 计算如下。

$$f_b=\gamma_s f_{ce}=1.00\times47.9=47.9(\text{MPa})$$

（2）计算水胶比 $\left(\dfrac{W}{B}\right)$。

$$\frac{W}{B}=\frac{\alpha_a f_b}{f_{cu,o}+\alpha_a\alpha_b f_b}=\frac{0.53\times47.9}{38.23+0.53\times0.20\times47.9}=0.59$$

"T"形梁处于干燥环境，查表 5-34 知，最大水胶比为 0.60，因此水胶比 0.59 符合耐久性要求。

3）确定单位用水量(W_0)

根据结构构件截面尺寸的大小、配筋的疏密和施工捣实的方法来确定，查表 5-25，混凝土拌合物的坍落度取 35～50mm。

查表 5-35，对于最大粒径为 20mm 的碎石配制的混凝土，当所需坍落度为 35～50mm 时，1m³ 混凝土的用水量选用 $W_0=195\text{kg}$。

4）计算胶凝材料用量(B_0)

$$B_0=\frac{W_0}{W/B}=\frac{195}{0.59}=331(\text{kg})$$

查表 5-36，最大水胶比为 0.60 时对应的钢筋混凝土最小胶凝材料用量为 280kg，因此 $B_0=331\text{kg}$ 符合耐久性要求。

5）计算粒化高炉矿渣粉用量(F_0)

查表 5-37 可知，水胶比大于 0.40 时，用普通水泥配制的钢筋混凝土，其粒化高炉矿渣粉最大掺量为 45%，结合表 5-26 粒化高炉矿渣粉影响系数 γ_s(1.00)，粒化高炉矿渣粉掺量 β_f 定为 30%。

$$F_0=B_0\beta_f=331\times30\%=99(\text{kg})$$

6）计算水泥用量(C_0)

$$C_0=B_0-F_0=331-99=232(\text{kg})$$

7）确定砂率(S_p)

查表 5-38，对于最大粒径为 20mm 碎石配制的混凝土，当水胶比为 0.59 时，其砂率值可选取 $S_p=36\%$。

8）计算砂、石用量(S_0、G_0)

（1）体积法。

$$\begin{cases}\dfrac{232}{3.10}+\dfrac{99}{2.85}+\dfrac{S_0}{2.63}+\dfrac{G_0}{2.71}+\dfrac{195}{1.00}+10\times1=1\,000\\[2mm]\dfrac{S_0}{S_0+G_0}\times100\%=36\%\end{cases}$$

解此联立方程得，$S_0 = 661(kg)$，$G_0 = 1\,175(kg)$。

（2）质量法。

$$\begin{cases} 232 + 99 + S_0 + G_0 + 195 = 2\,400 \\ \dfrac{S_0}{S_0 + G_0} \times 100\% = 36\% \end{cases}$$

解此联立方程得，$S_0 = 675(kg)$，$G_0 = 1\,200(kg)$。

由上面的计算可知，用体积法和质量法计算，结果有一定的差别，这种差别在工程上是允许的。在配合比计算时，可任选一种方法进行设计，无需同时用两种方法计算。用质量法设计时，计算快捷简便，但结果欠准确；用体积法设计时，计算略显复杂，但结果相对准确。

9）列出混凝土初步配合比（用体积法的结果）

$1m^3$ 混凝土各材料用量为：水泥 232kg，粒化高炉矿渣粉 99kg，砂子 661kg，碎石 $1\,175$kg，水 195kg。

质量比为：水泥∶矿渣粉∶砂∶石∶水 $= 1∶0.43∶2.85∶5.06∶0.84$，$\dfrac{W}{B} = 0.59$

2. 确定基准配合比

按照初步配合比计算出 20L 混凝土拌合物所需材料的用量（用体积法的结果）。

水泥 $232 \times 0.020 = 4.64(kg)$，矿渣粉 $99 \times 0.020 = 1.98(kg)$，砂子 $661 \times 0.020 = 13.22(kg)$，石子 $1\,175 \times 0.020 = 23.50(kg)$，水 $195 \times 0.020 = 3.90(kg)$。

搅拌均匀后测定试拌混凝土拌合物的坍落度为 60mm，不满足设计要求（35～50mm），需进行调整。砂率保持不变，将砂子、石子各增加 5%，即砂子增加 0.66kg，石子 1.18kg。搅拌均匀后重测坍落度为 50mm，符合设计要求。然后测定混凝土拌合物表观密度为 $2\,390$kg/m^3。

和易性合格后，水泥、矿渣粉、砂子、石子、水的拌和用量为 $C_{拌} = 4.64$kg，$F_{拌} = 1.98$kg，$S_{拌} = 13.88$kg，$G_{拌} = 24.68$kg，$W_{拌} = 3.90$kg。

基准配合比如下（结果为 $1m^3$ 混凝土各材料用量）。

$$水泥\ C_{基} = \frac{C_{拌}}{C_{拌} + F_{拌} + S_{拌} + G_{拌} + W_{拌}} \times \rho_{0c实测}$$

$$= \frac{4.64}{4.64 + 1.98 + 13.88 + 24.68 + 3.90} \times 2\,390 = \frac{2\,390}{49.08} \times 4.64$$

$$= 48.70 \times 4.64 = 226(kg)$$

$$矿渣粉\ F_{基} = 48.70 \times 1.98 = 96(kg)$$

$$砂子\ S_{基} = 48.70 \times 13.88 = 676(kg)$$

$$石子\ G_{基} = 48.70 \times 24.68 = 1\,202(kg)$$

$$水\ W_{基} = 48.70 \times 3.90 = 190(kg)$$

该混凝土的基准配合比为 $1∶0.42∶2.99∶5.32∶0.84$，$\dfrac{W}{B} = 0.59$。

3. 确定实验室配合比

配制 3 个不同的配合比，其中一个是基准配合比，另外两个配合比的水胶比较基准配合比分别增加和减少 0.05，水的用量与基准配合比相同。考虑到基准配合比拌合物的和易性良好，因此不调整砂率，砂子和石子的用量均采用基准配合比用量。测定每个配合比拌合物的坍落度和实测表观密度 $\rho_{oc实测}$。之后将每个配合比制作 1 组标准试件，试件经标准养护 28d，测定抗压强度 f_{cu}。表 5-39 是 3 个配合比的相关数据。

表 5-39　确定实验室配合比的相关数据

配合比	水胶比	胶水比	材料用量/(kg/m³)					坍落度/mm	$\rho_{oc实测}$/(kg/m³)	f_{cu}/MPa
			水泥	矿渣粉	砂子	石子	水			
1	0.59	1.69	226	96	676	1 202	190	50	2 390	37.3
2	0.54	1.85	246	106	676	1 202	190	45	2 405	40.6
3	0.64	1.56	208	89	676	1 202	190	55	2 380	32.4

由表 5-39 的 3 组数据，绘制 f_{cu}-$\dfrac{B}{W}$ 关系曲线，如图 5.30 所示。从图中可找出与配制

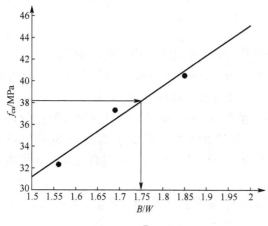

图 5.30　f_{cu}-$\dfrac{B}{W}$ 关系曲线

强度 38.23MPa 相对应的胶水比为 1.75（水胶比为 0.57）。也可以用表 5-39 的 3 组数据进行线性回归，得回归方程 $f_{cu}=-10.8+28.0\dfrac{B}{W}$（相关系数 0.985），将配制强度值 38.23MPa 代入该方程，计算出其对应的胶水比 1.75。

符合强度要求的配合比如下。

水 $W_q=190$(kg)，胶凝材料 $B_q=1.75\times190=333$(kg)，矿渣粉 $F_q=100$(kg)，水泥 $C_q=233$(kg)，砂子 $S_q=676$(kg)，石子 $G_q=1\,202$(kg)。

测定该配合比混凝土拌合物的表观密度 $\rho_{oc实测}$ 为 2 390kg/m³，其计算表观密度 $\rho_{oc计算}=190+233+100+676+1\,202=2\,401$(kg/m³)。因此表观密度校正系数 $\delta=2\,390/2\,401=0.995$。

因此实验室配合比如下。

水泥 $C_实=233\times0.995=232$(kg)，矿渣粉 $F_实=100\times0.995=100$(kg)，砂子 $S_实=676\times0.995=673$(kg)，石子 $G_实=1\,202\times0.995=1\,196$(kg)，水 $W_实=190\times0.995=189$(kg)。

4. 计算施工配合比

若施工现场砂子含水率为 3%，石子含水率为 1%，则施工配合比如下。

水泥 $C_施=232$(kg)，矿渣粉 $F_施=100$(kg)，砂子 $S_施=673(1+3\%)=693$(kg)，

石子 $G_施=1\,196(1+1\%)=1\,208$(kg)，水 $W_施=189-673\times3\%-1\,196\times1\%=157$(kg)。

【例 5.2】 某工程现浇大体积钢筋混凝土基础，混凝土设计强度等级为 C30，施工采用搅拌机搅，混凝土坍落度要求为 35~50mm，并根据施工单位历史资料统计，混凝土强

度离散系数 $C_v = 0.14$，所用材料如下。

水泥：矿渣水泥，该水泥中粒化高炉矿渣混合材料占水泥质量的 30%，强度等级 42.5，水泥强度富余系数 1.13，密度为 2.90g/cm³。

粉煤灰：Ⅱ级 C 类粉煤灰，密度为 2.23g/cm³。

砂子：河中砂，级配合格，表观密度为 2 640kg/m³。

石子：卵石，粒径 5～31.5mm，级配合格，表观密度为 2 650kg/m³。

外加剂：NNO 引气型高效减水剂，引气量 1%，适宜掺量为 0.5%。

水：自来水。

试求：（1）混凝土初步配合比；

（2）求掺减水剂混凝土的配合比（混凝土掺加 NNO 减水剂的目的是既要使混凝土拌合物和易性有所改善，又能节约一些胶凝材料，故决定减水 15%，减胶凝材料 10%）。

解：1. 求混凝土初步配合比

1）确定混凝土配制强度（$f_{cu,o}$）

$$f_{cu,o} = \frac{f_{cu,k}}{1 - tC_v} = \frac{30}{1 - 1.645 \times 0.14} = 39.0(\text{MPa})$$

C_v 值和 σ 值均是反映施工管理水平的指标，当 C_v 已知时，就不能再用混凝土强度标准 σ 值来计算配制强度。

2）确定水胶比（W/B）

（1）确定胶凝材料 28d 胶砂抗压强度 f_b。

查表 5-26 得粉煤灰影响系数 $\gamma_f = 0.85$，

水泥 28d 胶砂抗压强度 $f_{ce} = \gamma_c f_{ce,g} = 1.13 \times 42.5 = 48.0(\text{MPa})$，

胶凝材料 28d 胶砂抗压强度 $f_b = \gamma_f f_{ce} = 0.85 \times 48.0 = 40.8(\text{MPa})$。

（2）计算水胶比 $\left(\dfrac{W}{B}\right)$。

$$\frac{W}{B} = \frac{\alpha_a f_b}{f_{cu,o} + \alpha_a \alpha_b f_b} = \frac{0.49 \times 40.8}{39.0 + 0.49 \times 0.13 \times 40.8} = 0.48$$

混凝土基础处于室内潮湿环境，最大水胶比为 0.55，因此水胶比 0.48 符合耐久性要求。

3）确定单位用水量（W_0）。

查表 5-35，对于采用最大粒径为 31.5mm 的卵石混凝土，当所需坍落度为 35～50mm 时，1m³ 混凝土的用水量选用 $W_0 = 170$kg。

4）计算胶凝材料用量（B_0）。

$$B_0 = \frac{W_0}{W/B} = \frac{170}{0.48} = 354(\text{kg})$$

查表 5-36，最大水胶比为 0.50 时对应的钢筋混凝土最小胶凝材料用量为 320kg，因此 $B_0 = 354$kg 符合耐久性要求。

5）计算粉煤灰用量（F_0）

查表 5-37 可知，水胶比大于 0.40 时，用普通水泥配制的钢筋混凝土复合掺合料最

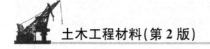

大掺量为 45%，结合表 5-26 的粉煤灰影响系数 γ_f(0.85)，粉煤灰掺量 β_f 定为 20%。外掺的粉煤灰掺量和矿渣水泥中 20% 以上的粒化高炉矿渣(20%～30%)掺量之和没有超过复合掺合料的最大掺量(45%)。

$$F_0 = B_0\beta_f = 354 \times 20\% = 71(\text{kg})$$

6) 计算水泥用量(C_0)

$$C_0 = B_0 - F_0 = 354 - 71 = 283(\text{kg})$$

7) 确定砂率(S_p)

查表 5-38，对于最大粒径为 31.5mm 卵石配制的混凝土，当水胶比为 0.48 时，其砂率值可选取 S_p=31%。

8) 计算砂、石用量(S_0、G_0)

用体积法计算，即

$$\begin{cases} \dfrac{283}{2.90} + \dfrac{71}{2.23} + \dfrac{S_0}{2.64} + \dfrac{G_0}{2.65} + \dfrac{170}{1.00} + 10 \times 1 = 1\,000 \\[2mm] \dfrac{S_0}{S_0 + G_0} \times 100\% = 31\% \end{cases}$$

解此联立方程得，S_0=567(kg)，G_0=1 262(kg)。

2. 计算掺减水剂混凝土的配合比

设 1m^3 掺减水剂混凝土中胶凝材料、粉煤灰、水泥、砂子、卵石、水和减水剂的用量分别为 B、F、C、S、G、W、J，则各材料用量如下所示。

胶凝材料：$B = 354 \times (1 - 10\%) = 319(\text{kg})$。

粉煤灰：$F = 71 \times (1 - 10\%) = 64(\text{kg})$。

水泥：$C = 283 \times (1 - 10\%) = 255(\text{kg})$。

水：$W = 170 \times (1 - 15\%) = 145(\text{kg})$。

砂、石：用体积法计算，因减水剂 NNO 引气量为 1%，α 取 2。

$$\begin{cases} \dfrac{255}{2.90} + \dfrac{64}{2.23} + \dfrac{S}{2.64} + \dfrac{G}{2.65} + \dfrac{145}{1.00} + 10 \times 2 = 1\,000 \\[2mm] \dfrac{S}{S + G} \times 100\% = 31\% \end{cases}$$

解此联立方程得，S=589(kg)，G=1 311(kg)。

减水剂 NNO：$J = 319 \times 0.5\% = 1.6(\text{kg})$。

1m^3 混凝土中各材料用量为，水泥 255kg，粉煤灰 64kg，砂子 589kg，卵石 1 311kg，水 145kg，NNO 1.6kg。以质量比表示为，水泥∶粉煤灰∶砂子∶卵石∶水∶NNO=1∶0.25∶2.31∶5.14∶0.59∶0.006。

下面说明掺减水剂混凝土配合设计的方法。

第一步，不考虑掺减水剂，计算初步配合比(称为基准混凝土的配合比)，设基准混凝土的配合比中胶凝材料用量、水的用量分别为 B_0 和 W_0。

第二步，根据减水剂的性能和设计要求，对 B_0 和 W_0 进行修正，修正后的用量分别用 B_1 和 W_1 表示。设减水剂在维持与基准混凝土相同坍落度的情况下，减水率为 $x\%$；在维持与基准混凝土强度相同的情况下，节约胶凝材料 $y\%$。那么 W_1、B_1 的计算如下。

$$W_1 = W_0 \cdot (1-x\%) \tag{5-45}$$

$$B_1 = B_0 \cdot (1-y\%) \tag{5-46}$$

（1）当掺减水剂只是为了提高混凝土拌合物的流动性时，$x\%=0$，$y\%=0$。

（2）当掺减水剂只是为了提高混凝土强度时，B_1 采用基准混凝土的水泥用量，W_1 可根据减水剂减水率来确定，此时 $x\%>0\%$，$y\%=0$。

（3）当掺减水剂主要为了节约水泥时，可适当扣减用水量和水泥用量。此时 $x\%>0\%$，$y\%>0\%$，且要求 $x\%>y\%$，以使修正后的配合比，其水胶比小于基准混凝土的水胶比，这样便于保证掺减水剂混凝土的强度不低于基准混凝土强度。

第三步，用体积法或质量法重新计算砂、石用量。计算时，砂率在基准混凝土砂率基础上进行调整。当掺减水剂只是为了提高混凝土拌合物的流动性时，适当增大砂率，以保证粘聚性和保水性。当掺减水剂只是为了提高混凝土强度时，砂率适当减小。当掺减水剂主要为了节约水泥时，砂率可不变。另外，用体积法计算时，含气量 α 取值由减水剂的引气效果来决定。若减水剂能引气，α 大于基准混凝土的取值；若减水剂不引气，α 维持基准混凝土的取值不变。

5.8 粉煤灰混凝土

粉煤灰混凝土是指将粉煤灰在混凝土搅拌前或搅拌过程中与混凝土其他组分一起掺入所制得的混凝土。

5.8.1 粉煤灰的技术要求

《用于水泥和混凝土中的粉煤灰》（GB/T 1596—2005）规定了粉煤灰的技术指标，按其品质分Ⅰ、Ⅱ、Ⅲ共3个级别，见表5-21。

Ⅰ级粉煤灰的品位最高，一般都是经静电收尘器收集的，细度较细（0.08mm 以下颗粒一般占95％以上），并富集大量表面光滑的球状玻璃体。因此，这类粉煤灰的需水量一般小于相同比表面积水泥的需水量，掺入到混凝土中可以取代较多的水泥，并能降低混凝土的用水量和提高密实度。

Ⅱ级粉煤灰是指我国大多数火力电厂的排出物。其细度较粗，对混凝土强度的贡献较Ⅰ级粉煤灰小，但掺Ⅱ级粉煤灰的混凝土的其他性能均优于或接近基准混凝土。

Ⅲ级粉煤灰是指火电厂排出的原状干灰或湿灰。其颗粒更粗且未燃尽的炭粒较多。Ⅲ级粉煤灰掺入混凝土中，对混凝土强度贡献较小，减水的效果较差。

5.8.2 粉煤灰混凝土的性能

在水泥混凝土中掺入适量粉煤灰后，不但可以节约水泥，而且混凝土的许多性能都可

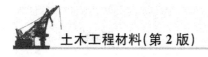

获得改善。表5-40是粉煤灰混凝土与基准混凝土的性能比较。

表5-40 粉煤灰混凝土与基准混凝土的性能比较

性　能	掺粉煤灰后混凝土性能变化
和易性	在用水量相同的情况下，混凝土拌合物流动性、粘聚性提高，泌水性小
可泵性	可泵性明显提高
凝结时间	缓凝(不如水泥细度、用水量及气温的影响大)
水化热	降低
引气量	增加
强度	早期强度低，后期强度增长快，60d后强度大于基准混凝土强度
弹性模量	28d静弹性模量与基准混凝土的弹性模量相近，但粉煤灰混凝土后期的弹性模量略高于基准混凝土的弹性模量
收缩与徐变	对收缩影响不大(可能降低)，对徐变影响很小(可能降低)
抗渗性	明显增强
抗冻性	早期较差，后期与基准混凝土相近
抗碳化	较基准混凝土差

5.8.3　粉煤灰最大掺量和取代水泥率

由表5-40可知，粉煤灰掺入混凝土后，混凝土的抗碳化性能下降，因此粉煤灰取代水泥的量不能过大。根据《粉煤灰混凝土应用技术规范》(GBJ 146—1990)的规定，混凝土中粉煤灰掺量限值应符合表5-41的规定。根据《粉煤灰在混凝土和砂浆中应用技术规程》(JGJ 28—1986)的规定，普通混凝土中粉煤灰取代水泥率不得超过表5-42规定的数值。

表5-41 粉煤灰取代水泥的最大限量

混凝土种类	粉煤灰取代水泥的最大限量/%			
	硅酸盐水泥	普通水泥	矿渣水泥	火山灰水泥
预应力混凝土	25	15	10	—
钢筋混凝土，高强度混凝土，高抗冻融性混凝土，蒸养混凝土	30	25	20	15
中、低强度混凝土，泵送混凝土，大体积混凝土，水下混凝土，地下混凝土，压浆混凝土	50	40	30	20
碾压混凝土	65	55	45	35

表 5 – 42 粉煤灰取代水泥百分率(β_c)

混凝土等级	普通水泥/%	矿渣水泥/%
C15 以下	15～25	10～20
C20	10～15	10
C25～C30	15～20	10～15

注：① 以 32.5 级水泥配制成的混凝土取表中下限值；以 42.5 级水泥配制的混凝土取上限值；
② C20 以上的混凝土宜采用Ⅰ、Ⅱ级粉煤灰；C15 以下的素混凝土可采用Ⅲ级粉煤灰；
③ 在预应力混凝土中的取代水泥率，普通水泥不大于 15%，矿渣水泥不大于 10%。

5.8.4 粉煤灰混凝土配合比设计

粉煤灰混凝土配合比设计的基本要求与普通混凝土相同。关于粉煤灰混凝土配合比设计方法，《粉煤灰混凝土应用技术规范》(GBJ 146—1990)和《粉煤灰在混凝土和砂浆中应用技术规程》(JGJ 28—1986)均进行了规定。

1. 粉煤灰的掺法

粉煤灰混凝土配合比设计以不掺粉煤灰的混凝土配合比为基准(基准混凝土配合比)，按绝对体积法计算。根据不同使用情况，掺粉煤灰的混凝土配合比可用以下各种方法进行计算。

(1) 等量取代法。以等质量的粉煤灰取代混凝土中的水泥。主要适用于掺加Ⅰ级粉煤灰、混凝土超强以及大体积混凝土工程。

(2) 超量取代法。粉煤灰的掺入量超过其取代水泥的质量，超量的粉煤灰取代部分细骨料。其目的是增加混凝土中胶凝材料用量，以补偿由于粉煤灰取代水泥而造成的强度降低。超量取代法可以使掺粉煤灰的混凝土达到与不掺时相同的强度，并可节约细骨料用量。粉煤灰的超量系数(粉煤灰掺入质量与取代水泥质量之比)应根据粉煤灰的等级而定，通常可按表 5 – 43 的规定选用。

表 5 – 43 粉煤灰的超量系数

粉煤灰等级	超量系数	
	GBJ 146—1990, K	JGJ 28—1986, δ_c
Ⅰ	1.1～1.4	1.0～1.4
Ⅱ	1.3～1.7	1.2～1.7
Ⅲ	1.5～2.0	1.5～2.0

(3) 外加法。指在保持混凝土水泥用量不变的情况下，外掺一定数量的粉煤灰，其目的仅为了改善混凝土拌合物的和易性。

2. GBJ 146—1990 规定的粉煤灰混凝土配合比设计步骤

1) 计算基准混凝土配合比

根据《普通混凝土配合比设计技术规程》(JGJ 55—2011)进行普通混凝土基准配合比

设计。设 $1\,m^3$ 基准混凝土的水泥、砂子、石子和水的用量分别为 C_0、S_0、G_0 和 W_0(kg)。

2) 等量取代法配合比计算方法

(1) 选定与基准混凝土水胶比相等或稍低的水胶比。

(2) 根据确定的粉煤灰掺量 $f(\%)$ 和基准混凝土水泥用量 C_0,计算粉煤灰用量 F(kg)。

$$F=C_0 f \qquad (5-47)$$

粉煤灰混凝土中的水泥用量 C(kg)计算如下。

$$C=C_0-F \qquad (5-48)$$

(3) 确定用水量 W(kg)。

$$W=\frac{W_0}{C_0}\times(C+F) \qquad (5-49)$$

(4) 计算水泥、粉煤灰浆体体积 (V_p)(L)。

$$V_p=\frac{C}{\rho_c}+\frac{F}{\rho_f}+W \qquad (5-50)$$

式中　ρ_f——粉煤灰的密度,g/cm^3;

　　　ρ_c——水泥的密度,g/cm^3。

(5) 计算粗、细骨料体积 (V_A)(L)。

$$V_A=1\,000(1-\alpha)-V_p \qquad (5-51)$$

式中　α——混凝土含气量,%,不使用含气型外加剂时,当粗骨料最大粒径 $D_{max}=20mm$ 时,取 $\alpha=2.0$;$D_{max}=40mm$ 时,取 $\alpha=1.0$;$D_{max}=80mm$ 或 $150mm$ 时,取 $\alpha=0$。

(6) 采用与基准混凝土相同或稍低的砂率 S_p。

(7) 计算砂、石用量 S、G(kg)。

$$S=V_A \cdot S_p \cdot \rho_{os} \qquad (5-52)$$
$$G=V_A(1-S_p)\rho_{og} \qquad (5-53)$$

式中　S_p——砂率,%;

　　　ρ_{os}——砂子的表观密度,g/cm^3;

　　　ρ_{og}——石子的表观密度 g/cm^3。

3) 超量取代法配合比计算方法

(1) 根据基准混凝土计算的各组成材料用量(C_0、W_0、S_0、G_0),选取粉煤灰取代水泥率 $f(\%)$ 和超量系数(K),对各种材料进行计算调整。

(2) 粉煤灰取代水泥量(F)、总掺量(F_t)及超量部分质量(F_e),按下式计算。

$$F=C_0 f \qquad (5-54)$$
$$F_t=KF \qquad (5-55)$$
$$F_e=(K-1)F \qquad (5-56)$$

(3) 确定水泥用量(C)。

$$C=C_0-F \qquad (5-57)$$

(4) 粉煤灰超量部分的体积应按下式计算,即在砂料中扣除同体积的砂重,求出调整后的砂重(S_e)。

$$S_e=S_0-\frac{F_e}{\rho_f}\rho_{os} \qquad (5-58)$$

（5）超量取代粉煤灰混凝土的各种材料用量为 C、F_t、S_e、W_0、G_0。

4）外加法粉煤灰混凝土配合比计算方法

（1）根据基准混凝土计算的各组成材料用量（C_0、W_0、S_0、G_0），选定外加粉煤灰掺入率 f_m（%）。

（2）外加粉煤灰的用量（F_m），应按下式计算。

$$F_m = C_0 f_m \tag{5-59}$$

（3）外加粉煤灰的体积应按下式计算，即在砂料中扣除同体积的砂重，求出调整后的砂重（S_m）。

$$S_e = S_0 - \frac{F_e}{\rho_f} \rho_{os} \tag{5-60}$$

（4）外加粉煤灰混凝土的各种材料用量为 C_0、F_m、S_m、W_0、G_0。

3. JGJ 28—1986 规定的粉煤灰混凝土配合比设计步骤

JGJ 28—1986 规定的粉煤灰混凝土配合比设计步骤除超量取代法略有不同外，其他两种方法基本相同。超量取代法设计步骤如下。

（1）按设计要求，根据《普通混凝土配合比设计技术规程》（JGJ 55—2011）进行普通混凝土基准配合比设计。设 1 m³ 基准混凝土的水泥、砂、石子和水的用量分别为 m_{c0}、m_{s0}、m_{g0} 和 m_{w0}（kg）。

（2）按表 5-42 选择粉煤灰取代水泥百分率（β_c）。

（3）按所选的粉煤灰取代水泥百分率（β_c），求出 1m³ 粉煤灰混凝土的水泥用量（m_c）。

$$m_c = m_{c0}(1 - \beta_c) \tag{5-61}$$

（4）按表 5-43 选择粉煤灰超量系数（δ_c）。

（5）按超量系数（δ_c），求出每立方米混凝土的粉煤灰掺量（m_f）：

$$m_f = \delta_c(m_{c0} - m_c) \tag{5-62}$$

（6）计算每立方米粉煤灰混凝土中水泥、粉煤灰和细骨料的绝对体积，求出粉煤灰超出水泥的体积。

（7）按粉煤灰超出的体积，扣除同体积的细骨料用量。

（8）粉煤灰混凝土的用水量，按基准配合比的用水量取用。

（9）根据计算的粉煤灰混凝土配合比，通过试验，在保证设计所需和易性的基础上，进行混凝土配合比的调整。

（10）根据调整后的配合比，提出现场施工用的粉煤灰混凝土配合比。

【例 5.3】 已知混凝土设计强度等级为 C30，其标准差 $\sigma = 5$MPa；混凝土拌合物坍落度为 30～50mm；水泥采用 32.5 级普通水泥，密度 ρ_c 取 3.1g/cm³；粗骨料为 5～20mm 的碎石；细骨料为河中砂，表观密度 ρ_{os} 取 2.6g/cm³；Ⅱ 级粉煤灰，密度 ρ_f 取 2.2g/cm³。试计算该混凝土的配合比。

解：方法一　依据 GBJ 146—1990 的超量取代法

（1）基准混凝土的配合比（计算过程从略）。

1m³ 水泥、砂、石和水的用量分别为 $C_0 = 406$kg、$S_0 = 648$kg、$G_0 = 1151$kg 和 $W_0 = 195$kg。按表 5-42 选取粉煤灰取代水泥率 f（%）=15%，按表 5-43 选取超量系数 $K = 1.5$。

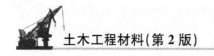

（2）确定粉煤灰取代水泥量(F)、总掺量(F_t)及超量部分质量(F_e)。

$F=406\times0.15=61(kg/m^3)$，$F_t=1.5\times61=92(kg/m^3)$，$F_e=(1.5-1)\times61=31(kg/m^3)$。

（3）确定水泥用量(C)。

$$C=406-61=345(kg)$$

（4）确定调整后砂的质量(S_e)。

$$S_e=648-\frac{31}{2.2}\times2.6=611(kg/m^3)$$

（5）$1m^3$ 粉煤灰混凝土各组成材料的质量(kg)。

$$C=345,\quad F_t=92,\quad S_e=611,\quad W_0=195,\quad G_0=1\,151。$$

方法二　依据 JGJ 28—1986 的超量取代法

（1）基准混凝土的配合比(计算过程从略)。

$1m^3$ 水泥、砂、石和水的用量分别为 $m_{c0}=406kg$，$m_{w0}=195kg$，$m_{s0}=648kg$，$m_{g0}=1\,151kg$。

（2）按表 5-42 选择粉煤灰取代水泥百分率 $\beta_c=15\%$。

（3）计算每立方米混凝土的水泥用量(m_c)。

$$m_c=406\times(1-0.15)=41(kg)$$

（4）选取粉煤灰超量系数 δ_c。查表 5-43，$\delta_c=1.5$。

（5）确定每立方米混凝土的粉煤灰掺量(m_f)。

$$m_f=1.5(406-345)=92(kg)$$

（6）计算每立方米粉煤灰混凝土中水泥、粉煤灰和细骨料的绝对体积，求出粉煤灰超出水泥部分的体积，并扣除同体积砂的用量。

粉煤灰混凝土中水泥的绝对体积为 $\dfrac{m_c}{\rho_c}$；粉煤灰的绝对体积为 $\dfrac{m_f}{\rho_f}$。

粉煤灰超出水泥部分的体积为粉煤灰混凝土中胶凝材料的总体积——基准混凝土中水泥体积为 $\left(\dfrac{m_c}{\rho_c}+\dfrac{m_f}{\rho_f}-\dfrac{m_{c0}}{\rho_c}\right)$。

因此　　　　　$m_s=m_{s0}-\left(\dfrac{m_c}{\rho_c}+\dfrac{m_f}{\rho_f}-\dfrac{m_{c0}}{\rho_c}\right)\times\rho_{os}=590(kg)$

（7）取 $m_g=m_{g0}$，$m_w=m_{w0}$，由此，$1m^3$ 粉煤灰混凝土的配合比如下。

$m_c=345kg$，$m_w=195kg$，$m_s=590kg$，$m_g=1\,151kg$，$m_f=92kg$。

5.8.5　粉煤灰混凝土的应用

粉煤灰混凝土可广泛用于工业与民用建筑工程、桥梁、道路、水工等土木工程。现浇粉煤灰混凝土振捣完毕后，应及时进行潮湿养护。早期应避免太阳曝晒，混凝土表面宜加遮盖。一般情况下潮湿养护不得少于 14d，干燥或炎热条件下潮湿养护不得少于 21d。对于有特殊要求的结构物，可适当延长养护时间。在低温季节施工，粉煤灰表面最低温度不得低于 5℃。寒潮冲击情况下，日降温幅度大于 8℃时，应加强粉煤灰混凝土表面的保护，防止产生裂缝。

1. **粉煤灰的适用范围**

（1）Ⅰ级粉煤灰适用于钢筋混凝土和跨度小于 6m 的预应力混凝土。

(2) Ⅱ级粉煤灰适用于钢筋混凝土和无筋混凝土。

(3) Ⅲ粉煤灰主要用于无筋混凝土。对于设计强度等级 C30 及以上的无筋粉煤灰混凝土，宜采用Ⅰ、Ⅱ级粉煤灰。

(4) 用于预应力钢筋混凝土、钢筋混凝土及设计强度等级 C30 及以上的无筋混凝土的粉煤灰等级，如经试验论证，可采用比上述规定低一级的粉煤灰。

2. 粉煤灰混凝土特别适用于下列情况

(1) 节约水泥和改善混凝土拌合物和易性的现浇混凝土，尤其是泵送混凝土工程。

(2) 坝体、房屋及道路地基等低水泥用量、高粉煤灰掺量的碾压混凝土工程(用Ⅲ级灰)。

(3) C80 级以下大流动高强度混凝土工程(用Ⅰ级灰)。

(4) 受海水等硫酸盐作用的海工、水工混凝土工程(用Ⅰ级灰)。

(5) 需要降低水化热的大体积混凝土工程。

(6) 需抑制碱-骨料反应的混凝土工程(用Ⅰ级灰)。

5.9 轻骨料混凝土

普通混凝土的主要缺点之一是自重大，而轻骨料混凝土的主要优点就是轻。轻骨料混凝土是指用轻粗骨料、轻细骨料(或普通砂)、水泥和水(有时还包括适量外加剂和掺合料)配制而成，干表观密度不大于 $1\,950\text{kg/m}^3$ 的混凝土。

5.9.1 轻骨料

1. 轻骨料的种类

轻骨料是指堆积密度不大于 $1\,200\text{kg/m}^3$ 的骨料。轻骨料通常由天然多孔岩石破碎加工而成，或用地方材料、工业废渣等原材料烧制而成。

(1) 按轻骨料粒径分。分为轻粗骨料和轻细骨料。公称粒径大于 5mm 者称为轻粗骨料，公称粒径小于 5mm 者称为轻细骨料，又称轻砂。

(2) 按轻骨料形成方式分。人造轻骨料〔轻粗骨料(陶粒等)、轻细骨料(陶砂等)〕、天然轻骨料(浮石、火山渣等)和工业废渣轻骨料(自燃煤矸石、煤渣等)

(3) 按轻骨料性能分。分为超轻骨料(堆积密度不大于 500kg/m^3 的保温用或结构保温用的轻粗骨料)和高强轻骨料(满足表 5-44 轻粗骨料)。

表 5-44 高强轻粗骨料的筒压强度及强度标号

轻粗骨料种类	密度等级	筒压强度/MPa	强度标号/MPa
人造轻骨料	600	4.0	25
	700	5.0	30
	800	6.0	35
	900	6.5	40

（4）根据轻骨料颗粒形状分。可分为圆球型、普通型和碎石型3种。

2. 轻骨料的技术性质及要求

1）级配

轻粗骨料和轻细骨料的级配应符合表5-45的要求，但人造轻粗骨料的最大粒径不宜大于19.0mm。轻细骨料的细度模数宜在2.3~4.0范围内。各种粗细混合轻骨料宜满足：①2.36mm筛上累计筛余为(60±2)%；②筛除2.36mm以下颗粒后，2.36mm筛上的颗粒级配满足表5-45中公称粒级5~10mm的颗粒级配的要求。

表5-45 轻骨料的颗粒级配

轻骨料	级配情况	公称粒级/mm	累计筛余(按质量计)/%											
			筛孔尺寸											
			37.5 mm	31.5 mm	26.5 mm	19.0 mm	16.0 mm	9.50 mm	4.75 mm	2.36 mm	1.18 mm	600 μm	300 μm	300 μm
细骨料	—	0~5	—	—	—	—	—	0	0~10	0~35	20~60	30~80	65~90	75~100
粗骨料	连续粒级	5~40	0~10	—	—	40~60	—	50~85	90~100	95~100	—	—	—	—
		5~31.5	0~5	0~10	—	—	40~75	—	90~100	95~100	—	—	—	—
		5~25	0	0~5	0~10	—	30~70	—	90~100	95~100	—	—	—	—
		5~20	0	0~5	—	0~10	—	40~80	90~100	95~100	—	—	—	—
		5~16	—	—	0	0~5	0~10	20~60	85~100	95~100	—	—	—	—
		5~10	—	—	—	0	0~15	80~100	95~100	—	—	—	—	—
	单粒级	10~16	—	—	0	0~15	85~100	90~100	—	—	—	—	—	—

2）密度等级

轻骨料按其堆积密度划分密度等级，其指标要求见表5-46。

表5-46 轻骨料的密度等级

密度等级		堆积密度范围/(kg/m³)
轻粗骨料	轻细骨料	
200	—	>100，≤200
300	—	>200，≤300
400	—	>300，≤400
500	500	>400，≤500
600	600	>500，≤600

（续）

密度等级		堆积密度范围/(kg/m³)
轻粗骨料	轻细骨料	
700	700	>600, ≤700
800	800	>700, ≤800
900	900	>800, ≤900
1 000	1 000	>900, ≤1 000
1 100	1 100	>1 000, ≤1 100
1 200	1 200	>1 100, ≤1 200

3）轻粗骨料的筒压强度与强度标号

轻粗骨料的强度对混凝土强度影响很大。按《轻骨料混凝土技术规程》（JGJ 51—2002）的规定，采用筒压法测定轻粗骨料的强度，称为筒压强度。图 5.31 是筒压强度测定方法示意图，测定时将轻粗骨料装入带底圆筒内，上面加冲压模，取冲压模压入深度为 20mm 时的压力值，除以承压面积（10 000mm²），即为轻粗骨料的筒压强度值。不同密度等级的轻粗骨料的筒压强度应不低于表 5 - 47 的规定。

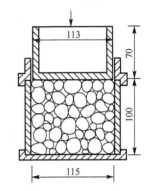

图 5.31　筒压强度测定方法示意图

表 5 - 47　轻粗骨料的筒压强度

轻粗骨料种类	密度等级	筒压强度/MPa	轻粗骨料种类	密度等级	筒压强度/MPa
人造轻骨料	200	0.2	天然轻骨料工业废渣轻骨料	600	0.8
	300	0.5		700	1.0
	400	1.0		800	1.2
	500	1.5		900	1.5
	600	2.0	工业废渣轻骨料中的自燃煤矸石	1 000	1.5
	700	3.0		900	3.0
	800	4.0		1 000	3.5
	900	5.0		1 100～1 200	4.0

用筒压法测得的轻骨料的强度是比较低的，因为骨料在压筒内是通过颗粒间的点接触来传递荷载。而在轻骨料混凝土中，骨料被砂浆包裹，在受周围硬化水泥石约束的状态下受力，加上粗骨料表面粗糙，与胶凝材料浆体粘结较好，围绕骨料周边的水泥砂浆也能起拱架作用。因此，筒压强度不能表征轻骨料在混凝土中的实际强度。

混凝土的强度可简单看作由粗骨料强度（含粗骨料界面强度）和砂浆强度组合而成。将轻粗骨料配制成混凝土，通过测定混凝土的强度，间接求出该轻粗骨料在混凝土中的实际强度值，称为轻粗骨料的强度标号，它表示该轻粗骨料用于配制混凝土时，所得混凝土合理强度的范围。超轻粗骨料筒压强度不低于 $0.2\sim2.0$MPa,普通轻粗骨料筒压强度不低于 $0.8\sim6.0$MPa,高强轻粗骨料的筒压强度和强度标号不低于表 5-44 的规定值。

4) 吸水率与软化系数

轻骨料的吸水率较一般普通砂石大得多,这将导致施工中混凝土拌合物的坍落度损失较大,使混凝土中水胶比和强度不稳定,加大混凝土的收缩。因此轻粗骨料的吸水率不能太大。

人造轻骨料和工业废渣轻骨料 1h 吸水率:密度等级为 200 的≤30%,密度等级为 300 的≤25%,密度等级为 400 的≤20%,密度等级为 500 的≤15%,密度等级为 $600\sim1\,200$ 的≤10%。人造轻骨料中的粉煤灰陶粒 1h 吸水率≤20%;天然轻骨料(密度等级 $600\sim1\,200$)1h吸水率不作规定。

人造轻粗骨料和工业废渣轻粗骨料的软化系数应不小于 0.8,天然轻粗骨料的软化系数应不小于 0.7,轻细骨料的吸水率和软化系数不作规定。

5) 有害物质含量

轻骨料中严禁混入煅烧过的石灰石、白云石和硫化铁等体积不稳定的物质。轻骨料的有害物质含量不应大于表 5-48 的规定值。

表 5-48　轻骨料有害物质含量(%)

项目名称	技术指标
含泥量	≤3.0
	结构混凝土用轻骨料≤2.0
泥块含量	≤1.0
	结构混凝土用轻骨料≤0.5
煮沸质量损失	≤5.0
烧失量	≤5.0
	天然轻骨料不作规定;用于无筋混凝土的煤渣允许≤2.0
硫化物和硫酸盐含量(按 SO_3 计)	≤1.0
	用于无筋混凝土的自燃煤矸石允许含量≤1.5
有机物含量	不深于标准色,如深于标准色,按 GB/T 17431.2—2010 中 18.6.3 的规定操作,且试验结果不低于 95%
氯化物(以氯离子含量计)	≤0.02
放射性	符合 GB 6763—2000 的规定

5.9.2　轻骨料混凝土的技术性能

轻骨料混凝土的强度等级的确定方法与普通混凝土一样,按立方体(标准尺寸为 150mm×150mm×150mm)抗压强度标准值划分为 LC5.0、LC7.5、LC10、LC15、LC20、LC25、LC30、LC35、LC40、LC45、LC50 和 LC60 共 12 个等级。符号"LC"表示轻骨料混凝土(Lightweight Concrete)。

轻骨料混凝土按其干表观密度分为 14 个密度等级，见表 5 - 49。

表 5 - 49　轻骨料混凝土的密度等级

密度等级	干表观密度的变化范围/(kg/m³)	密度等级	干表观密度的变化范围/(kg/m³)
600	560～650	1 300	1 260～1 350
700	660～750	1 400	1 360～1 450
800	760～850	1 500	1 460～1 550
900	860～950	1 600	1 560～1 650
1 000	960～1 050	1 700	1 660～1 750
1 100	1 060～1 150	1 800	1 760～1 850
1 200	1 160～1 250	1 900	1 860～1 950

1. 轻骨料混凝土的种类

1）按细骨料品种分类

轻骨料混凝土按细骨料品种分全轻混凝土和砂轻混凝土。前者粗、细骨料均为轻骨料，而后者粗骨料为轻骨料，细骨料全部或部分为普通砂。工程中以砂轻混凝土应用最多。

2）按粗骨料品种分类

轻骨料混凝土按粗骨料品种可分为工业废渣轻骨料混凝土、天然轻骨料混凝土和人造轻骨料混凝土 3 类。

3）轻骨料混凝土按用途分类

轻骨料混凝土按其用途分为 3 类，见表 5 - 50。

表 5 - 50　轻骨料混凝土按用途分类

类别名称	混凝土强度等级的合理范围	混凝土密度等级的合理范围	用　　途
保温轻骨料混凝土	LC5.0	≤800	主要用于保温的围护结构或热工构筑物
结构保温轻骨料混凝土	LC5.0、LC7.5、LC10、LC15	800～1 400	主要用于既承重又保温的围护结构
结构轻骨料混凝土	LC15、LC20、LC25、LC30、LC35、LC40、LC45、LC50、LC55、LC60	1 400～1 900	主要用于承重构件或构筑物

2. 轻骨料混凝土的技术性能

1）干表观密度

轻骨料混凝土的表观密度主要取决于其所用轻骨料的表观密度和用量，其干表观密度在 760～1 950kg/m³ 之间。

2）强度

影响轻骨料混凝土的因素有很多，除了与普通混凝土相同的以外，轻骨料的强度、堆积密度、颗粒形状、吸水率和用量等也是重要的影响因素。与普通混凝土不同，轻粗骨料因表面粗糙且与水泥之间有化学结合，轻骨料混凝土的薄弱环节不是粗骨料的界面，而是粗骨料本身。因此，轻粗骨料混凝土的破坏主要发生在粗骨料中，有时也发生在水泥石中。当配

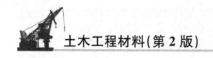

制高强度轻骨料混凝土时，即使混凝土中水泥用量很大，混凝土的强度也提高不了多少。

轻骨料混凝土的轴心抗压强度与立方体抗压强度的关系与普通混凝土基本相似，立方体抗压强度的尺寸换算系数也与普通混凝土相同。

3) 弹性模量

轻骨料混凝土的弹性模量较小，为 $0.3\times10^4\sim2.2\times10^4$ MPa，一般为同强度等级普通混凝土的 $30\%\sim70\%$。这有利于控制建筑构件温度裂缝的发展，也有利于改善建筑物的抗震性能和提高抵抗动荷载的能力。

4) 收缩和徐变

轻骨料混凝土的收缩和徐变分别比普通混凝土大 $20\%\sim50\%$ 和 $30\%\sim60\%$，泊桑比为 $0.15\sim0.25$，平均为 0.20，热膨胀系数比普通混凝土小 20% 左右。

5) 保温性能

轻骨料混凝土干表观密度从 760kg/m³ 至 1 950kg/m³ 变化，其导热系数从 0.23W/(m·k) 至 1.01W/(m·k) 变化，因此轻骨料混凝土具有优良的保温性能。

6) 耐久性

研究和应用均表明，轻骨料混凝土具有良好的抗渗性、抗冻性和耐火性。

5.9.3　轻骨料混凝土配合比设计

由于轻骨料种类繁多，性质差异很大，加之轻骨料本身的强度对混凝土强度影响较大，故至今仍无像普通混凝土那样的强度公式。对轻骨料混凝土的配合比设计大多是参照普通配合比设计方法，并结合轻骨料混凝土的特点，更多的是依靠经验和试验、试配来确定。

轻骨料混凝土配合比设计的基本要求除了和易性、强度、耐久性和经济性外，还有表观密度的要求。

轻骨料混凝土配合比设计方法分绝对体积法和松散体积法两种。

1. 绝对体积法计算配合比步骤

(1) 根据设计要求的轻骨料混凝土的强度等级、密度等级和混凝土的用途，确定粗、细骨料的种类和粗骨料的最大粒径。

(2) 测定粗骨料的堆积密度、颗粒表观密度、筒压强度和 1h 吸水率，并测定细骨料的堆积密度和相对密度。

(3) 计算混凝土试配强度 $f_{cu,o}$。

轻骨料混凝土的试配强度确定方法与普通混凝土的不同，按下式确定。

$$f_{cu,o}\geqslant f_{cu,k}+1.645\sigma \tag{5-63}$$

生产单位有轻骨料混凝土抗压强度资料时按标准差公式计算，无强度资料时按表 5-51 取用。

表 5-51　轻骨料混凝土强度标准差 σ 取值表

强度等级	低于 LC20	LC20~LC35	高于 LC35
σ/MPa	4.0	5.0	6.0

（4）选择水泥用量（m_c）。

不同试配强度的轻骨料混凝土的水泥用量可参照表5-52选用。

表5-52　轻骨料混凝土的水泥用量（kg/m^3）

混凝土试配强度/MPa	轻骨料密度等级						
	400	500	600	700	800	900	1 000
<5.0 5.0~7.5 7.5~10 10~15 15~20 20~25 25~30	260~320 280~360	250~300 260~340 280~370	230~280 240~320 260~350 280~350 300~400	220~300 240~320 260~340 280~380 330~400 380~450	240~330 270~370 320~390 370~440	260~360 310~380 360~430	250~350 300~370 350~420
30~40 40~50 50~60				420~500	390~490 430~530 450~550	380~480 420~520 440~540	370~470 410~510 430~530

注：① 表中横线以上为采用32.5级水泥时的水泥用量值；横线以下为采用42.5级水泥的水泥用量值；
　　② 表中下限值适用于圆球型和普通型轻骨料；上限适用于碎石型轻粗骨料及全轻混凝土；
　　③ 最高水泥用量不宜超过$550kg/m^3$。

（5）确定用水量（m_{wn}）。

轻骨料有吸水率较大的特点，使加到混凝土中的水一部分将被轻骨料吸收，余下部分才供水泥水化和起润滑作用。混凝土总用水量中被轻骨料吸收的那一部分水称为"附加水量"，其余部分则称为"净用水量"。根据制品生产工艺和施工条件要求的混凝土稠度指标选用混凝土的净用水量，见表5-53。

表5-53　轻骨料混凝土的净用水量选用表

轻骨料混凝土用途	稠度		净用水量/（kg/m^3）
	维勃稠度/s	坍落度/mm	
预制构件及制品： （1）振动加压成型； （2）振动台成型； （3）振捣棒或平板震动器振实	10~20 5~10 —	— 0~10 30~80	45~140 140~180 165~215
现浇混凝土： （1）机械振捣 （2）人工振捣或钢筋密集	— —	50~100 ≥80	180~225 200~230

注：① 表中值适用于圆球型和普通型轻粗骨料，对于碎石型轻粗骨料，宜增加10kg左右的用水量；
　　② 掺加外加剂时，宜按其减水率适当减少用水量，并按施工的稠度要求进行调整；
　　③ 表中值适用于砂轻混凝土；若采用轻砂时，宜取轻砂1h吸水量为附加水量；若无轻砂吸水数据时，也可适当增加用水量，并按施工的稠度要求进行调整。

（6）确定砂率（S_p）。

轻骨料混凝土的砂率以体积砂率表示，即细骨料体积与粗、细骨料总体积之比。体积可用密实体积或松散体积表示,其对应的砂率即密实体积砂率或松散体积砂率。根据轻骨料混凝土的用途,按表5-54选用体积砂率。

表5-54 轻骨料混凝土的砂率

轻骨料混凝土用途	细骨料品种	砂率/%
预制构件用	轻砂 普通砂	35~50 30~40
现浇混凝土用	轻砂 普通砂	— 35~45

注:① 当混合使用普通砂和轻砂作细骨料时,砂率宜取中间值,宜按普通砂和轻砂的混合比例进行插入计算;

　　② 采用圆球型轻骨料时,宜取表中值下限,采用碎石型时,则取上限。

(7) 计算粗细骨料的用量(绝对体积法)。

绝对体积法是将混凝土的体积(1m³)减去水泥和水的绝对体积,求得每立方米混凝土中粗细骨料所占的绝对体积,然后根据砂率分别求得粗骨料和细骨料的绝对体积,再乘以各自的表观密度则可求得粗、细骨料的用量。计算公式如下。

$$V_s = \left[1 - \left(\frac{m_c}{\rho_c} + \frac{m_{wn}}{\rho_w} \right) \div 1\,000 \right] \times S_p \qquad (5-64)$$

$$m_s = V_s \times \rho_s \times 1\,000 \qquad (5-65)$$

$$V_a = 1 - \left(\frac{m_c}{\rho_c} + \frac{m_{wn}}{\rho_w} + \frac{m_s}{\rho_s} \right) \div 1\,000 \qquad (5-66)$$

$$m_a = V_a \times \rho_{ap} \qquad (5-67)$$

式中　V_s——1m³ 混凝土的细骨料绝对体积,m³;

　　　　V_a——1m³ 混凝土的粗骨料绝对体积,m³;

　　　　m_s——1m³ 混凝土的细骨料用量,kg;

　　　　m_a——1m³ 混凝土的粗骨料用量,kg;

　　　　m_c——1m³ 混凝土的水泥用量,kg;

　　　　m_{wn}——1m³ 混凝土的净用水量,kg;

　　　　S_p——密实体积砂率,%;

　　　　ρ_c——水泥的密度,g/cm³,可取 2.9~3.1;

　　　　ρ_w——水的密度,g/cm³;

　　　　ρ_s——细骨料的密度,g/cm³,当用普通砂时,为砂的视密度(有些资料将砂的视密度混同为表观密度 ρ_{os}),可取=2.6;当用轻砂时,为轻砂的颗粒表观密度;

　　　　ρ_{ap}——粗骨料的颗粒表观密度,kg/m³。

(8) 确定总用水量(m_{wt})。

根据净用水量和附加水量的关系,按下式计算总用水量。

$$m_{wt} = m_{wn} + m_{wa} \qquad (5-68)$$

式中　m_{wt}——1m³ 混凝土的总用水量,kg;

　　　　m_{wn}——1m³ 混凝土的净用水量,kg;

　　　　m_{wa}——1m³ 混凝土的附加水量,kg。

在气温5℃以上的季节施工时，可根据工程需要，对轻粗骨料进行预湿处理。根据粗骨料预湿处理方法和细骨料的品种，附加水量按表5-55所列公式计算。

表5-55 附加水量的计算方法

项 目	附加水量(m_{wa})
粗骨料预湿，细骨料普砂	$m_{wa} = 0$
粗骨料不预湿，细骨料为普砂	$m_{w,ad} = m_a \cdot w_a$
粗骨料预湿，细骨料为轻砂	$m_{w,aw} = m_s \cdot w_s$
粗骨料不预湿，细骨料为轻砂	$m_{w,a} = m_a \cdot w_a + m_s \cdot w_s$

注：① w_a、w_s 分别为粗、细料的1h吸水率；
② 当轻骨料含水时，必须在附加水量中扣除自然含水量。

(9) 计算混凝土干表观密度(ρ_{cd})。

计算完各材料用量后，应计算混凝土干表观密度，并与设计要求的干表观密度进行对比，如其误差大于3%，则应重新调整和计算配合比。

$$\rho_{cd} = 1.15m_c + m_a + m_s \tag{5-69}$$

2. 松散体积法计算配合比步骤

松散体积法与绝对体积法的不同之处有3个方面：砂率为松散体积砂率；粗、细骨料的体积用松散体积来表示；粗、细骨料的密度数据为堆积密度。

(1)～(6)同绝对体积法。

(7)确定粗、细骨料总体积(V_t)，计算粗、细骨料用量(m_s、m_a)。

根据粗、细骨料的类型，确定1m³混凝土的粗、细骨料在自然状态下的松散体积之和，然后按松散体积砂率求得粗骨料的松散体积(V_a)和细骨料的松散体积(V_s)，再根据各自的堆积密度求得质量。粗细骨料松散总体积按表5-56选取，每立方米混凝土的粗、细骨料用量按式(5-64)～式(5-67)计算。当采用松散体积法设计配合比时，粗细骨料松散状态的总体积可按表5-56选用。

表5-56 粗、细骨料松散总体积选用表

轻粗骨料粒型	细骨料品种	粗细骨料总体积/m³
圆球型	轻 砂	1.25～1.50
	普通砂	1.10～1.40
普通型	轻 砂	1.30～1.60
	普通砂	1.10～1.50
碎石型	轻 砂	1.35～1.65
	普通砂	1.10～1.60

注：① 当采用膨胀珍珠岩时，宜取表中上限值；
② 混凝土强度等级较高时，宜取表中下限值。

$$V_s = V_t \times S_p \tag{5-70}$$

$$m_s = V_s \times \rho'_{os} \tag{5-71}$$

$$V_a = V_t - V_s \tag{5-72}$$

$$m_a = V_a \times \rho'_{oa} \tag{5-73}$$

式中　V_s、V_a、V_t——分别为细骨料、粗骨料和粗细骨料松散体积，m^3；

　　　　m_s、m_a——分别为细骨料和粗骨料的用量，kg；

　　　　S_p——松散体积砂率，%；

　　　　ρ'_{os}、ρ'_{oa}——分别为细骨料和粗骨料的堆积密度，kg/m^3。

（8）同绝对体积法。

（9）同绝对体积法。

3. 轻骨料混凝土配合比设计实例

【例 5.4】 某现浇混凝土工程要求采用强度等级为 LC20，密度等级为 1 800 级的轻骨料混凝土，坍落度为 60~70mm，捣拌机捣拌，用绝对体积法设计其配合比。

解：（1）根据工程实际情况，选用粉煤灰陶粒作轻粗骨料，其最大粒径不大于 10mm，细骨料选用普通砂。

（2）经测定原材料的性能指标如下：粉煤灰陶粒堆积密度 $\rho'_{oa} = 730kg/m^3$，颗粒表观密度 $\rho_{ap} = 1\,410kg/m^3$，筒压强度 $f_a = 4.1MPa$，吸水率 $W_a = 20\%$；普通砂的表观密度 $\rho_{os} = 2.56g/cm^3$，堆积密度 $\rho'_{os} = 1\,460kg/m^3$；32.5 级水泥的密度 $\rho_c = 3.10g/cm^3$。

（3）计算配制强度 $f_{cu,o}$。

按表 5-51 取 $\sigma = 4.0MPa$，按公式（5-63）得下面的结果。

$$f_{cu,o} = f_{cu,k} + 1.645\sigma = 20 + 1.645 \times 4.0 = 26.58(MPa)$$

（4）选择水泥用量。

因陶粒属 800 级，圆球型，$f_{cu,o} = 26.58MPa$，水泥为 32.5 级矿渣水泥。

按表 5-52 选用水泥用量，$m_c = 370kg$。

（5）确定净用水量。

根据工程要求坍落度为 60~70mm，按表 5-53 选取用水量，$m_{wn} = 180kg$。

（6）确定砂率。

因为粉煤灰陶粒属圆球型，对现浇混凝土按表 5-54 选取砂率，$S_p = 40\%$。

（7）计算粗、细骨料用量。

细骨料密实体积：

$$V_s = \left[1 - \left(\frac{370}{3.1} + \frac{180}{1.0}\right) \div 1\,000\right] \times 0.4 = 0.280\,4(m^3)$$

细骨料用量：

$$m_s = 0.280\,3 \times 2.56 \times 1\,000 = 717(kg)$$

粗骨料密实体积：

$$V_a = 1 - \left(\frac{370}{3.1} + \frac{180}{1.0} + \frac{717}{2.56}\right) \div 1\,000 = 0.421(m^3)$$

粗骨料用量：

$$m_a = 0.421 \times 1\,410 = 594(kg)$$

（8）计算总用水量。

施工中预湿粗骨料，按表 5-55 选取 $m_{wa} = 0$，总用水量 $m_{wt} = 180 + 0 = 180(kg)$。

（9）计算干表观密度。

按式（5-69）计算干表观密度 $\rho_{cd}=1.15\times370+594+717=1\,736(kg/m^3)$。

与设计 $1\,800(kg/m^3)$ 的误差为 $(1\,800-1\,736)/1\,800=3.56\%>3\%$，即干表观密度太小，可能引起强度不能满足设计要求，因此必须重新调整计算参数。可采取提高砂率或增加水泥用量的方法。

若将砂率提高到 43%，轻骨料混凝土的干表观密度为 $1\,760kg/m^3$，与设计值 $1\,800kg/m^3$ 的误差为 $2.2\%<3\%$，即满足要求。

若试配后强度不能满足要求，则保持砂率 40% 不变，将水泥用量提高至 400kg，于是可得轻骨料混凝土的干表观密度 $1\,750kg/m^3$，与设计值 $1\,800kg/m^3$ 的误差为 $2.8\%<3\%$，即满足要求。

【例5.5】 利用 600 级页岩陶粒和膨胀珍珠岩砂配制 LC10 级的全轻混凝土，要求其干表观密度为 $1\,000kg/m^3$。在台座上振动成型，混凝土拌合物的坍落度为 $30\sim40mm$。用松散体积法设计该混凝土配合比。

解：（1）根据设计要求，采用 32.5 级矿渣水泥，采用最大粒径不大于 40mm 的页岩陶粒和膨胀珍珠岩砂。经测定原材料的性能指标如下：页岩陶粒堆积密度 $\rho'_{oa}=520kg/m^3$，筒压强度 $f_a=3.3MPa$，吸水率 $W_a=10\%$；膨胀珍珠岩砂的堆积密度 $\rho'_{os}=180kg/m^3$，吸水率 $W_s=120\%$。

（2）计算配制强度 $f_{cu,o}$。

（3）按表 5-51 取 $\sigma=4.0MPa$，按公式（5-63）得下面的结果。
$$f_{cu,o}=10+1.645\times4.0=16.58(MPa)$$

（4）选择水泥用量。

因陶粒属 600 级，全轻混凝土，$f_{cu,o}=16.58MPa$，水泥为 32.5 级矿渣水泥。

按表 5-52 选用水泥用量，$m_c=380kg$。

（5）确定净用水量。

根据工程要求坍落度为 $30\sim40mm$，页岩陶粒为普通型，全轻混凝土，按表 5-53 选取用水量，$m_{wn}=200kg$。

（6）确定砂率。

因用于预制墙板，页岩陶粒为普通型，按表 5-54 选取砂率，$S_p=45\%$。

（7）确定粗细骨料的松散总体积，并计算粗、细骨料的用量。

因页岩陶粒粒型属普通型，膨胀珍珠岩砂做细骨料，按表 5-56 取 $V_t=1.6m^3$，细骨料松散体积和用量：
$$V_s=V_t\times S_p=1.6\times0.45=0.72(m^3)$$
$$m_s=V_s\times\rho'_{os}=0.72\times180=130(kg)$$

粗骨料松散体积和用量：
$$V_a=V_t-V_s=1.6-0.72=0.88(m^3)$$
$$m_a=V_a\times\rho'_{oa}=0.88\times520=458(kg)$$

（8）计算总用水量。

施工时粗骨料不预湿时，按表 5-55 可得总用水量。
$$m_{wt}=200+458\times0.1+130\times1.2=402(kg)$$

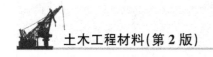

(9) 计算轻骨料混凝土的干表观密度。

$$\rho_{cd} = 1.15 \times 380 + 458 + 130 = 1\,025(kg/m^3)$$

与设计表观密度 $1\,000kg/m^3$ 的误差为 $(1\,025 - 1\,000)/1\,000 = 2.5\% < 3\%$，设计计算可以接受。

5.9.4 轻骨料混凝土的应用

轻骨料混凝土由于表观密度小、保温隔热性能好、强度较高、耐久性好，既可用于承重结构，也适合用作围护结构，广泛应用于高层建筑、软土地基、大跨度结构、耐火等级要求的建筑、要求节能的建筑、抗震结构、旧建筑加层等，使用轻骨料混凝土能取得很好的综合效益。

轻骨料混凝土施工过程中应注意以下几点。

(1) 对强度低而易破碎的轻骨料，搅拌时尤要严格控制混凝土的搅拌时间。膨胀珍珠岩、超轻陶粒等轻骨料配制的轻骨料混凝土，在搅拌混凝土拌合物时，会使轻骨料粉碎，这样不仅改变了原骨料的颗粒级配(细粒增多，粗粒减少)，而且轻骨料破碎后使原来封闭的孔隙变成了开口孔隙，使吸水率大增，这些都会影响混凝土的和易性及硬化后的强度。

(2) 骨料可用干燥轻骨料，也可将轻粗骨料预湿至水饱和。采用预湿骨料拌制的拌合物，和易性和水胶比较稳定；采用干燥骨料可省去预湿处理工序，但拌和混凝土时必须根据骨料的吸水率正确增加用水量。露天存放的轻骨料，其含水率受气候的变化而变化，施工时必须经常测定骨料含水率，以调整用水量。

(3) 掺外加剂时，应先将外加剂溶于水中并搅拌均匀，将拌合物搅拌一定时间后，轻骨料已预湿时，再加入溶有外加剂的水一起搅拌，这样可避免部分外加剂被吸入轻骨料内部而失去作用。

(4) 轻骨料混凝土拌合物中轻骨料与其他组成材料间的密度差别较大，在运输、振动成型过程中受到不同程度地颠簸、振动时，容易发生离析现象(轻骨料上浮，砂浆下沉)。运输时应减少颠簸，振捣成型时时间应适宜。

(5) 拌合物从搅拌机卸料起到浇筑入模止的延续时间不宜超过 45min。这是因为轻骨料吸水，轻骨料混凝土拌合物的和易性损失速度比普通混凝土快，为了方便轻骨料混凝土的运输和浇筑，拌合物搅拌后不宜久延。轻骨料混凝土拌合物运输距离应尽量短，在停放或运输过程中，若产生拌合物稠度损失或离析较大等现象，浇筑前应采用人工二次拌和。

(6) 轻骨料混凝土易产生干缩裂缝，浇筑成型后，应及时覆盖或喷水养护。

5.10 其他品种混凝土

5.10.1 防水混凝土

防水混凝土是指抗渗等级不低于 P6 的混凝土，又叫抗渗混凝土。

防水混凝土包括普通防水混凝土、外加剂或掺合料防水混凝土和膨胀水泥防水混凝土3类。

普通防水混凝土是以调整配合比的方法，提高混凝土自身的密实性和抗渗性。

外加剂防水混凝土是在混凝土拌合物中加入少量改善混凝土抗渗性的有机或无机物，如减水剂、防水剂和引气剂等外加剂；掺合料防水混凝土是在混凝土拌合物中加入少量硅粉、磨细矿渣粉、粉煤灰等无机粉料，以增加混凝土的密实性和抗渗性。防水混凝土中的外加剂和掺合料均可单掺，也可以复合掺用。

膨胀水泥防水混凝土是利用膨胀水泥在水化硬化过程中形成大量体积增大的结晶（如钙矾石），主要是改善混凝土的孔结构，提高混凝土的抗渗性能。同时，膨胀后产生的自应力使混凝土处于受压状态，提高混凝土的抗裂能力。

1. 防水混凝土所用材料除应与普通混凝土相同外，还应符合以下的要求。

（1）水泥强度不应低于 32.5MPa。

（2）碎石或卵石的粒径宜为 5～40mm，含泥量不得大于 1.0%，泥块含量不得大于 0.5%。

（3）砂宜用中砂，含泥量不得大于 3.0%，泥块含量不得大于 1.0%。

（4）外加剂的技术性能，应符合国家或行业标准一等品及以上的质量要求。

（5）粉煤灰的级别不应低于 Ⅱ 级，掺量不宜大于 20%；硅粉掺量不应大于 3%，其他掺合料的掺量应通过试验确定。

2. 防水混凝土的配合比应符合下列规定。

（1）试配要求的抗渗水压值应比设计值提高 0.2MPa。

（2）水泥用量不得少于 300kg/m³；掺有活性掺合料时，水泥用量不得少于 280kg/m³。

（3）砂率宜为 35%～45%，灰砂比宜为 1∶2～1∶2.5。

（4）最大水胶比应符合表 5-57 的规定。

表 5-57 抗渗混凝土最大水胶比

抗渗等级	最大水胶比	
	C20～C30 混凝土	C30 以上混凝土
P6	0.60	0.55
P8～P12	0.55	0.50
P12 以上	0.50	0.45

（5）普通防水混凝土坍落度不宜大于 50mm，泵送时入泵坍落度宜为 100～140mm。

（6）抗渗混凝土的含气量控制在 3%～5% 为宜，过多会引起混凝土强度下降。

3. 防水混凝土的环境温度

防水混凝土的环境温度，不得高于 80℃（混凝土的抗渗能力随温度的升高而显著下降，当温度达 250℃时几乎失去了抗渗能力）；处于侵蚀性介质中防水混凝土的耐侵蚀系数，不应小于 0.8。

5.10.2　抗冻混凝土

抗冻等级在 F50 以上的混凝土称为抗冻混凝土。

1. 抗冻混凝土所用材料应与普通混凝土相同外，还应符合下列规定。

（1）应选用硅酸盐水泥或普通水泥（这两种水泥水化热高，不易受冻），火山灰质水泥不宜使用（因为需水量大），水泥强度等级不应低于 32.5 级。

（2）宜选用连续级配的粗骨料，含泥量不得大于 1.0%，泥块含量不得大于 0.5%。

（3）砂含量不得大于 3.0%，泥块含量不得大于 1.0%。

（4）抗冻等级 F100 及以上的混凝土所用的粗骨料和细骨料均应进行坚固性试验，并应符合现国家标准《建设用卵石、碎石》（GB/T 14685—2001）及《建设用砂》（GB/T 14684—1993）的规定。

（5）抗冻混凝土宜采用减水剂，对抗冻等级 F100 及以上的混凝土应掺引气剂。引气量以 4%～6% 为宜（引气剂在混凝土内部产生互不连通的微细气泡，截断了渗水通道，使水分不易渗入混凝土内部。同时封闭的气泡有一定的适应变形能力，对结冰时产生的膨胀力有一定的缓冲作用，引气过多会导致混凝土强度下降）。

（6）抗冻混凝土中可以掺入防冻剂，但防冻剂会对混凝土的性能产生较大影响，使用时必须注意。抗冻剂多含有氯盐，无筋混凝土工程对掺入的防冻剂种类没有特别要求，而钢筋混凝土中掺入氯盐类应特别注意，因为氯离子会引起钢筋混凝土中的钢筋锈蚀，从而导致混凝土顺筋开裂。混凝土中掺入氯盐类防冻剂时，应符合下列规定。

① 氯盐的掺量按无水状态计算。对于钢筋混凝土，其掺量不得超过水泥质量的 1%；对于素混凝土，其掺量不得超过水泥质量的 3%。

② 下列钢筋混凝土结构中不得掺用氯盐。

a. 在高湿度空气环境中使用的结构。

b. 处于水位升降部位的结构。

c. 露天结构或经常受水淋的结构。

d. 与含有酸、碱或硫酸盐等侵蚀性介质相接触的结构。

e. 使用冷拉钢筋或冷拔低碳钢丝的结构。

f. 直接靠近直流电源的结构。

g. 直接靠近高压电源（发电站、变电所）的结构。

h. 预应力混凝土结构。

③ 硝酸盐、亚硝酸盐和碳酸盐不得用于预应力混凝土工程，以及与镀锌钢材或与铝铁相接触部位的钢筋混凝土结构。

④ 含有六价铬盐、亚硝酸盐等有毒物质，严禁用于饮水工程及与食品接触部位的工程。

⑤ 含有钾、钠离子防冻剂不得用于有活性骨料的工程，以免混凝土发生碱-骨料反应破坏。

⑥ 目前国产的混凝土防冻剂品种适用于 $-15\sim0℃$ 的气温，当在更低气温下施工时，应采用其他混凝土冬季施工措施。气温低于 $-5℃$ 时，可用热水拌和混凝土。水温高于

65℃时，热水应先与骨料拌和，再加入水泥。气温低于—10℃时，骨料可移入暖棚或采取加热措施。骨料结冻成块状时需加热，加热温度不得高于65℃，并应避免灼烧，用蒸汽直接加热骨料时带入的水分，应从拌合水中扣除。

2. 抗冻混凝土配合比的设计

抗冻混凝土配合比设计时，要求其最大水灰比应符合表5－58的规定，同时应增加抗冻融性能试验。

表 5－58 抗冻混凝土的最大水灰比

抗冻等级	无引气剂时	掺引气剂时
F50	0.55	0.60
F100	—	0.55
F150 及以上	—	0.50

5.10.3 高强混凝土

高强混凝土是指 C60 及其以上强度等级的混凝土，C100 以上称为超高强混凝土。实现混凝土高强度的途径很多，通常是同时采取几种技术措施进行复合，以显著提高混凝土的强度。

1. 高强混凝土的配制原理和相关措施

（1）掺高效减水剂。其目的是大幅度降低混凝土的水胶比，从而减少混凝土内部的孔隙，改善孔结构，提高混凝土的密实度，这是目前提高混凝土强度最有效而简便的措施。

（2）采用高强度等级的水泥。目的是提高水泥石的强度和骨料界面的粘结强度。

（3）掺入优质掺合料。在混凝土中掺入硅灰、优质粉煤灰、优质磨细矿渣和沸石粉等，可提高骨料的界面强度，改善混凝土孔隙结构，提高混凝土的密实度。

（4）采用优质骨料。在混凝土中使用强度高、界面粘结力强的岩石，如花岗岩、辉绿岩、砂岩和石灰岩等，采用水泥熟料作骨料可有效地改善骨料界面强度，实现混凝土的高强度。

（5）采用增强材料。在混凝土中掺加纤维材料，如钢纤维和碳纤维等，可显著提高混凝土的抗拉强度和抗弯强度。

（6）改善水泥水化产物的性质。采用蒸压养护混凝土，先将成型的混凝土构件通过常压蒸汽养护，脱模后再入蒸压釜进行高温蒸汽养护，这时将产生托贝莫莱石水化产物而使混凝土获得高强。

2. 高强混凝土所用原材料要求

（1）应选用质量稳定、强度等级不低于 42.5 级的硅酸盐水泥或普通水泥。

（2）对强度等级为 C60 级的混凝土，其粗骨料的最大粒径不应大于 31.5mm，对强度等级高于 C60 级的混凝土，其粗骨料的最大粒径应不大于 25mm；针片状颗粒含量不宜大于 5.0%，含泥量不应大于 0.5%，泥块含量不宜大于 0.2%；其他质量指标应符合《建设用卵石、碎石》（GB/T 14685—2001)的规定。

(3) 细骨料的细度模数宜大于 2.6，含泥量不应大于 2.0%，泥块含量不应大于 0.5%。其他质量指标应符合《建设用砂》(GB/T 14684—1993)的规定。

(4) 配制高强混凝土时应掺用高效减水剂或缓凝高效减水剂。

(5) 配制高强混凝土时应掺用活性较好的矿物掺合料，且宜使用复合矿物掺合料。

3. 高强混凝土配合比设计方法

高强混凝土配合比设计方法和步骤与普通混凝土基本相同，在进行高强混凝土配合比设计时应符合下列要求。

(1) 基准配合比中的水胶比，可根据现有试验资料选取(C60 级混凝土仍可采用鲍氏公式，C60 级以上的高强混凝土水胶比一般为 0.25～0.30)。

(2) 配制高强混凝土所用砂率及所采用的外加剂和矿物掺合料的品种、掺量，应通过试验确定(砂率一般在 37%～42%)。

(3) 计算高强混凝土配合比时，其用水量可按普通混凝土单位用水量选取(表 5-31 和表 5-32)。

(4) 高强混凝土的水泥用量不应大于 550kg/m³；水泥和矿物掺合料的总量不应大于 600kg/m³。

(5) 高强混凝土配合比的试配与确定的步骤同普通混凝土相同。当采用 3 个不同的配合比进行混凝土强度试验时，其中一个应为基准配合比，另外两个配合比的水胶比，宜较基准配合比分别增加和减少 0.02～0.03。

(6) 高强混凝土设计配合比确定后，应用该配合比进行不少于 6 次的试验，重复进行验证，其平均值不应低于配制强度。

5.10.4 高性能混凝土

高性能混凝土(High Performance Concrete，HPC)是在高强混凝土基础上发展而来的，但要求的性能并不仅限于高强度。美国于 1990 年首次提出高性能混凝土的概念，但目前各国对高性能混凝土的要求和确定的含义不完全相同，较为普遍的观点认为高性能混凝土应具有的技术特征是：高耐久性；高体积稳定性(低干缩、低徐变、低温度变形和高弹性模量)；适当的高抗压强度(早期强度高，后期强度不倒缩)；良好的工作性(高流动性、高粘聚性、自密实性)。一般来讲更侧重于其工作性和耐久性。

1. 高性能混凝土的实现途径

1) 采用优质原材料

(1) 水泥。水泥可采用硅酸盐水泥和普通水泥。为了实现高性能混凝的高强度及超高强度，国外开始研制和应用球状水泥、调粒水泥和活化水泥等。

(2) 骨料。细骨料可采用河砂和人工砂，粗骨料应选用表面粗糙、强度高的骨料，如砂岩、安山岩、石英斑岩、石灰岩和玄武岩等。

(3) 矿物掺合料。配制高性能混凝土必须掺入细或超细的活性掺合料，如硅灰、磨细矿渣、优质粉煤灰和沸石粉等。它们填充在毛细孔中形成细观的紧密体系，同时可改善骨料界面结构，提高界面粘结强度。

（4）高效减水剂。配制高性能混凝土必须掺入高效减水剂，能显著降低混凝土的水胶比（水与水泥和矿物掺合料总和的质量比），典型的高效减水剂有萘系、三聚氰胺系和改性木钙系高效减水剂3类。目前多数高效减水剂存在坍落度损失较大等问题。

2）确定合理的配合比

（1）每立方米混凝土用水量120～160kg，胶凝材料总量500～600kg。掺合料一般等量取代水泥10%～25%。

（2）水胶比小于0.4，目前最低已达到0.22～0.25。

（3）高效减水剂掺量0.8%～1.5%。

（4）砂率34%～44%。随混凝土强度的增高，砂率呈减小的趋势，28d抗压强度为60～120MPa的高性能混凝土，砂率多为34%～44%，当强度为80～100MPa时，砂率主要集中在38%～42%之间。

（5）粗骨料体积含量0.4m³左右，最大粒径一般为10～25mm。

3）合理的施工工艺

采用强制式搅拌机，泵送施工（混凝土拌合物坍落度一般为18～22cm），高频振动。

2. 高性能混凝土的特性

1）自密实性

高性能混凝土掺入了高效减水剂，流动性好，同时配合比通常需经反复配制而得到，抗离析性高，从而具有较优异的填充性和自密实性。

2）体积稳定性

高性能混凝土的体积稳定性较高，弹性模量高、收缩和徐变小、温度变形小。普通强度混凝土的弹性模量为20～25GPa，而高性能混凝土可达40～45GPa。90d龄期的干缩值可低于0.04%。

3）强度

高性能混凝土的早期强度发展较快，而后期强度的增长率却低于普通强度混凝土，抗拉强度与抗压强度之比较高强混凝土有明显增加。目前28d抗压强度可达到200～230MPa，平均抗压强度介于100～120MPa。

4）水化热

虽然高性能混凝土胶凝材料用量大，但因其水胶比较低，会较早地终止水化反应，所以水化热总量并不高。

5）收缩和徐变

高性能混凝土的总收缩量与其强度成反比，强度越高总收缩量越小。但早期收缩率随着早期强度的提高而增大。相对湿度和环境温度仍然是影响高性能混凝土收缩性能的两个重要因素。高性能混凝土的徐变变形显著地低于普通混凝土，在徐变总量中，干燥徐变值的减少更为显著，基本徐变仅略有降低。而干燥徐变与基本徐变的比值则随着混凝土强度的提高而降低。

6）耐久性

高性能混凝土具有致密的细观结构，其抗冻性、抗渗性、抗化学腐蚀性和Cl^-渗透率明显高于普通混凝土。另外，因高性能混凝土中掺入的活性掺合料能抑制碱-骨料反应，其抵抗碱-骨料反应的能力明显强于普通混凝土。

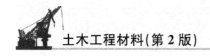

7) 耐火性

高性能混凝土密实度高，遇高温时水泥水化产物分解出的自由水不易很快地从毛细孔中排出，从而引起爆裂、剥落。因此高性能混凝土的耐高温性能不及普通混凝土。为克服这一缺陷，可在混凝土中掺入有机纤维，在高温条件下混凝土中的纤维会熔化挥发，形成释放蒸汽的通道，达到改善耐高温性能的目的。

5.10.5 泵送混凝土

泵送混凝土是在混凝土泵的推动下沿输送管道进行运输并在管道出口处直接浇筑的混凝土。对于泵送混凝土，除要求满足设计规定的强度、耐久性等性能外，还需要满足管道输送过程中对混凝土拌合物的要求，即要求混凝土拌合物能顺利通过输送管道，且摩擦阻力小、不离析、不阻塞和具有良好的粘塑性。因此，对泵送混凝土的原材料进行选择和配合比设计时应有特别的要求。

1. 泵送混凝土所用原材料要求

(1) 泵送混凝土应选用硅酸盐水泥、普通水泥、矿渣水泥和粉煤灰水泥。火山灰质水泥需水量大、易泌水，不宜选用。

(2) 为了保证混凝土的可泵性，粗骨料宜采用连续级配，其中针片状含量不宜大于10%(针片状含量大易堵管)，粗骨料的最大粒径与输送管径之比应符合表5-59的规定。

表5-59 粗骨料的最大粒径与输送管之比

石子品种	泵送高度/m	粗骨料最大粒径与输送管径比
碎石	<50	≤1:3.0
	50~100	≤1:4.0
	>100	≤1:5.0
卵石	<50	≤1:2.5
	50~100	≤1:3.0
	>100	≤1:4.0

(3) 泵送混凝土宜采用中砂，其通过 0.315mm 筛孔的颗粒含量不应小于 15%。

(4) 泵送混凝土应掺用泵送剂或减水剂，提高其流动性；宜掺用粉煤灰或其他活性矿物掺合料，以显著提高其泵送性，掺合料的质量应符合国家现行有关标准的规定。

2. 泵送混凝土配合比

泵送混凝土配合比的设计和试配步骤除应符合普通混凝土的规定外，尚应符合下列规定。

(1) 泵送混凝土的用水量与水泥和矿物掺合料的总量之比不宜大于 0.60。

(2) 泵送混凝土的水泥和矿物掺合料的总量不宜小于 300kg/m³。

(3) 泵送混凝土的砂率宜为 35%~45%。

(4) 掺引气型外加剂时，其混凝土含气量不宜大于 4%。

（5）泵送混凝土试配时要求的坍落度值应按下式计算。

$$T_t = T_p + \Delta T \tag{5-74}$$

式中　T_t——试配时要求的坍落度值，mm；

　　　T_p——入泵时要求的坍落度值，mm；

　　　ΔT——试验测得在预计时间内的坍落度的损失值，mm。

5.10.6　道路混凝土

道路混凝土是指用于浇筑路面的水泥混凝土。由于道路路面常年受到行驶车辆的重力作用和车轮的冲击、磨损，同时还要经受日晒风吹、雨水冲刷和冰雪冻融的侵蚀，因此要求路面混凝土必须具有较高的抗折强度和耐久性(含耐磨性)。

道路混凝土主要是以混凝土抗折强度为设计指标，其抗折强度应不低于4.5MPa，抗折弹性模量不低于3.9×10^4MPa。为保证道路混凝土的耐磨性、耐久性和抗冻性，其抗压强度不应低于30MPa，水泥宜采用强度等级为32.5和42.5的普通硅酸盐水泥。

道路混凝土的配合比设计的基本要求是和易性、抗折强度、耐久性(含耐磨性)和经济性4项指标符合要求。一般先以抗压强度作为初步设计的依据，然后再按抗折强度检验试配结果。砂、石用料仍按普通混凝土设计方法进行，水灰比一般不应大于0.5。下面介绍道路混凝土配合比设计方法。

1. 配制强度的确定($f_{cf,o}$)

$$f_{cf,o} = k \cdot f_{cf,k} \tag{5-75}$$

式中　$f_{cf,o}$——水泥路面混凝土的配制抗折强度，MPa；

　　　$f_{cf,k}$——水泥路面混凝土的设计抗折强度，MPa；

　　　k——系数，施工水平较高者取1.10，一般者取1.15。也可根据强度保证率和混凝土的抗折强度变异系数按(5-76)式计算。

$$k = \frac{1}{1-tC_v} \tag{5-76}$$

当保证率为95%，$t=1.645$，抗折强度变异系数 C_v 按施工单位统计强度偏差系数取值，无统计数据的情况下可从表5-60中选取。

表5-60　混凝土抗折强度变异系数

施工管理水平	优秀	良好	一般	差
变异系数 C_v	<0.10	0.10~0.15	0.15~0.20	>0.20

2. 计算水灰比$\left(\dfrac{W}{C}\right)$

水灰比按以下统计经验公式估算。

碎石混凝土：

$$\frac{W}{C} = \frac{1.568\,4}{f_{cf,o} + 1.009\,7 - 0.348\,5 f_{cef}} \tag{5-77}$$

卵石混凝土：

$$\frac{W}{C} = \frac{1.261\,8}{f_{cf,o} + 1.549\,2 - 0.456\,5 f_{cef}} \tag{5-78}$$

式中　f_{cef}——水泥实测抗折强度，MPa；

$f_{cf,o}$——混凝土配制抗折强度，MPa；

$\dfrac{W}{C}$——水灰比。

以上计算出的水灰比还必须满足耐久性要求。

高速公路、一级公路不应大于 0.44；二、三级公路不应大于 0.48；有抗冻性要求的高速公路、一级公路不宜大于 0.42；有抗盐冻性要求的高速公路、一级公路不宜大于 0.40；有抗盐冻性要求的二、三级公路不宜大于 0.44。

3. 确定和易性

混凝土应具有与铺路机械相适应的和易性，坍落度宜为 10～25mm。当坍落度小于 10mm 时，维勃稠度值宜为 10～30s。采用滑模施工时，坍落度的取值应符合现行《公路水泥混凝土路面滑模施工技术规程》(JTJ/T 037.1—2000)的要求。在搅拌设备离现场较远或夏季施工时，应考虑坍落度损失。

4. 选择砂率(S_p)

根据粗骨料品种、规格(最大粒径)及水灰比等参数选取砂率，参考表 5-61。

表 5-61　道路混凝土的砂率选择

水灰比	碎石，最大粒径/mm		卵石，最大粒径/mm	
	20	**40**	**20**	**40**
0.40	29～34	27～32	25～31	24～30
0.50	32～37	30～35	29～34	28～33

注：表中数值为Ⅱ区砂的选用砂率，当采用Ⅰ区砂时，应采用较大值；采用Ⅲ区砂时，应采用较小值。

5. 确定单位用水量(W_0)

单位用水量按如下经验公式计算。

碎石混凝土：

$$W_0 = 104.97 + 0.309T + 11.27\dfrac{C}{W} + 0.61S_p \tag{5-79}$$

卵石混凝土：

$$W_0 = 86.89 + 0.370T + 11.24\dfrac{C}{W} + 1.00S_p \tag{5-80}$$

式中　W_0——每立方米混凝土的用水量，kg/m³；

　　　T——混凝土拌合物的坍落度，mm；

　　　$\dfrac{C}{W}$——灰水比；

　　　S_p——砂率，%。

水泥路面混凝土配合比设计中，用水量按骨料为饱和面干状态计算。当骨料以干燥状态为基准时，应作适当调整。也可采用经验数值：当砂为粗砂或细砂时，用水量应酌情减少或增加 5kg；掺用外加剂或掺合料时，应相应增、减用水量。

6. 确定水泥用量 C_0

$$C_0 = \dfrac{W_0}{W/C} \tag{5-81}$$

水泥路面混凝土单位水泥用量一般不少于 300kg/m³，如掺用粉煤灰，最小水泥用量不应小于 250kg/m³。有抗冰冻性和抗盐冻性要求的最小水泥用量不应小于 320kg/m³，如掺用粉煤灰，最小水泥用量不应小于 270kg/m³。

7. 粗、细骨料的用量（G_0）及（S_0）

粗、细骨料的用量按体积法确定，这里不再重述。

8. 配合比的试配、调整与确定

道路混凝土配合比的试配调整方法与普通混凝土基本相同，不同之处是应检验混凝土的抗折强度。为此，应同时配制和易性满足设计要求的、水灰比较基准水灰比大 0.03 和小 0.03 的另外两组混凝土试件，试件尺寸为 150mm×150mm×600mm(550mm)，最后选取符合抗折强度要求的配合比。

5.10.7 耐热混凝土

耐热混凝土是指长期处在高温(200~900℃)下能保持所要求的物理和力学性能的一种特种混凝土。耐热混凝土多用于高炉基础、焦炉基础、热工设备基础及围护结构、炉衬、烟囱等。

普通混凝土不耐高温，故不能在高温环境中使用。因为普通混凝土水泥石中的氢氧化钙及石灰岩质的粗骨料在高温下均要产生分解，石英砂在高温下要发生晶型转化而体积膨胀，加之水泥石与骨料的热膨胀系数不同。所有这些因素均会导致普通混凝土在高温下产生裂缝，强度严重下降，甚至破坏。

耐热混凝土是由适当的胶凝材料、耐热粗、细骨料及水（或不加水），按一定比例配制而成。根据所用胶凝材料不同，通常可分为以下几种。

1. 硅酸盐水泥耐热混凝土

硅酸盐水泥耐热混凝土是以普通水泥或矿渣水泥为胶结材料，以安山岩、玄武岩、重矿渣和粘土碎砖等作为耐热粗、细骨料，以烧粘土、砖粉和磨细石英砂等作磨细掺合料，再加入适量的水配制而成。耐热磨细掺合料中的 SiO_2 和 Al_2O_3 在高温下均能与 CaO 作用，生成稳定的无水硅酸盐和无水铝酸盐，它们能提高水泥的耐热性。普通水泥和矿渣水泥配制的耐热混凝土其极限使用温度分别为 1 200℃和 900℃左右。

2. 铝酸盐水泥耐热混凝土

铝酸盐水泥耐热混凝土是采用铝酸盐水泥、耐热粗细骨料、高耐火度磨细掺合料及水配制而成。这类水泥在 300~400℃下，其强度会急剧降低，但残留强度能保持不变。到1 100℃时，其中结构水全部脱出而烧结成陶瓷材料，则强度又提高。常用的粗、细骨料有碎镁砖、烧结镁砂、矾土、镁铁矿和烧结土等。铝酸盐水泥耐热混凝土的极限使用温度为 1 300℃左右。

3. 磷酸盐耐热混凝土

磷酸盐耐热混凝土是由磷酸铝和以高铝质耐火材料或锆英石等制备的粗、细骨料及磨细掺合料配制而成，目前更多的是直接采用工业磷酸盐配制耐热混凝土。这种耐热混凝土具有高温韧性强、耐磨性好、耐火度高的特点，其极限使用温度为 1 500～1 700℃。磷酸盐耐热混凝土的硬化需在 150℃ 以上烘干，总干燥时间不少于 24h，硬化过程中不允许浇水。

4. 水玻璃耐热混凝土

水玻璃耐热混凝土是以水玻璃作胶结料，以碎铬铁矿、镁砖、铬镁砖、滑石和焦宝石等作为耐热粗、细骨料，以烧粘土、镁砂粉和滑石粉等作为磨细掺合料，并掺入氟硅酸钠作促硬剂配制而成。其极限使用温度为 1 200℃ 左右。施工时应注意，混凝土搅拌和养护时禁止浇水，应在干燥环境中养护硬化。

5.10.8 耐酸混凝土

能抵抗多种酸及大部分腐蚀性气体侵蚀作用的混凝土称为耐酸混凝土。

耐酸混凝土由水玻璃作胶结料，氟硅酸钠作促硬剂，与耐酸粉料及耐酸粗、细骨料按一定比例配制而成。耐酸粉料由辉绿岩、耐酸陶瓷碎料、含石英高的材料磨细而成。耐酸粗、细骨料常用石英岩、辉绿岩、安山岩、玄武岩和铸石等。水玻璃耐酸混凝土的配合比一般为水玻璃∶耐酸粉料∶耐酸细骨料∶耐酸粗骨料＝(0.6～0.7)∶1∶1∶(1.5～2.0)。水玻璃耐酸混凝土养护温度应不低于 10℃，养护时间不少于 6d。

水玻璃耐酸混凝土能抵抗除氢氟酸以外的各种酸类的侵蚀，特别是对硫酸、硝酸有良好的抗腐性，且具有较高的强度，其 3d 强度可达 10MPa 以上，28d 强度可达 15MPa 以上，多用于化工车间的地坪、酸洗槽、贮酸池等。

5.10.9 纤维混凝土

以普通混凝土为基材，外掺各种纤维材料而组成的复合材料，称为纤维混凝土。近年来在国内外发展很快，在工业、交通、国防、水利和矿山等工程建设中被广泛推广应用。

纤维材料的品种很多，通常使用的有钢纤维、玻璃纤维、石棉纤维、合成纤维、碳纤维等。其中钢、玻璃、石棉和碳等纤维为高弹性模量纤维，掺入混凝土中后，可使混凝土获得较高的韧性，并提高抗拉强度、刚度和承担动荷载的能力。尼龙、聚乙烯和聚丙烯等低弹性模量的纤维，掺入混凝土中后，只能增加韧性，不能提高强度。由于钢纤维的弹性模量比混凝土高 10 倍以上，是最有效的增强材料之一，故目前应用最广。钢纤维按外形分为平直纤维、薄板纤维、大头针纤维、弯钩纤维、波形纤维等多种。纤维的直径通常为几十至几百微米，其长径比一般为 60～100。纤维的掺量按占混凝土体积的百分比计，其掺加体积率一般为 0.3％～8％。

纤维在混凝土中只有当其取向与荷载一致时才是有效的。与之相比，双向配置的纤维增强效果只有约 50％，而 3 向任意配置的纤维增强效果更低。但纤维乱向分布对提高抗剪能力的效果较好。混凝土掺加钢纤维后，初裂抗弯强度可提高 2.5 倍，劈裂抗拉强度提高 1.4 倍，冲击韧性提高 5～10 倍。混凝土抗压强度虽提高不大，但其受压破坏时不崩裂成碎块。

常用钢纤维的直径为 0.35～0.7mm，长径比在 50～80 之间，适宜掺加体积率为 1％～

2%,钢纤维混凝土的配合比与普通混凝土有所不同,它具有如下特点。

(1)砂率大,一般为45%~60%。

(2)水泥用量较多,一般为400~500kg/m³,且应尽量采用高强度等级的水泥,以提高钢纤维与混凝土基体的粘结强度。

(3)粗骨料最大粒径要有限制,一般不大于20mm,以10~15mm为宜。

(4)水灰比的确定必须考虑到纤维的含量、纤维形状及施工机械等因素。一般水灰比较低,在0.40~0.55之间,目的为增强基体混凝土的强度。

(5)为了减少水泥用量、提高混凝土拌合物的和易性,常需掺入粉煤灰、高效减水剂等。

纤维混凝土施工存在搅拌时纤维易成团、分布不均匀的困难。但钢纤维当其长径比在60~80、体积掺量为1%~1.5%时,施工困难较少,因此这是目前钢纤维混凝土常用的配合比。另外,钢纤维混凝土在运输和浇灌中易于分层。这些问题尚待进一步研究解决。

钢纤维混凝土主要用于公路路面、桥面、机场跑道护面、水坝覆面、薄壁结构、桩头和桩帽等要求高耐磨、高抗冲、抗裂的部位及构件。随着现代建筑施工技术的发展,钢纤维混凝土现已采用喷射施工技术,喷射钢纤维混凝土可对表面不规则或坡度很陡的山岩岸坡及隧洞等,提供一等厚度的加固保护层。

碳纤维能配制智能混凝土,已成为智能混凝土研究领域经常使用的外掺材料。

5.10.10 聚合物混凝土

聚合物混凝土是由聚合物、无机胶凝材料和骨料配制而成,它最大的特点是弥补了普通混凝土抗拉强度低、抗裂性差的缺点。聚合物混凝土通常有以下3种。

1. 聚合物浸渍混凝土(PIC)

聚合物浸渍混凝土是将已硬化的普通混凝土(基材),经干燥后浸入有机单体中,再用加热或辐射的方法使渗入混凝土孔隙内的单体进行聚合而成。浸渍混凝土具有高强、低渗、耐腐蚀以及高的抗冻、抗冲和耐磨等特性,其抗压强度可比浸渍前提高2~4倍,一般可达100~150MPa,最高可达260MPa以上,抗拉强度可提高到10~12MPa,最高能达24MPa以上。聚合物浸渍混凝土的应力—应变曲线具有弹性材料的特征,其弹性模量约为基材的两倍,徐变较基材小得多。

浸渍混凝土的增强原因,主要是由于聚合物渗填于混凝土内部孔隙后,提高了混凝土的密实度,也增加了水泥石与骨料之间的粘结力。同时,由于混凝土中大部分孔隙是连通的,所以渗填在孔隙中的聚合物形成了连续的三度网络,起立体增强作用。另外,混凝土中渗填的单体,在聚合过程中将发生收缩作用而对孔壁产生预应力,从而降低基材内部的应力集中,有利于提高混凝土的抗力。

浸渍混凝土对基材最主要的要求是具有能被单体渗填的适当的连通孔隙构造特征,以及适当的孔隙率,这对浸渍混凝土的性能和成本有很大影响。当基材连通孔隙愈多且孔隙率愈大时,则水分从基材中排出及从有机单体中渗入的速度愈快,从而可缩短浸渍操作时间,且单体浸渍程度较高,制品强度大。因此,为适当限制浸渍量,应选择适当孔隙率的基材。

聚合物在基材内填充的程度通常以聚填率表示,聚填率指基材内浸渍聚合物的质量占

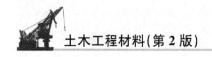

浸渍前基材质量的百分率。浸渍混凝土的聚填率一般为6％～8％。

混凝土浸渍时,可采用一种或多种单体,常用的浸渍有机物为甲基丙烯酸甲酯、苯乙烯、聚酯-苯乙烯和环氧树脂-聚乙烯等。浸渍时可采用常压,也可采用真空,后者可提高浸渍程度,前者只能表面浸渍。

浸渍混凝土生产工艺复杂,成本高,主要用于要求高强度、高耐久性的特殊结构工程,如高压输气管、高压输液管、高压容器、海洋构筑物等工程。

2. 聚合物水泥混凝土(PCC)

聚合物水泥混凝土是用聚合物乳液拌和水泥及粗、细骨料而制得的一种有机、无机复合的混凝土材料。其中聚合物的硬化和水泥的水化、凝结硬化同时进行,最后二者相互胶合和填充,并与骨料胶结成为整体。常用聚合物有聚氯乙烯、聚醋酸乙烯和苯乙烯等。

由于聚合物的加入,使得混凝土的密实度有所提高,水泥石与骨料的粘结有所加强。其强度提高虽远不及浸渍混凝土那样显著,但对耐腐蚀性、耐磨性和耐久性等均有一定程度的改善。聚合物水泥混凝土主要用于铺筑无缝地面、路面以及修补工程中。

3. 树脂混凝土(REC)

树脂混凝土是由液态树脂、粉料及天然砂、石配制而成。用树脂代替硅酸盐水泥,是谋求胶结材料的强化及胶结材料与骨料之间界面粘结力的提高,使其早强性显著,耐化学腐蚀性提高,但存在着强度对温度的依存性问题。

配制树脂混凝土常用的聚合物有聚酯树脂、环氧树脂和聚甲基丙烯酸甲酯等,聚合物用量一般为6％～10％。这种混凝土具有高强度、耐腐、抗渗、抗冻和耐磨等特点,但因成本高,目前仅用于要求高强度和高耐腐的特殊工程。

5.10.11 防辐射混凝土

能遮蔽 α、β、X、γ 射线及中子辐射等对人体危害的混凝土,称为防辐射混凝土,由水泥、水及重骨料配制而成,其表观密度一般在 $2\,800\text{kg/m}^3$ 以上。

各种射线的穿透能力不同,α、β 射线的穿透能力较弱,用铅板就可以屏蔽;X、γ 射线穿透能力较强,高密度的物质对其有较好的捕获能力;中子射线则要用含轻元素的物质才能被较好地捕获。因此防辐射混凝土除需要配制得很重外,还需要含有足够多的轻元素,如氢、锂和硼等元素。

配制防辐射混凝土时,宜采用胶结力强、水化热较低、水化结合量高的水泥,如硅酸盐水泥,最好使用硅酸钡、硅酸锶等重水泥。采用高铝水泥施工时需采取冷却措施。常用重骨料主要有重晶石($BaSO_4$)、褐铁矿($2Fe_2O_3 \cdot 3H_2O$)、磁铁矿(Fe_3O_4)和赤铁矿(Fe_2O_3)等。另外,掺入硼和硼化物及锂盐等,也可有效地改善混凝土的防护性能。

防辐射混凝土用于原子能工业以及国民经济各部门应用放射性同位素的装置中,如反应堆、加速器、医院放射室和放射化学装置等的防护结构。

5.10.12 喷射混凝土

喷射混凝土是将按一定比例的水泥、砂、石和速凝剂装入喷射机,在压缩空气下经管道混合输送到喷嘴处与高压水混合后，高速喷射到基面上，经层层射捣密实，迅速硬化而成的混凝土。

喷射混凝土宜采用普通硅酸盐水泥，石子粒径不应大于20mm，10mm以上的粗骨料应控制在10%以下，砂宜用中砂或粗砂。其配合比一般采用水泥：砂：石＝1：(2.0～2.5)：(2.0～2.5)，水泥用量为300～450kg/m³，水灰比为0.4～0.5。

喷射混凝土具有较高的强度和密实性，抗压强度可达25～40MPa，抗拉强度可达2.0～2.5MPa。它能与岩石紧密结合形成整体，且施工不用模板，是一种将运输、浇灌和捣实结合在一起的新型施工方法。这项技术已广泛用于隧道衬砌、基坑加固、地下井巷支护和路堑边坡加固等工程。

喷射混凝土的缺点是粉尘多、回弹量大，但近年来采用了优质速凝剂后，回弹率可控制在10%～20%以内。

5.10.13 智能混凝土

智能化是现代社会的发展方向，智能混凝土是现代混凝土技术的发展方向。智能混凝土尚处于研制、开发阶段，目前尚没有成熟的技术。

实现混凝土智能化的基本思路，是在混凝土中加入智能组分，使之具有智能效果。目前国内外智能混凝土的研制开发主要集中在以下几个方面。

1. 电磁场屏蔽混凝土

在混凝土中掺入碳、石墨、铝和铜等材料制成的导电粉末和导电纤维，使混凝土具有吸收和屏蔽电磁波的功能，消除或减轻各种电器、电子设备、电力设施等的电磁泄漏对人体健康的危害。

2. 交通导航混凝土

在混凝土中掺入碳纤维等材料，使混凝土具有反射电磁波的功能，用这种混凝土作为车道两侧的导航标记，将来可利用电脑控制的汽车，使其自动确定行车路线和速度，实现高速公路的自动导航。

3. 自愈合混凝土

将含有粘结剂的空心玻璃纤维或胶囊掺入混凝土中，一旦混凝土在外力作用下产生开裂缝隙，空心玻璃纤维或胶囊中的粘结剂流向开裂处，使混凝土重新粘结起来，起到损伤自愈合的效果。

4. 损伤自诊断混凝土

在混凝土中掺入碳纤维等材料，混凝土将具有自动感知内部应力、应变和损伤程度的功能。混凝土本身成为传感器，实现对构件或结构变形、断裂的自动监测。

习　　题

1. 普通混凝土的组成材料有哪几种？在混凝土中各起什么作用？

2. 何谓骨料级配？混凝土的骨料为什么要有级配要求？如何判断某骨料的级配是否良好？

3. 有两种砂，细度模数相同，它们的级配是否相同？反之，如果级配相同，其细度模数是否相同？

4. 粗细两种砂的筛分结果见表5-62。试计算这两种砂的细度模数并绘制筛分曲线。这两种砂可否单独用于配制混凝土？或以什么比例混合才能使用？

表 5 - 62　粗细两种砂的筛分结果

筛孔/mm	4.75	2.36	1.18	0.6	0.3	0.15	筛底
细砂	0	0	20	230	100	140	10
粗砂	0	200	150	100	25	25	0

5. 试简述骨料的主要有害杂质及其危害。

6. 何谓混凝土减水剂？简述减水剂的种类、作用机理和掺入混凝土可获得的技术经济效果。

7. 引气剂掺入混凝土中对混凝土性能有何影响？引气剂的掺量是如何控制的？

8. 掺入混凝土中的抗冻剂掺量过大会造成什么后果？

9. 有下列混凝土工程及制品，一般选用哪一种外加剂较为合适？并简要说明原因。

①大体积混凝土；②高强混凝土；③现浇普通混凝土；④混凝土预制构件；⑤抢修及喷锚支护的混凝土；⑥有抗冻要求的混凝土；⑦商品混凝土；⑧冬季施工用混凝土；⑨补偿收缩混凝土；⑩泵送混凝土；⑪道路混凝土。

10. 粉煤灰用作混凝土掺合料，对其质量有哪些要求？粉煤灰掺入混凝土中，对混凝土产生什么效应？粉煤灰活性激发的基本思路是什么？

11. 普通混凝土和易性的含义是什么？如何测定和易性？影响混凝土拌合物和易性的主要因素有哪些？

12. 何谓恒定需水量法则？该法则对确定混凝土配合比有何意义？

13. 什么是合理砂率？采用合理砂率有何技术及经济意义？

14. 什么是立方体抗压强度、立方体抗压强度标准值、强度等级、设计强度和配制强度？

15. 名词解释。

①自然养护；②蒸汽养护；③蒸压养护；④同条件养护；⑤标准条件养护。

16. 影响混凝土强度的主要因素有哪些？可采取什么措施来提高混凝土的强度？

17. 混凝土施工时禁止随意向混凝土拌合物中加水，试从理论上分析加水对混凝土质量的危害。它与成型后的洒水养护有无矛盾？为什么？

18. 混凝土有哪几种变形？这些变形对混凝土结构有何影响？

19. 试述混凝土产生干缩的原因。影响混凝土干缩值大小的主要因素有哪些？

20. 当进行大体积混凝土施工时，可采用哪些措施来防止温度裂缝？

21. 影响混凝土耐久性的关键因素是什么？怎样提高混凝土的耐久性？

22. 何谓碱-骨料反应？产生碱-骨料反应的条件是什么？防止措施是什么？

23. 在下列情况下均可能导致混凝土产生裂缝, 试解释裂缝产生的原因是什么? 并提出可防止裂缝产生的措施。

①水泥水化热高; ②水泥体积安定性不良; ③混凝土碳化; ④气温变化大; ⑤碱-骨料反应; ⑥混凝土早期受冻; ⑦混凝土养护时缺水; ⑧混凝土遭硫酸盐腐蚀。

24. 进行混凝土抗压试验时, 在下述情况下, 试验值将有无变化? 如何变化?

①试件尺寸加大; ②试件高宽比加大; ③试件受压表面加润滑剂; ④试件位置偏离支座中心; ⑤加荷速度加快。

25. 混凝土配合比设计时, 骨料是以什么含水状态为基准? 砂子的容胀有何意义?

26. 骨料有哪几种含水状态? 为何施工现场必须经常测定骨料的含水率?

27. 普通混凝土配合比设计的基本要求是什么? 某工程的现浇钢筋混凝土梁(不受风雪影响), 混凝土设计强度等级为 C35, 要求强度保证率 95%, 施工要求坍落度为 160~180mm, 该施工单位无历史统计资料。

采用的材料: 粉煤灰水泥, 实测 28d 胶砂抗压强度为 45.8MPa, 密度为 3.10g/cm³; Ⅱ级 F 类粉煤灰, 密度为 2.20g/cm³; 河中砂, 视密度为 2.63g/cm³, 堆积密度为 1 460kg/m³; 卵石, 视密度为 2.66g/cm³, 堆积密度为 1 510kg/m³, 最大粒径为 31.5mm; 萘系高效减水剂, 减水率 20%; 自来水。

试设计该混凝土的初步配合比。

28. 某实验室试拌混凝土, 经调整后各材料用量为: 42.5 级普通水泥 4.2kg, 粉煤灰 0.8kg, 水 2.7kg, 砂 9.9kg, 碎石 18.9kg, 又测得拌合物表观密度为 2.39kg/L, 试求以下几个内容。

(1) 每立方米混凝土的各材料用量。

(2) 当施工现场砂子含水率为 3.5%, 石子含水率为 1% 时, 求施工配合比。

(3) 如果把实验室配合比直接用于现场施工, 则现场混凝土的实际配合比将如何变化? 对混凝土强度将产生多大的影响(通过计算来说明)?

29. 采用矿渣水泥、碎石和天然砂配制混凝土, 水胶比为 0.69, 制作 3 块标准试件, 在标准条件下养护 7d, 测得破坏荷载分别为 295kN、286kN、345kN。试求估算该混凝土 28d 的标准立方体抗压强度? 求该混凝土所用胶凝材料的强度? 若该胶凝材料中掺入了 10% 的 Ⅱ 级粉煤灰, 试问所用矿渣水泥的强度等级?

30. 轻骨料混凝土的主要技术特性有哪些? 与普通混凝土相比, 具有什么特点? 轻骨料混凝土施工时应注意哪些事项?

31. 为什么要用"超量取代法"设计粉煤灰混凝土的配合比? 它与"等量取代法"有什么不同?

32. 某公路路面用水泥混凝土, 交通量属中等, 设计抗折强度($f_{cf,k}$)为 4.5MPa, 要求施工坍落度 10~30mm。水泥为普通水泥, 其实测胶砂抗折强度(f_{cef})为 7.8MPa, 密度为 3.10g/cm³; 碎石为石灰岩, 属一级石料, 最大粒径 40mm, 饱和面干堆积密度为 2.72g/cm³; 砂为河中砂, 饱和面干堆积密度为 2.68g/cm³。

试设计该混凝土的初步配合比。

33. 混凝土的 W/B 和相应 28d 强度数据列于表 5-63, 所用胶凝材料 28d 胶砂抗压强度 42.5MPa, 试求出强度经验公式中的 α_a 和 α_b。

表5－63　混凝土的 W/B 和相应28d强度

编号	1	2	3	4	5	6	7	8
W/B	0.40	0.45	0.50	0.55	0.60	0.65	0.70	0.75
f/MPa	36.3	35.3	28.2	24.0	23.0	20.6	18.4	15.0

34. 判断题(对的画√，错的画×)。

(1) 用高强度等级水泥配制低强度等级混凝土时，混凝土的强度能得到保证，但混凝土的耐久性不好。(　　)

(2) 视密度相同的骨料，级配好的比级配差的表观密度小。(　　)

(3) 两种砂子的细度模数相同，它们的级配也一定相同。(　　)

(4) 在结构尺寸和施工条件允许下，应尽可能地选择较大粒径的粗骨料，这样可以节约水泥。(　　)

(5) 砂子的粗细程度和石子的最大粒径在本质上均是反映骨料的总表面积大小。(　　)

(6) 当混凝土拌合物的胶凝材料浆体稠度、浆量和骨料总重不变时，提高砂率，会使拌合物的和易性变差。(　　)

(7) 普通混凝土的强度与胶水比成线性关系。(　　)

(8) 在混凝土中掺入适量减水剂，不减水，则可提高混凝土拌合物的流动性，显著提高混凝土的强度，并可以节约水泥。(　　)

(9) 在混凝土中掺入引气剂后，则混凝土密实度降低，混凝土抗渗性亦降低。(　　)

(10) 粉煤灰取代部分水泥后，混凝土拌合物水化热降低，有利于减少温度裂缝。(　　)

35. 选择题。

(1) 配制混凝土用砂的要求是尽量采用(　　)的砂。

①空隙率小　②总表面积小　③总表面积大　④空隙率和总表面积均较小

(2) 压碎指标是表示(　　)的强度指标。

①混凝土　②河砂　③石子　④轻骨料

(3) 建筑工程用混凝土配合比设计，其所用骨料的含水状态为(　　)状态；而水工混凝土配合比设计，其所用骨料的含水状态为(　　)状态。

①烘干　②气干　③饱和面干　④湿润

(4) 当混凝土拌合物流动性偏小时，应采取(　　)办法来调整。

①砂率不变加骨料　②水灰比不变加胶凝材料浆体　③加适量水　④延长搅拌时间

(5) 轻骨料强度指标是(　　)。

①压碎指标　②筒压强度　③块体强度　④混凝土强度标号

(6) 轻骨料混凝土的薄弱环节主要在(　　)。

①粗骨料界面　②水泥石　③粗骨料本身　④砂浆

(7) 用普通水泥配制高性能混凝土时，必须掺入(　　)。

①超细活性掺合料　②高效减水剂　③有机纤维　④①＋②

(8) 配制防辐射混凝土时，增大其表观密度的目的是捕获更多的(　　)。

①中子射线　②α射线　③β射线　④X射线和r射线

第 **6** 章
建 筑 砂 浆

 **引例**

1982 年 6 月 12 日，湖南省衡南县猪鬃厂 3 层砖混结构办公楼突然倒塌，致 44 人死亡。主要原因是该厂主管领导任意将 50 号（现称 M5）混合砂浆改为 4 号（0.4MPa）石灰砂浆，使砖砌体强度显著下降，经检测砖柱实际承载能力只达到设计规范要求的 37%。

砂浆的配合比也是很重要的，但一些施工人员往往忽视了这一点，从而导致一些工程事故的发生。

砂浆是由胶凝材料、细骨料、掺加料和水按适当比例配合、拌制并经硬化而成的材料。砂浆在建筑工程中起粘结、衬垫、传递应力的作用，主要用于砌筑、抹面、修补和装饰工程。在结构工程中，单块的砖、砌块和石材等需用砂浆将其粘结为砌体，砖墙勾缝、大型墙板的接缝也要用砂浆。在装饰工程中，墙面、地面和柱面等需要用砂浆抹面，起到保护结构和装饰作用，镶贴大理石、水磨石、面砖等贴面材料也要使用砂浆。

建筑砂浆按用途不同可分为砌筑砂浆、抹面砂浆、装饰砂浆和特种砂浆等；按所用胶凝材料的不同分为水泥砂浆、石灰砂浆、水泥石灰混合砂浆及聚合物水泥砂浆等。

6.1 砂浆的组成材料

1. 胶凝材料

砂浆中使用的胶凝材料有各种水泥、石灰、建筑石膏和有机胶凝材料等。常用的是水泥和石灰。

在选用胶凝材料时应根据砂浆使用的部位、所处的环境条件等合理选择。在干燥环境中使用的砂浆既可选用气硬性胶凝材料（如石灰、石膏），也可选用水硬性胶凝材料（如水泥）；若在潮湿环境或水中使用的砂浆则必须选用水硬性胶凝材料。

水泥是砂浆的主要胶凝材料，常用的水泥品种有普通硅酸盐水泥、矿渣硅酸盐水泥、火山灰硅酸盐水泥、复合硅酸盐水泥等。在建筑工程中，由于砂浆的强度等级不高，因此在配制砂浆时，为了合理利用资源，节约材料，在配制砂浆时要尽量选用低强度等级的 32.5 级水泥和砌筑水泥。由于水泥混合砂浆中，石灰膏等掺加料，会降低砂浆的强度，所以，规定水泥混合砂浆可用强度等级为 42.5 级的水泥。

2. 细骨料

采用中砂拌制砂浆，既可以满足和易性要求，又能节约水泥，因此优先选用中砂。由于砂浆铺设层较薄，应对砂的最大粒径加以限制。对于砌筑砂浆，砂宜选用中砂，并应符合《普通混凝土用砂、石质量及检验方法标准》（JGJ 52—2006）的规定，且应全部通过 4.75mm 的筛；用于毛石砌体的砂浆，砂宜选用粗砂，其最大粒径应小于砂浆层厚度的 1/5～1/4；用于抹面和勾缝的砂浆，砂宜选用中砂，砂的含泥量不应超过 5%，且不应含有 4.75mm 以上粒径的颗粒，并应符合 JGJ 52—2006 的规定。砂中的含泥量影响砂浆质量，含泥量过大，不但会增加砂浆的水泥用量，还可能使砂浆的收缩值增大、耐久性降低。

对于人工砂、山砂及特细砂等资源较多的地区，为降低工程成本，砂浆可合理地利用这些资源，但应经试验确定能满足技术要求后方可使用。

3. 掺加料

为改善砂浆的和易性，降低水泥用量，通常在水泥砂浆中掺入部分石灰膏、粘土膏、电石膏、粉煤灰等无机材料。

1) 石灰膏

石灰是使用较早的矿物胶凝材料，砂浆中选用的石灰应符合有关技术指标的要求。石灰在使用时应预先进行消化，"陈伏"一定时间，目的是消除过火石灰带来的危害。生石灰熟化成石灰膏时，应用孔径不大于 3mm×3mm 的网过滤，熟化时间不得小于 7d，磨细生石灰粉的熟化时间不得小于 2d，储存石灰膏，应采取防止干燥、冻结和污染的措施。脱水硬化的石灰膏不但起不到塑化作用，还会影响砂浆强度，因此严禁使用。消石灰粉未充分熟化的石灰，颗粒太粗，起不到改善和易性的作用，不得直接用于砌筑砂浆中。

2) 粘土膏

在制备粘土膏时，为了使粘土膏达到所需的细度，从而起到塑化作用，因此规定用搅拌机加水搅拌，并通过孔径不大于 3mm×3mm 的网过筛。粘土中有机物含量过高会降低砂浆质量，因此，用比色法鉴定粘土中的有机物含量时应浅于标准色。

3) 电石膏

制作电石膏的电石渣应用孔径不大于 3mm×3mm 的网过滤，检验时应加热至 70℃并保持 20min，没有乙炔气味后方可使用。

4) 粉煤灰

为节约水泥，改善砂浆的性能，在拌制砂浆时可掺入粉煤灰。粉煤灰的品质指标应符合《用于水泥和混凝土中的粉煤灰》(GB 1596—2005)的要求。

4. 水

当拌和砂浆的水中含有有害物质时，将会影响水泥的正常凝结，并且可能对钢筋产生锈蚀作用，因此砂浆用水的水质应符合《混凝土用水标准》(JGJ 63—2006)的规定。

5. 外加剂

在拌制砂浆时，掺入外加剂(常称为微沫剂、增塑剂等)，可以改善或提高砂浆的某些性能。但使用外加剂时，必须具有法定检测机构出具的该产品的砌体强度型式检验报告，并经砂浆性能试验检验合格后，方可使用。

6.2 砂浆的技术性质

1. 新拌砂浆的和易性

和易性良好的新拌砂浆，容易在粗糙的砖、石、砌块和结构等基面上铺设成均匀的薄层并能与基面材料很好的粘结。这种砂浆既便于施工操作，提高劳动生产率，又能保证工程质量。砂浆的和易性包括流动性和保水性两个方面的性质。

1) 流动性

砂浆的流动性是指砂浆在自重或外力作用下流动的性质，也称稠度。用砂浆稠度测定仪测定其稠度，以沉入度值(mm)来表示。以标准圆锥体在砂浆内自由沉入，10s 的沉入深度即为砂浆的稠度值。沉入度大，砂浆的流动性好。但流动性过大，砂浆容易分层、析水。若流动性过小，则不便于施工操作，灰缝不易填充密实，将会降低砌体的强度。

影响砂浆流动性的因素有胶凝材料和掺加料的种类及用量、用水量、外加剂品种与掺量、砂子的粗细程度及级配、搅拌时间和环境的温湿度等。

砂浆流动性的选择与砂浆用途、使用部位、砌体种类、施工方法和施工气候情况等有关。抹灰砂浆施工稠度的底层宜为 90～110mm、中层宜为 70～90mm、面层宜为 70～80mm。聚合物水泥抹灰砂浆的施工稠度宜为 50～60mm，石膏抹灰砂浆的施工稠度宜为 50～70mm。砌筑砂浆的施工稠度应按表6-1选择。

表6-1 砌筑砂浆的施工稠度

砌体种类	施工稠度/mm
烧结普通砖砌体、粉煤灰砖砌体	70～90
混凝土砖砌体、普通混凝土小型空心砌块砌体、灰砂砖砌体	50～70
烧结多孔砖砌体、烧结空心砖砌体、轻集料混凝土小型空心砌块砌体、蒸压加气混凝土砌块砌体	60～80
石砌体	30～50

2) 保水性

保水性是指新拌砂浆保持内部水分的能力。保水性好的砂浆，在存放、运输和使用过程中，能很好地保持其中的水分不致很快流失，在砌筑和抹面时容易铺成均匀密实的砂浆薄层，保证砂浆与基面材料有良好的粘结力和较高的强度。

砂浆的保水性用砂浆保水率和分层度表示。保水率测定时，用金属滤网覆盖在砂浆表面，再在滤网上放上 15 片定性滤纸，然后用不透水片盖在滤纸表面，用 2kg 重物压在所用的不透水片上，2min 后测定滤纸所吸收的水分百分率，最后计算砂浆中保持水分的百分率。测定分层度时，先测搅拌均匀砂浆的沉入度，然后将其拌合物装入分层度筒，静置30min 后，取底部 1/3 的砂浆，再测其沉入度，两次测得的沉入度之差即为该砂浆的分层度值。砂浆保水率通常要达到 80% 以上，分层度以 10～20mm 之间为宜。分层度过大，砂浆易产生离析，不便于施工和水泥硬化；分层度过小，砂浆干稠，容易产生干缩裂缝。

2. 砂浆的强度

砂浆以抗压强度作为强度指标。砂浆的强度等级是以 3 块边长为 70.7mm 的立方体试块，在温度(20±2)℃、相对湿度为 90% 以上的标准养护室中养护 28d 龄期的抗压强度平均值来确定。

根据砂浆的用途、生产方式和原材料等不同，砂浆分为 M5、M7.5、M10、M15、M20、M25、M30 七个强度等级。

影响砂浆强度的因素比较多，除了与砂浆的组成材料、配合比和施工工艺等因素有关外，还与基面材料的吸水率有关。

1) 不吸水基面材料(如密实石材)

当基面材料不吸水或吸水率比较小时,影响砂浆抗压强度的因素与混凝土相似,主要取决于水泥强度和水灰比。计算公式如下。

$$f_m = A f_{ce} \left(\frac{C}{W} - B \right) \qquad (6-1)$$

式中　A、B——经验系数,可根据试验资料统计确定,一般 $A=0.29$,$B=0.40$;

　　　f_{ce}——水泥的实测强度,精确至 0.1MPa;

　　　f_m——砂浆 28 d 抗压强度,精确至 0.1MPa;

　　　C/W——灰水比。

2) 吸水基面材料(如粘土砖或其他多孔材料)

当基面材料的吸水率较大时,由于砂浆具有一定的保水性,无论拌制砂浆时加多少用水量,保留在砂浆中的水分都基本相同,多余的水分会被基面材料所吸收。因此,砂浆的强度与水灰比关系不大。当原材料质量一定时,砂浆的强度主要取决于水泥的强度等级与水泥用量。计算公式如下。

$$f_m = \alpha f_{ce} Q_c / 1\,000 + \beta \qquad (6-2)$$

式中　α、β——砂浆的特征系数,其中 $\alpha=3.03$,$\beta=-15.09$;

　　　Q_c——每立方米砂浆的水泥用量,精确至 1kg;

　　　f_m——砂浆 28d 的抗压强度,精确至 0.1MPa;

　　　f_{ce}——水泥的实测强度,精确至 0.1MPa。

3. 砂浆的粘结力

砌体是用砂浆把许多块状的砖石材料粘结成为的一个整体。因此,砌体的强度、耐久性及抗震性取决于砂浆粘结力的大小,而砂浆的粘结力随其抗压强度的增大而提高。此外,砂浆的粘结力与砖石的表面状态、清洁程度、湿润状况及施工养护条件等因素有关。基面材料表面粗糙、清洁,砂浆的粘结力较强。

4. 砂浆的变形

砂浆在凝结硬化过程中,承受荷载或温湿度条件变化时,均会产生变形。如果砂浆产生的变形过大或者不均匀,会降低砌体质量,引起沉陷或裂缝。用轻骨料拌制的砂浆,其收缩变形要比普通砂浆大。

5. 砂浆的抗冻性

在受冻融影响较多的建筑部位,要求砂浆具有一定的抗冻性。对有冻融次数要求的砌筑砂浆,经冻融试验后,质量损失率不得大于 5%,抗压强度损失率不得大于 25%。

6.3 砌筑砂浆

将砖、石、砌块等粘结成为砌体的砂浆称为砌筑砂浆,它起着粘结砖和砌块,传递荷载,并使应力的分布较为均匀,协调变形的作用,是砌体的重要组成部分。

根据砌体所用砂浆的部位合理选择砂浆的种类。水泥砂浆宜用于砌筑潮湿环境和强度要求比较高的砌体,如地下的砖石基础、多层房屋的墙、钢筋砖过梁等;水泥石灰混合砂浆宜用于砌筑干燥环境中的砌体,如地面以上的承重或非承重的砖石砌体;石灰砂浆可用于干燥环境及强度要求不高的砌体,如平房或临时性建筑。

6.3.1 砌筑砂浆的技术条件

根据建设部行业标准《砌筑砂浆配合比设计规程》(JGJ/T 98—2010)的规定,砌筑砂浆应符合以下技术条件。

(1) 水泥砂浆及预拌砌筑砂浆的强度等级分为 M5、M7.5、M10、M15、M20、M25和 M30 共 7 个等级,水泥混合砂浆的强度等级分为 M5、M7.5、M10 和 M15 四个等级。

(2) 砂浆拌合物的表观密度应符合要求。水泥砂浆≥1 900kg/m³;水泥混合砂浆≥1 800kg/m³;预拌砌筑砂浆≥1 800kg/m³。

(3) 砌筑砂浆的稠度、保水率、试配抗压强度应同时满足要求。砌筑砂浆的施工稠度宜按表 6-1 选用。水泥砂浆保水率≥80%,水泥混合砂浆保水率≥84%,预拌砌筑砂浆保水率≥88%。

(4) 砌筑砂浆中的水泥和石灰膏、电石膏等材料的用量应符合以下规定:水泥砂浆≥200kg/m³,水泥混合砂浆≥350kg/m³,预拌砌筑砂浆≥200kg/m³。

(5) 有抗冻性要求的砌体工程,砌筑砂浆应进行冻融试验,并符合使用条件要求。

(6) 砌筑砂浆中可掺入保水增稠材料、外加剂等,掺量应经试配后确定。

(7) 砂浆试配时应采用机械搅拌,对于水泥砂浆和水泥混合砂浆,不得小于 120s;对于掺用粉煤灰和外加剂的砂浆,不得小于 180s。

6.3.2 砌筑砂浆配合比设计

根据工程类别和不同砌体部位首先确定砌筑砂浆的品种和强度等级,然后查有关规范、手册、资料或通过计算方法确定配合比,再经试验调整及验证后才可应用。

1. 现场配制水泥混合砂浆配合比计算

1) 确定砂浆的试配强度

$$f_{\mathrm{m,o}} = k f_2 \tag{6-3}$$

式中 $f_{\mathrm{m,o}}$——砂浆的试配强度,精确至 0.1,MPa;

f_2——砂浆强度等级值,精确至 0.1,MPa;

k——系数,按表 6-2 取值。

在砂浆配合比设计时,有时要采用砂浆强度标准差 σ,σ 按以下方法确定。

(1) 当有统计资料时,σ 应按下式计算。

$$\sigma = \sqrt{\frac{\sum_{i=1}^{n} f_{\mathrm{m},i}^2 - n \mu_{f_{\mathrm{m}}}^2}{n-1}} \tag{6-4}$$

式中 $f_{\mathrm{m},i}$——统计周期内同一品种砂浆第 i 组试件的强度,MPa;

$\mu_{f_{\mathrm{m}}}$——统计周期内同一品种砂浆 n 组试件强度的平均值,MPa;

n——统计周期内同一品种砂浆试件的总组数，$n \geqslant 25$。

（2）当无统计资料时，σ 可按表 6-2 取用。

表 6-2 砂浆强度标准差 σ 及 k 值

砂浆强度等级 施工水平	强度标准差 σ/MPa							k
	M5	M7.5	M10	M15	M20	M25	M30	
优良	1.00	1.50	2.00	3.00	4.00	5.00	6.00	1.15
一般	1.25	1.88	2.50	3.75	5.00	6.25	7.50	1.20
较差	1.50	2.25	3.00	4.50	6.00	7.50	9.00	1.25

2）计算水泥用量 Q_C（kg）

每立方米砂浆中的水泥用量，应按下式计算。

$$Q_C = \frac{1\,000(f_{m,o} - \beta)}{\alpha f_{ce}} \tag{6-5}$$

式中 f_{ce}——水泥的实测强度，精确至 0.1MPa，当无法取得水泥的实测强度值时，可以取水泥强度等级对应的强度值（$f_{ce,k}$）乘以水泥强度等级值的富余系数 γ_c。无统计资料时，γ_c 可取 1.0。

3）计算石灰膏的用量 Q_D（kg）

$$Q_D = Q_A - Q_C \tag{6-6}$$

式中 Q_D——每立方米砂浆的石灰膏用量，精确至 1kg，石灰膏使用时的稠度宜为（120±5）mm；

Q_A——每立方米砂浆中水泥和石灰膏总量，精确至 1kg，可为 350kg。

4）确定砂子用量

每立方米砂浆中的砂子用量，应按干燥状态（含水率小于 0.5%）的堆积密度值作为计算值（kg）。

5）确定用水量

每立方米砂浆中的用水量，应根据砂浆稠度等要求可选用 210～310kg。混合砂浆中的用水量，不包括石灰膏或粘土膏中的水；当采用细砂或粗砂时，用水量分别取上限或下限；当稠度小于 70mm 时，用水量可小于下限；若施工现场气候炎热或处于干燥季节，可酌量增加用水量。

2. 现场配制水泥砂浆或水泥粉煤灰砂浆的配合比选用

现场配制的水泥砂浆配合比，其材料用量可直接按表 6-3 选用，选用时注意以下几点：M15 及 M15 以下强度等级的水泥砂浆，水泥强度等级为 32.5 级，M15 以上强度等级水泥砂浆，水泥强度等级为 42.5 级；当采用细砂或粗砂时，用水量分别取上限或下限；稠度小于 70mm 时，用水量可小于下限；施工现场气候炎热或处于干燥季节时，可酌量增加用水量；试配强度应按公式（6-3）计算。

现场配制的水泥粉煤灰砂浆，其材料用量可按表 6-4 选用，选用时注意以下几点：水泥强度等级为 32.5 级，当采用细砂或粗砂时，用水量分别取上限或下限；稠度小于 70mm 时，用水量可小于下限；施工现场气候炎热或处于干燥季节时，可酌量增加用水

量；试配强度应按公式(6-3)计算。

表6-3 每立方米水泥砂浆材料用量(kg/m³)

强度等级	水泥	砂子	用水量
M5	200～230		
M7.5	230～260		
M10	260～290		
M15	290～330	砂的堆积密度值	270～330
M20	340～400		
M25	360～410		
M30	430～480		

表6-4 每立方米水泥粉煤灰砂浆材料用量(kg/m³)

强度等级	水泥和粉煤灰总量	粉煤灰	砂子	用水量
M5	200～230			
M7.5	230～260	粉煤灰掺量可占胶凝材料总量的15%～25%	砂的堆积密度值	270～330
M10	260～290			
M15	290～330			

3. 预拌砌筑砂浆的试配要求

预拌砌筑砂生产前应进行试配，试配强度按公式(6-3)计算确定，试配时稠度取70～80mm，预拌砂浆中可掺入保水增稠剂、外加剂等，掺量应经试配后确定。对于湿拌砌筑砂浆，在确定湿拌砌筑砂浆稠度时应考虑砂浆在运输和储存过程中的稠度损失，应根据凝结时间的要求确定外加剂掺量。对于干混砌筑砂浆，应明确拌制时的加水量范围。

预拌砌筑砂浆的搅拌、运输、储存和性能应符合《预拌砂浆》(JG/T 230—2007)的规定。

4. 砂浆配合比的试验、调整与确定

按计算或查表所得配合比进行试配时，应按现行行业标准《建筑砂浆基本性能试验方法标准》(JGJ/T 70—2009)测定砌筑砂浆拌合物的稠度和保水率。当稠度和保水率不能满足要求时，应调整材料用量，直到符合要求为止，然后确定为试配时的砂浆基准配合比。

试配时至少应采用3个不同的配合比，其中一个配合比为按JGJ/T 98—2010计算得出的基准配合比，其余两个配合比的水泥用量应按基准配合比分别增加及减少10%。在保证稠度、保水率合格的条件下，可将水、石灰膏、保水增稠材料或粉煤灰等活性掺合料用量作相应调整。

砌筑砂浆试配时稠度应满足施工要求，并应按现行行业标准(JGJ/T 70—2009)分别测定不同配合比砂浆的表观密度及强度；并应选定符合试配强度及和易性要求，并且将水泥用量最低的配合比作为砂浆的试配配合比。

6.3.3 砂浆配合比设计计算实例

【例 6.1】 某工程要求用于砌筑砖墙的砂浆为强度等级为 M7.5 的水泥石灰混合砂浆，砂浆稠度为 70～80mm。水泥采用 32.5 级的矿渣硅酸盐水泥；砂为中砂，含水率为 3%，堆积密度为 1 450kg/m³；石灰膏稠度为 90mm；施工水平一般。

解： （1）确定砂浆的试配强度 $f_{m,o}$。

$$f_{m,o}=kf_2=1.20\times 7.5=9.0(\text{MPa})$$

（2）计算水泥用量 Q_C。

$$Q_C=\frac{1\,000(f_{m,o}-\beta)}{\alpha f_{ce}}=\frac{1\,000\times(9.0+15.09)}{3.03\times 32.5}=245(\text{kg/m}^3)$$

（3）石灰膏用量 Q_D。

$$Q_D=Q_A-Q_C=350-245=105(\text{kg/m}^3)$$

（4）确定砂子用量 Q_S。

$$Q_S=1\,450\times(1+3\%)=1\,494(\text{kg/m}^3)$$

水泥石灰混合砂浆试配时的配合比如下所示。

水泥：石灰膏：砂＝245：106：1 494＝1：0.43：6.10

6.4 抹面砂浆

凡涂抹在建筑物或建筑构件表面的砂浆，统称为抹面砂浆。抹面砂浆具有保护基层材料，满足使用要求和装饰的作用。根据抹面砂浆的功能不同，可分为普通抹面砂浆、装饰砂浆、防水砂浆和具有某些特殊功能的抹面砂浆（防水、耐酸、绝热和吸音等）。

对抹面砂浆要求：具有良好的和易性，容易抹成均匀平整的薄层，便于施工；要有足够的粘结力，能与基层材料粘结牢固和长期使用不致开裂或脱落等性能。

抹面砂浆的组成材料与砌筑砂浆基本相同，但有时加入一些纤维增强材料（如麻刀、纸筋、玻璃纤维等），提高抹灰层的抗拉强度，增加抹灰层的弹性和耐久性，防止抹灰层开裂。有时加入胶粘剂（如聚乙烯醇缩甲醛胶或聚醋酸乙烯乳液等），提高面层强度和柔韧性，加强砂浆层与基层材料的粘结，减少开裂。

1. 普通抹面砂浆

普通抹面砂浆是建筑工程中普遍使用的砂浆。其功能主要是对建筑物和墙体起保护作用，抵抗自然环境中有害介质对建筑物的侵蚀，提高建筑物的耐久性；同时使表面平整、清洁和美观。

抹面砂浆通常分为对底层、中层和面层进行施工。在施工时，各层抹灰的作用和要求有所不同，因此对各层抹面砂浆的性质要求也有所区别。一般底层抹灰的作用是使砂浆层能与基层牢固地粘结，故要求砂浆具有良好的和易性和较高的粘结力。砂浆应具有较好的保水性，防止水分被基层吸收而影响砂浆的粘结力。基层材料表面粗糙，有利于与砂浆的粘结。中层抹灰主要是为了起找平作用，有时可省去。面层抹灰主要为了获得平整、美观的表面效果。

由于各层抹面砂浆的作用因基层材料的特性、工程部位而不同,因此抹灰时选用的砂浆的种类也不一样。用于砖墙的底层抹灰,多用石灰砂浆,有防潮、防水要求时选用水泥砂浆;混凝土墙面、柱面等的底层抹灰多用水泥混合砂浆;用于板条墙或板条顶棚的底层抹灰多用麻刀石灰灰浆;用于中层抹灰多用水泥混合砂浆或石灰砂浆;用于面层抹灰多用水泥混合砂浆、麻刀石灰浆或纸筋石灰浆。

在容易碰撞或潮湿的地方(如墙裙、踢脚板、地面、雨棚、窗台、水池和水井等),应采用水泥砂浆。在硅酸盐砌块墙面上做砂浆抹面或粘贴饰面材料时,在墙面上预先刮一层树脂胶、喷水润湿或在砂浆层中夹一层事先固定好的铁丝网,避免不久后发生剥落现象。

普通抹面砂浆的流动性和骨料的最大粒径可参考表 6-5。

表 6-5　抹面砂浆流动性及骨料的最大粒径

抹面层	沉入度(人工抹灰)/mm	砂的最大粒径/mm
底层	100～120	2.5
中层	70～90	2.5
面层	70～80	1.2

普通抹面砂浆的配合比,可根据抹面砂浆的使用部位和基层材料的特性,参考有关资料选用。一般抹面砂浆除指明质量比外,是指干松状态下材料的体积比。其配合比及应用范围可参考表 6-6。

表 6-6　抹面砂浆配合比及应用范围

材料	配合比(体积比)	应用范围
石灰：砂	1：2～1：4	用于砖石墙表面(檐口、勒脚、女儿墙以及潮湿房间的墙除外)
石灰：粘土：砂	1：1：4～1：1：8	干燥环境的墙表面
石灰：石膏：砂	1：0.6：2～1：1.5：3	用于不潮湿房间的墙及天花板
石灰：石膏：砂	1：2：2～1：2：4	用于不潮湿房间的线脚及其他修饰工程
石灰：水泥：砂	1：0.5：4.5～1：1：5	用于檐口、勒脚、女儿墙外脚以及比较潮湿的部位
水泥：砂	1：2～1：1.5	用于地面、天棚或墙面面层
水泥：砂	1：0.5～1：1	用于混凝土地面随时压光
水泥：石膏：砂：锯末	1：1：3：5	用于吸音粉刷
水泥：白石子	1：1.5	用于刹假石(打底用 1：2～1：2.5 的水泥砂浆)
石灰膏：麻刀	100：2.5(质量比)	用于板层、天棚底层
石灰膏：麻刀	100：1.3(质量比)	用于板层、天棚面层
石灰膏：纸筋	灰膏 0.1m³,纸筋 0.36kg	用于较高级墙面、天棚

2. 装饰砂浆

装饰砂浆是指用作建筑物饰面的抹面砂浆。涂抹在建筑物内外墙表面，可增加建筑物的美观。装饰砂浆的底层和中层抹灰与普通抹面砂浆基本相同，主要是装饰砂浆的面层选材有所不同。为了提高装饰砂浆的装饰艺术效果，一般面层选用具有一定颜色的胶凝材料和骨料以及采用某些特殊的操作工艺，使装饰面层呈现出各种不同的色彩、线条与花纹等。

装饰砂浆所采用的胶凝材料有白色水泥、彩色水泥或在常用的水泥中掺加耐碱矿物颜料配成彩色水泥以及石灰、石膏等。骨料采用天然或人工石英砂（多为白色、浅色或彩色的天然砂）、彩釉砂、着色砂、彩色大理石或花岗岩碎屑、陶瓷或玻璃碎粒或特制的塑料色粒等。一般在室外抹灰工程中，可掺入颜料拌制彩色砂浆进行抹面，由于饰面长期处于风吹、雨淋和受到大气中有害气体腐蚀、污染，所以，选择耐碱、耐日晒的合适矿物颜料，保证砂浆面层的质量、避免褪色。工程中常用的颜料有氧化铁黄、铬黄、氧化铁红、群青、钴蓝、铬绿、氧化铁棕、氧化铁紫、氧化铁黑和碳黑等。

根据砂浆的组成材料不同常分为灰浆类和石渣类砂浆饰面。

（1）灰浆类砂浆饰面：以着色的水泥砂浆、石灰砂浆及混合砂浆为装饰材料，通过各种手段对装饰面层进行艺术加工，使砂浆饰面具有一定的色彩、线条和纹理，达到装饰效果和要求。常见的施工操作方法有拉毛灰、甩毛灰、拉条、假面砖、喷涂、滚涂和弹涂等。

（2）石渣类砂浆饰面：用水泥（普通水泥、白色水泥或彩色水泥）、石渣、水（有时掺入一定量107胶）制成石渣浆，然后通过斧剁、水磨、水洗等手段将表面的水泥浆除去，造成石渣不同的外露形式以及水泥与石渣的色泽对比，构成不同的装饰效果。彩色石渣的耐光性比颜料好，因此，石渣类砂浆饰面比灰浆类砂浆饰面的色泽明亮，质感丰富，不容易褪色和污染。常见的做法有水刷石、水磨石、斩假石、拉假石和干粘石等。

建筑工程中常用的几种工艺做法。

1）拉毛灰

拉毛灰是用铁抹子或木蟹将罩面灰轻压后顺势拉起，形成一种凹凸质感较强的饰面层。拉毛是过去广泛采用的一种传统饰面做法，通常所用的灰浆是水泥石灰砂浆或水泥纸筋灰浆。表面拉毛花纹、斑点分布均匀，颜色一致，具有装饰和吸声作用，一般用于外墙面及有吸声要求的内墙面和天棚的饰面。

2）水刷石

水刷石是将水泥和石渣（颗粒约5mm）按比例配合并加水拌和制成水泥石渣浆，用作建筑物表面的面层抹灰，待水泥浆初凝后、终凝前，立即用清水冲刷表面水泥浆，使石渣表面半露，达到装饰效果。水刷石多用于外墙饰面。

3）水磨石

水磨石是用普通水泥（或白色水泥、彩色水泥）、彩色石渣或白色大理石碎粒及水按适当比例配合，需要时掺入适量颜料，搅拌均匀后浇筑捣实，待表面硬化后，浇水用磨石机反复磨平抛光，然后用草酸冲洗、干后打蜡等工序制成。水磨石多用于室内外地面的装饰，还可制成预制板用于楼梯踏步、窗台板和踢脚板等工程部位。

4）斩假石

斩假石又称剁斧石，是以水泥石渣浆或水泥石屑浆作面层抹灰，待硬化后具有一定强度时，用剁斧及各种凿子等工具，在面层上剁出类似石材的纹理。斩假石一般多用于室外局部小面积装饰，如柱面、勒脚、台阶和扶手等。

5）干粘石

干粘石是在素水泥浆或聚合物水泥砂浆粘结层上，把粒径为 5mm 以下的石渣、彩色石子、陶瓷碎粒等粘在其上，再拍平压实(石粒压入砂浆 2/3)即为干粘石。干粘石饰面工艺是由传统水刷石工艺演变而得，操作简单，避免用水冲洗，节约材料和水，施工效率高，饰面效果好，多用于外墙饰面。

6）喷涂

喷涂是用挤压式砂浆泵或喷斗，将聚合物水泥砂浆喷涂在墙面基层或底灰上，待硬化后形成饰面层。为提高涂层的耐久性和减少墙面污染，在涂层表面再喷一层甲基硅醇钠或甲基硅树脂疏水剂。喷涂多用于外墙饰面。

7）弹涂

弹涂是在墙体表面刷一道聚合物水泥色浆后，用弹力器分几遍将水泥色浆弹涂到墙面上，形成 3~5mm 的大小近似、颜色不同、相互交错的圆状色点，再喷罩一层甲基硅树脂，提高耐污染性能。弹涂用于内墙或外墙饰面。

3. 防水砂浆

防水砂浆是一种制作防水层用的抵抗水渗透性高的砂浆，又称刚性防水层。砂浆防水层仅适用于不受振动和具有一定刚度的混凝土或砖石砌体工程。

防水砂浆可采用普通水泥砂浆、聚合物水泥砂浆或在水泥砂浆中掺入防水剂来制作。水泥砂浆宜选用 32.5 级以上的普通硅酸盐水泥和级配良好的中砂配制；防水砂浆的配合比，一般采用水泥与砂的质量比不宜大于 1：2.5，水灰比控制在 0.5~0.6 之间，稠度不应大于 80mm。

常用的防水剂有氯化物金属盐类防水剂、水玻璃类防水剂和金属皂类防水剂等，使用时严格控制其掺量。在水泥砂浆中掺入一定量的防水剂，可促使砂浆结构密实，能堵塞毛细孔，从而提高砂浆的抗渗能力，是目前工程中应用最广泛的防水砂浆品种。

防水砂浆的防渗水效果，主要取决于施工质量。采用喷浆法施工，使用高压空气将砂浆以约 100m/s 的高速喷至建筑物表面，砂浆密实度大，抗渗性好。采用人工多层抹压法，是将搅拌均匀的防水砂浆，抹压 4~5 层，分层涂抹在基面上，每层厚度约为 5mm，总厚度为 20~30mm。每层在初凝前用木抹子压实一遍，最后一层要压光。抹完之后要加强养护，防止脱水过快造成干裂。

6.5 其他建筑砂浆

1. 保温砂浆

保温砂浆又称绝热砂浆，是采用水泥、石灰、石膏等胶凝材料与膨胀珍珠岩、膨胀蛭石、浮石砂和陶粒砂等轻质多孔骨料按一定比例配制的砂浆。其具有轻质、保温隔热等特性，保温砂浆的导热系数约为 0.07~0.10W/(m·k)。常用的有水泥膨胀珍珠岩砂浆、水泥膨胀蛭石砂浆、水泥石灰膨胀蛭石砂浆等,可用于屋面隔热层、隔热墙壁、供热管道隔热层、冷库等处的保温。

2. 吸声砂浆

一般由轻质多孔骨料制成的保温砂浆,都具有吸声性能。另外,工程中也常采用水泥、石膏、砂和锯末(体积比为1:1:3:5)配制成吸声砂浆,或者在石灰、石膏砂浆中掺入玻璃纤维和矿棉等松软纤维材料。吸声砂浆主要用于室内墙壁和顶棚的吸声。

3. 耐酸砂浆

用水玻璃(硅酸钠)和氟硅酸钠作为胶凝材料,掺入适量石英岩、花岗岩、铸石等粉状细骨料,可拌制成耐酸砂浆。硬化后的水玻璃耐酸性能好,拌制的砂浆可用于耐酸地面和耐酸容器的内壁防护层。

4. 防辐射砂浆

在水泥浆中掺入重晶石粉、重晶石砂,可配制成具有防 X 和 γ 射线能力的砂浆。配合比为水泥:重晶石粉:重晶石砂=1:0.25:(4~5)。在水泥浆中掺加硼砂、硼酸等可配制具有防中子辐射能力的砂浆。

习　　题

1. 对新拌砂浆的技术要求与混凝土拌和物的技术要求有何异同?
2. 影响砌筑砂浆抗压强度的主要因素有哪些?
3. 对抹面砂浆与砌筑砂浆的组成材料和技术性质的要求有何不同?
4. 某工程需配制强度等级为 M7.5 的水泥混合砂浆,用于砌筑蒸压加气混凝土砌块。采用32.5级矿渣硅酸盐水泥,实测 28d 抗压强度值为 35.4MPa;石灰膏的稠度为120mm;砂子为中砂,含水率为3%,堆积密度为 1 450kg/m³;施工水平优良。试确定砂浆配合比。
5. 判断题(对的画√,错的画×)。
(1) 当砂浆原材料种类及比例一定时,其流动性主要取决于单位用水量。(　　)
(2) 配制砌筑砂浆和抹面砂浆应选用中砂,不宜选用粗砂。(　　)
(3) 用于多孔吸水基面的砌筑砂浆,其强度大小主要取决于水泥强度等级和水泥用量,与水灰比的关系不大。(　　)
(4) 配制 1m³ 砂浆时,所用砂子亦为 1m³。(　　)

第7章 金属材料

教学目标

本章介绍了金属材料的分类、钢的冶炼与分类，钢材的力学性能与工艺性能、建筑钢材的锈蚀与防护、品种与选用、常用建筑钢材的性能与应用、钢的组织和化学成分对钢材性能的影响、铝合金及制品的主要性能与应用。通过本章的学习，应达到以下目标。

（1）掌握钢材的抗拉性能、冲击韧性、疲劳性能和冷弯性能，拉伸和冷弯性能检测方法，冷加工和时效处理及其方法。

（2）掌握钢材化学成分对钢材性能的影响。

（3）掌握建筑钢材的锈蚀机理与防护方法。

（4）掌握碳素结构钢、低合金高强度结构钢的特性与应用，热轧钢筋、冷轧带肋钢筋的力学性能与工艺性能。

（5）了解金属材料的分类、钢的冶炼与分类、钢材硬度、钢材焊接性能和热处理方法及其对钢材性能的影响、钢材组织与性能的关系、钢材防火、其他建筑钢材性能。

（6）了解铝合金及制品的主要性能与应用。

教学要求

知识要点	能力要求	相关知识
钢材的主要性能	（1）低碳钢拉伸时4个阶段特性，拉伸和冷弯试验方法 （2）影响钢材冲击韧性的主要因素，钢材冲击韧性的选择原则 （3）钢材疲劳破坏的原因 （4）冷加工及时效处理的概念和原理 （5）反映钢材强度和塑性的指标	（1）钢材的力学性能（拉伸、冲击韧性和疲劳强度） （2）钢材工艺性能（冷弯、冷加工及时效处理）
钢材化学成分	钢材化学成分对钢材性能的影响	钢材化学成分对钢材性能的影响
建筑钢材锈蚀	（1）钢材电化学锈蚀机理 （2）普通钢筋混凝土中钢筋锈蚀或不锈蚀的原因 （3）防止钢材锈蚀的方法	（1）钢材锈蚀机理（电化学锈蚀和化学锈蚀） （2）钢筋混凝土中钢筋锈蚀 （3）钢材锈蚀的防止
钢材品种与选用	（1）碳素结构钢和低合金高强度结构钢的性能与应用 （2）热轧钢筋、冷轧带肋钢筋等钢筋的力学性能与工艺性能	（1）建筑钢材的品种与选用 （2）常用建筑钢材
钢材的其他性能	（1）钢材分类方法 （2）钢材的硬度、焊接、热处理、组织结构和防火	（1）钢材的分类 （2）钢材的硬度、焊接、热处理、组织结构和防火
铝合金及制品	铝合金及制品的主要性能与应用	铝合金及制品

引例

1951年1月31日，加拿大魁北克钢桥突然断裂，其中3跨坠入河中，当时气温为 −35℃。比利时在1938～1950年期间，有17座桥梁发生脆断，其中有9起事故发生在 −40～−14℃的低温下。

钢材具有低温"冷脆性"，在负温下使用的钢材应经冲击韧性检验合格后方可使用。

金属材料包括黑色金属和有色金属两大类。黑色金属是指以铁元素为主要成分的金属 及其合金，如钢和生铁。有色金属是指黑色金属以外的金属，如铝、铜、铅、锌等金属及 其合金。土木工程中应用的金属材料主要有建筑钢材和铝合金两种。

建筑钢材是指用于工程建设的各种钢材，包括钢结构用的各种型钢（圆钢、角钢、槽 钢和工字钢），钢板，钢筋混凝土用的各种钢筋、钢丝和钢绞线。除此之外，还包括用作 门窗和建筑五金等的钢材。

建筑钢材强度高、品质均匀，具有一定的弹性和塑性变形能力，能承受冲击振动荷 载。钢材还具有很好的加工性能，可以铸造、锻压、焊接、铆接和切割，装配施工方便。 建筑钢材广泛用于大跨度结构、多层及高层建筑、受动力荷载结构和重型工业厂房结构， 广泛用于钢筋混凝土之中，因此建筑钢材是最重要的建筑结构材料之一。钢材的缺点是容 易生锈、维护费用大、耐火性差。

铝合金近年来在建筑装修领域中，广泛用作门窗和室内装修、装饰，有优良的建筑功 能及独特的装饰效果。铜、铝及其合金由于具有质量轻、可装配化生产等特点，在现代土 木工程中的应用也很广泛。

7.1 钢的冶炼与分类

1. 钢的冶炼

钢和铁的主要成分都是铁和碳，用含碳量的多少加以区分，含碳量大于2.06%的为生 铁，小于2.06%的为钢。

钢是由生铁冶炼而成。生铁是由铁矿石、焦炭和少量石灰石等在高温的作用下进行还 原反应和其他的化学反应，铁矿石中的氧化铁形成金属铁，然后再吸收碳而形成的。生铁 的主要成分是铁，但含有较多的碳以及硫、磷、硅、锰等杂质，杂质使得生铁的性质硬而 脆，塑性很差，抗拉强度很低，使用受到很大限制。炼钢的目的就是通过冶炼将生铁中的 含碳量降至2.06%以下，其他杂质含量降至一定的范围内，以显著改善其技术性能，提高 质量。

钢的冶炼方法主要有氧气转炉法、电炉法和平炉法3种，不同的冶炼方法对钢材的质 量有着不同的影响，见表7-1。目前，氧气转炉法已成为现代炼钢的主要方法，而平炉法 则已基本被淘汰。

在铸锭冷却过程中，由于钢内的某些元素在铁的液相中的溶解度大于固相，这些元素 便向凝固较迟的钢锭中心集中，导致化学成分在钢锭中分布不均匀，这种现象称为化学偏析，其中以硫、磷的偏析最为严重。偏析会严重降低钢材质量。

表 7-1　炼钢方法的特点和应用

炉种	原料	特点	生产钢种
氧气转炉	铁水、废钢	冶炼速度快、生产效率高、钢质较好	碳素钢、低合金钢
电炉	废钢	容积小、耗电大、控制严格、钢质好，但成本高	合金钢、优质碳素钢
平炉	生铁、废钢	容量大、冶炼时间长、钢质较好且稳定，成本较高	碳素钢、低合金钢

在冶炼钢的过程中，由于氧化作用使部分铁被氧化成 FeO，使钢的质量降低，因而在炼钢后期精炼时，需在炉内或钢包中加入锰铁、硅铁或铝锭等脱氧剂进行脱氧，脱氧剂与 FeO 反应生成 MnO、SiO_2 或 Al_2O_3 等氧化物，它们成为钢渣而被除去。若脱氧不完全，钢水浇入锭模时，会有大量的 CO 气体从钢水中逸出，引起钢水呈沸腾状，产生所谓的沸腾钢。沸腾钢组织不够致密、成分不太均匀，硫、磷等杂质偏析较严重，故钢材的质量差。

2. 钢的分类

钢的分类方法很多，目前的分类方法主要有下面几种。

1) 按化学成分分类

(1) 碳素钢。碳素钢含碳量为 0.02%～2.06%，按含碳量又可分为低碳钢(含碳量<0.25%)、中碳钢(含碳量为 0.25%～0.6%)、高碳钢(含碳量>0.6%)。

在建筑工程中，主要用的是低碳钢和中碳钢。

(2) 合金钢。合金钢可以分为低合金钢(合金元素总量<5%)、中合金钢(合金元素总量为 5%～10%)、高合金钢(合金元素总量>10%)。

建筑上常用低合金钢。

2) 按有害杂质的含量分类

(1) 普通钢。硫含量≤0.050%，磷含量≤0.045%。

(2) 优质钢。硫含量≤0.035%，磷含量≤0.035%。

(3) 高级优质钢。硫含量≤0.025%，磷含量≤0.025%。

(4) 特级优质钢。硫含量≤0.025%，磷含量≤0.015%。

建筑中常用普通钢，有时也用优质钢。

3) 根据冶炼时的脱氧程度分类

(1) 沸腾钢。炼钢时加入锰铁进行脱氧，脱氧很不完全，故称沸腾钢，代号为"F"。沸腾钢组织不够致密，杂质和夹杂物多，硫、磷等杂质偏析较严重，故质量较差。但其生产成本低、产量高，可广泛用于一般的建筑工程。

(2) 镇静钢。炼钢时一般采用硅铁、锰铁和铝锭等作脱氧剂，脱氧充分，这种钢水铸锭时能平静地充满锭模并冷却凝固，基本无 CO 气泡产生，故称镇静钢，代号为"Z"(亦可省略不写)。镇静钢虽成本较高，但其组织致密、成分均匀、性能稳定，故质量好。适用于预应力混凝土等重要结构工程。

（3）特殊镇静钢。比镇静钢脱氧程度更充分彻底的钢，其质量最好。适用于特别重要的结构工程，代号为"TZ"（亦可省略不写）。

（4）半镇静钢。脱氧程度介于沸腾钢和镇静钢之间，为质量较好的钢，其代号为"b"。

4）根据用途分类

（1）结构钢。主要用作工程结构构件及机械零件的钢。

（2）工具钢。主要用作各种量具、刀具及模具的钢。

（3）特殊钢。具有特殊物理、化学或机械性能的钢，如不锈钢、耐酸钢和耐热钢等。

建筑上常用的是结构钢。

7.2 钢材的力学性能与工艺性能

在土木工程中，掌握钢材的性能是合理选用钢材的基础。钢材的性能主要包括力学性能（抗拉性能、冲击韧性、疲劳强度和硬度等）和工艺性能（冷弯性能、焊接性能和热处理性能等）两个方面。

7.2.1 力学性能

1. 抗拉性能

抗拉性能是建筑钢材最主要的技术性能。通过拉伸试验可以测得屈服强度、抗拉强度和伸长率，这些是钢材的重要技术性能指标。

建筑钢材的抗拉性能可用低碳钢受拉时的应力-应变图（图 7.1）来阐明。低碳钢从受拉至拉断，分为以下 4 个阶段。

1）弹性阶段

OA 为弹性阶段。在 OA 范围内，随着荷载的增加，应变随应力成正比增加。如卸去荷载，试件将恢复原状，表现为弹性变形，与 A 点相对应的应力为弹性极限，用 R_e 表示。在这一范围内，应力与应变的比值为一常量，称为弹性模量，用 E 表示，即 $E=\sigma/\varepsilon$。弹性模量反映钢材的刚度，是钢材在受力条件下计算结构变形的重要指标。常用低碳钢的弹性模量 $E=2.0\times10^5\sim2.1\times10^5\mathrm{MPa}$，弹性极限 $R_e=180\sim200\mathrm{MPa}$。

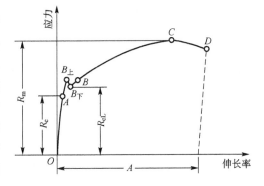

图 7.1 低碳钢受拉时应力-应变图

2）屈服阶段

AB 为屈服阶段。在 AB 曲线范围内，应力超过应力 R_e 后，如果卸去拉力，变形不能完全恢复，开始产生塑性变形，应变增加的速度大于应力增长速度。当应力达到 $B_上$ 点后，瞬时下降至 $B_下$，变形迅速增大，而此时应力则大致在恒定的水平上波动，直到 B 点，产生了抵抗外力能力的"屈服"。$B_上$ 点对应的应力称为上屈服强度 R_{eH}，$B_下$ 点对应的应力为

下屈服强度 R_{eL}。因 $B_{下}$ 比较稳定，易测定，故一般以下屈服强度 R_{eL} 作为钢材屈服点。常用低碳钢的 R_{eL} 为 195～300MPa。

钢材受力达屈服点后，变形即迅速发展，尽管尚未破坏但已不能满足使用要求。故设计中一般以屈服点作为强度取值的依据。

3) 强化阶段

BC 为强化阶段。过 B 点后，钢材抵抗塑性变形的能力又重新提高，变形发展速度比较快，随着应力的提高而增强。对应于最高点 C 的应力，称为抗拉强度，用 R_m 表示。常用低碳钢的 R_m 为 385～520MPa。

抗拉强度不能直接利用，但屈服点与抗拉强度的比值(即屈强比 R_{eL}/R_m)，能反映钢材的安全可靠程度和利用率。屈强比越小，表明材料的安全性和可靠性越高，结构越安全。但屈强比过小，则钢材有效利用率太低，造成浪费。常用碳素钢的屈强比为 0.58～0.63，合金钢为 0.65～0.75。

4) 颈缩阶段

CD 为颈缩阶段。过了 C 点后，材料变形迅速增大，而应力反而下降。试件在拉断前，于薄弱处截面显著缩小，产生"颈缩现象"，直至断裂。

通过拉伸试验，除能检测钢材屈服强度和抗拉强度等强度指标外，还能检测出钢材的塑性。塑性表示钢材在外力作用下发生塑性变形而不破坏的能力，它是钢材的一个重要性指标。伸长率或断面收缩率是表示钢材拉伸试验时的塑性指标。

钢材拉伸试验，试样拉断前、后试件的尺寸示意图，如图 7.2 所示。试验时，测量试件原始标距(L_0)，测量拉断后的试件于断裂处对接在一起的断后标距 L_u。试件拉断前、后标距的伸长量(L_u-L_0)与原始标距(L_0)的百分比称为断后伸长率(A)。断后伸长率 A 的计算公式如下。

$$A=\frac{L_u-L_0}{L_0}\times100\%\qquad(7-1)$$

还可用断裂总伸长率 A_t 和最大力伸长率等指标来表达钢材的塑性(图 7.3)。断裂总伸长率 A_t 是指断裂时刻，原始标距的总伸长(弹性伸长＋塑性伸长)与原始标距(L_0)之比的百分率。最大力伸长率是指最大力时，原始标距的伸长与原始标距(L_0)之比的百分率，又分为最大力总伸长率 A_{gt} 和最大力非比例伸长率 A_g。

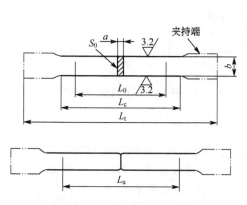

图 7.2 钢材拉断前后的试件

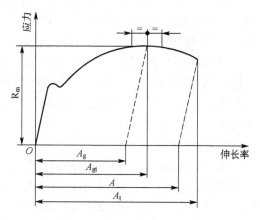

图 7.3 钢材伸长率的定义

钢材拉伸时塑性变形在试件标距内的分布是不均匀的，颈缩处的伸长较大。因此原始标距(L_0)与直径或厚度(a)之比越大，颈缩处的伸长值在总伸长值中所占的比例就越小，计算出的伸长率 A 也越小。通常钢材拉伸试件取 $L_0=5a$ 或 $L_0=10a$，对应的伸长率分别记为 A 和 $A_{11.3}$，对于同一钢材，$A>A_{11.3}$。

《金属材料拉伸试验》(GB/T 228.1—2010)指出，试样原始标距与原始横截面积有 $L_0=k\sqrt{S_0}$(S_0 为平行长度的原始横截面积)关系的称为比例试样。国际上使用的比例系数 k 的值为 5.65。原始标距应不小于 15mm。当试样横截面积太小，以致采用比例系数 k 为 5.65 的值不能符合这一最小标距要求时，可以采用较高的值(优先采用 11.3 的值)或采用非比例试样。

对于比例试样，若原始标距不为 $5.65\sqrt{S_0}$，伸长率 A 应附下脚注，说明所使用的比例系数，例如 $A_{11.3}$ 表示原始标距为 $11.3\sqrt{S_0}$ 的断后伸长率。对于非比例试样，伸长率 A 应附下脚注，说明所使用的原始标距，以 mm 表示，例如，A_{80} 表示原始标距为 80mm 的断后伸长率。

测定试件拉断处的截面积(S_u)。试件拉断前、后截面积的改变量(S_0-S_u)与原始截面积(S_0)的百分比称为断面收缩率(Z)。断面收缩率的计算公式如下。

$$Z=\frac{S_0-S_u}{S_0}\times100\% \tag{7-2}$$

伸长率和断面收缩率都表示钢材断裂前经受塑性变形的能力。伸长率越大或者断面收缩率越高，表示钢材塑性越好。尽管结构是在钢的弹性范围内使用，但在应力集中处，其应力可能超过屈服点，此时产生一定的塑性变形，可使结构中的应力产生重分布，从而使结构免遭破坏。另外，钢材塑性大，则在塑性破坏前，有很明显的塑性变形和较长的变形持续时间，便于人们发现和补救问题，从而保证钢材在建筑上的安全使用，也有利于钢材加工成各种形式。

中碳钢与高碳钢(硬钢)拉伸时的应力—应变曲线与低碳钢不同，无明显屈服现象，伸长率小，断裂时呈脆性破坏，其应力—应变曲线如图 7.4 所示。这类钢材由于不能测定屈服点，通常以产生 0.2% 残余变形时的应力值作为名义屈服点，也称规定非比例延伸强度，用 $R_{p0.2}$ 表示。

2. 冲击韧性

冲击韧性是指钢材抵抗冲击荷载作用的能力，用冲断试件所需能量的多少来表示。钢材的冲击韧性试验是采用中部加工有 V 形或 U 形缺口的标准弯曲试件，置于冲击机的支架上，试件非切槽的一侧对准冲击摆，如图 7.5 所示。当冲击摆从一定高度自由落下将试件冲断时，试件吸收的能量等于冲击摆所做的功，缺口底部处单位面积上所消耗的功，即为冲击韧性指标，冲击韧性计算公式如下。

$$\alpha_k=\frac{mg(H-h)}{A} \tag{7-3}$$

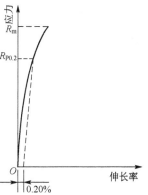

图 7.4 中碳钢、高碳钢的应力-应变曲线

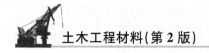

式中　α_k——冲击韧性，J/cm^2；

　　　m——摆锤质量，$9.81m/s^2$；

　　　A——试件槽口处断面积，cm^2。

α_k值越大，冲击韧性越好，即其抵抗冲击作用的能力越强，遭到脆性破坏的危险性就越小。

影响钢材冲击韧性的因素很多，当钢材内硫、磷的含量高，脱氧不完全，存在化学偏析，含有非金属夹杂物及焊接形成的微裂纹时，都会使钢材的冲击韧性显著下降。同时环境温度对钢材的冲击韧性的影响也很大。

试验表明，冲击韧性随温度的降低而下降，开始时下降缓慢，当达到一定温度范围时，突然下降很快而呈脆性。这种性质称为钢材的冷脆性，这时的温度称为脆性转变温度，如图7.6所示。脆性转变温度越低，钢材的低温冲击韧性越好。因此，在负温下使用的结构，应当选用脆性转变温度低于使用温度的钢材。脆性临界温度的测定较复杂，规范中通常是根据气温条件规定$-20℃$或$-40℃$的负温冲击值指标。

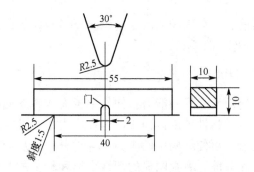

图7.5　冲击韧性试验示意图

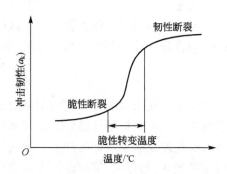

图7.6　钢材的冲击韧性与温度的关系

冷加工时效处理也会使钢材的冲击韧性下降。钢材的时效是指钢材随时间的延长，钢材强度逐渐提高而塑性、韧性下降的现象。完成时效的过程可达数10年，但钢材如经过冷加工或使用中受振动和反复荷载作用，时效可迅速发展。因时效导致钢材性能改变的程度称为时效敏感性。时效敏感性大的钢材，经过时效后，冲击韧性的降低越显著。为了保证结构安全，对于承受动荷载的重要结构，应当选用时效敏感性小的钢材。

3. 疲劳强度

钢材在交变荷载反复作用下，可在远小于抗拉强度的情况下突然破坏，这种破坏称为疲劳破坏。钢材的疲劳破坏的指标用疲劳强度(或称疲劳极限)来表示，它是指试件在交变应力下，作用10^7周次，不发生疲劳破坏的最大应力值。

钢材的疲劳破坏是由拉应力引起的。首先在局部开始形成微细裂纹，其后由于裂纹尖端处产生应力集中而使裂纹迅速扩展直至钢材断裂。因此，钢材的内部成分的偏析和夹杂物的多少以及最大应力处的表面光洁程度、加工损伤等，都是影响钢材疲劳强度的因素。

疲劳破坏经常突然发生，因而有很大的危险性，往往造成严重事故。在设计承受反复荷载且需进行疲劳验算的结构时，应当了解所用钢材的疲劳强度。

4. 硬度

钢材的硬度是指其表面抵抗硬物压入产生局部变形的能力。测定钢材硬度的方法有布氏法、洛氏法和维氏法等，建筑钢材常用布氏硬度表示，其代号为 HB。

布氏法的测定原理是利用直径为 D(mm)的淬火钢球，以荷载 P(N)将其压入试件表面，经规定的持续时间后卸去荷载，得直径为 d (mm)的压痕，以压痕表面积 A(mm²)除荷载 P，即得布氏硬度(HB)值，此值无量纲。图 7.7 是布氏硬度测定示意图。

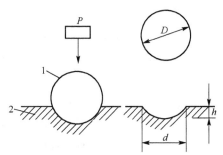

图 7.7 布氏硬度测定示意图
1—淬火钢球；2—钢材试件

在测定前应根据试件的厚度和估计的硬度范围，按试验方法的规定选定钢球直径、所加荷载及荷载持续时间。布氏法适用于 HB<450 的钢材，测定时所得压痕直径应在 $0.25\sim0.6D$ 范围内，否则测定结果不准确。当被测材料硬度 HB>450 时，钢球本身将发生较大变形，甚至破坏，应采用洛氏法测定其硬度。布氏法比较准确，但压痕较大，不适宜用于成品检验，而洛氏法压痕小，它是以压头压入试件的深度来表示硬度值的，常用于判断工件的热处理效果。

材料的硬度是材料弹性、塑性、强度等性能的综合反映。实验证明，碳素钢的 HB 值与其抗拉强度 R_m 之间存在较好的相关关系，当 HB<175 时，$R_m\approx3.6$HB；当 HB>175 时，$R_m\approx3.5$HB。根据这些关系，可以在钢结构原位上测出钢材的 HB 值，来估算钢材的抗拉强度。

7.2.2 工艺性能

钢材应具有良好的工艺性能，以满足施工工艺的要求。冷弯、冷拉、冷拔及焊接性能是建筑钢材的重要工艺性能。

1. 冷弯性能

冷弯性能是指钢材在常温下承受弯曲变形的能力。钢材的冷弯性能是以试验时的弯曲角度(α)和弯心直径(D)为指标表示，如图 7.8 所示。

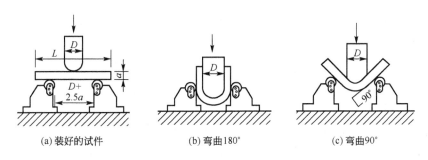

(a) 装好的试件 (b) 弯曲180° (c) 弯曲90°

图 7.8 钢材冷弯

钢材冷弯试验时，用直径(或厚度)为 a 的试件，选用弯心直径 $D=na$ 的弯头(n 为自然数，其大小由试验标准来规定)，弯曲到规定的角度(90°或180°)后，检查弯曲处，若无裂纹、断裂及起层等现象，即认为冷弯试验合格。

钢材的冷弯性能与伸长率、断面收缩率一样，也是反映钢材在静荷载作用下的塑性，但冷弯试验条件更苛刻，更有助于暴露钢材的内部组织是否均匀，是否存在内应力、微裂纹、表面未熔合及夹杂物等缺陷。

2. 焊接性能

建筑工程中，钢材间的连接 90% 以上采用焊接方式。因此，要求钢材应有良好的焊接性能。在焊接中，由于高温作用和焊接后急剧冷却作用，焊缝及其附近的过热区将发生晶体组织及结构变化，产生局部变形及内应力，使焊缝周围的钢材产生硬脆倾向，降低了焊接的质量。可焊性良好的钢材，焊缝处性质应尽可能地与母材相同，焊接才会牢固可靠。

钢材的化学成分、冶炼质量、冷加工、焊接工艺及焊条材料等都会影响焊接性能。含碳量小于 0.25% 的碳素钢具有良好的可焊性，含碳量大于 0.3% 时可焊性变差；硫、磷及气体杂质会使可焊性降低；加入过多的合金元素，也会降低可焊性。对于高碳钢和合金钢，为改善焊接质量，一般需要采用预热和焊后处理，以保证质量。

钢材焊接后必须取样进行焊接质量检验，一般包括拉伸试验，有些焊接种类还包括了弯曲试验，要求试验时试件的断裂不能发生在焊接处。同时还要检查焊缝处有无裂纹、砂眼、咬肉和焊件变形等缺陷。

3. 冷加工性能及时效处理

1) 冷加工强化与时效处理的概念

将钢材于常温下进行冷拉、冷拔或冷轧，使之产生塑性变形，从而提高强度，但钢材的塑性和韧性会降低，这个过程称为冷加工强化处理。

将经过冷拉的钢筋，于常温下存放 15～20d，或加热到 100～200℃并保持 2～3h 后，则钢筋强度将进一步提高，这个过程称为时效处理。前者称为自然时效，后者称为人工时效。通常对强度较低的钢筋可采用自然时效，强度较高的钢筋则需采用人工时效。

对钢材进行冷加工强化与时效处理的目的是提高钢材的屈服强度，以便节约钢材。

2) 常见冷加工方法

建筑工地或预制构件厂常用的冷加工方法是冷拉和冷拔。

(1) 冷拉，将热轧钢筋用冷拉设备进行张拉，拉伸至产生一定的塑性变形后，卸去荷载。

冷拉参数的控制直接关系到冷拉效果和钢材质量。一般钢筋冷拉仅控制冷拉率，称为单控，对用作预应力的钢筋，须采用双控，即既控制冷拉应力，又控制冷拉率。冷拉时当拉至控制应力时可以未达到控制冷拉率，反之钢筋则应降级使用。

钢筋冷拉后，屈服强度可提高 20%～30%，可节约钢材 10%～20%，钢材经冷拉后屈服阶段缩短、伸长率降低、材质变硬。

(2) 冷拔，将光圆钢筋通过硬质合金拔丝模孔强行拉拔。每次拉拔断面缩小应在 10% 以内。钢筋在冷拔过程中，不仅受拉，同时还受到挤压作用，因而冷拔的作用比纯冷拉作用强烈。经过一次或多次冷拔后的钢筋，表面光滑，屈服强度可提高 40%～60%，但塑性大大降低，具有硬钢的性质。

3) 钢材冷加工强化与时效处理的机理

钢筋经冷拉、时效后的力学性能变化规律，可从其拉伸试验的应力-应变图中得到反映(图 7.9)。

（1）图中 $OBCD$ 曲线为未冷拉，其含义是将钢筋原材一次性拉断，而不是指不拉伸。此时，钢筋的屈服点为 B 点。

（2）图中 $O'KCD$ 曲线为冷拉无时效，其含义是将钢筋原材拉伸至超过屈服点但不超过抗拉强度（使之产生塑性变形）的某一点 K，卸去荷载，然后立即再将钢筋拉断。卸去荷载后，钢筋的应力—应变曲线沿 KO' 恢复部分变形（弹性变形部分），保留 OO' 残余变形。通过冷拉无时效处理，钢筋的屈服点升高至 K 点，以后的应力—应变关系与原来曲线 KCD 相似。这表明钢筋经冷拉后，屈服强度得到提高，抗拉强度和塑性与钢筋原材基本相同。

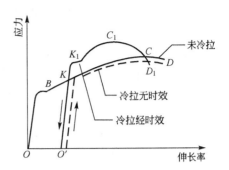

图 7.9　钢筋经冷拉时效后应力-应变图的变化

（3）图中 $O'K_1C_1D_1$ 曲线为冷拉时效，其含义是将钢筋原材拉伸至超过屈服点但不超过抗拉强度（使之产生塑性变形）的某一点 K，卸去荷载，然后进行自然时效或人工时效，再将钢筋拉断。通过冷拉时效处理，钢筋的屈服点升高至 K_1 点，以后的应力—应变关系 $K_1C_1D_1$ 比原来曲线 KCD 短。这表明钢筋经冷拉时效后，屈服强度进一步提高，与钢筋原材相比，抗拉强度亦有所提高，塑性和韧性则相应降低。

钢材冷加工强化的原因是钢材经冷加工产生塑性变形后，塑性变形区域内的晶粒产生相对滑移，导致滑移面下的晶粒破碎，晶格歪曲畸变，滑移面变得凹凸不平，对晶粒进一步滑移起阻碍作用，即提高了抵抗外力的能力，故屈服强度得以提高。同时，冷加工强化后的钢材，由于塑性变形后滑移面减少，从而使其塑性降低，脆性增大，且变形中产生的内应力，使钢的弹性模量降低。

钢材产生时效的主要原因是溶于 $\alpha\text{-Fe}$ 中的碳、氮原子，本来就有向晶格缺陷处移动、集中甚至呈碳化物或氮化物析出的倾向，当钢材经冷加工产生塑性变形后，碳、氮原子的移动和集中大为加快，这将使滑移面缺陷处碳、氮原子富集，使晶格畸变加剧，造成其滑移、变形更为困难，因而强度进一步提高，塑性和韧性则降低，而弹性模量则基本相同。

4. 钢材的热处理

热处理是将钢材在固态范围内按一定规则加热、保温和冷却，以改变其金相组织和显微结构组织，从而获得所需性能的一种工艺过程。土木工程所用钢材一般在生产厂家进行热处理并以热处理状态供应。在施工现场，有时需对焊接件进行热处理。

钢材热处理的方法有以下几种。

1）退火

退火是将钢材加热到一定温度，保温后缓慢冷却（随炉冷却）的一种热处理工艺，有低温退火和完全退火之分。低温退火的加热温度在基本组织转变温度以下；完全退火的加热温度在 800～850℃。其目的是细化晶粒、改善组织，减少加工中产生的缺陷、减轻晶格畸变、降低硬度、提高塑性、消除内应力、防止变形、开裂。

2）正火

正火是退火的一种特例。正火在空气中冷却，两者仅是冷却速度不同。与退火相比，

正火后钢材的硬度、强度较高，而塑性减小。其目的是消除组织缺陷等。

3）淬火

淬火是将钢材加热到基本组织转变温度以上（一般为 900℃以上），保温使组织完全转变，即放入水或油等冷却介质中快速冷却，使之转变为不稳定组织的一种热处理操作。其目的是得到高强度、高硬度的组织。淬火会使钢材的塑性和韧性显著降低。

4）回火

回火是将钢材加热到基本组织转变温度以下（150～650℃内选定），保温后在空气中冷却的一种热处理工艺，通常和淬火是两道相连的热处理过程。其目的是促进不稳定组织转变为需要的稳定组织，消除淬火产生的内应力，改善机械性能等。

7.3 钢的组织和化学成分对钢材性能的影响

1. 钢的组织及其对钢材性能的影响

纯铁在不同的温度下有不同的晶体结构，如图 7.10 所示。

$$液态铁 \xleftrightarrow{1\,535℃} \delta-Fe \xleftrightarrow{1\,394℃} \gamma-Fe \xleftrightarrow{912℃} \alpha-Fe$$

体心立方晶体　　面心立方晶体　　体心立方晶体

图 7.10　不同温度下纯铁的不同晶体结构

但是要得到含 Fe100％纯度的钢是不可能的，实际上，钢是以铁为主的 Fe-C 合金，其基本元素是 Fe 和 C，虽然 C 含量很少，但对钢材性能的影响非常大。碳素钢冶炼时在钢水冷却过程中，其 Fe 和 C 有以下 3 种结合形式。

（1）固溶体——铁（Fe）中固溶着微量的碳（C）。

（2）化合物——铁和碳结合成化合物 Fe_3C。

（3）机械混合物——固溶体和化合物的混合物。

以上 3 种形式的 Fe-C 合金，于一定条件下能形成具有一定形态的聚合体，称为钢的组织。钢的基本组织及其性能见表 7-2。

表 7-2　钢的基本组织及其性能

组织名称	含碳量/%	结构特征	性　能
铁素体	≤0.02	C 溶于 $\alpha-Fe$ 中的固溶体	强度、硬度很低，塑性好，冲击韧性很好
奥氏体	0.8	C 溶于 $\gamma-Fe$ 中的固溶体	强度、硬度不高，塑性大
渗碳体	0.67	化合物 Fe_3C	抗拉强度很低，硬脆，很耐磨，塑性几乎为零
珠光体	0.8	铁素体与的机械混合物	强度较高，塑性和韧性介于铁素体和渗碳体之间

建筑工程中所用的钢材含碳量均在 0.8％以下，因此建筑钢材的基本组织是由铁素体和珠光体组成，由此决定了建筑钢材既有较高的强度，同时塑性、韧性也较好，从而能很

好地满足工程所需的技术性能。

2. 钢的化学成分对钢材性能的影响

钢的化学成分对钢材性能的影响见表7-3。

表7-3 钢的化学成分对钢材性能的影响

化学成分	化学成分对钢材性能的影响	备　注
碳(C)	含碳量在0.8%以下时,随含碳量的增加,钢的强度和硬度提高,塑性和韧性降低;但当含碳量大于1.0%时,随含碳量增加,钢的强度反而下降。含碳量增加,钢的焊接性能变差,尤其当含碳量大于0.3%时,钢的可焊性显著降低	建筑钢材的含碳量不可过高,但是在用途上允许时,可用含碳量较高的钢,最高可达0.6%
硅(Si)	硅含量在1.0%以下时,可提高钢的强度、疲劳极限、耐腐蚀性及抗氧化性,对塑性和韧性影响不大,但对可焊性和冷加工性能有所影响。硅可作为合金元素,用以提高合金钢的强度	硅是有益元素,通常碳素钢中硅含量小于0.3%,低合金钢含硅小于1.8%
锰(Mn)	锰可提高钢材的强度、硬度及耐磨性。能消减硫和氧引起的热脆性,改善钢材的热工性能。锰可作为合金元素,提高钢材的强度	锰是有益元素,通常锰含量在1%~2%之间
硫(S)	硫引起钢材的"热脆性",会降低钢材的各种机械性能,使钢材的可焊性、冲击韧性、耐疲劳性和抗腐蚀性等均降低	硫是有害元素,建筑钢材的含硫量应尽可能减少,一般要求含硫量小于0.045%
磷(P)	磷引起钢材的"冷脆性",磷含量提高,钢材的强度、硬度、耐磨性和耐蚀性提高,而塑性、韧性和可焊性显著下降	磷是有害元素,建筑用钢要求含磷量小于0.045%
氧(O)	含氧量增加,使钢材的机械强度、塑性和韧性降低,促进时效,还能使热脆性增加,焊接性能变差	氧是有害元素,建筑钢材的含氧量应尽可能减少,一般要求含氧量小于0.03%
氮(N)	氮使钢材的强度提高,塑性特别是韧性显著下降。氮会加剧钢的时效敏感性和冷脆性,使可焊性变差。但在铝、铌、钒等元素的配合下,可细化晶粒,改善钢的性能,故可作为合金元素	建筑钢材的含氮量应尽可能减少,一般要求含氮量小于0.008%

7.4 建筑钢材的锈蚀与防护

1. 钢材锈蚀机理

钢材的锈蚀是指钢材表面与周围介质发生作用而引起破坏的现象。根据钢材与环境介质作用的机理,腐蚀可分为化学锈蚀和电化学锈蚀。

1) 化学锈蚀

化学锈蚀是指钢材与周围介质(如氧气、二氧化碳、二氧化硫和水等)发生化学反应,生成疏松的氧化物而产生的锈蚀。一般情况下,是钢材表面FeO保护膜被氧化成黑色的

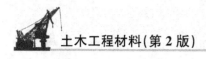

Fe_3O_4 所致。

在常温下，钢材表面能形成 FeO 保护膜，可以防止钢材进一步锈蚀。因此，在干燥环境中化学锈蚀速度缓慢，但在温度和湿度较大的情况下，这种锈蚀进展加快。

2）电化学锈蚀

电化学锈蚀是指钢材与电解溶液接触而产生电流，形成原电池而引起的锈蚀。电化学锈蚀是建筑钢材在存放和使用中发生锈蚀的主要形式。钢材由不同的晶体组织构成，并含有杂质，由于这些成分的电极电位不同，当有电解质溶液存在时，形成许多微电池。电化学锈蚀过程如下。

阳极：$Fe = Fe^{2+} + 2e$

阴极：$H_2O + 1/2O_2 = 2OH^- - 2e$

总反应式：$Fe + H_2O + 1/2O_2 = Fe(OH)_2$

$Fe(OH)_2$ 不溶于水，但易被氧化：$2Fe(OH)_2 + H_2O + 1/2O_2 = 2Fe(OH)_3$（红棕色铁锈），该氧化过程会发生体积膨胀。

由此可知，钢材发生电化学锈蚀的必要条件是存在水和氧气。

钢材锈蚀后，受力面积减小，承载能力下降。在钢筋混凝土中，因锈蚀时固相体积增大，从而引起钢筋混凝土顺筋开裂。

2. 钢筋混凝土中钢筋锈蚀

普通混凝土为强碱性环境，pH 为 12.5 左右，对埋入其中的钢筋形成碱性保护。在碱性环境中，阴极过程难于进行。即使有原电池反应存在，生成的 $Fe(OH)_2$ 也能稳定地存在，并成为钢筋的保护膜。因此，用普通混凝土制作的钢筋混凝土，只要混凝土表面没有缺陷，里面的钢筋是不会锈蚀的。

但是，普通混凝土制作的钢筋混凝土有时也会发生钢筋锈蚀现象。其主要原因有以下几个方面：一是混凝土不密实，环境中的水和空气能进入混凝土内部；二是混凝土保护层厚度小或发生了严重的碳化，使混凝土失去了碱性保护作用；三是混凝土内 Cl^- 含量过大，使钢筋表面的保护膜被氧化；四是预应力钢筋存在微裂缝等缺陷，引起应力锈蚀。

加气混凝土碱度较低，电化学腐蚀过程能顺利进行，同时这种混凝土多孔，外界的水和空气易深入内部，因此，加气混凝土中的钢筋在使用前必须进行防腐处理。

轻骨料混凝土和粉煤灰混凝土的护筋性能，经过多年试验的研究和应用，证明是良好的，其耐久性不低于普通混凝土。

综上所述，对于普通混凝土、轻骨料混凝土和粉煤灰混凝土，为了防止钢筋锈蚀，应保证混凝土的密实度以及钢筋保护层的厚度。在二氧化碳浓度高的工业区采用硅酸盐水泥或普通水泥，限制含氯盐外加剂的掺量并使用混凝土用钢筋防锈剂（如亚硝酸钠）。预应力混凝土应禁止使用含氯盐的骨料和外加剂。对于加气混凝土等可以用在钢筋表面涂环氧树脂或镀锌等方法来防止。

3. 钢材锈蚀的防止

1）表面刷漆

表面刷漆是钢结构防止锈蚀的常用方法。刷漆通常有底漆、中间漆和面漆 3 道。底漆要求有较好的附着力和防锈能力，常用的有红丹、环氧富锌漆、云母氧化铁和铁红环氧底漆等。中间漆为防锈漆，常用的有红丹、铁红等。面漆要求有较好的牢度和耐候性，能保护底漆不受损伤或风化，常用的有灰铅、醇酸磁漆和酚醛磁漆等。

钢材表面刷漆时，一般为一道底漆、一道中间漆和两道面漆。要求高时可增加一道中间漆或面漆。使用防锈涂料时，应注意钢构件表面的除锈，注意底漆、中间漆和面漆的匹配。

2）表面镀金属

用耐腐蚀性好的金属，以电镀或喷镀的方法覆盖在钢材的表面，提高钢材的耐腐蚀能力。常用的方法有镀锌（如白铁皮）、镀锡（如马口铁）、镀铜和镀铬等。

3）采用耐候钢

耐候钢即耐大气腐蚀钢。耐候钢是在碳素钢和低合金钢中加入少量的铜、铬、镍、钼等合金元素而制成。耐候钢既有致密的表面防腐保护，又有良好的焊接性能，其强度级别与常用碳素钢和低合金钢一致，技术指标相近。耐候钢的牌号、化学成分、力学性能和工艺性能可参见《焊接结构用耐候钢》（GB/T 4172—2000）和《高耐候性结构钢》（GB/T 4171—2008）。

4. 钢的防火

钢是不燃性材料，但这并不表明钢材能够抵抗火灾。火灾可分为"大自然火灾"和"建筑物火灾"两大类。事实证明，建筑火灾发生的次数最多、损失最大，占全部火灾的80%左右。

耐火试验与火灾案例调查表明：以失去支持能力为标准，无保护层时钢柱和钢屋架的耐火极限只有0.25h，而裸露钢梁的耐火极限仅为0.15h；温度在200℃以内，可以认为钢材的性能基本不变；当温度超过300℃以后，钢材的弹性模量、屈服点和极限强度均开始显著下降，而塑性伸长率急剧增大，钢材产生徐变；温度超过400℃时，强度和弹性模量都急剧降低；到达600℃时，弹性模量、屈服点和极限强度均接近于0，已失去承载能力。因此，没有防火保护层的钢结构是不耐火的。

当发生火灾后，热空气向构件传热主要是通过辐射、对流，而钢构件内部传热是通过热传导。随着温度的不断升高，钢材的热物理特性和力学性能发生变化，钢结构的承载能力下降。火灾下钢结构的最终失效是由于构件屈服或屈曲造成的。

钢结构防火保护的基本原理是采用绝热或吸热材料，阻隔火焰和热量，推迟钢结构的升温速率。防火方法以包覆法为主，即以防火涂料、不燃性板材或混凝土和砂浆将钢构件包裹起来。

1）防火涂料包裹法

此方法是采用防火涂料，紧贴钢结构的外露表面，将钢构件包裹起来，是目前最为流行的做法。

防火涂料按受热时的变化分为膨胀型（薄型）和非膨胀型（厚型）两种；按施工用处不同可分为室内、露天两种；按所用粘结剂不同可分为有机类、无机类。

膨胀型防火涂料的涂层厚度一般为2~7mm，附着力较强，有一定的装饰效果。由于其内含膨胀组分，遇火后会膨胀增厚5~10倍，形成多孔结构，从而起到良好的隔热、防火作用，根据涂层厚度可使构件的耐火极限达到0.5~1.5h。

非膨胀型防火涂料的涂层厚度一般为8~50mm，呈粒状面，密度小、强度低，喷涂后须再用装饰面层隔护，耐火极限可达0.5~3.0h。为使防火涂料牢固地包裹住钢构件，

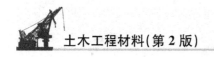

可在涂层内埋设钢丝网，并使钢丝网与钢构件表面的净距离保持在6mm左右。

2）不燃性板材包裹法

常用的不燃性板材有防火板、石膏板、硅酸钙板、蛭石板、珍珠岩板和矿棉板等，可通过粘结剂或钢钉、钢箍等固定在钢构件上，将其包裹起来。

3）实心包裹法

一般采用混凝土，将钢结构浇注在其中。

7.5 建筑钢材的品种与选用

土木工程用钢有钢结构用钢和钢筋混凝土用钢两类，前者主要应用有型钢、钢板和钢管，后者主要应用有钢筋、钢丝和钢绞线，两钢制品所用的原料钢多为碳素钢、合金钢和低合金钢。其技术标准及选用如下。

1. 碳素结构钢

1）牌号及其表示方法

碳素结构钢的牌号有Q195、Q215、Q235和Q275共4个。牌号由代表屈服强度的字母、屈服强度数值、质量等级符号、脱氧程度符号4个部分组成。

Q——钢材屈服强度"屈"字汉语拼音首字母。

屈服强度值——195、215、235和275（MPa）。

质量等级——A、B、C、D。按冲击韧性划分，A级——不要求冲击韧性；B级——要求20℃冲击韧性；C级——要求0℃冲击韧性；D级——要求−20℃冲击韧性。

脱氧程度：F（沸腾钢）、Z（镇静钢）和TZ（特殊镇静钢）。"Z"和"TZ"可以省略不写。

例：Q235AF表示屈服强度为235MPa的A级沸腾钢。

2）力学性能及工艺性能

根据国家标准《碳素结构钢》（GB/T 700—2006）的规定，碳素结构钢的机械性能（强度、冲击韧性等）应符合表7-4的规定，冷弯性能应符合表7-5的规定。

表7-4　碳素结构钢的机械性能

牌号	等级	拉 伸 试 验												冲击试验（V形缺口）	
		屈服强度 R_{eH}，不小于/MPa						抗拉强度 R_m /MPa	断后伸长率 A，不小于/%					温度 /℃	冲击功（纵向），不小于 /J
		厚度（或直径）/mm								厚度（或直径）/mm					
		16	16~40	40~60	60~100	100~150	150~200		40	40~60	60~100	100~150	150~200		
Q195	—	195	185	—	—	—	—	315~430	33						
Q215	A	215	205	195	185	175	165	335~450	31	30	29	27	26	—	—
	B													+20	27

（续）

牌号	等级	拉 伸 试 验												冲击试验（V形缺口）	
		屈服强度 R_{eH}，不小于/MPa						抗拉强度 R_m /MPa	断后伸长率 A，不小于/%					温度 /℃	冲击功（纵向），不小于/J
		厚度（或直径）/mm							厚度（或直径）/mm						
		16	16~40	40~60	60~100	100~150	150~200		40	40~60	60~100	100~150	150~200		
Q235	A	235	225	215	215	195	185	370~500	26	25	24	22	21	—	—
	B													+20	27
	C													0	
	D													−20	
Q275	A	275	265	255	245	225	215	410~540	22	21	20	18	17	—	—
	B													+20	27
	C													0	
	D													−20	

表 7-5　碳素结构钢冷弯试验指标

牌　号	试样方向	冷弯试验（试样宽度=2a，180°）	
		钢材厚度（或直径）a/mm	
		60	60~100
		弯心直径 d	
Q195	纵 横	0 0.50a	—
Q215	纵 横	0.50a a	1.5a 2a
Q235	纵 横	a 1.5a	2a 2.5a
Q275	纵 横	1.5a 2a	2.5a 3a

3）特性及应用

（1）Q195 钢强度不高，塑性、韧性、加工性能与焊接性能较好。主要用于轧制薄板和盘条等。

（2）Q215 钢的用途与 Q195 钢基本相同，由于其强度稍高，还大量用作管坯和螺栓等。

（3）Q235 钢既有较高的强度，又有较好的塑性和韧性，可焊性也好，在土木工程中应用最广泛,大量用于制作钢结构用钢、钢筋和钢板等。其中 Q235A 级钢,一般仅适用于承受静荷载作用的结构,Q235C 和 Q235D 级钢可用于重要的焊接结构。另外,由于 Q235D 级钢含有足够的形成细晶粒结构的元素,同时对硫、磷有害元素控制严格,故其冲击韧性好,有较强的抵抗振动、冲击荷载的能力,尤其适用于负温条件。

(4) Q275 钢强度、硬度较高,耐磨性较好,但塑性、冲击韧性和可焊性差。不宜用于建筑结构,主要用于制作机械零件和工具等。

2. 低合金高强度结构钢

低合金高强度结构钢是一种在碳素结构钢的基础上添加总量不小于 5% 合金元素的钢材。所加合金元素主要有锰(Mn)、硅(Si)、钒(V)、钛(Ti)、铌(Nb)、铬(Cr)、镍(Ni)及稀土元素。均为镇静钢。

1) 牌号及其表示方法

低合金高强度结构钢有 Q345、Q390、Q420、Q460、Q500、Q550、Q620 和 Q690 共 8 个牌号,牌号由代表屈服强度的汉语拼音字母、屈服强度数值、质量等级符号 3 个部分组成。

Q——钢的屈服强度的"屈"字汉语拼音的首位字母。

屈服强度数值——345、390、420、460、500、550、620 和 690(MPa)。

质量等级——A、B、C、D、E。按冲击韧性划分,A 级——不要求冲击韧性,B 级——要求 20℃冲击韧性,C 级——要求 0℃冲击韧性,D 级——要求－20℃冲击韧性,E 级——要求－40℃冲击韧性。

当需方要求铜板具有厚度方向的性能时,则在上述规定的牌号后加上代表厚度方向(Z向)性能级别的符号,例如:Q345DZ15。

2) 力学性能

根据国家标准《低合金高强度结构钢》(GB/T 1591—2008)的规定,低合金高强度结构钢的力学性能应符合表 7-6 的规定。

3) 特性及应用

由于合金元素的细晶强化和固溶强化等作用,使低合金高强度结构钢与碳素结构钢相比,既具有较高的强度,同时又有良好的塑性、低温冲击韧性、可焊性和耐蚀性等特点,是一种综合性能良好的建筑钢材。

Q345 级钢是钢结构的常用牌号,Q390 也是推荐使用的牌号。与碳素结构钢 Q235 相比,低合金高强度结构钢 Q345 的强度更高,等强度代换时可以节省钢材 15%～25%,并减轻结构自重。另外,Q345 具有良好的承受动荷载能力和耐疲劳性。低合金高强度结构钢广泛应用于钢结构和钢筋混凝土结构中,特别是大型结构、重型结构、大跨度结构、高层建筑、桥梁工程、承受动荷载和冲击荷载的结构。

3. 优质碳素结构钢

国家标准《优质碳素结构钢》(GB/T 699—1999),将优质碳素结构钢划分为 32 个牌号,分为低含锰量(0.25%～0.50%)、普通含锰量(0.35%～0.80%)和较高含锰量(0.70%～1.20%)3 组,其表示方法为:平均含碳量的万分数—含锰量标识—脱氧程度。

表 7 - 6　低合金高强度结构钢的力学性能

牌号	质量等级	下屈服强度 R_{eL} /MPa 厚度(直径、边长)/mm									抗拉强度 R_m /MPa 厚度(直径、边长)/mm							断后伸长率 A，/% 厚度(直径、边长)/mm					
		16	16~40	40~63	63~80	80~100	100~150	150~200	200~250	250~400	40	40~63	63~80	80~100	100~150	150~250	250~400	40	40~63	63~100	100~150	150~250	250~400
Q345	A	345	335	325	315	305	285	275	265	—	470~630	470~630	470~630	470~630	450~600	450~600	450~600	20	19	19	18	17	—
	B																	21	20	20	19	18	17
	C																						
	D																						
	E																						
Q390	A	390	370	350	330	330	310	—	—	—	490~650	490~650	490~650	490~650	470~620	—	—	20	19	19	18	—	—
	B																						
	C																						
	D																						
	E																						
Q420	A	420	400	380	360	360	340	—	—	—	520~680	520~680	520~680	520~680	500~650	—	—	19	18	18	18	—	—
	B																						
	C																						
	D																						
	E																						
Q460	C	460	440	420	400	400	380	—	—	—	550~720	550~720	550~720	550~720	530~700	—	—	17	16	16	16	—	—
	D																						
	E																						
Q500	C	500	480	470	450	440	—	—	—	—	610~770	600~760	590~750	540~730	—	—	—	17	17	17	—	—	—
	D																						
	E																						
Q550	C	550	530	520	500	490	—	—	—	—	670~830	620~810	600~790	590~780	—	—	—	16	16	16	—	—	—
	D																						
	E																						
Q620	C	620	600	590	570	—	—	—	—	—	710~880	690~880	670~860	—	—	—	—	15	15	15	—	—	—
	D																						
	E																						
Q690	C	690	670	660	640	—	—	—	—	—	770~940	750~920	730~900	—	—	—	—	14	14	14	—	—	—
	D																						
	E																						

注：
① 当屈服不明显时，可测量 $R_{p0.2}$ 代替下屈服强度。
② 当宽度≥600mm扁平材，拉伸试验取横向试样；宽度<600mm扁平材、型材及棒材取纵向试样，断后伸长率最小值相应提高1%（绝对值）；
③ 厚度>250~400的数值适用于扁平材。

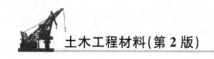

32个牌号是08F、10F、15F、08、10、15、20、25、30、35、40、45、50、55、60、65、70、75、80、85、15Mn、20Mn、25Mn、30Mn、35Mn、40Mn、45Mn、50Mn、55Mn、60Mn、65Mn、70Mn。如"10F"表示平均含碳量为0.10%，低含锰量的沸腾钢；"45"表示平均含碳量为0.45%，普通含锰量的镇静钢；"30Mn"表示平均含碳量为0.30%，较高含锰量的镇静钢。

优质碳素结构对有害杂质的含量控制严格、质量稳定、综合性能好，但成本较高。其性能主要取决于含碳量的多少，含碳量高，则强度高，塑性和韧性差。在建筑工程中，30～45号钢主要用于重要结构的钢铸件和高强度螺栓等，45号钢用作预应力混凝土锚具，65～80号钢用于生产预应力混凝土所用的钢丝和钢绞线。

7.6 常用建筑钢材

7.6.1 钢筋

钢筋与混凝土之间有较大的握裹力，能牢固啮合在一起。钢筋抗拉强度高、塑性好，放入混凝土中可很好地改善混凝土脆性，扩展混凝土的应用范围，同时混凝土的碱性环境又很好地保护了钢筋。钢筋混凝土结构用的钢筋主要由碳素结构钢、低合金高强度结构钢和优质碳素钢制成。

1. 热轧钢筋

钢筋混凝土用热轧钢筋，根据其表面形状分为光圆钢筋和带肋钢筋两类。

1) 热轧光圆钢筋

热轧光圆钢筋(Hot Rolled Plain Bars)是指经热轧成型，横截面通常为圆形，表面光滑的成品钢筋。公称直径为6.0mm、8mm、10mm、12mm、16mm、20mm，以直条或盘卷形式供货。根据《钢筋混凝土用钢筋 第1部分：热轧光圆钢筋》(GB 1499.1—2008)的规定，热轧光圆钢筋级分为HPB235、HPB300两个牌号，其力学性能和工艺性能应符合表7-7的规定。

表7-7 热轧光圆钢筋力学性能和工艺性能要求

牌号	屈服强度 R_{eL}/MPa	抗拉强度 R_m/MPa	断后伸长率 A/%	最大力总伸长率 A_{gt}/%	冷弯试验180° D——弯芯直径 a——钢筋公称直径
	不小于				
HPB235	235	370	25.0	10.0	$d=a$
HPB300	300	420			

光圆钢筋的强度低，但塑性和焊接性能好，便于各种冷加工，因而广泛用作小型钢筋混凝土结构中的主要受力钢筋以及各种钢筋混凝土结构中的构造筋。

2) 热轧带肋钢筋

热轧带肋钢筋是指经热轧成型，横截面通常为圆形，表面带肋的混凝土结构所用的钢材，分为普通热轧钢筋（Hot Rolled Bars）和细晶粒热轧钢筋（Hot Rolled Bars of Fine Grains）。普通热轧钢筋按热轧状态交货，其金相组织主要是铁素体加珠光体，不得有影响使用性能的其他组织存在；细晶粒热轧钢筋在热轧过程中，通过控轧和控冷工艺而形成的细晶粒钢筋，其金相组织主要是铁素体加珠光体，不得有影响使用性能的其他组织存在，晶粒度不粗于9级。

热轧带肋钢筋表面有两条纵肋，并沿长度的方向均匀分布牙形横肋，如图7.11所示。

(a) 月牙肋　　　　　　　　　　(b) 等高肋

图 7.11 带肋钢筋外形图

根据《钢筋混凝土用钢筋 第2部分：热轧带肋钢筋》（GB 1499.2—2007）的规定，普通热轧钢筋分为 HRB335、HRB400、HRB500 3个牌号，细晶粒热轧钢筋分为 HRBF335、HRBF400、HRBF500 3个牌号。热轧带肋钢筋的力学性能和工艺性能应符合表7-8的规定。

表 7-8 热轧带肋钢筋的力学性能和工艺性能要求

牌 号	屈服强度 R_{eL}/MPa	抗拉强度 R_m/MPa	断后伸长率 A/%	最大力总伸长率 A_{gt}/%	冷弯 D——弯心直径 a——钢筋公称直径	
	不小于				公称直径/mm	弯心直径/mm
HRB335 HRBF335	335	455	17		6~25	3a
					28~40	4a
					>40~50	5a
HRB400 HRBF400	400	540	16	7.5	6~25	4a
					28~40	5a
					>40~50	6a
HRB500 HRBF500	500	630	15		6~25	6a
					28~40	7a
					>40~50	8a

HRB335、HRBF335、HRB400 和 HRBF400 钢筋的强度较高，塑性和焊接性能较好，广泛用于大、中型钢筋混凝土结构的受力筋。HRB500 和 HRBF500 钢筋强度高，但塑性和焊接性能较差，可用作预应力钢筋。

2. 冷轧带肋钢筋

冷轧带肋钢筋（Cold-Rolled Ribbed Steel Wires and Bars）是热轧圆盘条经冷轧后，在

其表面带有沿长度方向均匀分布的 3 面或两面横肋钢筋。《冷轧带肋钢筋》(GB 13788—2008)规定,冷轧带肋钢筋按抗拉强度最小值分为 CRB550、CRB650、CRB800 和 CRB970 共 4 个牌号。

CRB550 钢筋的公称直径范围为 4～12mm,CRB650 及以上牌号钢筋的公称直径为 4mm、5mm、6mm。

GB 13788—2008 规定,钢筋的力学性能和工艺性能应符合表 7-9 的要求。当进行冷弯试验时,受弯曲部位表面不得产生裂纹,反复弯曲试验的弯曲半径应符合表 7-10 的规定。钢筋的强屈比 $R_m/R_{p0.2}$ 应不小于 1.03,经供需双方协议可用最大力总伸长率 A_{gt} 代替断后伸长率 A。

表 7-9 冷轧带肋钢筋的力学性能和工艺性能

级别代号	规定非比例强度 $R_{p0.2}$,	抗拉强度 R_m, /MPa	伸长率 A, /%		弯曲试验 180°	反复弯曲次数	应力松弛,初始应力应相当于公称抗拉强度的 70%
			$A_{11.3}$	A_{100}			1 000h 松弛率, /%
CRB550	500	550	8.0	—	$D=3a$	—	—
CRB650	585	650	—	4.0	—	3	8
CRB800	720	800	—	4.0	—	3	8
CRB970	875	970	—	4.0	—	3	8

注:D 为弯心直径,a 为钢筋公称直径。

表 7-10 冷轧带肋钢筋反复弯曲试验的弯曲半径(mm)

钢筋公称直径	4	5	6
弯曲半径	10	15	15

冷轧带肋钢筋与冷拉、冷拔钢筋相比,强度相近,但克服了冷拉、冷拔钢筋握裹力小的缺点,因此,在中、小型预应力混凝土结构构件和普通混凝土结构构件中得到越来越广泛的应用。CRB550 为普通钢筋混凝土用钢筋,其他牌号为预应力混凝土用钢筋。

3. 预应力混凝土用热处理钢筋

预应力混凝土用热处理钢筋是用热轧带钢筋经淬火和回火的调质处理而成的,按外形分为有纵肋(公称直径有 8.2mm、10mm 两种)和无纵肋(公称直径有 6mm、8.2mm 两种)两种。

根据《预应力混凝土用热处理钢筋》(GB 4463—1984)的规定,预应力混凝土用热处理钢筋力学性能应符合表 7-11 的要求。牌号的含义依次为:平均含碳量的万分数、合金元素符号、合金元素平均含量("2"表示含量为 1.5%～2.5%,无数字表示含量<1.5%)、脱氧程度(镇静钢,无该项)。如 $40Si_2Mn$ 表示平均含碳量为 0.40%、硅含量为 1.5%～2.5%、锰含量为<1.5% 的镇静钢。

预应力混凝土所用的热处理钢筋强度高,可代替高强钢丝使用;配筋根数少,节约钢材；锚固性好不易打滑，预应力值稳定；施工简便，开盘后自然伸直，不需调直及焊接。主要用于预应力钢筋混凝土轨枕，也可用于预应力梁、板结构及吊车梁等。

表 7-11 预应力混凝土用热处理钢筋的力学性能

公称直径/mm	牌号	屈服强度 $R_{p0.2}$ /MPa	抗拉强度 R_m /MPa	伸长率 $A_{11.3}$ /%
6	$40Si_2Mn$			
8.2	$48Si_2Mn$	1 325	1 470	6
10	$45Si_2Cr$			

4. 预应力混凝土用钢丝和钢绞线

(1) 预应力混凝土用钢丝是用优质碳素结构钢制成，《预应力混凝土用钢丝》(GB/T 5223—2002)按加工状态分为冷拉钢丝(WCD)和消除应力钢丝两类。消除应力钢丝按松弛性能又分为低松弛钢丝(WLR)和普通松弛钢丝(WNR)。预应力混凝土用钢丝按外形分为光圆(P)、螺旋肋钢丝(H)和刻痕钢丝(I)。

预应力混凝土用钢丝有强度高(抗拉强度 σ_b 为 1 470~1 770MPa，屈服强度 $\sigma_{0.2}$ 为 1 100~1 330MPa)、柔性好(标距为 200mm 的伸长率大于 1.5%，弯曲 180° 达 4 次以上)、无接头、质量稳定可靠、施工方便、不需冷拉、不需焊接等优点。主要用于大跨度屋架及薄腹梁、大跨度吊车梁、桥梁、电杆和轨枕等的预应力钢筋等。

(2) 预应力混凝土用钢绞丝是以数根优质碳素结构钢丝经绞捻和消除内应力的热处理而制成。《预应力混凝土用钢绞线》(GB/T 5224—2004)根据捻制结构(钢丝的股数)，将其分为 1×2、1×3、(1×3)I、1×7 和 (1×7)C 共 5 类。

预应力混凝土用钢绞线的最大负荷随钢丝的根数不同而不同，7 根捻制结构的钢绞线，整根钢绞线的最大力达 384kN 以上，规定非比例延伸力可达 346kN 以上，1 000h 松弛率≤1.0%~4.5%。

预应力混凝土用钢绞线亦具有强度高、柔韧性好、无接头、质量稳定和施工方便等优点，使用时按要求的长度切割，主要用于大跨度、大负荷的后张法预应力屋架、桥梁和薄腹板等结构的预应力筋。

7.6.2 型钢

钢结构用钢材主要是热轧成型的钢板和型钢等；薄壁轻型钢结构中主要采用薄壁型钢、圆钢和小角钢；钢材所用的母材主要是普通碳素结构钢和低合金高强度结构钢。

1. 热轧型钢

钢结构常用型钢有工字钢、H 形钢、T 形钢、Z 形钢、槽钢、等边角钢和不等边角钢等。图 7.12 为几种常用型钢示意图。型钢由于截面形式合理，材料在截面上分布对受力最为有利，且构件间连接方便，所以它是钢结构中采用的主要钢材。

钢结构用钢的钢种和钢号，主要根据结构与构件的重要性、荷载的性质(静载或动

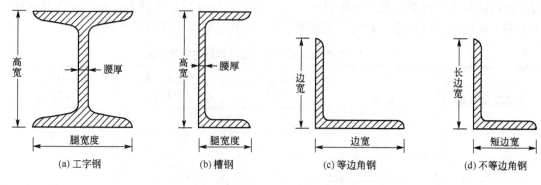

图 7.12　几种常用热轧型钢截面示意图

载)、连接方法(焊接、铆接或螺栓连接)、工作条件(环境温度及介质)等因素来选择。我国建筑用的热轧型钢主要采用碳素结构钢和低合金钢,其中应用最多是碳素钢 Q235A,低合金钢 Q345(16Mn)及 Q390(15MnV),前者适用于一般钢结构工程,后者可用于大跨度、承受动荷载的钢结构工程。

工字钢广泛应用于各种建筑结构和桥梁,主要用于承受横向弯曲(腹板平面内受弯)的杆件,但不宜单独用作轴心受压构件或双向弯曲的构件。

与工字钢相比,H 型钢优化了截面的分布,有翼缘宽、侧向刚度大、抗弯能力强、翼缘两表面相互平行、连接构造方便、省劳力、质量轻、节省钢材等优点。常用于承载力大、截面稳定性好的大型建筑,其中宽翼缘和中翼缘 H 型钢适用于钢柱等轴心受压构件,窄翼缘 H 型钢适用于钢梁等受弯构件。

槽钢可用作承受轴向力的杆件、承受横向弯曲的梁以及联系杆件,主要用于建筑结构、车辆制造等。

角钢主要用作承受轴向力的杆件和支撑杆件,也可作为受力构件之间的连接零件。

2. 冷弯薄壁型钢

冷弯薄壁型钢通常用 2～6mm 薄钢板冷弯或模压而成,有角钢、槽钢等开口薄壁型钢及方形、矩形等空心薄壁型钢。可用于轻型钢结构。

3. 钢板

钢板有热轧钢板和冷轧钢板之分,按厚度可分为厚板(厚度＞4mm)和薄板(厚度≤4mm)两种。厚板用热轧方式生产,材质按使用要求相应选取;薄板用热轧或冷轧方式均可生产,冷轧钢板一般质量较好、性能优良,但其成本高,土木工程中使用的薄钢板多为热轧型。

钢板的钢种主要是碳素钢,某些重型结构、大跨度桥梁等也采用低合金钢。厚板主要用于结构,薄板主要用于屋面板、楼板和墙板等。在钢结构中,单块钢板不能独立工作,必须用几块板组合成工字形、箱形等结构来承受荷载。

4. 钢管

按照生产工艺,钢结构所用钢管分为热轧无缝钢管和焊接钢管两大类。

(1) 热轧无缝钢管以优质碳素钢和低合金结构钢为原材料,多采用热轧—冷拔联合工艺生产,也可用冷轧方式生产,但后者成本高昂。主要用于压力管道和一些特定的钢结构。

（2）焊接钢管采用优质或普通碳素钢钢板卷焊而成，表面镀锌或不镀锌（视使用而定）。按其焊缝形式有直缝电焊钢管和螺旋焊钢管，适用于各种结构、输送管道等。焊接钢管成本较低、容易加工，但多数情况下抗压性能较差。

在土木工程中，钢管多用于制作桁架、塔桅、钢管混凝土等，广泛应用于高层建筑、厂房柱、塔柱、压力管道等工程中。

7.7 铝合金及制品

铝为银白色轻金属，纯铝的密度为 $2.7g/cm^3$，约为钢的 $1/3$。铝的性质活泼，在空气中能与氧结合形成致密坚固的氧化铝薄膜，覆盖在下层金属表面，阻止其继续腐蚀。因此，铝在大气中有良好的抗腐蚀能力。

1. 铝合金

由于纯铝的强度低而限制了它的应用范围，工业生产中常采用合金化的方式，即在铝中加入一定量的合金元素，如铜、镁、锰、锌和硅等来提高强度和耐腐蚀性。铝合金由于一般力学性能明显提高并仍保持铝质量轻的固有特性，所以使用价值也大为提高，在建筑装饰中得到广泛的应用。常用的铝合金有防锈铝合金（LF）、硬铝合金（LY）、超硬铝合金（LC）和锻铝合金（LD）。

防锈铝合金中主要的合金元素是锰和镁。锰的主要作用是提高合金的抗腐蚀能力，起到固溶强化作用。在铝中加入镁也可以起到固溶强化作用。硬铝合金主要是铝铜镁合金，这类合金的强度高但其抗腐蚀性差。超硬铝合金抗腐蚀性差，在高温下软化快。锻铝合金在铝中加入了镁、硅及铜等元素，这类合金具有良好的热塑性并有较好的机械性能，常用来制造建筑型材。

2. 常用的装饰用铝合金制品

1）铝合金门窗

在现代建筑装饰工程中，尽管铝合金门窗比普通门窗的造价高 3～4 倍，但由于其具有长期维修费用低、性能好、美观和节约能源等优点，故在世界范围内仍得到广泛应用。

与普通木门窗、钢门窗相比，铝合金门窗具有如下特点。

（1）质量轻。铝合金门窗用材省、质量轻，每平方米耗用铝型材平均为 8～12kg，比用钢、木门窗的质量减轻 50% 左右。

（2）性能好。如气密性、水密性、隔声性、隔热性均比普通门窗好，故对安装空调设备的建筑，相对防尘、隔声、保温隔热等有特殊要求的建筑，更适宜采用铝合金门窗。

（3）色泽美观。制作铝合金门窗框料的型材，表面可经过氧化着色处理，可着银白色、古铜色、暗红色、黑色等柔和的颜色或带色的花纹，还可以涂装聚丙烯酸树脂膜，使其表面光亮，增加了建筑物的立面和内部的美观。

（4）使用维修方便。铝合金门窗不需要涂漆，不褪色、不脱落，表面不需要维修。铝合金门窗强度较高、刚性好、坚固耐用、零部件经久不坏、开关灵活轻便、无噪声。

（5）便于工业化生产。铝合金门窗的加工、制作、装配、试验都可在工厂进行大批量工业化生产。有利于实现产品设计标准化、系列化，零配件通用化，以及产品的商品化。

2）铝合金装饰板及吊顶

铝合金装饰板是现代较为流行的建筑装饰板材，具有质量轻、不燃烧、耐久性好、施工方便、装饰效果好等特点。在装饰工程中用得较多的铝合金板材有以下几种。

（1）铝合金花纹板及浅纹板。是采用防锈铝合金材料，用特殊的花纹机辊轧而成的。花纹美观大方、筋高适中、不易磨损、防滑性好、防腐蚀性能强、便于冲洗，通过表面处理可以得到各种不同的颜色，花纹板板材平整、裁剪尺寸精确、便于安装。广泛用于现代建筑墙面装饰及楼梯、踏板等处。

铝合金浅花纹板，其花纹精巧别致，色泽美观大方，同普通铝合金相比，刚度提高20％，抗污垢、防划伤、耐擦伤能力均有提高，是优良的建筑装饰材料之一。

（2）铝合金压型板。它的特点是质量轻、外形美观、耐腐蚀、经久耐用、安装容易和施工快速等，经表面处理可得到各种优美的色彩，是现代广泛应用的一种新型建筑材料。主要用作墙面和屋面。

（3）铝合金穿孔平板。它是用各种铝合金平板经机械穿孔而成的。根据需要孔型有圆孔、方孔、长方孔、三角孔和大小组合孔等。是近年来开发的一种吸声并兼有装饰效果的新产品。

铝合金穿孔板具有良好的防腐蚀性能，光洁度高，有一定的强度，易加工成各种形状、尺寸，有良好的防震、防水、防火性能及良好的消音效果，广泛用于宾馆、饭店、剧场、影院、播音室等公共建筑和中、高级民用建筑中。

（4）铝合金波纹板。这种板材有银白色等多种颜色，主要用于墙面装饰，也可用作屋面，有很强的反射阳光的能力，且十分经久耐用，在大气中使用20年不需要更换。更换拆卸下来的花纹板仍可使用，因此得到了广泛应用。

（5）铝合金吊顶。具有质量轻、不燃烧、耐腐蚀、施工方便和装饰华丽等特点。

习　　题

1. 冶炼方法与脱氧程度对钢材的性能有何影响？

2. 画出低碳钢拉伸时的应力-应变曲线，在图上标示出反映钢材性能的主要参数。试解释低碳钢受拉过程中出现屈服阶段和强化阶段的原因。

3. 什么是屈强比？对选用钢材有何意义？

4. 伸长率表示钢材的什么性质？如何计算？对同一钢材来说，A 和 $A_{11.3}$ 哪个值大？为什么？

5. 何谓冷脆性和脆性转变温度？它们对选用钢材有何意义？

6. 反映钢材的塑性、强度和缺陷的指标分别有哪些？

7. 钢材热处理的工艺有哪些？起什么作用？

8. 冷加工和时效对钢材性能有何影响？

9. 钢材的腐蚀与哪些因素有关？如何对钢材进行防腐和防火处理？

10. 解释钢号 Q235AF、Q235D 代表的意义，并比较两者在性能和应用上的异同。

11. 热轧钢筋分为几个等级？各级钢筋有什么特性和用途？

12. 工地上为何常对强度偏低而塑性偏大的低碳盘条钢筋进行冷拉？

13. 钢筋拉伸试验和冷弯试验如何抽样？试件数量分别为多少？

14. 对直径为 22mm 的热轧带肋钢筋，截取长度为 420mm 试件两根做拉伸试验，试件原始标距为 220mm，测得屈服点的荷载分别为 139.3kN 和 139.7kN，拉断时的荷载分别为 210.3kN 和 212.5kN，拉断后的标距长度分别为 263.1mm 和 262.8mm。问该钢筋属于什么牌号？

15. 试展望铝材及其合金制品在我国建筑上有何应用。

16. 选择题。

(1) 钢结构设计时，碳素钢以（　　）强度作为设计计算取值的依据。

①抗拉强度　②屈服强度　③条件屈服强度　④弹性极限强度

(2) 钢材随着含碳量的（　　）而强度提高，其塑料（　　）。

①减少　②提高　③不变　④降低

(3) 严寒地区的露天焊接钢结构，应优先选用（　　）。

①16Mn　②Q235C　③Q275　④Q235A

(4) 对直接承受动荷载的钢结构应选用（　　）。

①平炉镇静钢　②平炉沸腾钢　③氧气转炉半镇静钢

第 8 章
墙体材料

教学目标

　　本章讲述了烧结普通砖、烧结多孔砖和烧结空心砖的技术性质与应用，蒸压灰砂砖、蒸压(养)粉煤灰砖、炉渣砖的主要技术性质与应用，普通混凝土小型砌块、轻骨料混凝土小型砌块和蒸压加气混凝土砌块的主要技术性质与应用。通过本章的学习，应达到以下目标。

　　(1) 掌握烧结普通砖的性质与应用，我国墙体材料改革的意义与方向。

　　(2) 了解烧结多孔砖、烧结空心砖、蒸压蒸养砖、砌块的主要性质与应用特点。

教学要求

知识要点	能力要求	相关知识
烧结普通砖的性能与应用	(1) 烧结普通砖的技术性质 (2) 烧结普通砖强度等级的评定方法 (3) 我国墙体材料改革的意义与方向	(1) 烧结砖生产工艺 (2) 烧结普通砖技术性质 (3) 烧结普通砖的应用及其改革方向
烧结多孔砖和烧结空心砖的性能与应用	(1) 烧结多孔砖和烧结空心砖的主要技术性质、特点与应用 (2) 烧结多孔砖强度等级的评定方法	(1) 烧结多孔砖和烧结空心砖的特点与应用 (2) 烧结多孔砖和烧结空心砖的主要技术性质
蒸压蒸养砖和砌块的性能与应用	(1) 蒸压蒸养砖、常用砌块的主要技术性质与应用 (2) 蒸压蒸养砖强度等级的评定方法	(1) 蒸压蒸养砖的主要技术性质与应用 (2) 砌块的主要技术性质与应用

引例

2011 年 11 月，湖南省衡阳市某小区别墅施工中发现，砌筑 3 个月的砖砌体表面出现大量白色盐霜，盐霜中有大量杆状结晶，部分砖表面粉化、酥松，劣化厚度达 5～10mm，施工技术人员不知所措，十分紧张。经分析调查后发现，该工程使用的页岩砖采用内燃法生产，该批砖烧制时掺入了含大量硫酸盐的低质煤。

墙体材料一般由粘土、页岩、工业废渣或其他资源为主要原料，以一定工艺制成。此外，天然石材经加工也可作为墙体材料。在建筑工程中用于砌筑墙体的材料称为墙体材料。墙体材料具有承重、围护和分隔作用，其质量占建筑物总质量的 50% 以上，合理选用墙体材料对建筑物的结构形式、高度、跨度、安全、使用功能及工程造价等均有重要意义。墙体材料的品种很多，根据外形和尺寸大小分为砌墙砖、砌块和板材三大类，每一类中又分成实心和空心两种形式，砌墙砖还有烧结砖和非烧结（免烧）砖之分。本章主要学习常用砌墙砖和砌块。

8.1 烧 结 砖

凡以粘土、页岩、煤矸石、粉煤灰等为原料，经成型及焙烧所得的用于砌筑承重或非承重墙体的砖统称为烧结砖。

烧结砖按有无穿孔分为烧结普通砖、烧结多孔砖和烧结空心砖。烧结砖按砖的主要成分又分为烧结粘土砖（N）、烧结页岩砖（Y）、烧结煤矸石砖（M）及烧结粉煤灰砖（F）。

各种烧结砖的生产工艺基本相同，均为原料配制──→制坯──→干燥──→焙烧──→成品。

原料对制砖工艺性能和砖的质量性能起着决定性的作用，焙烧是重要的工艺环节。

焙烧砖的燃料可以外投，也可以将煤渣、粉煤灰等可燃工业废渣以适量比例掺入制坯粘土原料中作为内燃料。后一种方法称为内燃烧砖法，近几年在我国普遍采用。这种方法可节省大量外投煤，节约原料粘土 5%～10%，可变废为宝，减少环境污染。焙烧出的产品，强度提高 20% 左右，表观密度小，导热系数降低。

当焙烧窑中为氧化气氛时，粘土中所含铁的氧化物被氧化，生成红色的高价氧化铁（Fe_2O_3），烧得的砖为红色；若窑内为还原气氛，高价的氧化铁还原为青灰色的低价氧化铁（FeO）即得青砖。青砖较红砖结实、耐碱和耐久，但生产效率低、浪费能源、价格较贵。

8.1.1 烧结普通砖

以粘土、页岩、煤矸石或粉煤灰为原料制得的没有孔洞或孔洞率（砖面上孔洞总面积占砖面积的百分率）小于 15% 的烧结砖，称为烧结普通砖。

国家标准《烧结普通砖》（GB 5101—2003）规定，烧结普通砖根据抗压强度分为 MU30、MU25、MU20、MU15、MU10 共 5 个强度等级。根据尺寸偏差、外观质量、泛霜和石灰爆裂分为优等品（A）、一等品（B）和合格品（C）。

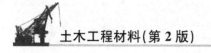

1. 技术性质

1) 外形尺寸

普通烧结砖的标准尺寸为 240mm×115mm×53mm。240mm×115mm 的面称为大面，240mm×53mm 的面称为条面，115mm×53mm 的面称为顶面。考虑 10mm 砌筑灰缝，则 4 块砖长、8 块砖宽或 16 块砖厚均为 1m。由此可计算墙体用砖数量，如 1m³ 砖砌体需要用砖 512 块，砌筑 1m² 的 24 墙须用砖 8×16＝128(块)。

2) 外观质量

外观质量包括两条面高度差、弯曲程度、杂质凸出高度、缺棱掉角程度、裂纹长度、完整面数和颜色等。

3) 强度等级

烧结普通砖的强度等级根据抗压强度划分。抗压强度测定时，取 10 块砖进行试验，根据试验结果，按平均值—标准差(变异系数 $\delta \leqslant 0.21$ 时)或平均值—最小值方法(变异系数 $\delta > 0.21$ 时)评定砖的强度等级，见表 8-1。

表 8-1　烧结普通砖强度等级划分规定(MPa)

强度等级	抗压强度平均值 $\bar{f}$,	变异系数 δ　0.21	变异系数 δ　0.21
		强度标准值 f_k,	单块最小抗压强度值 f_{min},
MU30	30.0	22.0	25.0
MU25	25.0	18.0	22.0
MU20	20.0	14.0	16.0
MU15	15.0	10.0	12.0
MU10	10.0	6.5	7.5

烧结普通砖的抗压强度标准值按下式计算。

$$f_k = \bar{f} - 1.8S \tag{8-1}$$

$$S = \sqrt{\frac{1}{9} \sum_{i=1}^{10} (f_i - \bar{f})^2} \tag{8-2}$$

式中　f_i——单块砖样的抗压强度测定值，MPa；

　　　$\bar{f}$——10 块砖样的抗压强度平均值，MPa；

　　　f_k——砖样的抗压强度标准值，MPa；

　　　S——10 块砖样的抗压强度标准差，MPa。

强度变异系数 δ 按下式计算。

$$\delta = \frac{S}{\bar{f}} \tag{8-3}$$

4) 泛霜

泛霜是指粘土原料中的可溶性盐类(如硫酸钠等)在砖使用过程中，随着砖内水分蒸发而在砖表面产生的盐析现象，一般为白霜。这些结晶的白色粉状物不仅有损于建筑物的外观，而且结晶的体积膨胀也会引起砖表层的酥松，同时破坏砖与砂浆之间的粘结。优等品砖应无泛霜，一等品砖应无中等泛霜，合格品砖应无严重泛霜。

5) 石灰爆裂

当原料土或掺入的内燃料中夹杂有石灰质成分，则在烧砖时其被烧成过火石灰留在砖中。这些过火石灰在砖体内吸收水分消化时产生体积膨胀，导致砖发生胀裂破坏，这种现象称为石灰爆裂。

石灰爆裂对砖砌体影响较大，轻者影响外观，重者导致强度降低直至破坏。标准规定：优等品砖不允许出现最大破坏尺寸大于 2mm 的爆裂区域；一等品砖最大破坏尺寸大于 2mm 且小于等于 10mm 的爆裂区域，每组砖样不得多于 15 处，不允许出现最大破坏尺寸大于 10mm 的爆裂区域；合格品砖最大破坏尺寸大于 2mm，且小于等于 15mm 的爆裂区域，每组砖样不得多于 15 处，其中大于 10mm 的不得多于 7 处，不允许出现最大破坏尺寸大于 15mm 的爆裂区域。

6) 抗风化性能

抗风化性能是指在干湿变化、温度变化、冻融变化等物理因素作用下，材料不破坏并长期保持其原有性质的能力。风化指数是指日气温从正温降低至负温或负温升至正温的每年平均天数与每年从霜冻之日起至消失霜冻之日止这一期间降雨量（以 mm 计）的平均值的乘积。当风化指数大于等于 12 700 时为严重风化区，风化指数小于 12 700 时为非严重风化区，风化区的划分见表 8-2。用于非严重风化区和严重风化区的烧结普通砖，其 5h 沸煮吸水率和饱和系数见表 8-3。

表 8-2 风化区的划分

严重风化区		非严重风化区	
1. 黑龙江省	11. 河北省	1. 山东省	11. 福建省
2. 吉林省	12. 北京市	2. 河南省	12. 台湾省
3. 辽宁省	13. 天津市	3. 安徽省	13. 广东省
4. 内蒙古自治区		4. 江苏省	14. 广西壮族自治区
5. 新疆维吾尔自治区		5. 湖北省	15. 海南省
6. 宁夏回族自治区		6. 江西省	16. 云南省
7. 甘肃省		7. 浙江省	17. 西藏自治区
8. 青海省		8. 四川省	18. 上海市
9. 陕西省		9. 贵州省	19. 重庆市
10. 山西省		10. 湖南省	

表 8-3 砖抗风化性能

砖种类	严重风化区				非严重风化区			
	5h 沸煮吸水率，/%		饱和系数，		5h 沸煮吸水率，/%		饱和系数，	
	平均值	单块最大值	平均值	单块最大值	平均值	单块最大值	平均值	单块最大值
粘土砖	18	20	0.85	0.87	19	20	0.88	0.90
粉煤灰砖	21	23			23	25		
页岩砖	16	18	0.74	0.77	18	20	0.78	0.80
煤矸石砖								

注：粉煤灰掺入量（体积比）小于 30% 时，抗风化性能指标按粘土砖规定判定。

严重风化区中的 1、2、3、4、5 地区的砖,必须进行冻融试验,其余地区的砖的抗风化性能符合表 8 - 3 规定时可不做冻融试验,否则,必须进行冻融试验。冻融试验后,每块砖样不允许出现裂纹、分层、掉皮、缺棱和掉角等冻坏现象,质量损失不得大于 2%。

7) 放射性

放射性物质不能超过规定值,应符合 GB 6566—2010 的规定。

2. 烧结普通砖的应用

烧结普通砖具有良好的绝热性、透气性、耐久性和热稳定性等特点,在建筑工程中主要用作墙体材料,其中中等泛霜的砖不得用于潮湿部位。烧结普通砖可用于砌筑柱、拱、烟囱、窑身、沟道及基础等;可与轻混凝土、加气混凝土等隔热材料复合使用,砌成两面为砖,中间填充轻质材料的复合墙体;在砌体中配置适当钢筋和钢筋网成为配筋砖砌体,可代替钢筋混凝土柱、过梁等。

由于砖砌体的强度不仅取决于砖的强度,而且受砂浆性质的影响很大。故在砌筑前砖应进行浇水湿润,同时应充分考虑砂浆的和易性及铺砌砂浆的饱满度。

值得指出的是,在众多墙体材料中,由于粘土砖可就地取材,生产工艺简单,使用方便,在过去相当长的一段时间内它是各国墙体材料的主要品种,但粘土砖的生产对土地资源以及能源消耗巨大、自重大、尺寸小、施工效率低、抗震能力差,烧结实心粘土砖已逐步限制使用,并最终淘汰,代之以空心砖、工业废渣砖、砌块及轻质板材等。

8.1.2 烧结多孔砖和烧结空心砖

烧结多孔砖和烧结空心砖均以粘土、页岩、煤矸石为主要原料,经焙烧而成的。孔洞率大于或等于 15%、孔的尺寸小而数量多、常用于承重部位的砖称为多孔砖;孔洞率大于或等于 35%、孔的尺寸大而数量少、常用于非承重部位的砖称为空心砖。

1. 烧结多孔砖与烧结空心砖的特点与应用

烧结多孔砖和烧结空心砖的原料及生产工艺与烧结普通砖基本相同,但对原料的可塑性要求较高。

烧结多孔砖为大面有孔洞的砖,孔多而小,表观密度为 1 400kg/m³ 左右,强度较高。使用时孔洞垂直于承压面,主要用于砌筑 6 层以下承重墙。烧结空心砖为顶面有孔的砖,孔大而少,表观密度在 800~1 100kg/m³ 之间,强度低,使用时孔洞平行于受力面,用于砌筑非承重墙。

与烧结普通砖相比,生产多孔砖和空心砖可节省粘土 20%~30%,节约燃料 10%~20%,且砖坯焙烧均匀,烧成率高。采用多孔砖或空心砖砌筑墙体,可减轻自重 1/3 左右,工效提高 40% 左右,同时能有效地改善墙体热工性能和降低建筑物使用能耗。因此推广应用多孔砖和空心砖是加快我国墙体材料改革的重要措施之一。

2. 主要技术性质

根据《烧结多孔砖》(GB 13544—2000)和《烧结空心砖和空心砌块》(GB 13545—2003)的规定,其主要技术要求如下。

1) 形状与规格尺寸

烧结多孔砖为直角六面体,有 190mm×190mm×90mm(代号 M)和 240mm×115mm×90mm(代号 P)两种规格。其孔洞:圆孔直径≤22mm,非圆孔内切圆直径≤15mm,手抓孔(30~40)×(75×85)mm。形状如图 8.1 所示。

烧结空心砖为直角六面体,其长度不超过 365mm,宽度不超过 240mm,高度不超过 115mm(超过以上尺寸则为空心砌块),孔型采用矩形条孔或其他孔型。形状如图 8.2 所示。

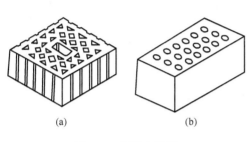

图 8.1　烧结多孔砖

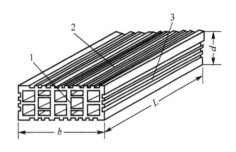

图 8.2　烧结空心砖

1—顶面;2—大面;3—条面;

L—长度;b—宽度;d—高度

2) 强度及质量等级

多孔砖根据抗压强度分为 MU30、MU25、MU20、MU15、MU10 共 5 个强度等级,根据尺寸偏差、外观质量、孔型及孔洞排列、泛霜、石灰爆裂分为优等品(A)、一等品(B)和合格品(C)。各强度等级的具体指标要求见表 8-4。

表 8-4　烧结多孔砖的强度等级(MPa)

强度等级	抗压强度平均值 $\bar{f}$,	变异系数 δ 0.21	变异系数 δ 0.21
		强度标准值 f_k,	单块最小抗压强度值 f_{min},
MU30	30.0	22.0	25.0
MU25	25.0	18.0	22.0
MU20	20.0	14.0	16.0
MU15	15.0	10.0	12.0
MU10	10.0	6.5	7.5

烧结空心砖和空心砌块根据抗压强度分 MU10、MU7.5、MU5.0、MU3.5 和 MU2.5 共 5 个级别,根据尺寸偏差、外观质量、孔洞排列及结构、泛霜、石灰爆裂、吸水率分为优等品(A)、一等品(B)和合格品(C),按表观密度分 800、900、1000 和 1100 共 4 个密度级别。强度等级判定方法见表 8-5。

3) 耐久性

烧结多孔砖耐久性要求主要包括泛霜、石灰爆裂和抗风化性能,各质量等级砖的泛霜、石灰爆裂和抗风化性能要求与烧结普通砖相同。

表 8-5　烧结空心砖和空心砌块的强度等级

强度等级	抗压强度/MPa			密度等级范围/(kg/m³)
	抗压强度平均值 $\bar{f}$,	变异系数 δ 　0.21	变异系数 δ 　0.21	
		强度标准值 f_k,	单块最小抗压强度值 f_{min},	
MU10	10.0	7.0	8.0	≤1 100
MU7.5	7.5	5.0	5.8	
MU5.0	5.0	3.5	4.0	
MU3.5	3.5	2.5	2.8	
MU2.5	2.5	1.6	1.8	≤800

8.2 蒸压蒸养砖

　　蒸压蒸养砖(又称硅酸盐砖)是以硅质材料和石灰为主要原料,必要时加入骨料和适量石膏,经压制成型,湿热处理制成的建筑用砖。根据所用硅质材料不同有灰砂砖、粉煤灰砖、炉渣砖、矿渣砖和尾矿砖等。

　　1. 蒸压灰砂砖

　　蒸压灰砂砖(简称灰砂砖)是以石灰和砂为主要原料,经坯料制备、压制成型、蒸压养护而成的实心砖。

　　根据国家标准《蒸压灰砂砖》(GB 11945—1999)规定:蒸压灰砂砖根据灰砂砖的颜色分为彩色的(Co)和本色的(N);根据抗压强度和抗折强度分为 MU25、MU20、MU15、MU10 四级;根据尺寸偏差和外观质量分为优等品(A)、一等品(B)和合格品(C)。尺寸为 240mm×115mm×53mm。

　　各等级砖的抗压强度和抗折强度值及抗冻性指标应符合表 8-6 的要求。

表 8-6　灰砂砖的强度指标和抗冻性指标

强度等级	抗压强度/MPa		抗折强度/MPa		抗冻性	
	平均值,	单块值,	平均值,	单块值,	抗压强度平均值, /MPa	单块砖干质量损失, /%
MU25	25.0	20.0	5.0	4.0	20.0	2.0
MU20	20.0	16.0	4.0	3.2	16.0	2.0
MU15	15.0	12.0	3.3	2.6	12.0	2.0
MU10	10.0	8.0	2.5	2.0	8.0	2.0

　　注:优等品的强度等级不得低于 MU15。

　　灰砂砖呈灰青色,表观密度为 1 800~1 900kg/m³,导热系数约为 0.61W/(m·K),MU15、MU20、MU25 的砖可用于基础及其他建筑,MU10 的砖仅可用于防潮层以上的建筑。灰砂砖不得用于长期受热 200℃以上、受急冷、急热和有酸性介质侵蚀的建筑部位。

灰砂砖的耐水性良好，在长期潮湿环境中，其强度变化不显著，但其抗流水冲刷的能力较弱，因此不能用于流水冲刷部位，如落水管出水处和水龙头下面等。

2. 蒸压(养)粉煤灰砖

蒸压(养)粉煤灰砖以粉煤灰、石灰为主要原料，掺加适量石膏和骨料经坯料制备、压制成型、高压或常压蒸汽养护而成的实心砖。

根据行业标准《粉煤灰砖》(JC 239—2001)规定，粉煤灰砖根据抗压强度和抗折强度分为 MU30、MU25、MU20、MU15 和 MU10 这 5 个强度级别。根据尺寸偏差、外观质量、强度等级和干燥收缩分为优等品(A)、一等品(B)和合格品(C)。公称尺寸为 240mm×115mm×53mm。

各等级砖的抗压强度和抗折强度值及抗冻性指标应符合表 8-7 的要求。

表 8-7 粉煤灰砖的强度指标和抗冻性指标

强度等级	抗压强度/MPa		抗折强度/MPa		抗冻性	
	10 块平均值,	单块值,	10 块平均值,	单块值,	冻后抗压强度平均值, /MPa	单块砖干质量损失, /%
MU30	30.0	24.0	6.2	5.0	24.0	
MU25	25.0	20.0	5.0	4.0	20.0	
MU20	20.0	16.0	4.0	3.2	16.0	2.0
MU15	15.0	12.0	3.3	2.6	12.0	
MU10	10.0	8.0	2.5	2.0	8.0	

注：强度等级以蒸汽养护后 1d 的强度为准。

蒸压(养)粉煤灰砖呈深灰色，表观密度 1 400～1 500kg/m³，导热系数约为 0.65 W/(m·K)。JC 239—2001 规定优等品和一等品干燥收缩率应不大于 0.65mm/m；合格品的应不大于 0.75 mm/m，碳化系数不小于 0.8。

粉煤灰砖可用于工业与民用建筑的墙体和基础，但用于基础或用于易受冻融和干湿交替作用的建筑部位，必须使用一等品和优等品。粉煤灰砖不得用于长期受热 200℃及受急冷、急热交替作用或有酸性介质侵蚀的建筑部位，为避免或减少收缩裂缝的产生，用粉煤灰砖砌筑的建筑物，应适当增设圈梁及伸缩缝。

3. 炉渣砖

炉渣砖是以炉渣为主要原料，掺入适量水泥、电石渣、石灰、石膏，经混合、压制成型、蒸养或蒸压而成的实心砖。

根据行业标准《炉渣砖》(JC/T 525—2007)规定，炉渣砖根据抗压强度分为 MU25、MU20 和 MU15 这 3 个强度等级。公称尺寸为 240mm×115mm×53mm。

各等级砖的抗压强度和抗冻性应符合表 8-8 的要求，碳化性能应符合表 8-9 的规定。

JC/T 525—2007 规定，炉渣砖干燥收缩率应不大于 0.06%，耐火极限不小于 2.0h，用于清水墙的砖抗渗性要符合要求，放射性应符合《建筑材料放射性核素限量》(GB 6566)的规定。

表8-8 炉渣砖的强度指标和抗冻性

强度等级	抗压强度/MPa			抗冻性	
	抗压强度平均值 $\bar{f}$,	变异系数 δ ≤ 0.21 强度标准值 f_k,	变异系数 δ > 0.21 单块最小抗压强度值 f_{min},	冻后抗压强度平均值, /MPa	单块砖干质量损失, /%
MU25	25.0	19.0	20.0	22.0	
MU20	20.0	14.0	16.0	16.0	2.0
MU15	15.0	10.0	12.0	12.0	

表8-9 炉渣砖的碳化性能

强度级别	碳化后强度平均值, /MPa	强度级别	碳化后强度平均值, /MPa
MU25	22.0	MU15	12.0
MU20	16.0	—	—

炉渣砖呈黑灰色,表观密度为 1 500~2 000kg/m³,导热系数约为 0.75W/(m·K),炉渣砖可用于工业与民用建筑的墙体和基础,但用于基础或用于易受冻融和干湿交替作用的建筑部位必须使用 15 级与 15 级以上的砖。炉渣砖不得用于长期受热 200℃以上、受急冷、急热和有酸性介质侵蚀的建筑部位。

8.3 砌 块

砌块是用于砌墙的尺寸较大的人造块材,外形多为六面直角体,也有多种异形体。按产品主规格的尺寸可分为大型砌块(高度大于 980mm)、中型砌块(高度为 380~980mm)和小型砌块(高度为 115~380mm)。砌块高度一般不大于长度或宽度的 6 倍,长度不超过高度的 3 倍。砌体具有适应性强、原料来源广、制作简单及施工方便等特点。常见的有普通混凝土小型砌块、轻骨料混凝土小型空心砌块、加气混凝土砌块和石膏砌块等。

1. 普通混凝土小型砌块

普通混凝土小型空心砌块是以水泥、砂、石子制成,空心率 25%~50%,适宜于人工砌筑的混凝土建筑砌块系列制品。其主规格尺寸为 390mm×190mm×190mm,其他规格尺寸可由供需双方协商,最小外壁厚应不小于 30mm,最小肋厚应不小于 25mm。

根据国家标准《混凝土小型空心砌块》(GB 8239—1997)的规定,混凝土小型空心砌块根据抗压强度分为 MU3.5、MU5.0、MU7.5、MU10.0、MU15.0 和 MU20.0 这 6 个等级;按其尺寸偏差,外观质量分为优等品(A)、一等品(B)及合格品(C)。

普通混凝土小型空心砌块的强度等级应符合表 8-10 的规定;相对含水率应符合表 8-11 的规定;用于清水墙时的砌块,其抗渗性应满足表 8-12 的规定;抗冻性应符合表 8-13 的规定。

表 8 - 10 混凝土小型空心砌块强度等级(MPa)

强度等级	砌块抗压强度		强度等级	砌块抗压强度	
	平均值,	单块最小值,		平均值,	单块最小值,
MU3.5	3.5	2.8	MU10.0	10.0	8.0
MU5.0	5.0	4.0	MU15.0	15.0	12.0
MU7.5	7.5	6.0	MU20.0	20.0	16.0

表 8 - 11 混凝土小型空心砌块相对含水率(%)

使用地区	潮湿	中等	干燥
相对含水率,	45	40	35

注：潮湿——指年平均相对湿度大于75%的地区；中等——指年平均相对湿度为50%～75%的地区；干燥——指年平均相对湿度小于50%的地区。

表 8 - 12 混凝土小型空心砌块抗渗性(mm)

项目名称	指标
水面下降高度	3块中任一块不大于10

表 8 - 13 混凝土小型空心砌块抗冻性

使用环境条件		抗冻标号	指标
非采暖地区		不规定	—
采暖地区	一般环境	D15	强度损失≤25%
	干湿交替环境	D25	质量损失≤5%

注：非采暖地区指最冷月份平均气温高于-5℃的地区；采暖地区指最冷月份平均气温低于或等于-5℃的地区。

　　普通混凝土小型空心砌块具有强度较高、自重较轻、耐久性好、外表尺寸规整等优点，部分类型的混凝土砌块还具有美观的饰面以及良好的保温隔热性能，适用于建造各种居住、公共、工业、教育、国防和安全性质的建筑，包括高层与大跨度的建筑，以及围墙、挡土墙、桥梁、花坛等市政设施，应用范围十分广泛。混凝土砌块施工方法与普通烧结砖相近，在产品生产方面还具有原材料来源广泛、不毁坏良田、能利用工业废渣、生产能耗较低、对环境的污染程度较小、产品质量容易控制等优点。

　　混凝土砌块在19世纪末起源于美国，经历了手工成型、机械成型、自动振动成型等阶段。混凝土砌块有空心和实心之分，有多种块型，在世界各国得到广泛应用，许多发达国家已经普及了砌块建筑。

　　我国从20世纪60年代开始对混凝土砌块的生产和应用进行探索。1974年，国家建材局开始把混凝土砌块列为积极推广的一种新型建筑材料。20世纪80年代，我国开始研制和生产各种砌块生产设备，有关混凝土砌块的技术立法工作也不断取得进展，并在此基础上建造了许多建筑。在二十几年的时间中，我国混凝土砌块的生产和应用虽然取得了一些成绩，但仍然存在许多问题。例如，空心砌块存在强度不高、块体较重、易产生收缩变形、保温性能差、易破损、不便砍削加工等缺点，这些问题亟待解决。

2. 轻骨料混凝土小型空心砌块

用轻骨料混凝土制成，空心率等于或大于 25% 的小型砌块称为轻骨料混凝土小型空心砌块。按其孔的排数分为实心、单排孔、双排孔、三排孔和四排孔 5 类。主规格尺寸为 390mm×190mm×190mm。

根据国家标准《轻骨料混凝土小型空心砌块》(GB/T 15229—2002)的规定，混凝土小型空心砌块根据抗压强度分为 1.5、2.5、3.5、5.0、7.5、10.0 这 6 个等级；按其尺寸偏差和外观质量分为优等品(A)、一等品(B)及合格品(C)。

轻骨料混凝土小型空心砌块的密度等级应符合表 8-14 的要求；强度等级符合表 8-15 要求的为优等品或一等品，密度等级范围不满足要求的为合格品；吸水率不应大于 20%，干缩率和相对含水率应符合表 8-16 的要求；抗冻性应符合表 8-17 的要求；加入粉煤灰等火山灰质掺合料的小砌块，其碳化系数不应小于 0.8，软化系数不应小于 0.75；放射性应符合《建筑材料放射性核素限量》(GB 6566)的规定。

表 8-14 轻骨料混凝土小型空心砌块密度等级

密度等级	砌块干燥表观密度的范围 /(kg/m³)	密度等级	砌块干燥表观密度的范围 /(kg/m³)
500	≤500	900	810～900
600	510～600	1 000	910～1 000
700	610～700	1 200	1 010～1 200
800	710～800	1 400	1 210～1 400

表 8-15 轻骨料混凝土小型空心砌块强度等级

强度等级	砌块抗压强度/MPa		密度等级范围，
	平均值，	最小值	
1.5	1.5	1.2	600
2.5	2.5	2.0	800
3.5	3.5	2.8	1 200
5.0	5.0	4.0	
7.5	7.5	6.0	1 400
10.0	10.0	8.0	

表 8-16 轻骨料混凝土小型空心砌块干缩率和相对含水率

干缩率/%	相对含水率不应大于/%		
	潮湿	中等	干燥
<0.03	45	40	35
0.03～0.045	40	35	30
>0.045～0.065	35	30	25

注：关于"潮湿"、"中等"和"干燥"的规定要求与普通混凝土小型空心砌块相同。

表 8-17　轻骨料混凝土小型空心砌块抗冻性

使用条件	抗冻标号	质量损失/%	强度损失/%
非采暖地区	F15		
采暖地区 相对湿度≤60% 相对湿度>60%	F25 F35	≤5	≤25
水位变化、干湿循环或粉煤灰掺量≥取代水泥量50%时	≥F50		

注：非采暖地区指最冷月份平均气温高于-5℃的地区；采暖地区指最冷月份平均气温低于或等于-5℃的地区。

我国自20世纪70年代末开始利用浮石、火山渣、煤渣等研制并批量生产轻骨料混凝土小砌块。进入20世纪80年代以来，轻骨料混凝土小砌块的品种和应用发展很快，有天然轻骨料(如浮石、火山渣)混凝土小型砌块；工业废渣轻骨料(如煤渣、自燃煤矸石)混凝土小砌块，人造轻骨料(如粘土陶粒、页岩陶粒和粉煤灰陶粒等)混凝土小砌块。轻骨料混凝土小砌块以其轻质、高强、保温隔热性能好和抗震性能好等特点，在各种建筑的墙体中得到广泛应用，特别是在保温隔热要求较高的维护结构上的应用。

3. 蒸压加气混凝土砌块

蒸压加气混凝土砌块是以水泥、矿渣、砂或水泥、石灰、粉煤灰为基本原料，以铝粉为发气剂，经过搅拌、发气、切割和蒸压养护等工艺加工而成。

根据国家《蒸压加气混凝土砌块》(GB/T 11968—2006)规定，蒸压加气混凝土砌块根据抗压强度分为A1.0、A2.0、A2.5、A3.5、A5.0、A7.5和A10.0共7个等级；根据体积密度分为B03、B04、B05、B06、B07和B08共6个等级；根据砌块尺寸偏差与外观质量、干密度、抗压强度和抗冻性分为优等品(A)、合格品(B)两个等级。

蒸压加气混凝土砌块的公称尺寸(mm)如下：长度为600，宽度为100、120、125、150、180、200、240、250和300，高度为200、240、250和300。

蒸压加气混凝土砌块抗压强度应符合表8-18的规定；干密度、强度级别及物理性能应符合表8-19的规定；掺用工业废渣为原料时，放射性应符合《建筑材料放射性核素限量》(GB 6566)的规定。

表 8-18　蒸压加气混凝土砌块抗压强度

强度级别	立方体抗压强度/MPa	
	平均值，	单块最小值，
A1.0	1.0	0.8
A2.0	2.0	1.6
A2.5	2.5	2.0
A3.5	3.5	2.8
A5.0	5.0	4.0
A7.5	7.5	6.0
A10.0	10.0	8.0

表8-19　蒸压加气混凝土砌块的干密度、强度级别及物理性能

体积密度级别			B03	B04	B05	B06	B07	B08
干密度	优等品(A)，		300	400	500	600	700	800
	合格品(B)，		325	425	525	625	725	825
强度级别	优等品(A)		A1.0	A2.0	A3.5	A5.0	A7.5	A10.0
	合格品(B)				A2.5	A3.5	A5.0	A7.5
干燥收缩值① /(mm/m)	标准法，		0.50					
	快速法，		0.80					
抗冻性	质量损失，　/%		5.0					
	冻后强度， /MPa	优等品(A)	0.8	1.6	2.8	4.0	6.0	8.0
		合格品(B)	0.8	1.6	2.0	2.8	4.0	6.0
导热系数(干态)，　/[W/(m·k)]			0.10	0.12	0.14	0.16	0.18	0.20

① 规定采用标准法、快速法测定砌块干燥收缩值，若测定结果发生矛盾不能判定时，则以标准法测定的结果为准。

我国从1958年开始进行加气混凝土研究。20世纪60年代开始进行工业性试验和应用，并从国外引进全套技术和装备进行生产。70年代对引进技术和设备进行消化吸收，并建立了独立的工业体系。目前，中国加气混凝土工业的整体水平还很低，在已有的200条生产线中，年生产能力不足5万立方米、工艺设备简陋的生产线占70%以上，整个产品的合格率也不高，生产管理水平低，整个行业需要加强技术改进。

加气混凝土砌块具有轻质、保温、防火、可锯和可刨加工等特点，可制成建筑砌块，适用于作民用工业建筑物的内外墙体材料和保温材料。

习　题

1. 烧结普通砖的标准尺寸是多少？砌筑2.4m² 三七墙、二四墙、一八墙、一二墙分别需要多少块砖？

2. 烧结普通砖强度等级和产品等级怎样划分？

3. 何谓砖的泛霜和石灰爆裂？它们对建筑物有何影响？什么是烧结砖的抗风化性能？根据哪几项技术指标来评定其抗风化性能？

4. 我国为什么规定在县级及以上城市禁止使用烧结实心粘土砖？试分析我国墙材料改革的方向和意义。

5. 什么是蒸压蒸养砖？常见的蒸压蒸养砖有哪几种？它们的强度等级如何划分？在工程中的应用要注意什么？

6. 什么是砌块？常见的砌块有哪些？它们的性质特点有哪些？

第**9**章
沥青及沥青混合料

本章介绍了沥青的分类，石油沥青的组成与结构、技术性质和技术标准，煤沥青的技术性质与应用，常用改性沥青的配制原理、性能特点和应用，沥青混合料的组成结构与强度、技术性质与技术标准，沥青混合料组成材料的技术性质和沥青混合料配合比设计方法。通过本章的学习，应达到以下目标。

（1）掌握石油沥青的组成与结构、技术性质，煤沥青的技术性质与应用，常用改性沥青的配制原理、性能特点和应用。

（2）掌握沥青混合料的组成结构与强度形成原理、技术性质，图解法设计沥青混合料配合比的方法。

（3）熟悉石油沥青和沥青混合料的技术标准。

知识要点	能力要求	相关知识
沥青的性能	（1）石油沥青的组成、技术性质和掺配以及针入度、延度、软化点的检测方法 （2）煤沥青的技术性质与应用 （3）常用改性沥青的配制原理、特性与应用	（1）石油沥青的组成与结构、技术性质、技术标准和掺配，以及针入度、延度、软化点的检测 （2）煤沥青的化学组成、技术性质与应用，煤沥青与石油沥青简易鉴别 （3）常用改性沥青的配制、特性与应用
沥青混合料的性能	（1）沥青混合料的组成结构与强度形成原理 （2）沥青混合料的技术性质及稳定度、流值、饱和度检测方法 （3）沥青混合料组成材料的技术性质 （4）图解法设计沥青混合料配合比的方法	（1）沥青混合料的组成结构与强度 （2）沥青混合料的技术性质与技术标准 （3）沥青混合料组成材料的技术性质 （4）沥青混合料配合比设计方法
石油沥青和沥青混合料的技术标准	石油沥青和沥青混合料的技术标准	（1）石油沥青的技术标准 （2）沥青混合料的技术标准

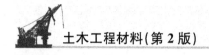

📚 **引例**

吉林至黑河原 202 国道设计等级为二级公路，因考虑经济因素，k177＋050～k180＋315 段设计为大纵坡、长上坡路段，最大纵波 5％，连续上坡长度 3 265m。该路段沥青混凝土路面运营过程中，上坡车道车辙十分严重，车辙深度在 3～10cm，虽经多次维修，车辙病害无太大大改观。

后来修建吉林至黑河的高速公路，该路段成为其中的一段，扩建时为降低工程造价，新建路基纵断面与原 202 国道设计相同，为上坡车道，仍处于大纵坡、长上坡状态，但通过采用优选沥青混凝土原材料及其配合比、细化施工过程控制等措施，使该路段没有出现过去难以消除的车辙病害。

沥青是由极其复杂的高分子的碳氢化合物及其非金属(氧、硫、氮)的衍生物所组成的混合物，是一种褐色或黑褐色的有机胶凝材料。在常温下呈固体、半固体或粘液体状态。沥青属于憎水性材料，因此广泛应用于土木工程的防水、防潮和防渗。同时沥青能抵抗一般酸、碱、盐类等侵蚀性液体和气体的侵蚀，具有较好的抗腐蚀能力，往往应用有防腐蚀性要求的表面防腐工程。沥青与矿质混合料有非常好的粘结能力，能紧密粘附于矿质集料表面，是公路路面、机场道面重要的材料。同时沥青还具有一定的塑性，能适应基材的变形。因此沥青在土木工程(如建筑、公路、桥梁和机场等工程)中广泛应用。

沥青按在自然界中获取的方式，可分为地沥青和焦油沥青两类。

1. 地沥青

地沥青是由天然石油或石油精制加工得到的沥青材料，按其产源又可分为以下几种。

(1) 天然沥青，天然沥青是石油在自然条件下，经受地质作用而形成的。

(2) 石油沥青，石油沥青是石油以精制加工其他油品后残留物，或将残留物最后加工而得到的。

2. 焦油沥青

焦油沥青是各种有机物(煤、泥炭、木材等)干馏加工得到的焦油，经再加工而得到的产品。通常有煤沥青、木沥青和页岩沥青等。

目前工程中常使用石油沥青，此外还使用少量煤沥青。

9.1 沥 青

9.1.1 石油沥青

石油沥青是石油、原油经蒸馏提炼出各种轻质油(如汽油、煤油和柴油等)及润滑油以后的残留物，或经再加工而得的产品。

1. 石油沥青的组成与结构

1) 石油沥青的组分

石油沥青是由多种碳氢化合物及其非金属(氧、硫和氮)衍生物组成的混合物。它的组分主要有碳(80%~87%)、氢(10%~15%),其余是非烃元素,如氧、硫、氮等(<3%)。此外尚有一些微量的金属元素,如镍、钡、铁、锰、钙、镁和钠等。石油沥青化学组成十分复杂,对其进行化学成分分析十分困难,同时化学组成还不能反映沥青物理性质的差异。因此从工程使用角度来讲,将沥青中化学成分和物理性质相近,并且具有某些共同特征的部分,划分为若干组,这些组即称为组分。在沥青中各组分含量的多寡,与沥青的技术性质有着直接的关系。通常将石油沥青分为油分、树脂和沥青质3个主要组分,其主要特征如下。

(1) 油分,油分为淡黄色至红褐色的油状体,是沥青中分子量和密度最小的组分,密度介于 $0.7 \sim 1 \mathrm{g/cm^3}$ 之间。在170℃较长时间加热,油分可以挥发。油分能溶于石油醚、二硫化碳、三氯甲烷、苯、四氯化碳和丙酮等有机溶剂中,但不溶于酒精。油分赋予沥青以流动性。油分在一定条件下可以转化为树脂甚至沥青质。

(2) 树脂,树脂为黄色至黑褐色粘稠状物质(半固体),分子量比油分大(600~1 000),密度为 $1.0 \sim 1.1 \mathrm{g/cm^3}$。沥青树脂大部分属于中性树脂。中性树脂能溶于三氯甲烷、汽油和苯等有机溶剂,但在酒精和丙酮中难溶解或溶解度很低,它赋予沥青以良好的粘结性、塑性和可流动性。此外沥青树脂还含少量酸性树脂,即地沥青酸和地沥青酸酐。它易溶于酒精、氯仿而难溶于石油醚和苯,是沥青中的表面活性物质,可以提高对碳酸盐类岩石的粘附性,并有利于石油沥青的可乳化性。

(3) 沥青质,沥青质为深褐色至黑色的固态、无定形物质,分子量比树脂更大(1 000以上),密度大于 $1 \mathrm{g/cm^3}$,不溶于酒精、正戊烷,但溶于三氯甲烷和二硫化碳,染色力强,对光的敏感性强,感光后不能溶解。沥青质决定了沥青的粘结力、粘度和温度稳定性。

此外石油沥青中还含有2%~3%的沥青碳和似碳物,它能降低石油沥青的粘结力。

石油沥青中还含有蜡,它会降低石油沥青的粘结性和塑性,同时对温度特别敏感(即温度稳定性差)。现有研究认为沥青中蜡的存在,在高温时会使沥青容易发软,导致沥青路面高温稳定性降低,出现车辙。同样,在低温时会使沥青变得脆硬,导致路面低温抗裂性降低,出现裂缝;此外,蜡会使沥青与石料的粘附性降低,在有水的条件下,会使路面石子产生剥落现象,造成路面破坏;更严重的是,含蜡沥青会使沥青路面的抗滑性降低,影响路面的行车安全。

2) 石油沥青的胶体结构

(1) 胶体结构的形成。胶体理论认为,油分、树脂和地沥青质是石油沥青中和三大主要组分。油分和树脂可以互相溶解,树脂能浸润地沥青质,从而在地沥青质的超细颗粒表面形成树脂薄膜。因此石油沥青的结构是以地沥青质为核心,周围吸附部分树脂和油分,构成胶团,无数胶团分散在油分中形成胶体结构。在这个分散体系中,分散相为吸附部分树脂的地沥青质,分散介质为溶有树脂的油分。在沥青胶体内,是从地沥青质到油分逐渐递变的,无明显界面。

(2) 胶体结构分类,沥青胶体结构可分为如下3种类型。

① 溶胶型结构,当油分和树脂较多时,胶团外膜较厚,胶团之间相对运动较自由,这种胶体结构的石油沥青,称为溶胶型石油沥青。溶胶型石油沥青的特点是,流动性和塑

性较好，开裂后自行愈合能力较强，而对温度的敏感性强，即对温度的稳定性较差，温度过高会流淌。

② 凝胶型结构，当油分和树脂含量较少时，胶团外膜较薄，胶团靠近聚集，相互之间的吸引力增大，胶团间相互移动比较困难。这种胶体结构的石油沥青称为凝胶型石油沥青。凝胶型石油沥青的特点是，弹性和粘性较高，温度敏感性较小，开裂后自行愈合能力较差，流动性和塑性较低。在工程性能上，虽具有较好的温度稳定性，但低温变形能力较差。

③ 溶凝胶型结构，当地沥青质不如凝胶型石油沥青中的多，而胶团间靠得又较近，相互间有一定的吸引力，形成一种介于溶胶型和凝胶型两者之间的结构，称为溶凝胶型结构。溶凝胶型石油沥青的性质也介于溶胶型和凝胶型两者之间。这类沥青在高温时具有较低的感温性，低温时又具有较好的形变能力。修筑现代高等级公路用的沥青，都属于这类胶体结构类型。

溶胶型、溶凝胶型和凝胶型胶体结构的石油沥青如图 9.1 所示。

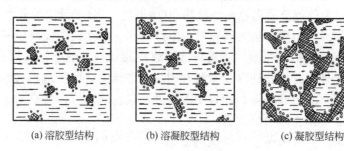

(a) 溶胶型结构 (b) 溶凝胶型结构 (c) 凝胶型结构

图 9.1 沥青的胶体结构示意图

2. 石油沥青技术性质

1）粘滞性

石油沥青的粘滞性是反映沥青材料内部阻碍其相对流动的一种特性，以绝对粘度表示，是沥青性质的重要指标。沥青的粘滞性的大小及组分与温度有关。沥青质含量较高，同时又有适量树脂，而油分含量较少时，则粘滞性较大。在一定温度范围内，当温度升高时，则粘滞性随之降低，反之则随之增大。

沥青的粘度测定方法可分两类，一类为绝对粘度法，另一类为相对粘度法。工程上常采用相对粘度（条件粘度）指标来表示。测定沥青相对粘度的主要方法是利用标准粘度计和针入度仪进行测定。粘稠石油沥青的相对粘度用针入度来表示，如图 9.2 所示。针入度是反映石油沥青抵抗剪切变形的能力。针入度值越小，表明粘度越大。粘稠石油沥青的针入度是在规定温度 25℃条件下以规定质量 100g 的标准针，经历规定时间 5s 贯入试样中的深度，以 1/10mm 为单位表示，符号为 $P(25℃，100g，5s)$。

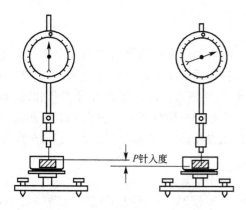

图 9.2 粘稠沥青针入度测试示意图

液体石油沥青或较稀的石油沥青的相对粘度，可用标准粘度计测定的标准粘度表示，如

图 9.3 所示。标准粘度是在规定温度(20℃、25℃、30℃或 60℃)、规定直径(3mm、5mm 或 10mm)的孔口流出 50ml 沥青所需的时间秒数，常用符号"CtdT"表示，d 为流孔直径，t 为试样温度，T 为流出 50ml 沥青所需的时间。

2)沥青的低温性能

沥青的低温性能与沥青路面的低温抗裂性有密切关系。沥青的低温延性与低温脆性是重要的路用性能指标，它们多通过沥青的低温延度试验和脆点试验来确定。

(1)延性。沥青的延性是指当其受到外力的拉伸作用时，所能承受的塑性变形的总能力，是沥青的内聚力的衡量，通常用延度作为条件延性指标来表征。

延度试验方法是将沥青试样制成∞字形标准试件(最小截面积 1cm²)，在规定拉伸速度(5cm/min)和规定温度(25℃、15℃、10℃或 5℃)下拉断时的长度(以 cm 计)。沥青的延度采用延度仪来测定，如图 9.4 所示。以 cm 为单位表示。

研究表明，当沥青化学组分不协调，胶体结构不均匀以及含蜡量增加时，都会使沥青的延度值相对降低。而通常延度值大的沥青不易产生裂缝，并可减少摩擦时产生的噪声。

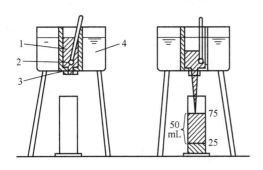

图 9.3　液体沥青标准粘度测定示意图

1—沥青；2—活动球杆；3—流孔；4—水

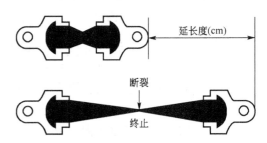

图 9.4　沥青延度测试

(2)脆性。沥青材料在低温下受到瞬时荷载的作用时，常表现为脆性破坏。通常采用弗拉斯脆点试验确定。实际工程中，通常要求沥青具有较高的软化点和较低的脆点，否则沥青材料在夏季容易发生流淌，或是在冬季容易变脆甚至开裂。脆点是指沥青从粘弹性体转到弹脆体(玻璃态)过程中的某一规定状态的相应温度，该指标主要反映沥青的低温变形能力。

3)沥青的感温性

沥青是复杂的胶体结构，粘度随温度的不同而产生明显的变化，这种粘度随温度变化的感应性称为感温性。对于路用沥青，温度和粘度的关系是极其重要的性能。首先沥青存在感温性才使其在高温下的粘度显著降低，才有可能实现沥青与矿质混合料均匀拌和以及沥青混合料碾压成型。其次沥青路面运营过程中，又要求沥青在使用温度范围内保持较小的感温性，以保障沥青路面高温不软化、低温不断裂。

评价沥青感温性的指标有很多，常用的方法有针入指数(PI)法、针入度—粘度指数(PVN)法等，在沥青的常规试验方法中，软化点试验是作为反映沥青温度敏感性的方法之一。

沥青软化点是反映沥青温度敏感性的重要指标。沥青是一种非晶质高分子材料，没有明确的固化点或液化点，它由液态凝结为固态，或由固态熔化为液态时，通常采用条件的硬化点和滴落点来表示。沥青材料处于硬化点至滴落点之间的温度时，是一种粘滞流动状态，通常取固化点到滴落点温度间隔的 87.21% 作为软化点。

软化点的数值随采用的仪器不同而异，我国现行试验规程JTJ 052—2000 中的 T0606是采用环与球软化点。该法(图 9.5)是将粘稠沥青试样注入内径为 18.9mm 的铜环中，环上放置一个重 3.5g 的钢球，在规定的加热速度(5℃/min)下进行加热，沥青下坠 25.4mm 时的温度称为软化点，单位以℃表示。软化点愈高，表明沥青的耐热性愈好，即高温稳定性愈好。软化点既是反映沥青热稳定性的指标，也是沥青条件粘度的一种量度。

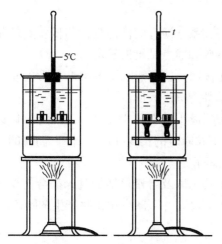

图 9.5　沥青软化点测定

4) 沥青耐久性

沥青在使用的过程中受到储运、加热、拌和、摊铺、碾压、交通荷载以及自然因素的作用，而使其发生一系列的物理、化学变化，逐渐改变了其原有的性能(粘度、低温性能)从而变硬、变脆，这种变化称为沥青的老化。沥青路面应有较长的使用年限，因此要求沥青材料有较好的抗老化性能，即耐久性。影响沥青耐久性的因素主要有：大气(氧)、日照(光)、温度(热)、雨雪(水)、环境(氧化剂)以及交通荷载(应力)等。

在阳光、氧、水、空气和热的综合作用下，沥青各组分会不断递变。低分子化合物将逐步转变成高分子物质，即油分和树脂逐渐减少，而地沥青质逐渐增多。试验发现，树脂转变为地沥青质比油分变为树脂的速度快很多(约50%)。因此使石油沥青随着时间的延长而硬脆性逐渐增大，直至脆裂，可用抗老化性能来表示。

评价沥青老化性的试验方法包括：薄膜烘箱加热试验(JTJ 052—2000 中的 T0609)和旋转薄膜加热试验 (JTJ 052—2000 中的)。

(1) 薄膜烘箱加热试验。将 50g 沥青试样放入直径这 140mm、深为 9.5mm 的不锈钢盛样皿中，沥青膜的厚度约为 3.2mm，在 163℃通风烘箱的条件下以 5.5r/min 的速率旋转，经过 5h。然后计算沥青试样的质量损失，并测试针入度等指标的变化。

(2) 旋转薄膜加热试验。将 35g 沥青试样装入高为 140mm、直径为 64mm 的开口玻璃瓶中，将盛样瓶插入旋转烘箱中，一边接受以 4 000mL/min 的速率吹入的热空气，一边在163℃的高温下以 15r/min 的速度旋转，经过 75min 的老化后，测定沥青的质量损失及针入度、粘度等各种性能指标的变化。

5) 粘附性

粘附性是指沥青与其他材料的界面粘结性能和抗剥落性能。沥青与集料的粘附性直接影响沥青路面的使用质量和耐久性，因此粘附性是评价道路沥青技术性能的重要指标。沥青裹覆集料后的抗水性(即抗剥性)不仅与沥青的性质有密切关系，而且亦与集料性质有关。

评价沥青与集料粘附的方法常采用水煮法和水浸法。我国现行试验规程(JTJ 052—2000T0616)规定，沥青与粗集料粘附性试验，根据沥青混合料的最大粒径决定采用哪种方法。大于 13.2mm 的采用水煮法；小于(或等于)13.2mm 的采用水浸法。水煮法是选取 13.2～19mm形状接近正立方体的规则集料 5 个，经沥青裹覆后，在蒸馏水中沸煮 3min，按沥青膜剥落的情况分为 5 个等级来评价沥青与集料的粘附性。水浸法是选取 9.5～13.2mm 的集料 100g 与 5.5g 的沥青在规定温度条件下拌和，配制成沥青—集料混合料，冷却后浸入 80℃的蒸馏水中保持 30min，然后按剥落面积百分率来评定沥青与集料的粘附性。

6）施工安全性

闪点（也称闪火点）是指加热沥青至挥发出的可燃气体和空气的混合物，在规定条件下与火焰接触，初次闪火（有蓝色闪光）时的沥青温度（℃）。

燃点或称着火点，指加热沥青产生的气体和空气的混合物，与火焰接触能持续燃烧 5s 以上时，此时沥青的温度即为燃点（℃）。燃点温度比闪点温度约高 10℃。沥青质组分多的沥青火点相差较多，液体沥青由于轻质成分较多，闪点和燃点的温度相差很小。

闪点和燃点的高低表明沥青引起火灾或爆炸的可能性的大小，它关系到运输、储存和加热等方面的安全。石油沥青在熬制时，一般温度为 150～200℃，因此通常控制沥青的闪点应大于 230℃。但为安全起见，沥青加热时还应与火焰隔离。

7）防水性

石油沥青是憎水性材料，几乎完全不溶于水，而且本身构造致密，加之它与矿物材料表面有很好的粘结力，能紧密粘附于矿物材料表面，同时，它还具有一定的塑性，能适应材料或构件的变形。因此石油沥青具有良好的防水性，广泛用作土木工程的防潮、防水材料。

3. 石油沥青的技术标准

石油沥青按用途分为建筑石油沥青、道路石油沥青和普通石油沥青 3 种。在土木工程中使用的主要是建筑石油沥青和道路石油沥青。

1）建筑石油沥青

建筑石油沥青按针入度划分牌号，每个牌号的沥青还应保证相应的延度、软化点、溶解度、蒸发损失、蒸发后针入度比和闪点等。建筑石油沥青的技术要求列于表 9-1 中。

表 9-1 建筑石油沥青技术标准

项目	质量指标			试验方法
	10 号	30 号	40 号	
针入度（25℃，100g，5s）/（1/10mm）	10～25	26～35	36～50	GB/T 4509
针入度（46℃，100g，5s）/（1/10mm）	实测值①	实测值①	实测值①	
针入度（0℃，200g，5s），≥/（1/10mm）	3	6	6	
延度（25℃，5cm/min），≥/cm	1.5	2.5	3.5	GB/T 4508
软化点（环球法），≥/℃	95	75	60	GB/T 4507
溶解度（三氯乙烯），≥/%	99.0			GB/T 11148
蒸发后质量变化（163℃，5h），≤/%	1			GB/T 11964
蒸发后 25℃针入度比，≥/%	65			GB/T 4509
闪点（开口杯法），≥/℃	260			GB/T 267

① 为报告应为实测值。

注：为测定蒸化损失后样品的 25℃针入度与原 25℃针入度之比乘以 100 后，所得的百分比，称为蒸发后针入度比。

2) 道路石油沥青

道路石油沥青技术标准列于表 9-2。按国家标准《重交通道路石油沥青》(GB/T 15180—2010),重交通道路石油沥青分为 AH-30、AH-50、AH-70、AH-90、AH-110 和 AH-130 共 6 个牌号。

表 9-2 重交通道路石油沥青技术要求

项目	质量指标						试验方法
	AH-130	AH-110	AH-90	AH-70	AH-50	AH-30	
针入度(25℃,100g,5s)/ (1/10mm)	120~140	100~120	80~100	60~80	40~60	20~40	GB/T 4509
延度(15℃),≥/cm	100	100	100	100	80	报告①	GB/T 4508
软化点/℃	38~51	40~53	42~55	44~57	45~58	50~65	GB/T 4507
溶解度,≥/%	99.0	99.0	99.0	99.0	99.0	99.0	GB/T 11148
闪点(开口杯法),≥/℃	230					260	GB/T 267
密度(25℃)/(kg/m²)	报告						GB/T 8928
蜡含量(质量分数),≥/%	3.0	3.0	3.0	3.0	3.0	3.0	GB/T 0425
薄膜烘箱试验(163℃,5h)							GB/T 5304
质量变化,≤/%	1.3	1.2	1	0.8	0.6	0.5	GB/T 5304
针入度比,≥/%	45	48	50	55	58	60	GB/T 4509
延度(15℃),≥/cm	100	50	40	30	报告①	报告①	GB/T 4508

① 报告必须报告实测值。

道路沥青的牌号较多,选用时应根据地区气候条件、施工季节气温、路面类型、施工方法等按有关标准选用。道路石油沥青还可作为密封材料和粘结剂以及沥青涂料等。

3) 沥青的掺配

某一种牌号的石油沥青往往不能满足工程技术的要求,因此需要不同牌号的沥青进行掺配。

在进行掺配时,为了不使掺配后的沥青胶体结构破坏,应选用表面张力相近和化学性质相似的沥青。试验证明同产源的沥青容易保证掺配后的沥青胶体结构的均匀性。所谓同产源是指同属石油沥青,或同属煤沥青。

两种沥青掺配的比例可用下式估算。

$$Q_1 = \frac{T_2 - T}{T_2 - T_1} \times 100 \tag{9-1}$$

$$Q_2 = 100 - Q_1 \tag{9-2}$$

式中　Q_1——较软沥青用量,%;

　　　Q_2——较硬沥青用量,%;

　　　T——掺配后沥青软化点,℃;

　　　T_1——较软沥青软化点,℃;

　　　T_2——较硬沥青软化点,℃。

【例 9.1】 某工程需要用软化点为 85℃的石油沥青，现有 10 号及 60 号两种，应如何掺配以满足工程需要？

由试验测得，10 号石油沥青软化点为 95℃；60 号石油沥青软化点为 45℃。

估算掺配用量：

60 号石油沥青用量 $=\dfrac{95-85}{95-45}\times100=20(\%)$

10 号石油沥青用量 $=100-20=80(\%)$

根据估算的掺配比例和在其邻近的比例(5%～10%)进行试配(混合熬制均匀)，测定掺配后沥青的软化点，然后绘制"掺配比—软化点"曲线，即可从曲线上确定所需要求的掺配比例。同样地可采用针入度指标按上法进行估算及试配。

9.1.2 煤沥青

煤焦油是生产焦炭和煤气的副产物，它大部分用于化工，而小部分用于制作建筑防水材料和铺筑道路路面材料。

烟煤在密闭设备中加热干馏，此时烟煤中挥发物质气化逸出，冷却后仍为气体的可作煤气，冷凝下来的液体除去氨及苯后，即为煤焦油。因为干馏温度不同，生产出来的煤焦油品质也不同。炼焦及制煤气时干馏温度约 800～1 300℃，这样得到的为高温煤焦油；当低温(600℃以下)干馏时，所得到的为低温煤焦油。高温煤焦油含碳较多、密度较大，含有多量的芳香族碳氢化合物，工程性质较好；低温煤焦油含碳少、密度较小，含芳香族碳氢化合物少，主要含蜡族和环烷族及不饱和碳氢化合物，还含较多的酚类，工程性质较差。故多用高温煤焦油制作焦油类建筑防水材料、煤沥青，或作为改性材料。

煤沥青是将煤焦油再进行蒸馏，蒸去水分和所有的轻油及部分中油、重油和蒽油后所得的残渣。各种油的分馏温度为在 170℃以下时为轻油；170～270℃时为中油；270～300℃时为重油；300～360℃时为蒽油。有的残渣太硬还可加入蒽油调整其性质，使所生产的煤沥青便于使用。

1. 煤沥青的化学组成

1) 元素组成

煤沥青主要是芳香族碳氢化合物及其氧、硫和碳的衍生物的混合物。其元素组成主要为 C、H、O、S 和 N。

2) 化学组分

按 E.J. 狄金松法，煤沥青可分离为油分、树脂 A、树脂 B、游离碳 C_1 和游离碳 C_2 等组分。

煤沥青中各组分的性质简述如下。

(1) 游离碳，又称自由碳，是高分子的有机化合物的固态碳质微粒，不溶于苯。加热不熔，但高温分解。煤沥青的游离碳含量增加，可提高其粘度和温度稳定性。但随着游离碳含量的增加，低温脆性亦增加。

(2) 树脂，树脂为环心含氧碳氢化合物。分为 A，硬树脂，类似石油沥青中的沥青质；B，软树脂，赤褐色粘塑性物，溶于氯仿，类似石油沥青中的树脂。

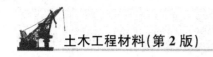

（3）油分，是液态碳氢化合物。

此外煤沥青的油分中还含有萘、蒽和酚等，萘和蒽能溶解于油分中，在含量较高或低温时能呈固态晶状析出，影响煤沥青的低温变形能力。酚为苯环中含羟物质，能溶于水，且易被氧化。煤沥青中酚、萘均为有害物质，对其含量必须加以限制。

2. 煤沥青的技术性质

煤沥青与石油沥青相比，在技术性质上有下列差异。

（1）温度稳定性较低。因含可溶性树脂多，由固态或粘稠态转变为粘流态(或液态)的温度间隔较窄，夏天易软化流淌而冬天易脆裂。

（2）与矿质集料的粘附性较好。在煤沥青组成中含有较多的极性物质，它赋予了煤沥青高的表面活性，因此煤沥青与矿质集料具有较好的粘附性。

（3）大气稳定性较差。含挥发性成分和化学稳定性差的成分较多，在热、阳光和氧气等长期综合作用下，煤沥青的组成变化较大，易硬脆。

（4）塑性差。含有较多的游离碳，容易变形而开裂。

（5）耐腐蚀性强。因含酚、蒽等有毒物质，防腐蚀能力较强，故适用于木材的防腐处理。又因酚易溶于水，故防水性不及石油沥青。

3. 煤沥青与石油沥青简易鉴别

石油沥青与煤沥青掺混时，将发生沉渣变质现象从而失去胶凝性，故不宜掺混使用。两者的简易鉴别方法见表 9-3。

表 9-3　煤沥青与石油沥青简易鉴别方法

鉴别方法	石油沥青	煤沥青
密度法	近似于 1.0g/cm^3	大于 1.10g/cm^3
锤击法	声哑，有弹性、韧性感	声脆，韧性差
燃烧法	烟为无色，基本无刺激性臭味	烟为黄色，有刺激性臭味
溶液比色法	用 30～50 倍汽油或煤油溶解后，将溶液滴于滤纸上，斑点呈棕色	溶解方法同左。斑点有两圈，内黑外棕

9.1.3　改性沥青

在工程中使用的沥青应具有一定的物理性质和粘附性。在低温条件下应有较好的弹性和塑性；在高温条件下要有足够的强度和稳定性；在加工和使用条件下具有抗老化能力；还应与各种矿料和结构的表面有较强的粘附力；以及对变形的适应性和耐疲劳性。通常，石油加工厂制备的沥青不一定能全面满足这些要求，因此常用掺入橡胶、树脂和矿物填料等改性剂对沥青进行改性。因而橡胶、树脂和矿物填料等统称为石油沥青的改性材料。

1. 橡胶改性沥青

橡胶是沥青的重要改性材料。它和沥青有较好的混溶性，并能使沥青具有橡胶的很多优点，如高温变形性小、低温柔性好。由于橡胶的品种不同，掺入的方法也有所不同，而各种橡胶沥青的性能也有差异。现将常用的几种分述如下。

1）氯丁橡胶改性沥青

沥青中掺入氯丁橡胶后，可使其气密性、低温柔性、耐化学腐蚀性和耐气候性等得到改进。氯丁橡胶改性沥青的生产方法有溶剂法和水乳法。溶剂法是先将氯丁橡胶溶于一定的溶剂中形成溶液，然后掺入沥青中，混合均匀即成为氯丁橡胶改性沥青。水乳法是将橡胶和石油沥青分别制成乳液，再混合均匀即可使用。

氯丁橡胶改性沥青可用于路面的稀浆封层和制作密封材料和涂料等。

2）丁基橡胶改性沥青

丁基橡胶改性沥青的配制方法与氯丁橡胶沥青类似，而且较简单一些。

将丁基橡胶碾切成小片，在搅拌条件下把小片加到100℃的溶剂中（不得超过110℃），制成浓溶液。同时将沥青加热、脱水、熔化成液体状沥青。通常在100℃左右把两种液体按比例混合搅拌均匀进行浓缩15～20min，达到要求的性能指标。丁基橡胶在混合物中的含量一般为2%～4%。同样也可以分别将丁基橡胶和沥青制备成乳液，然后再按比例把两种乳液混合即可。

丁基橡胶改性沥青具有优异的耐分解性，并有较好的低温抗裂性能和耐热性能，多用于道路路面工程和制作密封材料和涂料。

3）SBS改性沥青

SBS是热塑性弹性体苯乙烯-丁二烯嵌段共聚物，它兼有橡胶和树脂的特性，常温下具有橡胶的弹性，高温下又能像树脂那样熔融流动，成为可塑的材料。SBS改性沥青具有良好的耐高温性、优异的低温柔性和耐疲劳性，SBS改性沥青具有以下特点。

（1）弹性好，延伸率大，延度可达2 000%。

（2）低温柔性大大改善，冷脆点降至-40℃。

（3）热稳定性提高，耐热度达90～100℃。

（4）耐候性好。

SBS改性沥青是目前应用最成功和用量最大的一种改性沥青。SBS的掺量一般为3%～10%。主要用于制作铺筑高等级公路路面的材料和防水卷材。

2. 树脂改性石油沥青

用树脂改性石油沥青，可以改进沥青的耐寒性、耐热性、粘结性和不透气性。由于石油沥青中含芳香性化合物很少，故树脂和石油沥青的相容性较差，而且可用的树脂品种也较少。常用的树脂有聚乙烯、乙烯-乙酸乙烯共聚物（EVA）、无规聚丙烯APP等。

1）聚乙烯树脂改性沥青

在沥青中掺入5%～10%的低密度聚乙烯，采用胶体磨法或高速剪切法即可制得聚乙烯树脂改性沥青。聚乙烯树脂改性沥青的耐高温性和耐疲劳性有显著的改善，低温柔性也有所改善。一般认为，聚乙烯树脂与多蜡沥青的相容性较好，对多蜡沥青的改性效果较好。

2）APP改性沥青

APP是聚丙烯的一种，根据甲基的不同排列。聚丙烯分无规聚丙烯、等规聚丙烯和间规聚丙烯3种。APP即无规聚丙烯，其甲基无规地分布在主链两侧。

无规聚丙烯为黄白色塑料，无明显熔点，加热到150℃后才开始变软。它在250℃左右熔化，并可以与石油沥青均匀混合。APP 改性沥青与石油沥青相比，其软化点高、延度大、冷脆点降低、粘度增大，具有优异的耐热性和抗老化性，尤其适用于气温较高的地区。主要用于制造防水卷材。

3. 橡胶和树脂改性沥青

橡胶和树脂同时用于改善沥青的性质，使沥青同时具有橡胶和树脂的特性。且树脂比橡胶便宜，橡胶和树脂又有较好的混溶性，故效果较好。

橡胶、树脂和沥青在加热融熔状态下，沥青与高分子聚合物之间发生相互侵入和扩散，沥青分子填充在聚合物大分子的间隙内，同时聚合物分子的某些链节扩散进入沥青分子中，形成凝聚的网状混合结构，故可以得到较优良的性能。

配制时，采用的原材料品种、配比和制作工艺不同，可以得到很多性能各异的产品。主要有卷、片材，密封材料，防水涂料等。

4. 矿物填料改性沥青

为了提高沥青的粘结能力和耐热性，降低沥青的温度敏感性，经常加入一定数量的矿物填料。

1）矿物填料的品种

常用的矿物填料大多是粉状的和纤维状的，主要的有滑石粉、石灰石粉、硅藻土和石棉等。

（1）滑石粉，主要化学成分是含水硅酸镁（$3MgO \cdot 4SiO_2 \cdot H_2O$），亲油性好（憎水），易被沥青润湿，可直接混入沥青中，以提高沥青的机械强度和抗老化性能，可用于具有耐酸、耐碱、耐热和绝缘性能的沥青制品中。

（2）石灰石粉，主要成分为碳酸钙，属亲水性的岩石，但其亲水程度比石英粉弱，而最重要的特点是石灰石粉与沥青有较强的物理吸附力和化学吸附力，故是较好的矿物填料。

（3）硅藻土，它是软质、多孔而轻的材料，易磨成细粉，耐酸性强，是制作轻质、绝热、吸音的沥青制品的主要填料。膨胀珍珠岩粉有类似的作用，故也可作为这类沥青制品的矿物填料。

（4）石棉绒或石棉粉，它的主要组成为钠、钙、镁、铁的硅酸盐，呈纤维状，富有弹性，具有耐酸、耐碱和耐热性能，是热和电的不良导体，内部有很多微孔，吸油（沥青）量大，掺入后可提高沥青的抗拉强度和热稳定性。

此外，白云石粉、磨细砂、粉煤灰、水泥、高岭土粉和白垩粉等也可作为沥青的矿物填料。

2）矿物填料的作用机理

沥青中掺入矿物填料后，能被沥青包裹形成稳定的混合物，一要沥青能润湿矿物填料；二要沥青与矿物填料之间具有较强的吸附力，并不被水所剥离。

一般具有共价键或分子键结合的矿物属憎水性即亲油性的材料，如滑石粉等，对沥青的亲合力大于对水的亲合力，故滑石粉颗粒表面所包裹的沥青即使在水中也不会被水所剥离。

另外，具有离子键结合的矿物如碳酸盐、硅酸盐等，属亲水性矿物，即有憎油性。但是，因沥青中含有酸性树脂，它是一种表面活性物质，能够与矿物颗粒表面产生较强的物理吸附作用。如石灰石粉颗粒表面上的钙离子和碳酸根离子，对树脂的活性基团有较大的吸附力，还能与沥青酸或环烷酸发生化学反应形成不溶于水的沥青酸钙或环烷酸钙，产生化学吸附力，故石灰石粉与沥青也可形成稳定的混合物。

从以上分析可以认为，由于沥青对矿物填料的润湿和吸附作用，沥青能成单分子状排列在矿物颗粒(或纤维)表面，形成结合力牢固的沥青薄膜，有的将它称为结构沥青。结构沥青具有较高的粘性和耐热性等。因此，沥青中掺入的矿物填料的数量要适当，以形成恰当的结构沥青膜层。

9.2 沥青混合料

沥青混合料是矿质混合料与沥青结合料经拌制而成的混合料的总称，其中矿质混合料起骨架作用，沥青与矿粉(填料)起胶结和填充作用。其具有以下特点。

(1) 具有良好的力学性质和路用性能，铺筑的路面平整无接缝、减震、吸声、行车舒适。

(2) 采用机械化施工，有利于质量控制。

(3) 利于分期修建、维修和再生利用。

但是沥青混合料存在高温稳定性和低温抗裂性不足的问题。

沥青混合料通常包括沥青混凝土混合料和沥青碎石混合料两类。按集料粒径分为特粗式、粗粒式、中粒式、细粒式和砂粒式沥青混合料；按矿料级配分为密级配、半开级配、开级配和间断级配沥青混合料；按施工条件分为热拌热铺沥青混合料、热拌冷铺沥青混合料和冷拌冷铺沥青混合料。目前使用较广泛的是密级配沥青混合料(AC)和沥青玛蹄脂碎石混合料(SMA)。本章主要讨论沥青碎石混合料和沥青混凝土混合料。

9.2.1 沥青混合料的组成结构与强度

沥青混合料是由粗集料、细集料、矿粉与沥青以及外加剂所组成的一种复合材料。由于各组成材料用量比例的不同，压实后沥青混合料内部的矿料颗粒的分布状态、剩余空隙率呈现不同特征，从而形成不同的组成结构。而具有不同组成结构特征的沥青混合料在使用时表现出不同的路用性能。

胶浆理论认为沥青混合料是一种分级空间网状胶凝结构的分散系，它是以粗集料为分散相而分散在沥青砂浆介质中的一种粗分散系；同样，砂浆是以细集料为分散相而分散在沥青胶浆介质中的一种细分散系；而胶浆又是以填料为分散相而分散在高稠度沥青介质中的一种微分散系。这种理论可表示如图 9.6 所示。

- 沥青混合料(粗分散系)
  - 分散相——粗集料
  - 分散介质——砂浆(细分散系)
    - 分散相——细集料
    - 分散介质——沥青胶结物(微分散系)
      - 分散相——填料
      - 分散介质——沥青

图 9.6 胶浆理论

这3级分散系以沥青胶浆最为重要，它有组成结构，决定了沥青混合料的高温稳定性和低温变形能力。通常比较集中于研究矿粉（填料）的矿物成分、矿粉（填料）的级配(以0.080mm为最大粒径)以及沥青与矿粉内表面的交互作用等因素对于混合料性能的影响等。其次矿物骨架也影响沥青混合料的性能，矿物骨架结构是指沥青混合料成分中矿物颗粒在空间的分布情况。由于矿物骨架本身承受大部分的内力，所以骨架应当由相当坚固的颗粒所组成，并且是密实的。沥青混合料的强度，在一定程度上也取决于内摩擦阻力的大小，而内摩阻力又取决于矿物颗粒的形状、大小及表面特性等。

综上所述，沥青混合料是由矿质骨架和沥青胶结物所构成的、具有空间网络结构的一种多相分散体系。沥青混合料的力学强度主要由矿质混合料颗粒之间的内摩阻力和嵌挤力，以及沥青胶结料及其与矿料之间的粘结力所构成。

1. 沥青混合料的组成结构

沥青混合料是由沥青、粗细集料和矿粉按一定比例拌和而成的一种复合材料。按矿质骨架的结构状况，其组成结构分为以下3个类型。

1) 悬浮密实结构

当采用连续密级配(图9.7中的a曲线)矿质混合料与沥青组成的沥青混合料时，矿料由大到小形成连续级配的密实混合料，由于粗集料的数量较少，细集料的数量较多，较大颗粒被小一档颗粒挤开，使粗集料以悬浮的状态存在于细集料之间［图9.8(a)］，这种结构的沥青混合料虽然密实度和强度较高，但稳定性较差。其特点是较高的粘聚力 c，但内摩擦角 φ 较低。

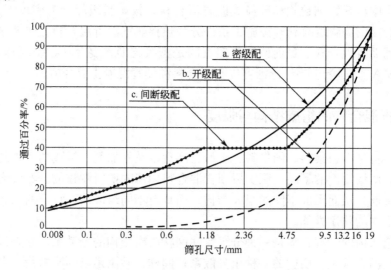

图9.7 三种类型矿质混合料级配曲线

a—连续型密级配；b—连续型开级配；c—间断型密级配

2) 骨架空隙结构

当采用连续开级配(图9.7中的b曲线)矿质混合料与沥青组成的沥青混合料时，粗集料较多，彼此紧密相接，细集料的数量较少，不足以充分填充空隙，形成骨架空隙结构［图9.8(b)］。沥青碎石混合料多属此类型。这种结构的沥青混合料，粗骨料能充分形成骨架，骨架之间的嵌挤力和内摩阻力起重要作用。因此这种沥青混合料受沥青材料性质的变化影响较小，因而热稳定性较好，但沥青与矿料的粘结力较小、空隙率大、耐久性较差。其特点是较高的内摩擦角 φ，但粘聚力 c 较低。

3）骨架密实结构

采用间断型级配(图 9.7 中的 c 曲线)矿质混合料与沥青组成的沥青混合料时，是综合以上两种结构之长处的一种结构。它既由一定数量的粗骨料形成骨架，又根据粗集料空隙的多少加入细集料，形成较高的密实度［图 9.8(c)］。这种结构的沥青混合料的密实度、强度和稳定性都较好，是一种较理想的结构类型。其特点是较高的粘聚力 c，较高的内摩擦角 φ。

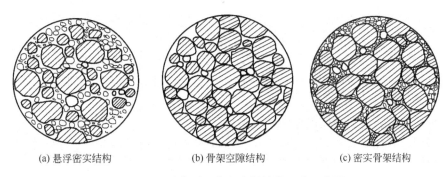

| (a) 悬浮密实结构 | (b) 骨架空隙结构 | (c) 密实骨架结构 |

图 9.8　三种典型沥青混合料结构组成示意图

2. 沥青混合料的强度形成原理

沥青混合料在路面结构中产生破坏的情况，主要是发生在高温时，由于抗剪强度不足或塑性变形过剩而产生推挤等现象，以及低温时，抗拉强度不足或变形能力较差而产生裂缝现象。目前的沥青混合料强度和稳定性理论，主要是要求沥青混合料在高温时必须具有一定的抗剪强度和抵抗变形的能力。

为了防止沥青路面产生高温剪切破坏，我国柔性路面设计方法中，对沥青路面抗剪强度验算，要求在沥青路面面层破裂面上可能产生的应力 τ_a 应不大于沥青混合料的许用剪应力 τ_R。

$$\tau_a \leqslant \tau_R \tag{9-3}$$

而沥青混合料的许用剪应力 τ_R 取决于沥青混合料的抗剪强度 τ。

$$\tau_R = \frac{\tau}{k_2} \tag{9-4}$$

式中　k_2——系数(即沥青混合料许用应力与实际强度的比值)。

沥青混合料的抗剪强度 τ 可通过三轴试验方法，应用莫尔-库仑包络线方程求得。

$$\tau = c + \sigma\tan\varphi \tag{9-5}$$

式中　τ——沥青混合料的抗剪强度，MPa；

　　　σ——正应力，MPa；

　　　c——沥青混合料的粘结力，MPa；

　　　φ——沥青混合料的内摩擦角，rad。

由式 9-5 可知，沥青混合料的抗剪强度主要取决于粘聚力 c 和内摩擦角 φ 两个参数。

$$\tau = f(c, \varphi) \tag{9-6}$$

3. 影响沥青混合料强度的因素

沥青混合料的强度由两部分组成：矿料之间的嵌挤力与内摩阻力和沥青与矿料之间的粘聚力。

1) 影响沥青混合料强度的内因

(1) 沥青的粘度的影响。

沥青混凝土作为一个具有多级网络结构的分散系，从最细一级网络结构来看，它是各种矿质集料分散在沥青中的分散系。因此它的强度与分散相的浓度和分散介质的粘度有着密切的关系。在其他因素固定的条件下，沥青混合料的粘聚力是随着沥青粘度的提高而增大的。因为沥青的粘度即沥青内部沥青胶团相互位移时，其分散介质抵抗剪切作用的抗力较大，所以沥青混合料具有较大的粘滞阻力，因而具有较高的抗剪强度。在相同的矿料性质和组成条件下，随着沥青粘度的提高，沥青混合料的粘聚力有明显的提高，同时内摩擦角亦稍有提高。

(2) 沥青与矿料化学性质的影响。

在沥青混合料中，P.A 列宾捷尔等认为沥青与矿粉交互作用后，沥青在矿粉表面产生化学组分的重新排列，在矿粉表面形成一层厚度为 δ_0 的扩散溶剂化膜 [图 9.9(a)]。在此膜厚度以内的沥青称为"结构沥青"，在此膜厚度以外的沥青称为"自由沥青"。

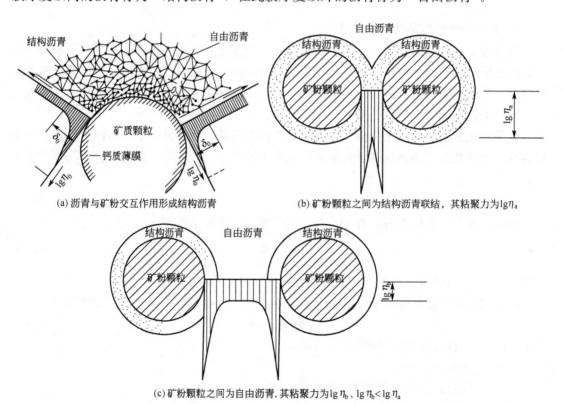

(a) 沥青与矿粉交互作用形成结构沥青

(b) 矿粉颗粒之间为结构沥青联结，其粘聚力为 $\lg \eta_a$

(c) 矿粉颗粒之间为自由沥青，其粘聚力为 $\lg \eta_b$，$\lg \eta_b < \lg \eta_a$

图 9.9 沥青与矿粉交互作用的结构图

如果矿粉颗粒之间接触处是由结构沥青膜所联结 [图 9.9(b)]，这样促成沥青具有更高的粘度和更大的扩散溶化膜的接触面积，因而可以获得更大的粘聚力。反之，如颗粒之间接触处是由自由沥青所联结［图9.9(c)］，则具有较小的粘聚力。

沥青与矿料相互作用不仅与沥青的化学性质有关，而且与矿粉的性质有关。H. M. 鲍尔雪曾采用紫外线分析法对两种最典型的矿粉进行研究，在石灰石粉和石英粉的表面上形成一层吸附溶化膜，如图9.10所示。研究认为，在不同性质矿粉表面形成不同结构和厚度的吸附溶化膜，在石灰石粉表面形成较为发育的吸附溶化膜；而在石英石粉表面则形成发育较差的吸附溶化膜。因此在沥青混合料中，当采用石灰石矿粉时，矿粉之间更有可能通过结构沥青来联结，因而具有较高的粘聚力。

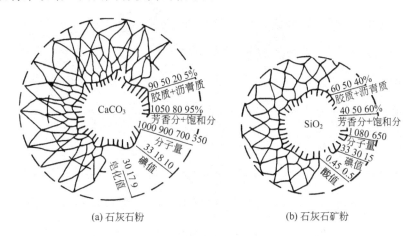

(a) 石灰石粉　　　　　　　　　　(b) 石灰石矿粉

图9.10　不同矿粉的吸附溶化膜结构图

酸值—中和1g沥青所耗用的KOH毫克数，表示沥青中游离酸的含量；皂化值—皂化1g沥青所需的KOH毫克数，表示沥青中游离脂肪酸的含量；碘值—1g沥青能吸收碘的厘克数，表示沥青的不饱和程度

（3）矿料比面的影响。

由前述沥青与矿粉交互作用的原理可知，结构沥青的形成主要是由于矿料与沥青的交互作用，而引起的沥青化学组分在矿料表面的重分布。因此在相同的沥青用量条件下，与沥青产生交互作用的矿料表面积愈大，则形成的结构沥青所占的比率愈大，沥青混合料的粘聚力也愈高。通常在工程应用上，以单位质量集料的总表面积来表示表面积的大小，称为"比表面积"（简称"比面"）。例如1kg的粗集料的表面积约为$0.5\sim3m^2$，它的比面即为$0.5\sim3m^2/kg$。在沥青混合料中矿粉用量只占7%左右，而其表面积却占矿质混合料的总表面积的80%以上，因此矿粉的性质和用量对沥青混合料的抗剪强度影响很大。为增加沥青与矿料的物理—化学作用的表面积，在沥青混合料配料时，必须含有适量的矿粉。提高矿粉细度可增加矿粉比面，因此对矿粉细度也有一定要求。希望小于0.075mm粒径的含量不要过少，小于0.005mm部分的含量不宜过多，否则将使沥青混合料结成团块，不易施工。

（4）沥青用量的影响。

在固定质量的沥青和矿料的条件下，沥青与矿料的比例（即沥青用量）是影响沥青混合料抗剪强度的重要因素，不同沥青用量的沥青混合料结构示意图如图9.11所示。

在沥青用量很少时，沥青不足以形成结构沥青的薄膜来粘结矿料颗粒。随着沥青用量的增加，结构沥青逐渐形成，沥青更为完满地包裹在矿料表面，使沥青与矿料间的粘附力随着沥青用量的增加而增加。当沥青用量足以形成薄膜并可以充分粘附矿粉颗粒表面时，沥青胶浆具有最优的粘聚力。随后如沥青用量继续增加，则由于沥青用量过多，逐渐将矿料颗粒推开，在颗粒间形成未与矿粉交互作用的"自由沥青"，则沥青胶浆的粘聚力随着自由沥青的增加而降低。当沥青用量增加至某一用量后，沥青混合料的粘聚力主要取决于自由沥青，因此抗剪强度几乎不变，随着沥青用量的增加，沥青不仅起着粘结剂的作用，而且起着润滑剂的作用，降低了粗集料的相互密排作用，因而降低了沥青混合料的内摩擦角。

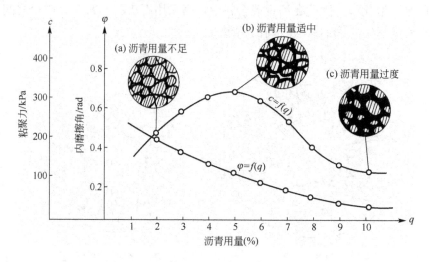

图 9.11　不同沥青用量时的沥青混合料结构和 c，φ 值变化示意图

沥青用量不仅影响沥青混合料的粘聚力，同时也影响沥青混合料的内摩擦角。通常当沥青薄膜达最佳厚度(即主要以结构沥青粘结)时，具有最大的粘聚力；随着沥青用量的增加，沥青混合料的内摩擦角逐渐降低。

（5）矿质集料的级配类型、粒度、表面性质的影响。

沥青混合料的抗剪强度与矿质集料在沥青混合料中的分布情况有密切关系。沥青混合料有密级配、开级配和间断级配等不同组成结构类型，已如前述，因此矿料级配的类型是影响沥青混合料抗剪强度的因素之一。

此外，沥青混合料中，矿质集料的粗度、形状和表面粗糙度对沥青混合料的抗剪强度都具有极为明显的影响。因为颗粒形状及其粗糙度，在很大程度上将决定混合料压实后，颗粒间相互位置的特性和颗粒接触有效面积的大小。通常具有显著的面和棱角，各方向尺寸相差不大，近似正立方体，以及具有明显细微凸出的粗糙表面的矿质集料，在碾压后能相互嵌挤锁结从而具有很大的内摩擦角。在其他条件相同的情况下，这种矿物所组成的沥青混合料较圆形而表面平滑的颗粒具有较高的抗剪强度。

许多实验证明，要想获得具有较大内摩擦角的矿质混合料，必须采用粗大、均匀的颗粒。在其他条件下，矿质集料颗粒愈粗，所配制成的沥青混合料具有愈高的内摩擦角。相同粒径组成的集料，卵石的内摩擦角较碎石的低。

（6）表面活性物质及其作用。

表面活性物质是一种能降低其表面张力且相应地吸附在该表面的物质。表面活性物质都具有两亲性质，由极性(亲水的)基团和非极性基团两部分组成。采用表面活性物质可促使沥青与矿料粘结力的改善。表面活性物质按其化学性质，可以分为离子型和非离子型两大类。离子型表面的活性物质，又可分为阴离子型和阳离子型活性物质。

为了改善沥青与碳酸盐矿料和碱性矿料(石灰石、白云石、玄武岩和辉绿岩等)的粘结力，可使用阴离子型表面活性物质。在这类矿料表面上，可形成不溶于水的化合物(如羧酸钙皂)，有助于加强与沥青的粘结。高羧酸、高羧酸重金属盐和碱土金属的盐类(皂)以及高酚物质，是阴离子型表面活性物质的典型代表。

当使用酸性矿料(石英、花岗岩、正长岩和粗面岩等)时，可采用阳离子型表面活性物质来改善其与沥青的粘结。高脂肪胺盐、四代铵碱等是阳离子型表面活性物质。

2) 影响沥青混合料抗剪强度的外因

(1) 温度的影响。

沥青混合料是一种热塑性材料，它的抗剪强度(τ)随着温度(T)的升高而降低。在材料参数中，粘聚力 c 值随温度升高而显著降低，但是内摩擦角受温度变化的影响较少。

(2) 形变速度的影响。

沥青混合料是一种粘-弹性材料，它的抗剪强度(τ)与形变速率($d\gamma/dt$)有密切关系。在其他条件相同的情况下，变形速率对沥青混合料的内摩擦角(φ)影响较小，而对沥青混合料的粘聚力(c)影响较为显著。实验资料表明，c 值随变形速率的减少而显著提高，而 φ 值随变形速率的减少，其变化很小。

9.2.2 沥青混合料的技术性质和技术标准

1. 沥青混合料的技术性质

沥青混合料作为沥青路面的面层材料，承受车辆行驶反复荷载和气候因素的作用，而胶凝材料沥青具有粘弹塑性的特点。因此，沥青混合料应具有抗高温变形、抗低温脆裂、抗滑、耐久性等技术性质以及施工和易性。

1) 高温稳定性

沥青混合料的高温稳定性是指在高温条件下，沥青混合料承受多次重复荷载作用而不发生过大的累积塑性变形的能力。高温稳定性良好的沥青混合料在车轮引起的垂直力和水平力的综合作用下，能抵抗高温的作用，保持稳定而不产生车辙和波浪等破坏现象。其常见的损坏形式主要有以下几点。

(1) 推移、拥包、搓板等类损坏主要是由于沥青路面在水平荷载作用下抗剪强度不足所引起的，它大量发生在表面处治、贯入式、路拌等次高级沥青路面的交叉口和变坡路段。

(2) 车辙，路面在行车荷载的反复作用下，会由于永久变形的累积而导致路表面出现车辙现象。车辙致使路表过量的变形，影响了路面的平整度。轮迹处沥青层厚度减薄，削弱了面层及路面结构的整体强度，从而易于诱发其他病害。

(3) 泛油是由于交通荷载的作用使沥青混合料内的集料不断挤紧，空隙度减小，最终将沥青挤压到道路表面的现象。

我国公路沥青路面施工技术规范(JTG F40—2004)规定，采用马歇尔稳定度试验(包括稳定度、流值、马歇尔模数)来评价沥青混合料高温稳定性，对用于高速公路、一级公路和城市快速路等沥青路面的上面层和下面层的沥青混凝土混合料，在进行配合比设计时应通过车辙试验对其抗车辙能力进行检验。

马歇尔稳定度试验通常测定的是马歇尔稳定度和流值,马歇尔稳定度是指标准尺寸试件在规定温度和加荷速度下,在马歇尔仪中的最大破坏荷载(kN);流值是达到最大破坏荷重时的垂直变形(0.1mm);马歇尔模数为稳定度除以流值的商。

$$T = \frac{MS \times 10}{FL} \tag{9-7}$$

式中　T——马歇尔模数,kN/mm;

　　MS——稳定度,kN;

　　FL——流值,0.1mm。

2) 低温抗裂性

沥青混合料的低温抗裂性是沥青混合料在低温下抵抗断裂破坏的能力。

沥青混合料是粘-弹-塑性材料,其物理性质随温度的变化会有很大变化。当温度较低时,沥青混合料表现为弹性性质,变形能力大大降低。在外部荷载产生的应力和温度下降引起的材料的收缩应力联合作用下,沥青路面可能发生断裂,产生低温裂缝。沥青混合料的低温开裂是由混合料的低温脆化、低温收缩和温度疲劳引起的。混合料的低温脆化一般用不同温度下的弯拉破坏试验来评定;低温收缩可采用低温收缩试验评定;而温度疲劳则可以用低频疲劳试验来评定。

3) 沥青混合料的耐久性

沥青混合料在路面中,长期受自然因素(阳光、热和水分等)的作用而产生破坏,为使路面具有较长的使用年限,必须具有较好的耐久性。

影响沥青混合料耐久性的因素有很多,如沥青的化学性质、矿料的矿物成分、沥青混合料的组成结构(残留空隙和沥青填隙率)。

沥青的化学性质和矿料的矿物成分,对耐久性的影响已如前述。就大气因素而言,沥青在大气因素作用下,组分会产生转化,油分减少,沥青质增加,从而使沥青的塑性逐渐减小,脆性增加,路面的使用品质下降。其次从耐久性的角度考虑,沥青混合料应有较高的密实度和较小的空隙率,以防止水的渗入和日光紫外线对沥青的老化作用,但是空隙率过小,将影响沥青混合料的高温稳定性,因此沥青混合料均应残留 3%～6%空隙,以备夏季沥青膨胀。空隙率大,且沥青与矿料粘附性差的混合料,在饱水后石料与沥青粘附力降低,易发生剥落,水能进入沥青薄膜和集料间,阻断沥青与集料表面相互粘结,从而影响沥青混合料的耐久性。

我国现行规范采用空隙率、饱和度(即沥青填隙率)和残留稳定度等指标来表征沥青混合料的耐久性。沥青混合料的耐久性常用浸水马歇尔试验或真空饱水马歇尔试验评价。

4) 沥青混合料的抗滑性

随着现代交通车速的不断提高,对沥青路面的抗滑性提出了更高的要求。沥青路面的抗滑性能与集料的表面结构(粗糙度)、级配组成、沥青用量等因素有关。为保证沥青混合料抗滑性能,面层集料应选用质地坚硬具有棱角的碎石,通常采用玄武岩。我国现行规范对抗滑层集料提出磨光值、道瑞磨耗值和冲击值指标。采取适当增大集料粒径、减少沥青用量及控制沥青的含蜡量等措施,均可提高路面的抗滑性。

5) 施工和易性

沥青混合料应具备良好的施工和易性，使混合料易于拌和、摊铺和碾压施工。影响施工和易性的因素很多，如气温、施工机械条件及混合料性质等。

从混合料的材料性质看，影响施工和易性的是混合料的级配和沥青用量。如粗、细集料的颗粒大小相差过大，缺乏中间尺寸的颗粒，混合料容易分层层积；如细集料太少，沥青层不容易均匀地留在粗颗粒表面；如细集料过多，则使拌和困难。如沥青用量过少，或矿粉用量过多时，混合料容易出现疏松，不易压实；如沥青用量过多，或矿粉质量不好，则混合料容易粘结成块，不易摊铺。

2. 沥青混合料技术标准

《公路沥青路面施工技术规范》（JTG F40—2004）对密级配沥青混合料马歇尔试验技术标准的规定见表9-4。该标准按交通性质分为：①高速公路、一级公路；②其他等级公路；③行人道路3个级。对马歇尔试验指标（包括稳定度、流值、空隙率、矿料间隙率、沥青饱和度和残留稳定度等）提出不同要求。同时按不同气候条件分别提出不同的要求。对我国沥青混合料的生产、应用都具有指导意义。

表9-4 密级配沥青混凝土混合料马歇尔试验技术标准

（本表适用于公称最大粒径≤26.5mm的密级配沥青混凝土混合料）

试验指标		高速公路、一级公路				其他等级公路	行人道路
		夏炎热区（1-1、1-2、1-3、1-4区）		夏热区及夏凉区（2-1、2-2、2-3、2-4、3-2区）			
		中轻交通	重载交通	中轻交通	重载交通		
击实次数（双面）/次		75				50	50
试件尺寸/mm		$\phi101.6mm×63.5mm$					
空隙率 VV	深约90mm以内/%	3～5	4～6	2～4	3～5	3～6	2～4
	深约90mm以下/%	3～6		2～4	3～6	3～6	—
稳定度 MS，≥/kN		8				5	3
流值 FL/mm		2～4	1.5～4	2～4.5	2～4	2～4.5	2～5
矿料间隙率 VMA，≥/%	设计空隙率/%	相应于以下公称最大粒径(mm)的最小 VMA 及 VFA 技术要求/%					
		26.5	19	16	13.2	9.5	4.75
	2	10	11	11.5	12	13	15
	3	11	12	12.5	13	14	16
	4	12	13	13.5	14	15	17
	5	13	14	14.5	15	16	18
	6	14	15	15.5	16	17	19
沥青饱和度 VFA/%		55～70	65～75			70～85	

注：① 对空隙率大于5%的夏炎热区重载交通路段，施工时应至少提高压实度1%；
　　② 当设计的空隙率不是整数时，由内插确定要求的 VMA 最小值；
　　③ 对改性沥青混合料，马歇尔试验的流值可适当放宽。

9.2.3　沥青混合料组成材料的技术性质

沥青混合料的技术性质决定于组成材料的性质、组成配合的比例和混合料的制备工艺等因素。为了保证沥青混合料的技术性质，首先是正确选择符合质量要求的组成材料。

沥青混合料中各组成材料的技术要求分述如下。

1. 沥青

拌制沥青混合料用沥青材料的技术性质，随气候条件、交通性质、沥青混合料的类型和施工条件等因素而异。通常较热的气候区，较繁重的交通，细粒或砂粒式的混合料则应采用稠度较高的沥青；反之，则采用稠度较低的沥青。在其他配料条件相同的情况下，较粘稠的沥青配制的混合料具有较高的力学强度和稳定性，但如稠度过高，则沥青混合料的低温变形能力较差，沥青路面产生裂缝。反之，在其他配料条件相同的条件下，采用稠度较低的沥青，虽然配制的混合料在低温时具有较好的变形能力，但在夏季高温时往往稳定性不足而使路面产生推挤现象(表9-5)。

表9-5　道路石油沥青的适用范围

沥青等级	适用范围
A 级沥青	各个等级的公路，适用于任何场合和层次
B 级沥青	(1) 高速公路、一级公路沥青下面层及以下的层次，二级及二级以下公路的各个层次 (2) 用作改性沥青、乳化沥青、改性乳化沥青、稀释沥青的基质沥青
C 级沥青	三级及三级以下公路的各个层次

对高速公路、一级公路，夏季温度高、高温持续时间长、重载交通、山区及丘陵区上坡路段、服务区、停车场等行车速度慢的路段，尤其是汽车荷载剪应力大的层次，宜采用稠度大、60℃粘度大的沥青，也可提高高温气候分区的温度水平从而选用沥青等级；对冬季寒冷的地区或交通量小的公路、旅游公路宜选用稠度小、低温延度大的沥青；对日温差、年温差大的地区宜注意选用针入度指数大的沥青。当高温要求与低温要求发生矛盾时应优先考虑满足高温性能的要求。通常面层的上层宜用较稠的沥青，下层或连接层宜用较稀的沥青。

2. 粗集料

沥青混合料用粗集料，可以采用碎石、破碎砾石和矿渣等。但高速公路和一级公路不得使用筛选砾石和矿渣。

沥青混合料用的粗集料应该洁净、干燥、表面粗糙、接近立方体、无风化、不含杂质。在力学性质方面，压碎值和洛杉矶磨耗率应符合相应道路等级的要求(表9-6)。

粗集料的粒径规格应按《公路沥青路面施工技术规范》(JTG F40—2004)的规定生产和使用。

对用于抗滑表层沥青混合料用的粗集料，应该选用坚硬、耐磨、韧性好的碎石或破碎砾石，矿渣及软质集料不得用于防滑表层。高速公路、一级公路沥青路面的表面层(或磨耗层)的粗集料的磨光值应符合《公路沥青路面施工技术规范》(JTG F40—2004)的要求。破碎砾石应采用粒径大于50mm、含泥量不大于1%的砾石轧制,破碎砾石的破碎面应符合要求。

表9-6 沥青混合料用粗集料质量技术要求

指 标	高速公路及一级公路		其他等级公路	试验方法
	表面层	其他层次		
石料压碎值,≤/%	26	28	30	T 0316
洛杉矶磨耗损失,≤/%	28	30	35	T 0317
表观相对密度,≥/(t/m³)	2.60	2.50	2.45	T 0304
吸水率,≤/%	2.0	3.0	3.0	T 0304
坚固性,≤/%	12	12	—	T 0314
针片状颗粒含量(混合料),≤/% 其中粒径大于9.5mm,≤/% 其中粒径小于9.5mm,≤/%	15 12 18	18 15 20	20	T 0312
水洗法<0.075mm 颗粒含量,≤/%	1	1	1	T 0310
软石含量,≤/%	3	5	5	T 0320

注：① 坚固性试验可根据需要进行;
　　② 用于高速公路、一级公路时,多孔玄武岩的视密度可放宽至2.45t/m³,吸水率可放宽至3%,但必须得到建设单位的批准,且不得用于SMA路面;
　　③ 对S14即3~5规格的粗集料,针片状颗粒含量可不予要求,<0.075mm含量可放宽到3%。

3. 细集料

用于拌制沥青混合料的细集料,可采用天然砂、人工砂或石屑。

细集料应洁净、干燥、无风化、不含杂质,并有适当的级配范围。对细集料的技术要求见表9-7。

表9-7 沥青混合料用细集料质量要求

项 目	高速公路、一级公路	其他等级公路	试验方法
表观相对密度,≥/(t/m³)	2.50	2.45	T 0328
坚固性(>0.3mm 部分),≥/%	12	—	T 0340
含泥量(小于0.075mm 的含量),≤/%	3	5	T 0333
砂当量,≥/%	60	50	T 0334
亚甲蓝值,≤/(g/kg)	25		T 0346
棱角性(流动时间),≥/(s)	30		T 0345

注：坚固性试验可根据需要进行。

天然砂可采用河砂或海砂,通常宜采用粗、中砂,其规格应符合《公路沥青路面施工技术规范》(JTG F40—2004)的规定,石屑是采集石场破碎石料时,通过4.75mm或2.36mm的筛下部分,其规格应符合《公路沥青路面施工技术规范》(JTG F40—2004)的要求。

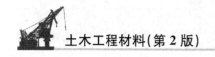

4.矿粉

沥青混合料的矿粉必须采用石灰岩或岩浆岩中的强基性岩石等憎水性石料经磨细得到的矿粉,原石料中的泥土杂质应除净。矿粉应干燥、洁净,能自由地从矿粉仓中流出,其质量应符合表9-8的技术要求。

表9-8　沥青混合料用矿粉质量要求

项　　目		高速公路、一级公路	其他等级公路	试验方法
表观相对密度,≥/(t/m³)		2.50	2.45	T 0352
含水量,≤/%		1	1	T 0103 烘干法
粒度范围/%	<0.6mm	100	1	T 0351
	<0.15mm	90～100	90～100	
	<0.075mm	75～100	70～100	
外观		无团粒结块	—	
亲水系数		<1		T 0353
塑性指数/%		<4		T 0354
加热安定性		实测记录		T 0355

粉煤灰作为矿粉使用时,用量不得超过矿粉总量的50%,粉煤灰的烧失量应小于12%,与矿粉混合后的塑性指数应小于4%,其余质量要求与矿粉相同。高速公路、一级公路的沥青面层不宜采用粉煤灰作为矿粉。

拌和机的粉尘可作为矿粉的一部分回收使用。但每盘用量不得超过矿粉料总量的25%,掺有粉尘矿粉的塑性指数不得大于4%。

5.纤维稳定剂

沥青混合料中掺加的纤维稳定剂宜选用木质素纤维、矿物纤维等,木质素纤维的质量应符合表9-9的技术要求。

表9-9　木质素纤维质量技术要求

项目	指标	试验方法
纤维长度,≤/mm	6	水溶液用显微镜观测
灰分含量/%	18±5	高温590～600℃燃烧后测定残留物
pH 值	7.5±1.0	水溶液用 pH 试纸或 pH 计测定
吸油率,≥	纤维质量的5倍	用煤油浸泡后放在筛上经振敲后称量
含水率(以质量计),≤/%	5	105℃烘箱烘 2h 后冷却称量

9.2.4　沥青混合料的配合比设计

沥青混合料配合比设计包括实验室配合比设计、生产配合比设计和试拌试铺配合比调整 3 个阶段。本节主要着重介绍实验室配合比设计。

实验室配合比设计可分为矿质混合料配合比组成设计和沥青最佳用量确定两部分。

1. 矿质混合料配合比组成设计

矿质混合料配合比组成设计的目的，是选配具有足够密实度，并且具有较高内摩擦阻力的矿质混合料。通常采用规范推荐的矿质混合料级配范围来确定。按现行规范(JTG F40—2004)规定，按下列步骤进行。

1) 确定沥青混合料类型

沥青混合料的类型，根据道路等级、路面类型和所处的结构层位，按表 9-10 选定。

表 9-10 热拌沥青混合料种类

混合料类型	密级配					半开级配	公称最大粒径/mm	最大粒径/mm
	连续级配		间断级配	间断级配				
	沥青混凝土	沥青稳定碎石	沥青玛蹄脂碎石	排水式沥青磨耗层	排水式沥青碎石基层	沥青稳定碎石		
特粗式	—	ATB-40	—	—	ATPB-40	—	37.5	53.0
粗粒式	—	ATB-30	—	—	ATPB-30	—	31.5	37.5
	AC-25	ATB-25	—	—	ATPB-25	—	26.5	31.5
中粒式	AC-20	—	SMA-20	—	—	AM-20	19.0	26.5
	AC-16	—	SMA-16	OGFC-16	—	AM-16	16.0	19.0
细粒式	AC-13	—	SMA-13	OGFC-13	—	AM-13	13.2	16.0
	AC-10	—	SMA-10	OGFC-10	—	AM-10	9.5	13.2
砂粒式	AC-5	—	—	—	—	—	4.75	9.5
设计空隙率/%	3~5	3~6	3~4	>18	>18	6~12	—	—

注：空隙率可按配合比的设计要求适当地进行调整。

2) 确定矿质混合料的级配范围

根据已确定的沥青混合料类型，查阅推荐的矿质混合料级配范围表，即可确定所需的级配范围。密级配沥青混合料宜根据公路等级、气候及交通条件按表 9-11 选择采用粗型(C 型)或细型(F 型)混合料，并在表 9-12 范围内确定工程设计级配范围，通常情况下工程设计级配范围不宜超出表 9-12 的要求。其他类型的混合料宜直接以表 9-12 作为工程设计级配范围。

表 9-11 粗型和细型密级配沥青混凝土的关键性筛孔通过率

混合料类型	公称最大粒径/mm	用以分类的关键性筛孔/mm	粗型密级配		细型密级配	
			名称	关键性筛孔通过率/%	名称	关键性筛孔通过率/%
AC-25	26.5	4.75	AC-25C	<40	AC-25F	>40
AC-20	19	4.75	AC-20C	<45	AC-20F	>45

（续）

混合料类型	公称最大粒径/mm	用以分类的关键性筛孔/mm	粗型密级配		细型密级配	
			名称	关键性筛孔通过率/%	名称	关键性筛孔通过率/%
AC-16	16	2.36	AC-16C	＜38	AC-16F	＞38
AC-13	13.2	2.36	AC-13C	＜40	AC-13F	＞40
AC-10	9.5	2.36	AC-10C	＜45	AC-10F	＞45

3）矿质混合料的配合比计算

（1）组成材料的原始数据的测定。根据现场取样，对粗集料、细集料和矿粉进行筛析试验，按筛析结果分别绘出各组成材料的筛分曲线。同时并测出各组成材料的相对密度，以供计算物理常数时使用。

（2）计算组成材料的配合比。根据各组成材料的筛析试验资料，采用试算法、图解法或电算法，计算符合要求的级配范围的各组成材料用量比例。现简介图解法如下。

图解法通常采用"修正平衡面积法"确定矿质混合料的合成级配。在"修正平衡面积法"中，将设计要求的级配中值曲线绘制成一条直线，纵坐标和横坐标分别代表通过百分率和筛孔尺寸。这样，当纵坐标仍为算术坐标时，横坐标的位置将由设计级配中值所确定。

① 绘制级配曲线坐标图。按照一定的尺寸绘制矩形框图，连接对角线 OO' 作为设计级配中值曲线，如图 9.12 所示。按常数标尺在纵坐标上标出通过百分率的位置，然后将设计级配中值要求的各筛孔通过百分率，标于纵坐标上，并从纵坐标引水平线与对角线相交，再从交点作垂线与横坐标相交，该交点即为各相应筛孔尺寸的位置。

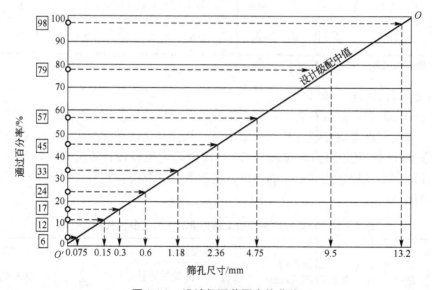

图 9.12 设计级配范围中值曲线

② 确定各种集料用量。以图 9.12 为基础，将各种集料的级配曲线绘制于图上，结果如图 9.13 所示，然后根据两条级配曲线之间的关系确定各种集料的用量。

表 9 – 12　沥青合料矿料级配范围

级配类型			通过下列筛孔(方孔筛,mm)的质量百分率/%														
			53.0	37.5	31.5	26.5	19.0	16.0	13.2	9.5	4.75	2.36	1.18	0.6	0.3	0.15	0.075
密级配沥青混凝土混合料	粗粒式	AC-25			100	90~100	75~90	65~83	57~76	45~65	24~52	16~42	12~33	8~24	5~17	4~13	3~7
	中粒式	AC-20				100	90~100	78~92	62~80	50~72	26~56	16~44	12~33	8~24	5~17	4~13	3~7
		AC-16					100	90~100	76~92	60~80	34~62	20~48	13~36	9~26	7~18	5~14	4~8
	细粒式	AC-13						100	90~100	68~85	38~68	24~50	15~38	10~28	7~20	5~15	4~8
		AC-10							100	90~100	45~75	30~58	20~44	13~32	9~23	6~16	4~8
	砂粒式	AC-5								100	90~100	55~75	35~55	20~40	12~28	7~18	5~10
沥青玛蹄脂碎石混合料	中粒式	SMA-20				100	90~100	72~92	62~82	40~55	18~30	13~22	12~20	10~16	9~14	8~13	8~12
		SMA-16					100	90~100	65~85	45~65	20~32	15~24	14~22	12~18	10~15	9~14	8~12
	细粒式	SMA-13						100	90~100	50~75	20~34	15~26	14~24	12~20	10~16	9~15	8~12
		SMA-10							100	90~100	28~60	20~32	14~26	12~22	10~18	9~16	8~13
开级配抗滑磨耗层混合料	中粒式	OGFC-16					100	90~100	70~90	45~70	12~30	10~22	6~18	4~15	3~12	3~8	2~6
	细粒式	OGFC-13						100	90~100	60~80	12~30	10~22	6~18	4~15	3~12	3~8	2~6
		OGFC-10							100	90~100	50~70	10~22	6~18	4~15	3~12	3~8	2~6
密级配沥青稳定碎石混合料	特粗式	ATB-40	100	90~100	75~92	65~85	49~71	43~63	37~57	30~50	20~40	15~32	10~25	8~18	5~14	3~10	2~6
	粗粒式	ATB-30		100	90~100	70~90	53~72	44~66	39~60	31~51	20~40	15~32	10~25	8~18	5~14	3~10	2~6
		ATB-25			100	90~100	60~80	48~68	42~62	32~52	20~40	15~32	10~25	8~18	5~14	3~10	2~6
半开级配沥青碎石混合料	中粒式	AM-20				100	90~100	60~85	50~75	40~65	15~40	5~22	2~16	1~12	0~10	0~8	0~5
		AM-16					100	90~100	60~85	45~68	18~40	6~25	3~18	1~14	0~10	0~8	0~5
	细粒式	AM-13						100	90~100	50~80	20~45	8~28	4~20	2~16	0~10	0~8	0~6
		AM-10							100	90~100	35~65	10~35	5~22	2~16	0~12	0~9	0~6
开级配沥青碎石混合料	特粗式	ATPB-40	100	70~100	65~90	55~85	43~75	32~70	20~65	12~50	0~3	0~3	0~3	0~3	0~3	0~3	0~3
	粗粒式	ATPB-30		100	80~100	70~95	53~85	36~80	26~75	14~60	0~3	0~3	0~3	0~3	0~3	0~3	0~3
		ATPB-25			100	80~100	60~100	45~90	30~82	16~70	0~3	0~3	0~3	0~3	0~3	0~3	0~3

如图 9.13 所示，任意两条相邻集料级配曲线之间的关系只可能是下列 3 种情况之一。

a. 曲线重叠。两条相邻级配曲线相互重叠，在图 9.13 中表现为集料 A 的级配曲线下部与集料 B 的级配曲线上部搭接。此时，在两级配曲线之间引一根垂线 AA'，使其与集料 A、B 的级配曲线截距相等，即 $a=a'$。垂线 AA' 与对角线 OO' 交于点 M，通过 M 作一条水平线与纵坐标交于 Q 点，OQ 即为集料 A 的用量。

b. 曲线相接。两条相邻级配曲线相接，在图 9.13 中表现为集料 B 的级配曲线末端与集料 C 的级配曲线首端正好在同一垂直线上。对于这种情况仅需将集料 B 的级配曲线末端与集料 C 的级配曲线首端直接相连，得垂线 BB'。BB' 与对角线 OO' 交于点 N，过点 N 作一水平线与纵坐标交于 Q 点，PQ 即为集料 B 的用量。

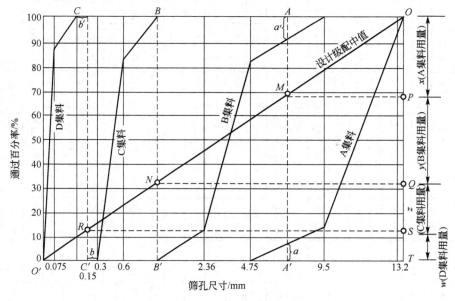

图 9.13　图解法用图

c. 曲线相离。两相邻级配曲线相离，表现为集料 C 的级配曲线末端与集料 D 的级配曲线首端在水平方向彼此分离。此时，作一条垂线 CC' 平分这段水平距离，使 $b=b'$，得垂线 CC'。CC' 与对角线 OO' 交于点 R，通过 R 作一水平线与纵坐标交于 S 点，QS 即为集料 C 的用量。剩余 ST 即为集料 D 的用量。

③ 合成级配的计算与校核。图解法求解过程中，各种集料用量比例也是根据部分筛孔确定的，因此需要对矿料的合成级配进行校核，当超出级配范围时，应调整各集料的用量。

（3）调整配合比，通常合成级配曲线宜尽量接近设计级配的中值，尤其应使 0.075mm、2.36mm、4.75mm 筛孔的通过量满足以下要求：对交通量大、轴载量重的公路，宜偏向级配范围的下（粗）限，对中、小交通量或人行道路等宜偏向级配范围的上（细）限。

2. 确定沥青混合料的最佳沥青用量

沥青混合料的最佳沥青用量（OAC）的确定，通常采用实验的方法，我国现行规范《公路沥青路面施工技术规范》（JTG F40—2004）是在马歇尔法的基础上，结合我国具体实践发展完善的，该法确定沥青最佳用量按下列步骤进行。

1) 制备试样

(1) 按确定的矿质混合料配合比，计算各种矿质材料的用量。

(2) 根据沥青用量范围的经验，估计适宜的沥青用量(或油石比)。

2) 测定物理、力学指标

以估计沥青用量为中值，以 0.5% 间隔上下变化沥青用量制备马歇尔试件，试件数不少于 5 组，然后在规定的试验温度及试验时间内用马歇尔法测定稳定度和流值，同时计算空隙率、饱和度及矿料间隙率。

3) 马歇尔试验结果分析

(1) 绘制沥青用量与物理、力学指标的关系曲线。以沥青用量为横坐标，以视密度、空隙率、饱和度、稳定度、流值、矿料间隙率为纵坐标[绘制曲线时含矿料间隙率 (VMA)，且为下凹形曲线，但确定 $OAC_{\min}\sim OAC_{\max}$ 时不包括 VMA]，将试验结果绘制成沥青用量与各项指标的关系曲线，如图 9.14 所示。

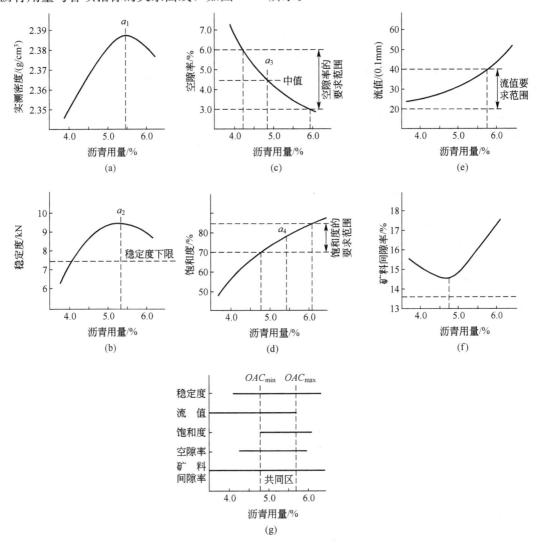

图 9.14 沥青用量与马歇尔稳定度试验物理-力学指标关系图

(2) 从图 9.14 中求取相应于密度最大值的沥青用量 a_1，相应于稳定度最大值的沥青用量 a_2 及相应于规定空隙率范围中值的沥青用量 a_3，相应于沥青饱和度范围中值的沥青用量 a_4，求取 4 者平均值作为最佳沥青用量的初始值 OAC_1。

$$OAC_1 = (a_1 + a_2 + a_3 + a_4)/4 \qquad (9-8)$$

如果在所选择的沥青用量范围未能涵盖沥青饱和度的要求范围，求取三者的平均值作为 OAC_1。

$$OAC_1 = (a_1 + a_2 + a_3)/3 \qquad (9-9)$$

若所选择试验的沥青用量范围、密度或稳定度没有出现峰值（最大值经常在曲线的两端）时，可直接以目标空隙率所对应的沥青用量 a_3 作为 OAC_1，但 OAC_1 必须介于 $OAC_{min} \sim OAC_{max}$ 的范围内，否则应重新进行配合比设计。

(3) 求出各项指标均符合沥青混合料技术标准（不含 VMA）的沥青用量范围 $OAC_{min} \sim OAC_{max}$，其中值为 OAC_2，即

$$OAC_2 = (OAC_{min} + OAC_{max})/2 \qquad (9-10)$$

(4) 根据 OAC_1 和 OAC_2 综合确定沥青最佳用量（OAC）。

$$OAC = (OAC_1 + OAC_2)/2 \qquad (9-11)$$

(5) 按上式计算的最佳沥青用量 OAC，从图 9.14 中得出所对应的空隙率和 VMA 值，检验能否满足《公路沥青路面施工技术规范》（JTG F40—2004）最小 VMA 值的要求。OAC 宜位于 VMA 凹形曲线最小值的贫油一侧。当空隙率不是整数时，最小 VMA 按内插法确定，并将其画入图 9.14 中。检查图 9.14 中相应于此 OAC 的各项指标是否均符合马歇尔试验技术标准。

(6) 根据实践经验、公路等级、气候条件和交通情况，调整确定最佳沥青用量 OAC。

(7) 配合比检验。进行高温稳定性检验、水稳定性检验、低温抗裂性能检验、渗水系数检验、钢渣活性检验。

4）生产配合比设计阶段

5）生产配合比验证阶段

习　　题

1. 石油沥青可划分为几种胶体结构？与其技术性质有何关联？

2. 沥青针入度、延度、软化点试验反映了沥青的哪些性能？简述主要试验条件。

3. 沥青的感温性最常采用哪些指标来表征？

4. 影响沥青与石料粘附性的因素有哪些？

5. 为什么要对沥青进行改性？常用的聚合物改性沥青有哪几种？改性沥青的技术指标有何特点？

6. 沥青混合料按其组成结构可分为哪几种类型？各种结构类型的沥青混合料各有什么优缺点？

7. 简述沥青混合料应具备的路用性能及其主要影响因素。

8. 简述沥青混合料高温稳定性的评定方法和评定指标。

9. 试述我国现行热拌沥青混合料配合组成的设计方法。矿质混合料的组成和沥青最佳用量是如何确定的？

10. 采用马歇尔法设计沥青混凝土配合比时，为什么由马歇尔试验确定配合比后还要进行浸水稳定度和车辙试验？

11. 试设计一级公路沥青路面面层用的沥青混凝土混合料的配合比组成。

【原始资料】

（1）道路等级：一级公路。路面类型：沥青混凝土。结构层位：两层式沥青混凝土的上面层，设计厚度 4.5cm。气候条件：7月份平均最高气温 20～30℃，年极端最低气温＞－7℃。

（2）材料性能：沥青材料，密度 1.020kg/m³，其他各项指标符合技术要求；碎石和石屑，I级石灰岩轧制碎石，饱水抗压强度 137MPa，洛杉矶磨耗率 16%，粘附性 5 级，视密度 2.71kg/m³；细集料，洁净河砂，粗度属中砂，含泥量小于 1%，视密度 2.68kg/m³；矿粉，石灰石粉，粒度范围符合要求，无团粒结块，视密度 2.58kg/m³；粗、细集料和矿粉级配组成见表 9－13。沥青混合料马歇尔试验结果汇总于表 9－14，供分析评定参考用。

【设计要求】

（1）根据道路等级、路面类型和结构层次确定沥青混凝土的类型和矿质混合料的级配范围。根据集料的筛析结果（表 9－13），确定各档集料的用量比例，对矿质混合料的合成级配进行校核与调整。

表 9－13　沥青混合料用集料筛析结果

材料名称	筛孔尺寸/mm									
	16.0	13.2	9.5	4.75	2.36	1.18	0.6	0.3	0.15	0.075
	通过百分率/%									
碎石	100	95	18	2.0	0	0	0	0	0	0
石屑	100	100	100	82.5	36.1	15.2	3.0	0	0	0
砂	100	100	100	100	91.5	82.5	71.0	35	15	3.0
矿粉	100	100	100	100	100	100	100	100	100	87

（2）根据沥青混凝土的技术要求，通过对马歇尔试验体积参数和力学指标（表 9－14）的分析，确定最佳沥青用量。

表 9－14　马歇尔试验物理-力学指标测定结果汇总表

试件组号	沥青用量/%	技术性质					
		表观密度 ρ_0/(kg/m³)	空隙率 VV/%	矿料间隙率 VMA/%	沥青饱和度 VFA/%	稳定度 MS/kN	流值 FL/mm
1	4.5	2.366	6.2	17.6	68.5	8.2	20
2	5.0	2.381	5.1	17.3	75.5	9.5	24

(续)

试件组号	沥青用量/%	技术性质					
		表观密度 $\rho_0/(kg/m^3)$	空隙率 VV/%	矿料间隙率 VMA/%	沥青饱和度 VFA/%	稳定度 MS/kN	流值 FL/mm
3	5.5	2.398	4.0	16.7	84.4	9.6	28
4	6.0	2.382	3.2	17.1	88.6	8.4	31
5	6.5	2.378	2.6	17.7	88.1	7.1	36

12. 填空题。

(1) 石油沥青的主要组分是_____、_____、_____。它们分别赋予石油沥青_____性;_____性、_____性;_____性、_____性。

(2) 石油沥青的三大技术指标是_____、_____和_____,它们分别表示沥青的_____性、_____性和_____性。石油沥青的牌号主要根据_____指标来划分。

(3) 沥青混合料是由_____、_____和_____按一定比例拌和而成的复合材料。按矿质骨架的结构状况,分为_____、_____和_____ 3个类型,其中最合理的结构是_____。

(4) 沥青在矿粉表面产生化学组分的重新排列,形成一定厚度的扩散溶剂化膜。在此膜厚以内的沥青称为_____,在此膜厚度以外的沥青称为_____。矿粉之间通过_____来联结才会有较高的粘聚力。

(5) 沥青与矿粉的交互作用,与矿粉的性质有关。_____矿料(如石灰石、粉煤灰、普通水泥)与石油沥青之间的粘结力大于_____矿料(如石英石)与石油沥青之间的粘结力。

第10章 防水材料

教学目标

　　本章介绍了防水材料的基本要求和分类，常见防水卷材的技术性能与应用，防水涂料的分类及其常见产品的性能，防水密封材料的分类及其常见产品的性能。通过本章的学习，应达到以下目标。

　　(1) 掌握常见防水卷材的技术性能与应用。

　　(2) 了解防水材料的基本要求和分类，防水涂料的分类及常见产品的性能，防水密封材料的分类及其常见产品的性能。

教学要求

知识要点	能力要求	相关知识
防水卷材的性能与应用	(1) 沥青基防水卷材的性能与应用 (2) SBS、APP 等常用防水卷材的性能与应用	(1) 沥青防水卷材 (2) 高聚物改性沥青卷材 (3) 合成高分子防水卷材
防水涂料和防水密封材料的性能与应用	(1) 常见防水涂料的性能与应用 (2) 常见防水密封材料的性能与应用	(1) 防水涂料的分类、常见产品的性能与应用 (2) 防水密封材料的分类、常见产品的性能与应用

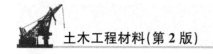

 引例

广州市海珠区人民法院地下室防水工程建筑面积 12 437m²，针对工程特点，采用刚柔相济的方法防水。刚性防水材料以 C35 防水混凝土(抗渗等级为 P8)为基础，表面刮涂 0.8mm 厚水泥基渗透结晶型防水材料；柔性材料采用水泥基渗透结膜型高效弹性防水材料，施工时涂刷在刚性基面上，涂刷厚度约 2mm。实践证明，该工程地下室防水处理效果好，没有发现渗漏现象。

房屋渗漏现象是建筑工程的通病，一直困扰设计、施工和业主各方，但只要根据工程特点，正确设计，选用合格的防水材料，严格控制施工细节，就能达到良好的防水处理效果。

防水材料是指能防止雨水、地下水及其他水渗入建筑物或构筑物的一类功能性材料。防水材料广泛应用于建筑工程，亦用于公路桥梁工程、水利工程等。

土木工程防水分为防潮和防渗(漏)两种。防潮是指应用防水材料封闭建筑物表面，防止液体物质渗入建筑物内部。防渗(漏)是指防止液体物质，通过建筑物内部空洞、裂缝及构件之间的接缝，渗漏到建筑物内部或从建筑构件内部渗出。

防水材料是建筑工程不可缺少的功能性材料，它对提高建筑构件的质量，保证建筑物发挥正常的工程效益起到重要的作用。目前防水材料的造价约占工程总造价的 15％，地下室建筑则高达 25％～30％。虽然投入较多但效果并不理想，据统计，近年来新建工程渗漏的维修费用约十多亿，因此防水材料的研究和改进是建设部门亟待解决的问题。

传统的防水材料是以纸胎石油沥青油毡为代表，它的抗老化能力差、纸胎的延伸率低、易腐烂。油毡胎体表面沥青耐热性差，当气温变化时，油毡与基底、油毡之间的接头容易出现脱离和开裂的现象，形成水路连通和渗漏。新型的防水材料，大量应用高聚物改性沥青材料来提高胎体的力学性能和抗老化性。应用合成材料、复合材料能增强防水材料的低温柔韧性、温度敏感性和耐久性，极大提高了防水材料的物理、化学性能。

针对土木工程性质的要求，不同品种的防水材料具有不同的性能，要保证防水材料的物理性、力学性和耐久性，它们必须具备如下性能。

(1) 耐候性。对自然环境中的光、冷、热等具有一定的承受能力，冻融交替的环境下，在材料指标时间内不开裂、不起泡。

(2) 抗渗性。特别在建筑物内外存在一定水压力差时，抗渗是衡量防水材料功能性的重要指标。

(3) 整体性。防水材料按性质可分为柔性和刚性两种。在热胀冷缩的作用下，柔性防水材料应具备一定适应基层变形的能力。刚性防水材料应能承受温度应力变化，与基层形成稳定的整体。

(4) 强度。在一定荷载和变形条件下，能够保持一定的强度，保证防水材料不断裂。

(5) 耐腐蚀性。防水材料有时会接触液体物质，包括水、矿物水、溶蚀性水、油类、化学溶剂等，因此防水材料必须具有一定的抗腐蚀能力。

10.1 防水材料的分类

现代科学技术和建筑事业的发展，使防水材料的品种、数量和性能发生了巨大的变化。20世纪80年代后已形成以橡胶、树脂基防水材料和改性沥青系列为主，各种防水涂料为辅的防水体系。建筑防水材料按外形和成分的分类如图10.1所示。

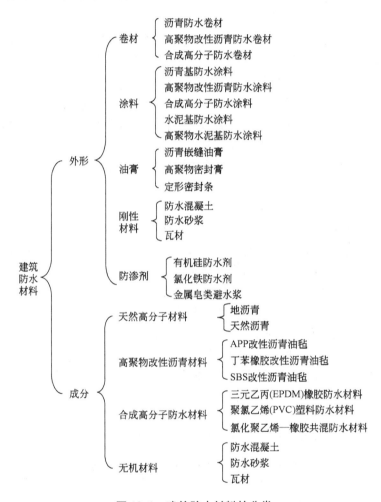

图 10.1 建筑防水材料的分类

10.2 防 水 卷 材

土木工程防水材料中防水卷材是重要的品种之一，20世纪80年代以前沥青防水材料是主流产品，20世纪80年代后逐渐向橡胶、树脂基、改性沥青系列发展，形成了沥青防水卷材、高聚物改性沥青卷材和合成高分子防水卷材三大类型。

10.2.1　沥青基防水卷材

传统的沥青防水材料虽然在性能上存在一些缺陷，但是它的价格低廉、货源充足，结构致密、防水性能良好，对腐蚀性液体、气体抵抗力强，粘附性好、有塑性、适应基材的变形。随着沥青基防水材料胎体的不断改进，目前它在工业、民用建筑、市政建筑、地下工程、道路桥梁、隧道涵洞、水工建筑和国防军事等领域得到广泛的应用。

1. 沥青防水卷材

20世纪五六十年代以来，我国防水材料一直以纸胎石油沥青油毡为代表。由于纸胎耐久性差，现在已基本上被淘汰。目前用纤维织物、纤维毡等改造的胎体和以高聚物改性的沥青卷材已成为沥青防水卷材的发展方向。

沥青防水卷材按其胎体可分为有胎卷材和无胎卷材。有胎卷材是一种用玻璃布、石棉布、棉麻织品、厚纸等作胎体，浸渍石油沥青，表面涂撒粉状、粒状或片状防粘材料制成的卷材，也称作浸渍卷材。无胎卷材是将橡胶粉、石棉粉等混合到沥青材料中，经混炼、压延而成的防水材料，也称辊压卷材。沥青防水卷材，是目前土木工程建筑中常用的柔性防水材料。

1）石油沥青玻璃纤维胎防水卷材

石油沥青玻璃纤维胎防水卷材也称作玻纤胎沥青防水卷材或玻纤胎油毡，属于"弹性体沥青防水卷材"之一。它采用玻璃纤维薄毡为胎体，浸涂石油沥青，并在表面涂撒矿物粉料或覆盖聚乙烯膜等隔离材料，制成可卷曲的片状防水材料。

石油沥青玻璃纤维胎防水卷材按单位面积质量分为15号和25号，按表面材料不同分为PE膜面和砂面，按力学性能分为Ⅰ型和Ⅱ型。

15号玻纤胎油毡适用于一般工业、民用建筑屋面的多层防水，也可作管道包扎。25号适用于屋面、地下设施、水利工程的多层防水。

玻纤胎油毡具有较高的抗拉强度，防渗漏性能好，可达到A级防水标准。该材料防老化、抗腐蚀性、耐候性强。经与改性沥青复合后，弹性、柔软性、抗震性都得到很大的提高，例如，经SBS(苯乙烯-丁二烯-苯乙烯)改性的产品，能够在−25～−15℃低温下保持良好的柔韧性。石油沥青玻璃纤维胎防水卷材性能要求见表10-1。

表10-1　石油沥青玻纤胎防水卷材物理力学性能

项目		Ⅰ型	Ⅱ型
可溶物含量，≥/(g/cm³)	15号	700	
	25号	1200	
	试验现象	胎基不燃	
拉力，≥/(N/50mm)	纵向	350	500
	横向	250	400
耐热性		85℃	
		无滑动、流淌、滴落	

（续）

项目		Ⅰ型	Ⅱ型
低温柔性		10℃	5℃
		无裂缝	
不透水性		0.1MPa，30min 不透水	
钉杆撕裂强度/N		40	50
热老化	外观	无裂纹、无起泡	
	拉力保持率/%	85	
	质量损失率/%	2.0	
	低温柔性	15℃	10℃
		无裂缝	

2）铝箔面石油沥青防水卷材

铝箔面石油沥青防水卷材也称为铝箔面油毡。它采用玻纤毡为胎体，浸涂氧化石油沥青，表面用压纹铝箔粘面，其表面涂撒细颗粒矿物材料或覆盖聚乙烯膜而制成的防水材料。

铝箔面石油沥青防水卷材按单位面积质量分为 30 号和 40 号（kg/m²）两种标号，幅宽 1 000mm，30 号厚度不小于 2.4mm，30 号厚度不小于 3.2mm。

30 号铝箔面油毡，适用于外露屋面多层卷材防水工程的面层。40 号铝箔面油毡，即适用于外露层面的单层防水，也适用于外露屋面的多层防水工程。铝箔面沥青防水卷材物理力学性能要求见表 10-2。

表 10-2 铝箔面沥青防水卷材物理力学性能

项目	30 号	40 号
可溶物含量，≥/(g/m²)	1550	2050
拉力，≥/(N/50mm)	450	500
柔度/℃	5	
	绕半径 35mm 圆弧无裂纹	
耐热度	(92±2)℃，2 h 涂盖无滑动，无起泡、流淌	
分层	(50±2)℃，浸水 7d 无分层现象	

2. 高聚物改性沥青卷材

石油沥青本身不能满足土木工程对它的性能要求，在低温柔韧性、高温稳定性、抗老化性、粘附能力、耐疲劳性和构件变形的适应性等方面都存在缺陷。因此，常用一些高聚物、矿物填料对石油沥青进行改性，如 SBS 改性沥青、APP 改性沥青、PVC 改性沥青、再生胶改性沥青、橡塑改性沥青和铝箔橡塑改性沥青等。

新型改性沥青防水卷材主要有弹性体改性沥青卷材、塑性体改性沥青卷材、改性沥青聚乙烯胎卷材和自粘聚合物改性沥青防水卷材等。

1) 弹性体改性沥青防水卷材

弹性体改性沥青防水卷材(SBS 防水卷材)是用沥青或热塑性弹性体(如 SBS)改性沥青浸渍胎基,两面涂以弹性体沥青,上表面撒以细砂、矿物粒(片)或覆盖聚乙烯膜,下表面撒以细砂或覆盖聚乙烯膜所制成的一类防水卷材。

SBS 防水卷材按胎基分为聚酯胎(PY)、玻纤胎(G)和玻纤增强聚酯毡(PYG)3 类,按上表面隔离材料分为聚乙烯膜(PE)、细砂(S)与矿物粒(片)料(M)3 种,按下表面隔离材料分为细砂(S)和聚乙烯膜(PE)两类,按性能分为 Ⅰ 型和 Ⅱ 型。

SBS 防水卷材性能应符合表 10 - 3 的规定。

表 10 - 3　SBS 卷材性能

项　　目		Ⅰ		Ⅱ		
		PY	G	PY	G	GYG
可溶物含量/(g/m²),≥	3mm	2 100				—
	4mm	2 900				—
	5mm	3 500				
	试验现象	—	胎基不燃	—	胎基不燃	
耐热性	℃	90		105		
	mm	≤2				
	试验现象	无流淌、滴落				
低温柔性/℃		—20		—25		
		无裂缝				
不透水性 30min		0.3MPa	0.2MPa	0.3MPa		
拉力	最大峰拉力/(N/50mm),≥	500	350	800	500	900
	次高峰拉力/(N/50mm),≥	—	—	—	—	800
	试验现象	拉伸过程中,试件中部无沥青涂盖层开裂或与胎基分离现象				
延伸率/%	最大峰时延伸率,≥	30		40		—
	第二峰时延伸率,≥	—		—		15
浸水后质量增加/%,≤	PE、S	1.0				
	M	2.0				
耐老化	拉力保持率%,≥	90				
	延伸率保持率/%,≥	80				
	低温柔性/℃	—15		—20		
		无裂缝				
	尺寸变化率/%,≤	0.7		0.7		0.3
	质量损失率/%,≤	1.0				

（续）

项 目		I		II		
		PY	G	PY	G	GYG
渗油性	张数≤	2				
接缝剥离强度/(N/mm)，≥		1.5				
钉杆撕裂强度/N，≥		—				300
矿物粒料粘附性/g，≤		2.0				
卷材下表面沥青涂盖层厚度/mm，≥		1.0				
人工气候加速老化	外观	无滑动、流淌、滴落				
	拉力保持率/%，≥	80				
	低温柔性/℃	—15		—20		
		无裂纹				

SBS（苯乙烯-丁二烯-苯乙烯）高聚物属嵌段聚合物，采用特殊的聚合方法使丁二烯两头接上苯乙烯，不需硫化成型就可以获得弹性丰富的共聚物。所有改性沥青中，SBS改性沥青的性能是目前最佳的。改性后的防水卷材，既具有聚苯乙烯的抗拉强度高、耐高温性好的特性，又具备聚丁二烯弹性高、耐疲劳性和柔软性好的特性。

SBS卷材在常温下有弹性，在高温下有热塑性、低温柔韧性好，以及耐热性、耐水性和耐腐蚀性好的特性。其中聚酯毡的机械性能、耐水性和耐腐蚀性最优。玻纤毡价格低，但其强度较低、无延伸性。

SBS卷材适用于工业与民用建筑的屋面和地下防水工程，尤其适用于较低气温环境的建筑防水。玻纤增强聚酯卷材可用于机械固定单层防水，但需通过抗风荷载试验；玻纤毡卷材适用于多层防水中的底层防水。

2）塑性体改性沥青防水卷材

塑性体改性沥青防水卷材（简称APP防水卷材）是用沥青或热塑性弹性体（如无规聚丙烯APP或聚烯烃类聚合物APAO、APO）改性沥青浸渍胎基，两面涂以塑性体沥青，上表面撒以细砂、矿物粒（片）或覆盖聚乙烯膜，下表面撒以细砂或覆盖聚乙烯膜所制成的一类防水卷材。

APP防水卷材按胎基分为聚酯胎（PY）、玻纤胎（G）和玻纤增强聚酯毡（PYG）3类，按上表面隔离材料分为聚乙烯膜（PE）、细砂（S）与矿物粒（片）料（M）3种，按下表面隔离材料分为细砂（S）和聚乙烯膜（PE）两类，按性能分为I型和II型。

APP防水卷材性能应符合表10-4的规定。

APP卷材耐热性优异，耐水性、耐腐蚀性好，低温柔韧性较好（但不及SBS卷材）。其中聚酯毡的机械性能、耐水性和耐腐蚀性性能优良。玻纤毡的价格低，但强度较低、无延伸性。

APP卷材适用于工业与民用建筑的屋面和地下防水工程，以及道路、桥梁等建筑物的防水，尤其适用于较高气温环境的建筑防水。玻纤增强聚酯卷材可用于机械固定单层防水，但需通过抗风荷载试验；玻纤毡卷材适用于多层防水中的底层防水。

表 10-4 APP 卷材性能

项目			I		II		
			PY	G	PY	G	GYG
可溶物含量/(g/m²)，≥		3mm	2 100				—
		4mm	2 900				—
		5mm	3 500				
		试验现象	—	胎基不燃	—	胎基不燃	—
耐热性		℃	90		105		
		mm	≥2				
		试验现象	无流淌、滴落				
低温柔性/℃			−7		−15		
			无裂缝				
不透水性 30min			0.3MPa	0.2MPa	0.3MPa		
拉力 /(N/50mm)	最大峰拉力，≥		500	350	800	500	900
	次高峰拉力，≥		—	—	—	—	800
	试验现象		拉伸过程中，试件中部无沥青涂盖层开裂或与胎基分离现象				
延伸率 /%	最大峰时延伸率，≥		20		40		—
	第二峰时延伸率，≥		—		—		15
浸水后质量增加/%，≤		PE、S	1.0				
		M	2.0				
耐老化	拉力保持率/%，≥		90				
	延伸率保持率/%，≥		80				
	低温柔性/℃		−2		−10		
			无裂缝				
	尺寸变化率/%，≤		0.7	—	0.7	—	0.3
	质量损失率/%，≤		1.0				
接缝剥离强度/(N/mm)，≥			1.0				
钉杆撕裂强度/N，≥			—				300
矿物粒料粘附性/g，≤			2.0				
卷材下表面沥青涂盖层厚度/mm，≥			1.0				
人工气候 加速老化	外观		无滑动、流淌、滴落				
	拉力保持率/%，≥		80				
	低温柔性/℃		−2		−10		
			无裂纹				

3）改性沥青聚乙烯胎防水卷材

改性沥青聚乙烯胎防水卷材是以高密度聚乙烯膜为胎基，上下两面为改性沥青或自粘沥青，表面覆盖隔离材料制成的防水卷材。

改性沥青聚乙烯胎防水卷材按产品的施工工艺分为热熔型(代号 T)和自粘型(代号 S)。热熔型按改性剂的成分分为改性氧化沥青防水卷材(代号 O)、丁苯橡胶改性氧化沥青防水卷材(代号 M)、高聚物改性沥青防水卷材(代号 P)和高聚物改性沥青耐根穿刺防水卷材(代号 R)4 类。另外，高密度聚乙烯膜胎体代号 E，聚乙烯膜覆面材料代号 F。

改性沥青聚乙烯胎防水卷材物理力学性能见表 10-5。

表 10-5 改性沥青聚乙烯胎防水卷材物理力学性能

项目			T				S
			O	M	P	R	M
不透水性			0.4MPa，30min 不透水				
耐热性/℃			90				70
			无流淌，无起泡				
低温柔性/℃			−5	−10	−20	−20	−20
			无裂纹				
拉伸性能	拉力/(N/50mm)，≥	纵向/横向	200			400	200
	断裂延伸率/%	纵向/横向	120				
尺寸稳定性	℃		90				70
	/%≤		2.5				
卷材下表面沥青涂盖层厚度/mm			1.0				—
剥离强度/(N/mm)，≥	卷材与卷材		—				1.0
	卷材与板材						1.5
钉杆水密性			—				通过
持粘性/min，≥							15
自粘沥青再剥离强度(与铝板)/(N/mm)，≥							1.5
热空气老化	纵向拉力/(N/50mm)，≥		200			400	200
	纵向断裂延伸率/%，≥		120				
	低温柔性/℃		5	0	−10	−10	−10
			无裂纹				

改性沥青聚乙烯胎防水卷材具有防水、隔热、保温、装饰、耐老化、耐低温的多重功能，其抗拉强度高、延伸率大、施工方便、价格较低，适用于非外露的建筑与基础设施的防水工程。

4）自粘聚合物改性沥青防水卷材

自粘聚合物改性沥青防水卷材是以自粘聚合物改性沥青为基料，使用非外露的无胎基

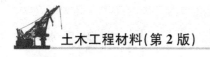

或采用聚酯胎基增强的防水材料。

自粘聚合物改性沥青防水卷材按有无胎基增强分为无胎基(N 类)和聚酯胎基(PY 类)。N 类按上表面材料分为聚乙烯膜(PE)、聚酯膜(PET)和无膜双面自粘(D)3 类,PY 类按上表面材料分为聚乙烯膜(PE)、细砂(S)和无膜双面自粘(D)3 类。自粘聚合物改性沥青防水卷材按产品性能分为 Ⅰ 型和 Ⅱ 型,其中卷材厚度为 2.0mm 的 PY 类只有 Ⅰ 型。自粘聚合物改性沥青防水卷材性能应满足《自粘聚合物改性沥青聚酯胎防水材料》(GB 23441—2009)的要求。

目前的卷材基料主要有橡胶 SBS、弹性体等,表面材料主要有聚乙烯膜(非外露防水工程)、铝箔(外露防水工程)和无膜(辅助防水工程)等。

自粘聚合物改性沥青防水卷材适用于屋面、墙体、地下室、卫生间、水池、地铁、水库等防水防漏工程,特别适用于油库、化工厂、纺织厂、粮库的防水,对构件变形部位、木结构、金属结构的防水有独到之处。

自粘聚合物改性沥青防水卷材施工要求较高,基层表面应该坚固、平整、干燥、无灰、无油污;基层面要均匀涂刷专用处理剂;铺粘前要弹线定位,转角处应做成圆角;收头和四周末端,应采用密封膏封头;基层处理剂和密封膏要密封保存。

10.2.2 合成高分子防水卷材

合成高分子防水材料是以高分子材料为主材料,以挤压或压延法生产的均质片材(简称均质片)及以高分子复合材料(包括带织物加强层)的复合片材(简称复合片)和均质片点粘合织物等材料的点粘(合)片材(简称点粘片)。

均质片是以同一种或一组高分子材料为主要材料,各部位截面材质均匀一致的防水片材。复合片是以高分子合成材料为主要材料,复合织物等为保护层或增强层,以改变尺寸稳定性和力学特性,各部位截面结构一致的防水片材。点粘片是均质片材与织物等保护层多点粘接在一起,粘接点在规定区域内均匀分布,利用粘接点的间距,使其具有切向排水功能的防水材料。

合成高分子防水卷材品种很多,《合成高分子防水材料 第 1 部分:片材》(GB 18173.1—2006)规定的防水片材的分类见表 10-6。

表 10-6 防水片材的分类

分类		代号	主要原材料	分类		代号	主要原材料
均质片	硫化橡胶类	JL1	三元乙丙橡胶	均质片	树脂类	JS1	聚氯乙烯等
		JL2	橡胶(橡塑)共混			JS2	乙烯-乙酸乙烯、聚乙烯等
		JL3	氯丁橡胶、氯磺化聚乙烯、氯化聚乙烯等			JS3	乙烯-乙酸乙烯改性沥青共混等
		JL4	再生胶	复合片	硫化橡胶类	FL	三元乙丙、丁基、氯丁橡胶、氯磺化聚乙烯
	非硫化橡胶类	JF1	三元乙丙橡胶				
		JF2	橡胶(橡塑)共混		非硫化橡胶类	FF	氯化聚乙烯、三元乙丙橡胶、氯丁橡胶、氯磺化聚乙烯等
		JF3	氯化聚乙烯				

（续）

分类		代号	主要原材料	分类		代号	主要原材料
复合片	树脂类	FS1	聚氯乙烯等	点粘片	树脂类	DS1	聚氯乙烯等
		FS2	聚乙烯、乙烯乙酸乙烯等			DS2	乙烯-乙酸乙烯、氯乙烯等
						DS3	乙烯-乙酸乙烯改性沥青共混等

合成高分子防水卷材耐热性和低温柔韧性好，拉伸强度、抗撕裂强度高，断裂伸长率大、耐老化、耐腐蚀、耐候性好，适应冷施工，主要用于建筑物屋面防水及地下工程防水。

目前最具代表性的合成高分子防水卷材有聚氯乙烯防水卷材和氯化聚乙烯—橡胶共混防水卷材。

10.3 防 水 涂 料

保护建筑物构件不被水渗透或湿润，能形成具有抗渗性涂层的涂料，称为防水涂料。按照分散剂的不同可分为溶剂型涂料、水乳型涂料两种。随着科技的发展，涂料产品不仅要求施工方便、成膜速度快、修补效果好，还需延长使用寿命、适应各种复杂工程的需求。

防水涂料中，聚氨酯、橡胶和树脂基的涂料属高档涂料。氯丁橡胶改性沥青涂料及其他橡胶改性的沥青涂料属中档涂料。低档涂料主要有再生胶改性沥青涂料、石油沥青基防水涂料等。防水涂料的发展前景依赖于新型聚合物的推广和应用。

1. 沥青类防水涂料

沥青类防水涂料是以沥青为基料，通过溶解或形成水分散体构成的防水涂料。沥青防水涂料除具有防水卷材的基本性能外，还具有施工简单、容易维修、适用于特殊建筑物的特点。

直接将未改性或改性的沥青溶于有机溶剂而配制的涂料，称为溶剂型沥青防水涂料。将石油沥青分散在水中，形成稳定的水分散体而构成的涂料，称为水乳型沥青防水涂料。沥青类防水涂料的分类如图 10.2 所示。

乳化沥青和高聚物改性沥青涂料，是目前土木工程中应用较广的两类防水涂料。

乳化沥青是将沥青热熔后，经机械剪切的作用，以细小的沥青微滴分散于含有乳化剂的水溶液中，形成水包油（O/W）型的沥青乳液，或者将微小的水滴稳定地分散在沥青中形成的油包水（W/O）型的沥青乳液。乳化剂带有亲油基与新水基两相，在它的作用下降低了水和油的界面张力，使它能够吸附于沥青微滴和水滴相互排斥的界面上。当乳化剂以单分子状态溶于水中时，其亲油基的一端被水排斥，亲水基一端被水吸引。亲油基端为了成为稳定分子，它一方面把亲水基端留在水中，而自己伸向空气；另外让亲油基尽量靠拢，减少亲油基和水的接触面积。前者形成单分子膜，后者形成胶束。大量的胶束集聚形成球状胶束，球状胶束将亲油基完全包含在球体内，几乎与水脱离接触。这样，胶束外只剩下亲水基,使沥青与水形成互不相溶的两相。当乳化沥青涂料覆盖在基层上后,水在空气中蒸发,剩下的沥青胶团聚集在一起即形成防水层。

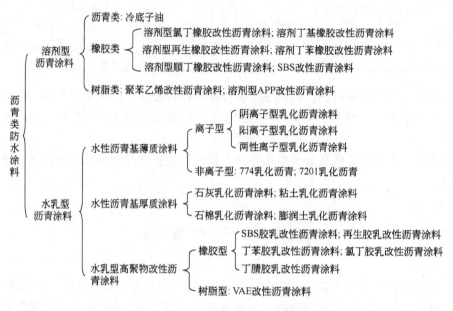

图 10.2 沥青类防水涂料分类

乳化沥青的粘度、储存的稳定性、破乳的速度和微粒大小分布等都是乳化沥青质量的重要指标,可以通过以下办法改善乳化沥青的性能。

(1) 增加乳化沥青的粘度。通过增加沥青含量、改变水相的酸性或增加乳化剂、加大乳化过程中的流量和降低沥青的粘度等办法来增加乳化沥青的粘度。

(2) 减少乳化沥青的粘度。通过减少沥青含量、改变乳化剂配方和降低流经乳化剂的流量来减少乳化沥青的粘度。

(3) 加大乳化液的破乳率。破乳率的大小取决于矿物质的类型和微粒的大小分布,可采取增加沥青含量、改变水相的酸度和添加破乳剂等办法来加大乳化液的破乳率。

(4) 改善乳化沥青的储存性。采取加入稀释剂、增加乳化液浓度、加入中和性盐类、选用微粒均匀的乳化液等办法来改善乳化沥青的储存稳定性。

(5) 改变乳化微粒的分布状态。加入一定的酸、改变生产条件,如增加沥青含量、改变水相成分、提高生产温度等。

沥青是一种化学结构、物理性能相当复杂的建筑材料,为了达到工程的需求,必须对沥青内部结构进行改性来实现沥青物理性能的改善。

改性沥青根据高低聚合物含量的不同分为两相。

(1) 改性沥青中低聚合物含量小于 4% 的时候,沥青呈连续相。由于聚合物吸收了沥青中的油分,沥青相中的沥青质含量增加,从而使沥青的粘度和弹性增加。聚合物相的加强作用,提高了高温下沥青的力学性能;低温环境下,聚合物的劲度模量小于沥青的劲度模量,由此降低了沥青的低温脆性。

(2) 当改性沥青中聚合物含量大于 10% 时,沥青中的油分对聚合物有一定的塑化作用。沥青中的重质部分分散在聚合物连续相中,这时体系反映出的性质基本是聚合物的性质。若是 4%～8%的中等量聚合物改性沥青，在体系中会形成沥青和聚合物两相交联的连续相，其性质往往随温度变化，产品性能不稳定。因此第一种状态，聚合物吸附沥青中的油分，经溶胀后形成连续网状结构，是最大限度发挥聚合物改性作用的关键。

例如，采用 SBS 改性沥青时，其中的苯乙烯段被溶解抑制在沥青的棒状结构中，丁二烯链却缠绕在这种结构周围，由于 SBS 两端抑制在沥青中间，因此 SBS 对沥青结构的缠绕非常紧密，这种结构往往伴随着沥青与聚合物之间化学性质和物理性能的改变而改变。

根据改性沥青高温稳定性、低温抗裂性和抗疲劳性的要求，聚合物改性剂主要分为两大类：热塑性弹性体和橡胶改性剂，如嵌段聚合物 SBS；热塑性树脂改性剂，如热塑性共聚物乙烯-乙酸乙烯(EVA)。

1) SL-2 溶剂型 SBS 橡胶改性沥青防水涂料

该防水涂料是目前国内外第三代以 SBS 橡胶为改性材料生产的一种冷施工防水材料。它具有优良的耐腐蚀、高弹性、延展性、粘结性，对基层开裂适应性良好，高温不流淌、低温不开裂、产品性能稳定，可以在负温(-20℃)下施工，冷施工、省工省力、施工方便。

这种防水涂料主要适用于各种建筑物屋面、地下室、地沟、涵洞的防水、防潮工程；可以作为防水卷材的冷施工粘结剂；也可作为建筑物防水系统维修补漏及管道防腐等工程的材料。

2) 石棉乳化沥青防水涂料

石棉乳化沥青防水涂料又称水性石棉沥青防水涂料。它是以石油沥青为基料，石棉作分散剂，在强制搅拌下制成的厚质防水涂料。

该防水涂料无毒、不燃、水性冷施工、无污染，可在潮湿基层上铺设。其耐水、耐热、耐候、抗裂和稳定性都优于一般的乳化沥青。由于填料采用了无机纤维矿物，它的乳化膜比化学膜更坚固。其不足之处在于施工环境温度一般要在 15℃以上，但气温过高易粘脚。

石棉乳化沥青防水涂料铺抹在基层上后，水分的蒸发使悬浮体内部的结构重新分布，分散度极细小的沥青颗粒、石灰和石棉绒互相挤靠包裹。沥青凝结成膜时石灰在沥青中形成均匀的蜂窝状骨架，构成一种耐热性高、抗老化性好的防水层。

石棉乳化沥青防水涂料目前在我国的应用较广泛、效果也较好，配以玻纤布、无纺布等，可适用于钢筋混凝土屋面、地下室、厨池的防水层。

3) 水乳型再生橡胶沥青防水涂料

水乳型再生橡胶沥青防水涂料是以石油沥青为基料和再生橡胶为改性材料复合而成的水性防水涂料。该防水涂料是由再生橡胶和石油沥青的微粒，借助阴离子型表面活性剂的作用，使阴离子型再生胶乳和沥青乳液稳定分散在水中形成乳状混合液。

水乳型橡胶沥青类防水涂料是国内外较通用的一种防水涂料，与同类溶剂型产品比较，它以水取代了汽油，其安全性、环境性更胜一筹。这种涂料因以合成胶乳为原料，所以其价格贵。

水乳型再生橡胶沥青防水涂料，能够在各种复杂表面形成防水膜，具有一定的柔韧性和耐久性，以水为分散剂，无毒、不燃、无异味，安全可靠，可在常温下冷施工，操作简单、维护方便，能够在潮湿无积水的表面施工。原料来源广泛、价格较低。其缺点是一次涂刷成膜较薄，产品质量易受生产条件的影响，气温低于5℃不易施工。产品适用于工业、民用混凝土基层屋面、浴厕、厨房间的防水，沥青珍珠岩保温层屋面防水，地下混凝土建筑防潮，旧油毡屋面翻修和刚性自防水屋面的维修。

2. 其他品种防水涂料

我国在20世纪70年代主要生产氯丁胶和橡胶改性沥青防水涂料，至20世纪80年代推出焦油聚氨酯防水涂料以来，各种高分子材料的防水涂料层出不穷。液态、粉末态、溶剂型、水乳型、反应型、纳米型、快速型、美术型等新产品不断在工程建设中亮相。

1) 聚氨酯防水涂料

聚氨酯防水涂料是一种化学反应型涂料，它由异氰酸酯基的聚氨酯预聚体和含有多羟基或氨基的固化剂，以及其他助剂按一定比例混合而成。按生产原料的不同，一般分为聚醚型聚氨酯类产品和聚酯型聚氨酯类产品。前者耐水性优良，后者具有较高的机械强度和氧化稳定性。聚氨酯防水涂料多以双组分形式使用，我国目前有焦油系列双组分聚氨酯涂膜防水材料和非焦油系列双组分聚氨酯涂膜防水材料两类。

聚氨酯预聚体一般以过量的异氰酸酯与多羟基聚酯或聚醚反应，生成异氰酸基高分子化合物，这是防水涂料的主剂。预聚体中的异氰酸酯基很容易与带活性氢的化合物（如乙醇、胺、多元醇、水等）反应，在固化剂的作用下形成几乎不产生体积收缩的橡胶状弹性体。

为了实现固化体的交联，往往在聚氨酯中引进多官能度的多元醇及三聚异氰酸酯等聚合物，它能使涂膜具有更好的耐热稳定性和耐化学介质的稳定性，如异氰酸酯三聚合得到稳定的异氰酸酯。这种特殊的氮杂六元结构，使聚氨酯产品具有优良的耐热稳定性，其在150～200℃不分解。

由于聚氨酯高分子结构的特性，使它具备优异的耐候、耐油、耐臭氧、不燃烧、抗撕裂、耐温(－30～80℃)、耐久等特性。

聚氨酯防水涂料属于高档合成高分子防水涂料，它具有很多突出的优点：容易形成较厚的防水涂膜；能够在复杂的基层表面施工，其端头容易处理；整体性强，涂膜层无接缝；冷施工，操作安全；涂膜具有橡胶弹性，延伸性好，抗拉、抗撕裂强度高；防水年限可达10年以上等。

聚氨酯防水涂料适用于各种地下、浴厕、厨房等的防水工程，污水池的防漏，地下管道的防水、防腐工程等。

2) 硅橡胶防水涂料

硅橡胶防水涂料是以硅橡胶乳液和其他高分子乳液配制成的复合乳液，再添加一定量的外加剂而制得的乳液型防水涂料。本品是以水为分散介质的水乳型涂料，失水后固体物质颗粒密度增大、集聚。在交联剂、催化剂的作用下进行交联反应，形成均匀、致密、弹性的橡胶连续膜。

硅橡胶防水涂料兼有涂膜防水和渗透防水的双重特性，适合于复杂构件表面的施工，无毒、无味、不燃、安全、冷施工、操作简单，可配制成各种颜色，具有一定的装饰效果。硅橡胶防水涂料缺点主要有原材料价格高、成本大，要求基层有较好的平整度，固体含量较低，一次涂刷层较薄，气温低于5℃不宜施工等。

硅橡胶防水涂料适用于屋面、地下、输贮水构建物等的防水、防潮工程。

3）水泥基渗透结晶型防水涂料

水泥基渗透结晶型防水涂料是由硅酸盐水泥、石英砂、特殊的活性物质及一些添加剂组成的无机粉末状防水材料，简称为 CCCW。

水泥基渗透结晶型防水涂料是一种刚性防水材料，与水作用后材料中含有硅酸盐活性化学离子，通过载体向混凝土内部渗透、扩散，与混凝土孔隙中的钙离子进行化学反应，形成不溶于水的硅酸钙结晶体填塞毛细孔道，使混凝土结构致密、防水。

水泥基渗透结晶型防水涂料在土木工程施工建设中具有一些独特的性能。

（1）能够在迎水面和背水面上施工，与混凝土能够组成完整、持久的整体。

（2）可以在 100％湿润或初凝混凝土基面上施工。

（3）在混凝土浇筑场面惯常程序施工中（扎钢筋、加强网、回填土等），无需进行特别保护，无需在混凝土表面做找平面，易于施工，可在处理 48h 后进行其他施工。

（4）能封闭不大于 0.4mm 的混凝土裂缝，在其表面受损的情况下，其防水、抗化学侵蚀的特性不会改变。能抵抗海水、侵蚀性地下水、氯化物、碳酸化合物、氧化物、硫酸盐、硝酸盐等化学物质的侵蚀，起到保护混凝土和钢筋的作用。

（5）与混凝土、砖块、砂浆完全相容，允许混凝土透气，促使混凝土全面干燥，能够增强混凝土抗压性能。

（6）无毒无害，可应用于饮水工程领域。

这种防水涂料适用于地下工程、水池、水塔等混凝土结构工程的迎水面和背水面的防水处理，它为混凝土工程提供了可以信赖的防水材料和工艺。

10.4 防水密封材料

土木工程中为了保证建筑物的水密性和气密性，凡具备防水功能和防止液、气、固侵入的密封材料，称为防水密封材料。它的基本功能是填充构形复杂的间隙，通过密封材料的变形或流动润湿，使缝隙、接头不平的表面紧密接触或粘接，从而达到防水密封的作用。

防水密封材料可应用于建筑物门窗密封、嵌缝，混凝土、砖墙、桥梁、道路伸缩的嵌缝，给、排水管道的对接密封，电器设备制造安装中的绝缘、密封，航天航空、交通运输器具、机械设备连接部位的密封和各种构件裂缝的修补密封等。

防水密封材料的基材主要有油基、橡胶、树脂、无机类等，其中橡胶、树脂等性能优异的高分子材料是防水密封材料的主体，故称为高分子防水密封材料。防水密封材料有膏状、液状和粉状等。防水密封材料按其形态的分类如图 10.3 所示。

1. 非定形防水密封材料

非定形密封材料是现场成形的密封材料，多数以橡胶、树脂、合成材料为基料制成，它填充于缝隙中并起到密封作用。

1）硅橡胶防水密封材料

硅橡胶防水密封材料是以聚硅氧烷为主要成分的非定形密封材料，是一种可以在室温

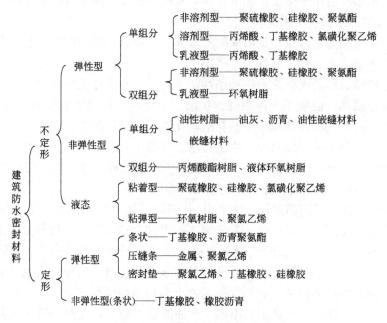

图 10.3　防水密封材料的分类

下固化或加热固化的液态橡胶。

硅橡胶防水密封材料具有耐热、耐寒、绝缘、防水、防震、耐化学介质、耐臭氧、耐紫外线、耐老化、耐一些有机溶剂和稀酸，储存性稳定，密封性能持久，硫化后的密封胶在－50～250℃范围内长期保持弹性。

硅橡胶防水密封材料广泛适用于建筑工程的预制构件嵌缝密封、防水堵漏，汽车工业的填圈、阀盖、油盖，洗衣机、吸尘器、冰箱、电表的接缝密封，飞机油箱密封，电子元件、仪表防震、防潮、绝缘、隔热的填充材料。

2) 丙烯酸酯防水密封材料

丙烯酸酯防水密封材料是以丙烯酸酯类聚合物为主要成分的非定形密封材料。它所采用的丙烯酸酯主要是聚丙烯酸酯橡胶和溶液型的丙烯酸酯。丙酸酯聚合物分子的主链是由饱和烃组成，并带有羧基，因而具有很强的耐热、耐油、耐光化学、耐氧降解的特性。丙烯酸酯橡胶最高使用温度 180℃，间断或短时间使用温度可达 200℃，150℃热空气中老化数年无明显变化。

丙烯酸酯密封胶具有橡胶的弹性和柔软性，有良好的耐水、耐溶剂性等。由于冷流动性差，不能用于伸缩性大的变形缝，嵌缝时要用热施工方法。

乳液型聚丙烯酸酯密封胶的优点：通过水分蒸发或吸收而固化，固化时间快；含水量少，体积收缩小；柔软性、伸长率、复原性、耐水性、粘附性、耐候性优良；储存稳定性好等。

溶剂型丙烯酸酯密封胶的主要特性有通过溶剂蒸发常温下固化，固化时间较长、同时体积收缩大、复原性较差；对各种基材的粘接力良好；使用年限可达 20 年；常温储存稳定性为 6 个月；施工时需加热到 50℃左右。

丙烯酸酯防水密封材料适用于钢、铝、木门窗与墙体、玻璃间的接缝密封以及刚性屋面、内外墙、管道、混凝土构件的接缝密封。

2. 定形防水密封材料

定形防水密封材料一般可分为弹性型和非弹性型，它们是具有一定形状和尺寸的密封材料，适用于建筑工程的各种接缝，如伸缩缝、沉降缝、施工缝、构件接缝、门窗框接缝和窗墙管接缝等，主要应用的品种有止水带、密封垫和密封条等。

定形密封材料按材料性能分作刚性和柔性，刚性定形密封材料多采用金属制成，柔性定形密封材料一般用天然橡胶、合成橡胶、塑料、合成材料等制成。柔性密封材料按密封机理，又可分为遇水膨胀型定形密封材料和遇水非膨胀型定形密封材料。有的将密封腻子等称为定形密封产品，实际它最终是依据现场施工情况而成形，因而它仍属于非定形密封材料。

建筑定形密封材料的要求具有良好的水密性、气密性和耐久性，具有良好的弹性、塑性和强度，有耐热、耐低温、耐腐蚀的性能，要求制作尺寸精度高，不致在构件振动、变形等过程中脆裂、脱落。

1）聚氨酯遇水膨胀橡胶密封材料

橡胶本身是疏水结构物质，但其中的杂质、亲水性蛋白质、合成橡胶中的乳化剂等都是水溶性或亲水性物质。这种橡胶与水接触时，亲水性物质就会渗入橡胶中的水中溶解或膨胀，从而在橡胶内外形成渗透压差。这种渗透压差对于水向橡胶内部的渗透具有促进作用。根据这个原理，将具有高亲水性物质掺入橡胶中，只要它们不被水溶解抽出，大量的吸水能造成整个橡胶材料的体积膨胀，达到防水漏的效果。

聚氨酯遇水膨胀橡胶材料，主要是以聚醚多元醇为原料制成的亲水性聚氨酯预聚体。当多元醇中亚乙基醚单元的含量超过 20％时，即可制成具有吸水性的聚氨酯材料。聚氨酯材料中存在大量的极性链节容易旋转，采用适当的交联固化能产生较好的回弹性能。与水相遇后其链节和水能生成氢链，从而导致材料体积的膨胀。

这种聚氨酯预聚体可以制成遇水膨胀的嵌缝腻子型防水材料，也可以通过与一定量橡胶混合，制成复合的遇水膨胀弹性体。国产 821AF 和 821BF 遇水膨胀密封材料，都属于这类产品。

821AF 水溶性聚氨酯注浆液止水材料，它由亲水性聚醚与异氰酸酯经化学合成制得一种不溶于水的单组分注浆材料。它具有如下特点：与水混合后粘度小，可灌性好；遇水后自行分解、乳化、发泡、进行聚合反应，其反应速度可调；止水性好，延伸性良好，弹性、抗渗性、低温性好，对水质无污染。821AF 水溶性聚氨酯注浆液，适用于各种混凝土构件裂缝、施工缝的灌浆防水堵漏，隧道掘井建筑中破裂带止水、软基加固和水塔、水池、地下室等的防水堵漏。

2）刚性止水带

刚性止水带也称金属止水带，它用钢、铜、铝、合金钢板等制成。钢止水带和铜止水带主要应用于水坝及大型构建物，金属防水材料采用焊接拼接，因此其焊拼缝质量是至关重要的。

金属防水材料在地下水的侵蚀下易产生腐蚀现象，因此对金属材料、焊条、焊剂的选择，对保护材料的方法都有相关的规定。

习　　题

1. 简述建筑防水材料防潮、防漏的功能及必备性能。
2. 简述石油沥青玻纤胎防水卷材的性能。
3. 简述乳化沥青制备原理及性能改造办法。
4. 简述聚氨酯高分子的结构特性对产品性能的影响。
5. 简述水泥基渗透结晶型防水涂料的作用机理和施工特点。
6. 简述丙乳聚合物对水泥砂浆结构性能改善的作用。
7. 针对环氧树脂高分子材料的问题，如何进行改性？

第11章 木材

本章介绍了木材的分类与构造，木材的性质，土木工程中常用木材及木质材料制品，木材的防腐与防火。通过本章的学习，应达到以下目标。

（1）掌握木材的主要性质。

（2）了解木材的分类与构造、土木工程中常用木材及木质材料制品和木材的防腐与防火。

教学要求

知识要点	能力要求	相关知识
木材的工程性质	（1）木材的含水率、湿胀干缩性、强度及其影响因素 （2）纤维饱和点对湿胀干缩性和强度的影响	（1）木材的物理性质 （2）木材的力学性质
木材的其他知识	（1）木材的分类方法与构造特点 （2）土木工程中常用木材及木质材料制品的性能与应用 （3）木材腐朽原因及防腐方法，木材防火方法	（1）木材的分类与构造 （2）土木工程中常用木材及木质材料制品 （3）木材的防腐与防火

引例

布达拉宫、罗布林卡、萨迦寺保护维修工程所用木材的质量是关系到维修工程质量的大事。从 2002 年 10 月开始，维修人员根据木材的力学性质、耐腐抗蛀性能和防腐防虫处理性等因素来选材，通过大量试验与分析，最后选用山南隆子县河谷一带生长的沙棘橡子木、扎日乡和林则村生长的落叶松橡子木和落叶松原木、玉门乡生长的柏木、白巴镇生长的云杉、林则村生长的桦木。这些木材通过干燥处理和防腐防虫处理，能保持 30～50 年不腐朽虫蛀，为西藏三大重点文物保护打下了坚实的基础。

木材是一类来自木本植物的天然材料，为了区别于人造木材，也有称为天然木材的。木材广泛地应用于国民经济的各个部门，是当今重要的土木工程材料之一。木材经过物理加工和化学处理，可以生产出改性木材、木质人造材料和木质复合材料等性能差异悬殊的木质材料。

11.1 木材的分类与构造

1. 木材的分类

木材树种很多，从外形上分为针叶树和阔叶树两大类。大部分针叶树纹理平直、材质均匀、木质较软、易加工、变形小，建筑上广泛用作承重构件和装修材料，如杉树、松树等。大部分阔叶树质密、木质较硬、加工较难、易翘裂、纹理美观，适用于室内装修，如水曲柳、枫木等。

2. 木材的构造

木材的构造分为宏观构造和显微构造。木材的宏观构造是指在肉眼或扩大镜下所能看到的构造，它与木材的颜色、气味、光泽、纹理等构成区别于其他材料的显著特征。显微构造是指用显微镜观察到的木材构造，而用电子显微镜观察到的木材构造称为超微构造。

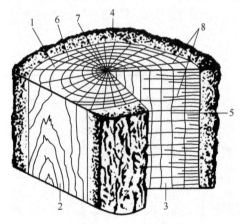

图 11.1 木材的 3 个切面

1—横切面；2—弦切面；3—径切面；
4—树皮；5—木质部；
6—年轮；7—髓心；8—木射线

1）木材的宏观构造

木材是由无数不同形态、不同大小、不同排列方式细胞所组成。要全面地了解木材构造，必须在横切面、径切面和弦切面 3 个切面上进行观察(图 11.1)。

(1)横切面是指与树干主轴或木纹相垂直的切面。可以观察到各种轴向分子的横断面和木射线的宽度。

(2)径切面是指顺着树干轴线、通过髓心与木射线平行的切面。在径切面上，可以观察到轴向细胞的长度和宽度以及木射线的高度和长度。年轮在径切面上呈互相平行的带状。

（3）弦切面是顺着木材纹理、不通过髓心而与年轮相切的切面。在弦切面上年轮呈"V"字形。

从木材3个不同的切面观察木材的宏观构造，可以看出，树干由树皮、木质部、髓心组成。一般树的树皮覆盖在木质部外面，起保护树木的作用。髓心是树木最早形成的部分，贯穿整个树木的干和枝的中心，材性低劣、易于腐朽，不适宜作为结构材料。土木工程使用的木材均是树木的木质部分，木质部分的颜色不均，一般接近树干的中心部分，含有色素、树脂、芳香油等，材色较深、水分较少、对菌类有毒害作用，称为心材。靠近树皮部分，材色较浅，水分较多，含有菌虫生活的养料，易受腐朽和虫蛀，称为边材。

每个生长周期所形成的木材，在横切面上所看到的，围绕着髓心构成的同心圆称为生长轮。温带和寒带地区的树木，一年只有在一季度生长，故生长轮又可称为年轮。但在有干湿季节之分的热带地区，一年中也只生一个圆环。在同一年轮内，生长季节早期所形成的木材，胞壁较薄、形体较大、颜色较浅、材质较松软，称为早材（春材）。到秋季形成的木材，胞壁较厚、组织致密、颜色较深、材质较硬，称为晚材（秋材）。在热带地区，树木一年四季均可生长，故无早、晚材之别。相同树种，年轮越密而均匀，材质越好；晚材部分愈多，木材强度愈高。

2）木材的显微构造

木材的显微构造是指借助光学显微镜观察的结构。各种木材的显微构造是各式各样的。

针叶树显微构造（图11.2）简单而规则，它主要由管胞、木薄壁组织、木射线、树脂道组成。管胞是组成针叶材的主要分子，占木材体积的90%以上。木射线是以髓心呈辐射状排列的细胞，占木材体积的7%左右，细胞壁很薄、质软，在木材干燥时最易沿木射线方向开裂而影响木材利用。木薄壁组织是一种纵行成串的砖形薄壁细胞，有的形成年轮的末缘，有的散布于年轮中。树脂道是由木薄壁组织细胞所围成的孔道，树脂道降低木材的吸湿性，可增加木材的耐久性。

阔叶树材的显微构造（图11.3）较复杂，其细胞主要有导管、阔叶树材管胞、木纤维、木射线和木薄壁组织、树胶道等。导管是由一连串的纵行细胞形成的无一定长度的管状组织，构成导管的单个细胞称为导管分子，导管分子在横切面上呈孔状，称为管孔。木纤维是阔叶材的主要组成成分之一，占木材体积的50%以上，主要起支持树体和承受机械力的作用，与木材力学性质密切相关。木纤维在木材中含量增多，其密度和强度相应增加，胀缩也较大。

阔叶树材组成的细胞种类比针叶树材较多，且比较进化。最显著的是针叶树材组成的主要分子——管胞，既有输导功能，又有对树体的支持机能；而阔叶树材则不然，导管起输导作用，木纤维则起支持树体的机能。针叶树材与阔叶树材的最大差异（除极少数树种例外），是前者无导管，而后者具有导管，有无导管是区分绝大多数阔叶树材和针叶树材的重要标志。此外，阔叶树材比针叶树材的木射线宽、列数也多；薄壁组织类型丰富且含量多。

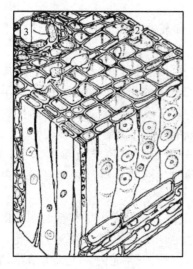

图 11.2 松木显微构造立体图

1—管胞；2—木射线；3—树脂道

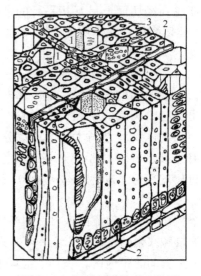

图 11.3 枫香显微构造立体图

1—导管；2—木射线；3—木纤维

11. 2 木材的性质

11. 2. 1 物理性质

1. 密度与表观密度

木材的密度是指构成木材细胞壁物质的密度。密度具有变异性，即从髓到树皮或早材与晚材及树根部到树梢的密度变化规律随木材种类的不同有较大的不同，平均为 $1.50 \sim 1.56$ g/cm³。表观密度为 $0.37 \sim 0.82$ g/cm³。

2. 吸湿性与含水率

木材的含水率是木材中水分质量占干燥木材质量的百分比。木材中的水分按其与木材结合形式和存在的位置不同，可分为自由水、吸附水和化学结合水。

自由水是存在于木材细胞腔和细胞间隙中的水，它影响着木材的表观密度、抗腐蚀性、干燥性和燃烧性。吸附水是被吸附在细胞壁内纤维之间的水，吸附水的变化则影响木材强度和木材胀缩变形性能。化学结合水即为木材中的化合水，它在常温下不变化，故其对木材的性质无影响。

当木材中无自由水，而细胞壁内吸附水达到饱和时，这时的木材含水率称为纤维饱和点。木材中所含的水分是随着环境的温度和湿度的变化而改变的。当木材长时间处于一定温度和湿度的环境中时，木材中的含水量最后会与周围环境湿度相平衡，这时木材的含水率称为木材平衡含水率(图 11.4)。

3. 湿胀干缩性

木材具有显著的湿胀干缩性。木材含水率在纤维饱和点以下时吸湿具有明显的膨胀变形现象，解吸时具有明显的收缩变形现象。

木材各个方向的干缩率不同。木材弦向干缩率最大，约 6%～12%，径向次之，约 3%～6%，纤维方向最小，约 0.1%～0.35%。髓心的干缩率较木质部大，易导致锯材翘曲。木材在干燥的过程中会产生变形、翘曲和开裂等现象。木材的干缩湿胀变形还随树种的不同而不同。密度大、晚材含量多的木材，其干缩率就较大(图 11.5、图 11.6)。湿胀干缩性对木材的下料有较大的影响。

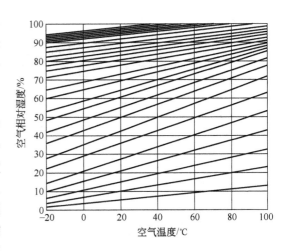

图 11.4 木材平衡含水率

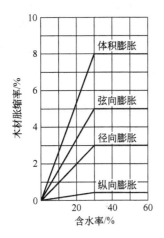

图 11.5 含水率对木材胀缩的影响

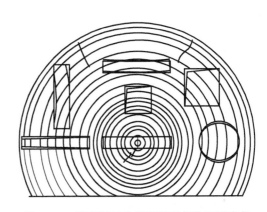

图 11.6 截面不同位置干燥引起的不同变化

11.2.2 力学性质

1. 强度

工程上常利用木材的以下几种强度：抗压、抗拉、抗弯和抗剪(图 11.7)。由于木材是一种非均质材料，具有各向异性，从而使木材的强度有很强的方向性。木材各强度大小的比值关系见表 11-1。

表 11-1 木材各项强度值的比较(以顺纹抗压强度为 1)

顺纹抗压	横纹抗压	顺纹抗拉	横纹抗拉	抗弯	顺纹抗剪	横纹切断
1	1/10～1/3	2～3	1/20～1/3	3/2～2	1/7～1/3	1/2～1

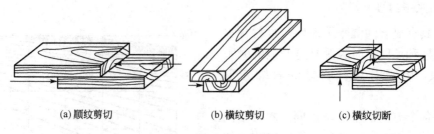

(a)顺纹剪切　　　　(b)横纹剪切　　　　(c)横纹切断

图 11.7　木材的剪切

2. 木材强度的影响因素

木材强度的影响因素主要有含水率、环境温度、负荷时间、表观密度和疵病等。

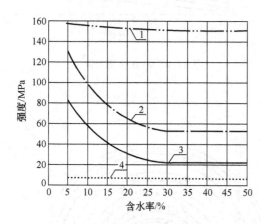

图 11.8　含水率对木材强度的影响

1—顺纹抗拉；2—抗弯；

3—顺纹抗压；4—顺纹抗剪

1）含水率的影响

木材的含水率在纤维饱和点以内变化时，含水量增加使细胞壁中的木纤维之间的联结力减弱、细胞壁软化，故强度降低；水分减少使细胞壁变得比较紧密，故强度增高。

含水率的变化对各强度的影响是不一样的。对顺纹抗压强度和抗弯强度的影响较大，对顺纹抗拉强度和顺纹抗剪强度影响较小(图 11.8)。

为了便于比较，按国家标准 GB/T 1935—1991～GB/T 1939—1991 的规定，木材强度以含水率为 12％时的强度为标准值。含水率在 9％～15％范围内的强度，按下式换算。

$$\sigma_{12} = \sigma_w[1 + \alpha(W - 12)] \qquad (11-1)$$

式中　σ_{12}——含水率为 12％时的强度，MPa；

　　　σ_w——含水率为 W％时的强度，MPa；

　　　W——含水率，％；

　　　α——校正系数，随荷载种类和力的作用形式而异。

顺纹抗压强度：$\alpha = 0.05$。

横纹抗压强度：$\alpha = 0.045$。

顺纹抗拉强度：阔叶树材 $\alpha = 0.015$，针叶树材 $\alpha = 0.000$。

抗弯强度：　　$\alpha = 0.04$。

顺纹抗剪强度：$\alpha = 0.03$。

2）环境温度的影响

木材随环境温度的升高强度会降低。当温度由 25℃升到 50℃时，针叶树抗拉强度降低 10％～15％，抗压强度降低 20％～24％。当木材长期处于 60～100℃温度下时，会引起水分和所含挥发物的蒸发，而呈暗褐色，强度下降，变形增大。温度超过 140℃时，木材中的纤维素发生热裂解，颜色逐渐变黑，强度明显下降。因此，长期处于高温的建筑物，不宜采用木结构。

3) 负荷时间的影响

木材的长期承载能力远低于暂时承载能力。这是因为在长期承载情况下，木材会发生纤维蠕滑，累积后产生较大变形从而降低了木材承载能力。

木材在长期荷载作用下不致引起破坏的最大强度，称为持久强度。木材的持久强度比其极限强度小得多，一般为极限强度的 $50\%\sim60\%$。一切木结构都处于某一种负荷的长期作用下，因此在设计木结构时，应考虑负荷时间对木材强度的影响。

4) 木材疵病的影响

木材在生长、采伐及保存过程中，会产生内部和外部的缺陷，这些缺陷统称为疵病。

木材的疵病主要有木节、斜纹、腐朽及虫害等，这些疵病将影响木材的力学性质，但同一疵病对木材不同强度的影响不尽相同。

木节分为活节、死节、松软节和腐朽节等几种，活节影响最小。木节使木材顺纹抗拉强度显著降低，对顺纹抗压强度影响最小。在木材受横纹抗压和剪切作用时，木节反而会增加其强度。斜纹为木纤维与树轴成一定夹角，斜纹严重降低木材的顺纹抗拉强度，抗弯次之，对顺纹抗压强度影响较小。

裂纹、腐朽和虫害等疵病，会造成木材构造的不连续性或破坏其组织，因此严重影响木材的力学性质，有时甚至能使木材完全失去使用价值。

11.3 土木工程中常用木材及木质材料制品

1. 常用木材

木材按其供应形式可分为原条、原木、板材和方材。

原条是指已经除去皮、根、树梢的木料，但尚未按一定尺寸加工成规定木料。原木是原条按一定尺寸加工而成的具有规定直径和长度的木料，可直接在建筑中作木桩、搁栅、楼梯和木柱等。板材和方材是原木经锯解加工而成的木材，宽度为厚度的3倍和3倍以上的为板材，宽度不足厚度的3倍的为方材。按用途可分为结构材料、装饰材料、隔热材料、电绝缘材料。

木材在土木工程中可被用作屋架、桁架、梁、柱、桩、门窗、地板、脚手架、混凝土模板以及其他一些装饰、装修等。

2. 木质材料制品

木质材料制品包括改性木材、木质人造材料和木质复合材料。

(1) 改性木材是木材经过各种物理、化学方法进行特殊处理的产品。改性木材克服或减少了木材的吸湿性、胀缩性、变形性、腐朽、易燃、低强度、不耐磨和构造的非匀质性，是木材改性后的特殊材料。在处理过程中不破坏木材原有的完整性。如化学药剂的浸注，在加热与压力下密实化或浸注与热压的联合等。浸注的目的就是使药剂沉积在显微镜下可见的空隙结构中或细胞壁内，或者使药剂与细胞壁组分起反应而不破坏木材组织。要提高木材的比强度、耐腐性和阻燃性，只需将毒性药剂或阻燃药剂沉积在空隙结构内即可。当化学药剂沉积在细胞壁内或与胞壁组分起化学反应，能使木材具有持久的尺寸稳定性。

（2）木质人造材料是用木材或木材废料为主要原料，经过机械加工和物理化学处理制成的一类再构成材料。按其几何形状可分为木质人造方材、木质人造板材和木质模压制品等。木质人造方材是用薄木板或厚单板顺纹胶合压制成的一种结构材料。胶合木是用较厚的零碎木板胶合成大型木构件。胶合木可以小材大用、短材长用，并可使优劣不等的木材放在要求不同的部位，也可克服木材缺陷的影响，用于承重结构。木质人造板材是用各种不同形状的结构单元、组坯或铺装成不同结构形式的板坯胶合而成的板状材料，如胶合板、刨花板和纤维板等。胶合板是将一组单板按相邻层木纹方向互相垂直组坯胶合而成的板材。刨花板是利用施加或未施加胶料的木质刨化或木质纤维材料（如木片、锯屑和亚麻等）压制的板材。

（3）人造板材是木质材料中品种最多、用途最广的一类材料。具有结构的对称性、纵横强度的均齐性以及材质的均匀性。由于性能差异甚大，其可分别作为结构材料、装饰材料和绝缘材料使用。各类人造板及其制品是室内装饰装修的最主要的材料之一。室内装饰装修用人造板大多数存在游离甲醛释放问题。游离甲醛是室内环境主要污染物，对人体危害很大，已引起全社会的关注。国家标准《室内装饰、装修用人造板及其制品中甲醛释放限量》（GB 18580—2001）规定了各类板材中甲醛释放限量值。木质模压制品也是用各种不同形状的结构单元、组坯或铺装成不同结构形式的板坯，用专门结构的模具压制成各种非平面状的制品。

（4）木质复合材料是以木质材料为主，复合其他材料而构成的具有微观结构和特殊性能的新型材料。它克服了木材和其他木质材料的许多缺点，扬构成组分之长。由于材料的协同作用和界面效应，使木质复合材料具有优良的综合性能，以满足现代社会对复合材料越来越高的要求。木质复合材料研究的深度、应用的广度及其生产发展的速度已成为衡量一个国家木材工业技术水平先进程度的重要标志之一。以木质材料为主的复合材料因其固有的优越性而得到了广泛的使用，却又因其本性上固有的弱点极大地限制了它的应用范围。

11.4 木材的防腐与防火

木材作为土木工程材料，最大的缺点是容易腐蚀和燃烧，会大大地缩短木材的使用寿命，并限制了它的应用范围。采取措施来提高木材的耐久性，对木材的合理使用具有十分重要的意义。

11.4.1 木材的腐朽与防腐

1. 木材的腐朽

木材的腐朽是由真菌和少量细菌在木材中寄生引起的。腐朽对木材材质的影响主要有以下几个方面。

（1）材色。木材腐朽常有材色变化。白腐材色变浅，褐腐变暗。腐朽初期就常可伴有木材自然材色的各种变化，或无材色变化。

(2) 收缩。腐朽材在干燥中的收缩率比健全材大。

(3) 密度。由于真菌对木材物质的破坏，腐朽材比健全材密度低。

(4) 吸水和含水性能。腐朽材比健全材吸水迅速。

(5) 燃烧性能。干的腐朽材比健全材更易点燃。

(6) 力学性质。腐朽材比健全材软、强度低；在腐朽后期，一碰就碎。

真菌和细菌在木材中繁殖生存必须同时具备4个条件：适宜温度，适当含水率，少量的空气，适当的养料。

真菌生长最适宜的温度是25～30℃，最适宜含水率为35%～50%，即木材含水率在稍稍超过纤维饱和点时易产生腐朽。含水率低于20%时，真菌的活动受到抑制。含水率过大时，空气难于流通，真菌得不到足够的氧或排不出废气，腐朽也难以发生，谚语"干千年、湿千年、干干湿湿两三年"说的就是这个道理。破坏性真菌所需养分是构成细胞壁的木质素或纤维素。

木材防腐的基本方法有两种：一种是创造木材不适于真菌的寄生和繁殖条件；另一种是把木材变成有毒的物质，使其不能作为真菌的养料。

原木储存有干存法和湿存法两种。控制木材含水率，将木材保持在较低含水率下，木材由于缺乏水分，真菌难以生存，这是干存法。将木材保持在很高的含水率下，木材由于缺乏空气，破坏了真菌生存所需的条件，从而达到防腐的目的，这是湿存法或水存法。但对成材储存就只能用干存法。对木材构件表面应刷以油漆，使木材隔绝空气和水汽。

将化学防腐剂注入木材中，把木材变成对真菌有毒的物质，使真菌无法寄生。常用防腐剂的种类有油溶性防腐剂，能溶于油不溶于水，可用于室外，药效持久，如五氯酚林丹合剂；防腐油，不溶于水，药效持久，但有臭味，且呈暗色，不能油漆，主要用于室外和地下(枕木、坑木和拉木等)，如煤焦油的蒸馏物等；水溶性防腐剂，能溶于水，应用方便，主要用于房屋内部，如硅氟酸钠、氯化锌、硫酸铜、硼铬合剂、硼酚合剂和氟砷铬合剂等。

2. 木材的防虫

木材除受真菌侵蚀而腐朽外，在木材在储运和使用中，经常会受到昆虫的危害。因各种昆虫危害而造成的木材缺陷称为虫眼。它们是昆虫在木材内部蛀蚀形成的坑道，破坏木材结构，使木材丧失原有的性质和使用价值。浅的虫眼或小的虫眼对木材强度无影响，大而深的虫眼或深而密集的小虫眼，均破坏木材的完整性，并降低木材强度，同时是引起边材变色及边材真菌腐朽的重要原因。

影响木材害虫寄生的因素如下所示。

(1) 含水率。木材害虫对木材含水率比较敏感，不同的含水率可能会遭受不同的虫害，根据受虫害木材的含水率，木材害虫可分3类：侵害衰弱立木的，是蛀干害虫；树木采伐后，以纤维饱和点为界限，通常把蛀入含水率高的原木中产生的害虫叫做湿原木害虫；蛀入含水率低的干燥木材内产生的害虫叫做干材害虫。常见的蛀干害虫和湿原木害虫有天牛、象鼻虫、小蠹虫和树蜂等。干材害虫有白蚁、扁蠹等。

(2) 温度：一般44℃为高温临界点，44～66℃为致死高温区，可短时间内造成死亡。8℃为发育起点，−10～−40℃为低温致死区，因组织结冰而死亡。

（3）光。昆虫辨别不同波长的光的能力与人类的视觉不同，400～770nm 一般为人类可见光波；而昆虫偏于短光波，290～700nm 是昆虫的可见光。实验证明，许多害虫对紫外线最敏感，即对于这些光波它们感觉最明亮。用黑光灯诱杀害虫就是根据这个原理设计的。

（4）营养物质：作为蛋白质来源的氮素是幼虫不可缺少的营养物质，那些以含氮量少并已丧失生活细胞的木质部为食的木材害虫，与以营养价值大的韧皮部为食的昆虫不同，它们必须摄取大量食物。

虫害防治方法有以下几点。

（1）生态防治。根据蛀虫的生活特性，把需要保护的木材及其制品尽量避开害虫密集区，避开其生存、活动的最佳区域。从建筑上改善透光、通风和防潮条件，以创造出不利于害虫生存的环境条件。

（2）生物防治。就是保护害虫的天敌。

（3）物理防治。用灯光诱捕分飞的虫蛾或用水封杀。

（4）化学防治。用化学药物杀灭害虫，是当前木材防虫害的主要方法。

11.4.2　木材的燃烧与防火

1. 木材的燃烧及其条件

木材是由纤维素、半纤维素和木素组成的高分子材料，是可燃性建筑材料。木材燃烧经过以下 4 个阶段。

1）升温阶段

在热源的作用下，通过热辐射、空气对流、热传导或直接接触热源，使木材的温度开始升高。升温速度取决于热量供给速度、温度梯度、木材的比热、密度及含水率等。

2）热分解阶段

当木材被加热到 175℃ 左右时，木材的化学键开始断裂，随着温度的增高，木材的热解反应加快。在缺少空气的条件下，木材被加热到 100～200℃，产生不燃物，例如二氧化碳、微量的甲酸、乙酸和水蒸气。在 200℃ 以上，碳水化合物分解，产生焦油和可燃性挥发气体；随着温度继续升高，木材热解加剧。

3）着火阶段

由于可燃气体的大量生成，在氧及氧化剂存在的条件下开始着火。木材自身燃烧，产生较大的热量，促使木材的温度进一步提高，木材由表及里逐渐分解，可燃性气体生成速度加快，木材产生激烈的有焰燃烧。

4）无焰燃烧阶段

木材激烈燃烧后，形成固体残渣，在木材表面形成一个保护层，阻碍热量向木材内部传导，使木材热分解减弱，燃烧速度减慢。热分解全部结束后，有焰燃烧停止，形成的炭化物经过长时间的无焰燃烧完全灰化。

综上所述，燃烧应具备以下条件，有焰燃烧：可燃物、氧气、热量供给及热解连锁反应。无焰燃烧：可燃物、热量供给和氧气。如果破坏其中的一个条件，燃烧状态将得到改变或停止。

2. 木材的防火

木材防火主要对木材及其制品的表面进行覆盖、涂抹、深层浸渍阻燃剂阻燃的方法来实现防火的目的。阻燃机理有物理阻燃和化学阻燃两个方面。

1）阻燃剂对木材燃烧的物理阻燃作用

（1）阻燃剂含有的结晶水放出，吸收热量。

（2）阻燃剂的融化和气化的吸热作用及热的散射作用使木材的温度降低，延迟热分解。

（3）利用阻燃剂形成的熔融层覆盖在木材的表面，切断热及氧的供给，限制可燃性表面温度的提高，抑制热分解。

2）化学阻燃作用

（1）可燃物的生成速度减慢，扩散速度大于生成速度，降低可燃气体的浓度，直到热分解终了。

（2）木材在阻燃剂的作用下（无机强酸盐），在着火温度以下的较低温度区域，促进可燃物的生成速度，在着火温度以下范围可燃物完全生成并扩散掉。但是，使用这种方法，如遇明火有立即产生燃烧的危险，应该特别注意。

（3）将木材热分解的可燃气体进行转化，促进脱水碳化作用。抑制可燃性气体的生成，这对于纤维类材料的阻燃处理十分必要。由于脱水作用本身对燃烧有一定的抑制作用，所以热分解产物重新聚合或缩合，由低分子重新变成大分子。这一过程加速了木材的碳化，对木材的继续热分解有一定的抑制作用。

常见的方法有浸渍法、表面涂抹密封性油漆或涂料、用非燃烧性材料贴面处理等。

习　　题

1. 从横截面上看，木材的构造与性质有何关系？
2. 简述针叶树与阔叶树在构造、性能和用途上的差别。
3. 什么是木材纤维饱和点、平衡含水率？各有何实际意义？
4. 解释木材的湿胀干缩的原因及各向异性变形的特点。下料（如木屋架弦杆）中如何防止或减少湿胀干缩带来的不利影响？
5. 影响木材强度的因素有哪些？
6. 木材腐朽的条件有哪些？

第12章
高分子建筑材料

教学目标

本章介绍了高分子材料的基本知识，高分子建筑材料的特性，常用建筑塑料及制品的性能与应用，常用建筑粘接剂的特点、粘接机理、性能与应用，建筑涂料的组成及常用建筑涂料的性能与应用。通过本章的学习，应达到以下目标。

（1）掌握常用建筑塑料及制品的性能与应用。

（2）了解高分子材料基本知识，高分子建筑材料的特性，常用建筑粘接剂的特点、粘接机理、性能与应用，建筑涂料的组成及常用建筑涂料的性能与应用。

教学要求

知识要点	能力要求	相关知识
建筑塑料及制品	常用建筑塑料及制品的性能与应用	（1）高分子建筑材料的特性 （2）常用建筑塑料及制品的性能与应用
高分子建筑材料的其他知识	（1）高分子化合物的结构与性能 （2）常用建筑粘接剂的性能与应用 （3）常用建筑涂料的性能与应用	（1）高分子材料的基本知识 （2）常用建筑粘接剂的特点、粘接机理、性能与应用 （3）建筑涂料的组成及常用建筑涂料的性能与应用

引例

根据设计要求，2009年上海世博轴结构柱均为清水混凝土，如果采用传统的定型钢模板或木模板拼装，混凝土表面不能消除模板拼接缝，因此达不到设计要求。施工技术人员采用玻璃纤维增加塑料(俗称玻璃钢)制作成的圆形或椭圆形专用模板，该模板表面光滑、填充后成圆能力好、接缝严密，用其成型的混凝土柱表面光滑饱满，满足了混凝土清水柱的要求，同时自重轻(3.6～4.0kg/m²)、移动方便、造价低、重复利用率高，从而降低了工程总造价。

高分子建筑材料是以高分子化合物为基础组成的材料，土木工程中涉及的高分子建筑材料主要有塑料、粘合剂、涂料、橡胶和化学纤维等。高分子建筑材料质量轻、韧性高、耐腐蚀性好、功能多、易加工成型、具有一定的装饰性等。因此，高分子建筑材料成为现代建筑领域广泛采用的新材料。

12.1 高分子材料基本知识

通常把分子量大于 10^4 的物质称为高分子化合物。按高分子化合物存在的方式，可分为天然高分子、半天然高分子、合成高分子；按主骨架可分为有机高分子和无机高分子；按高分子主链结构可分为碳链高分子、杂链高分子和元素有机高分子；按应用功能可分为通用高分子、功能高分子、仿生高分子、医用高分子、生物高分子等。

1. 高分子化合物结构

高聚物大分子的化学组成和大分子链的聚集状态，决定了高聚物的物理、化学、机械和工艺性能。

1) 高分子的一次结构(链节结构)

高分子的一次结构是指一个高分子链节的化学结构、相邻链节间的空间排列、链节序列、链段的支化度及其分布，一次结构是高分子的最基本结构，它不易改变。链节的化学组成是多样的，它们决定了高聚物的一些性能。如杂链的耐热性大于碳链；无机链具有耐老化、耐候、阻燃的特性；链节中各种键的键能是决定高聚物稳定性的主要因素；主链上的共价键对高聚物的熔点、强度等影响很大。

高分子链主要有线型、支化型和交联型。线型大分子结构高聚物具有良好的弹性和塑性，适于制备塑料或合成纤维。支化型大分子结构高聚物其支链多，在机械性能上表现为性软、熔融温度低。交联型结构高聚物有较好的耐热、耐腐蚀性、尺寸稳定、机械强度大和硬度高的特点。

2) 高分子的二次结构(链结构)

高分子链结构是指由于主链上单键以内旋转所形成的多种空间立体形态。高分子的内旋转决定链的柔性，内旋转位垒与主链结构相关，键长越大内旋转位阻就越小，链的柔性就越大。例如，Si－O键的柔顺性很好，因此硅油、甲基硅橡胶等都有很好的柔性。

3）高分子的三次结构（聚集态结构）

高聚物由许多高分子链通过次价力相互聚集而成，聚集链间的形态和结构，即为高分子之间的几何排列特征，称聚集态结构。高分子的聚集态有"非晶态"、"结晶"和"织态"结构，其晶区和非晶区界限不是很清晰。

非晶态高聚物间的作用力80%～100%是次价力，链间空隙大构象可变。它是一种无规缠结，有玻璃态、高弹态、粘流态。高分子的结晶度对高聚物的性能有很大的影响：完全结晶的高聚物密度最大；结晶度越大，高聚物的抗张强度、硬度、耐热性、抗溶性则增大；结晶度减小，则透明度增大，透气性也增大。高分子的取向是指线型高分子充分伸展时，往往长度是宽度的几千倍、几万倍，使高分子材料的力学性能、光学性能和热学性能发生显著的变化，例如，高分子材料的双折射现象、液晶现象等。在非均相多组分织态结构聚合物中，由于能较好地发挥不同材料的优势，通过共混的方法能制成性能较高的"高分子合金"。

2. 高分子化合物性能

高分子化合物具有巨大的分子量，加上链间的作用力大，使得高分子材料出现很多低分子材料不具备的特殊性能。

1）高聚物的力学性能

高聚物的力学特性表现在可变性范围宽，对各种机械压力的反应相差较大，与金属材料相比，高聚物的力学性能对温度和时间的依赖性要强烈得多。固态高聚物的形变主要包括弹性形变和塑性形变两种，无定形高聚物则具有各向异性或各向同性的力学性能，常见聚合物的一些力学性能见表12-1。

表12-1 常见聚合物的一些力学性能

材料名称	抗张强度 $/(10^{-2}\mathrm{kPa})$	断裂伸长率 /%	拉伸模量 $/(10^{-4}\mathrm{kPa})$	抗弯强度 $/(10^{-2}\mathrm{kPa})$	弯曲模量 $/(10^{-4}\mathrm{kPa})$
低压聚乙烯	215～380	60～150	82～93	245～392	108～137
聚苯乙烯	345～610	1.2～2.5	274～346	600～974	—
ABS	166～610	10～140	65～284	248～930	296
PMMA	488～765	2～10	314	898～1175	—
聚丙烯	330～414	200～700	118～138	414～552	118～157
PVC	345～610	20～40	245～412	696～1 104	—
尼龙66	814	60	314～324	980～1 080	287～294
尼龙6	727～764	150	255	980	236～254
尼龙1010	510～539	100～250	157	872	127
聚甲醛	612～664	60～75	274	892～902	255
聚碳酸酯	657	60～100	216～236	962～1 042	196～294
聚砜	704～837	20～100	245～275	1 060～1 250	275
聚酰亚胺	925	6～8	—	＞980	314
聚苯醚	846～876	30～80	245～275	962～1 348	196～206

(续)

材料名称	抗张强度 /(10^{-2}kPa)	断裂伸长率 /%	拉伸模量 /(10^{-4}kPa)	抗弯强度 /(10^{-2}kPa)	弯曲模量 /(10^{-4}kPa)
氯化聚醚	415	60～160	108	686～756	88
线型聚酯	784	200	285	1 148	
聚四氟乙烯	139～247	250～350	39	108～137	

(1) 高聚物的应力、应变。高分子链排列的不完全规整性、不均匀性及内部结构的缺陷(如位错、界面、空隙、裂纹等),使应力往往集中在结构的缺陷处,断裂时多表现出高分子链的断裂先于链间的滑移。高聚物的应力、应变性能受温度影响很大,非晶态高聚物的模量随温度升高而降低,而高结晶的高聚物往往受玻璃化温度影响不大。

(2) 高聚物拉伸力学性质。图 12.1 所示是等速拉伸过程中高聚物应力—应变关系曲线。在弹性极限 H 前的线性范围内,典型结晶高聚物单向拉伸的形变服从于虎克定律,高分子材料制品在此区域内尺寸稳定性好,是常用的力学范围。从 H 点到屈服点 r 区域内,高聚物具有粘弹形变特征,形变后不能完全复原。r 点后进入塑性变形区,大分子链间的滑移增多,应力明显下降,材料局部出现细颈现象。

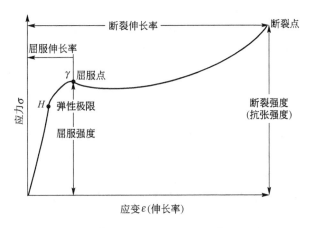

图 12.1 高聚物应力-应变曲线(等速拉伸)

(3) 高聚物的弹性模量。它依赖于高聚物的分子结构、结晶度、大分子链的柔顺性等。凡是分子量较大、极性较大、取向程度较高、结晶度较大、交联度较高、柔顺性较低的高聚物,其弹性模量较高。

(4) 抗冲击强度。它表现在高聚物材料在高速冲击下,其单位断裂面积吸收能量的能力。急速冲击力的作用下高聚物链段来不及做松弛运动,则会在高分子材料内部最薄弱点上出现应力集中而可能发生断裂。因此提高高分子链段的柔顺性,有利增加高聚物的抗冲击强度。

(5) 韧性。高聚物材料的韧性与高分子的多重转变现象相关,它是高分子不同基团的不同短程运动方式的表现。多重转变的内耗越大,有效吸收外力冲击的能力越大,表现出高分子材料的韧性越大。聚碳酸酯有很高的玻璃化温度(150℃),这与它具有很高的内耗峰值(120℃)有关,因而聚碳酸酯表现出良好的低温韧性。

（6）摩擦力。材料的摩擦力是一些复杂因素的总和，它包括由力学阻尼引起的内摩擦，还包括接触表面因剪切作用产生的摩擦作用。高聚物材料硬度普遍较低，硬材料凸出部位"犁入"软材料表层的摩擦作用，在高聚物材料摩擦力中起很大作用。

2）高聚物的电学性能

高分子结构中没有可以自由移动的电子和离子，因此导电能力很低，它们大多数是优良的绝缘材料。高聚物内部夹杂的杂质离子的运动，会引起微量导电现象。

（1）高聚物的介电性质。高分子电击穿现象包括电击穿和热击穿两种。前者是在外加电场作用下，高分子电离生成新的电子积累到某一临界点即出现电击穿现象。热击穿是高分子在电场中，由于导电损耗、介质损伤等引起的发热和温度升高，致使介质产生漏导或局部介质碳化，使材料的绝缘性被破坏。

高聚物介电损耗的影响因素：内在因素如大分子结构、分子极性等；外在因素如交变电场的频率、温度、电压，增塑剂的极性和杂质等。

（2）高聚物的电阻率。一般高聚物都属于绝缘体，电阻值很高。但是高聚物也具有自己的导电特点，带有强极性原子或基团的聚合物，由于本征离解，可以产生导电离子；非极性高聚物在合成、加工、使用过程中，加入的催化剂、添加剂、填料及水分、杂质都能提供导电离子；共轭聚合物、聚合物电荷转移的结合物、聚合物的自由基-离子化合物和有机金属聚合物等，都具有导电性能。

（3）高聚物的介电击穿。高聚物材料的电压达到一定的临界值时大量电能迅速释放，电介质局部被烧毁；电流比电压增加速度大得多，材料突然从介电状态变成导电状态的现象，都称为介电击穿。高聚物的介电击穿主要有 3 种形式：本征击穿、热击穿、放电击穿。

3）高聚物的其他性质

（1）高聚物的热学性能。高聚物材料内部无自由电子，分子链相互缠绕在一起，高热时不易发生运动，因此高聚物材料的导热性一般较差，约为金属材料的 $1/1\,000 \sim 1/100$。

（2）高聚物的光学性能。大多数非晶态高分子材料都是清澈透明的，对可见光的透光率高达 92%，如聚甲基丙烯酸甲酯等。非晶态高聚物大分子链呈无规线团状，所含链段在各个方向的分布几率都一样，因此对光的作用各方向相同。

（3）高聚物的化学稳定性。高分子材料中无自由电子，分子链基团被包裹在纠缠的高分子链里面，因此不易受化学腐蚀的作用。一些高分子材料与特殊溶剂相遇，会发生自溶和分子间隙吸收溶剂"溶胀"的现象。

（4）高聚物的相溶性。通常化学组成相近的可相溶。线型或支化的高聚物可以被溶解；体型高聚物由于其网络结点的束缚只能溶胀，而不能溶解；柔性高聚物有助于溶解；非极性高聚物往往只有在加热的情况下，才能溶于相近的溶剂。高聚物的相溶性，对其粘接性至关重要。

（5）高聚物的渗透性。气体、液体分子透过聚合物先溶入聚合物内，再由高浓度向低浓度的地方扩散。温度、分子极性、链段的柔性等因素都会影响聚合物的渗透性。

4）高聚物的化学转变和老化

高聚物的化学转变主要是指聚合物性能的转变，对天然或合成的高分子化合物进行改性，制备新的高聚物等。高聚物老化的本质是高分子材料在合成、储存、加工、应用中，高聚物某些部位的一些弱键先发生化学反应，而后引发一系列的化学变化，结果使高分子材料的分子结构发生改变，材料性能降低。

（1）高聚物的化学转变。它主要分为两大化学变化。

① 高聚物功能团的反应。该反应主要发生在高聚物链节侧功能团的化学变化，它只能引起化学成分的改变，而不引起聚合物的根本变化。

② 高聚物的降解和交联反应。降解反应是高分子链的主链断裂，引起聚合物分子量下降；交联反应是大分子链间联结起来，使分子量急剧上升形成网状或体型结构。光、热、高能辐射、机械力和超声波等的作用，都能引起高聚物的降解和交联反应。

（2）高聚物的老化。高聚物的老化一般认为是其游离基反应的过程。当高分子材料受到大气中氧、光、热、臭氧作用时，使高分子的分子链产生活泼的游离基，这些游离基进一步引发整个大分子链的降解、交联或侧基的变化，最后导致高分子材料老化变质。材料表面外观出现发粘、变软、变硬、变脆、龟裂、变形、出现斑点和光泽颜色变化等。

12.2 高分子建筑材料

高分子建筑材料是以高分子化合物为基本材料，加入一定的添加剂、填料，在一定温度、压力等条件下制成的有机建筑材料。高分子建筑材料和制品的种类繁多，应用广泛。表 12-2 是高分子建筑材料制品的一般分类和应用。

表 12-2 高分子建筑材料制品的一般分类和应用

种类	薄膜、织物	板材	管材	泡沫塑料	溶液、乳液品	模制品
应用	防渗、隔离、土工	屋面、地板、模板、墙面	给排水、电讯、建筑	隔热、防震	涂料、密封剂、粘合剂	管件、卫生洁具、建筑五金、卫生间

1. 高分子建筑材料特性

1）密度低、比强度高

高分子材料的密度一般在 $0.9\sim2.2g/cm^3$ 之间，泡沫塑料的密度可以低到 $0.1g/cm^3$ 以下，因此高分子材料自重轻对高层建筑有利。虽然高分子材料的绝对强度不高，但比强度（强度与密度之比值）却超过钢和铝。表 12-3 是金属与塑料比强度的比较。

表 12-3 金属及塑料强度的比较

材料	密度 $/(g/cm^3)$	拉伸强度 /MPa	比强度（拉伸强度/密度）	弹性模量 /MPa	比刚度（弹性模量/密度）
高强度合金钢	7.85	1 280	163	205 800	26 216
铝合金	2.8	410～450	146～161	70 560	25 200
尼龙	1.14	441～800	387～702	4 508	3 954

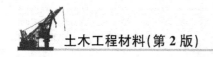
（续）

材　料	密度 /(g/cm³)	拉伸强度 /MPa	比强度 （拉伸强度/密度）	弹性模量 /MPa	比刚度 （弹性模量/密度）
酚醛木质层压板	1.4	350	250	/	/
玻纤/环氧复合材料	/	/	640	/	24 000
定向聚偏二氯乙烯	1.7	700	412	/	/

高分子建筑材料有很好的抵抗酸、碱、盐侵蚀的能力，特别适合化学工业的建筑用材。高分子建材一般吸水率和透气性很低，对环境水的渗透有很好的防潮防水功用。

2）减震、隔热和吸声功能

高分子建材密度小（如泡沫塑料），可以减少振动、降低噪音。高分子材料的导热性很低，一般导热率为 $0.024\sim0.81\mathrm{W/(m\cdot K)}$，是良好的隔热保温材料，保温隔热性能优于木质和金属制品。

3）可加工性

高分子材料成型温度、压力容易控制，适合不同规模的机械化生产。其可塑性强，可制成各种形状的产品。高分子材料生产能耗小（钢材的 $1/5\sim1/2$；铝材的 $1/10\sim1/3$）、原料来源广，因而材料成本低。

4）电绝缘性

高分子材料介电损耗小，是较好的绝缘材料，广泛用于电线、电缆、控制开关、电器设备等。

5）装饰效果

高分子材料成型加工方便、工序简单，可以通过电镀、烫金、印刷和压花等方法制备出各种质感和颜色的产品，具有灵活、丰富的装饰性。

6）高分子材料的缺点

高分子材料的热膨胀系数大、弹性模量低、易老化、易燃，燃烧时同时会产生有毒烟雾。这些都是高分子材料的一些弱点，通过对基材和添加剂的改性，高分子材料性能将不断得到改善。

2. 建筑塑料及制品

塑料是以天然或合成高聚物为基本成分，配以一定量的辅助剂，如填料、增塑剂、稳定剂、着色剂等，经加工塑化成型，在常温下保持形状不变。热塑性塑料在建筑高分子材料中占 80％以上，因此在建筑塑料中，一般按塑料的热变形行为分为热塑性塑料和热固性塑料。

1）热塑性塑料

热塑性塑料是以热塑性树脂为基本成分的塑料，一般具有链状的线型或支链结构。它在变热软化的状态下能受压进行模塑加工，冷却至软化点以下能保持模具形状。其质轻、耐磨、润滑性好、着色力强。但耐热性差、易变形、易老化，常用的热塑性塑料有聚氯乙烯、聚乙烯、聚丙烯、聚苯乙烯等。

（1）聚乙烯(Poly Ethylene, PE)塑料。聚乙烯高分子材料目前使用量最大，它主要制备成板材、管材、薄膜和容器，广泛用于工业、农业和日常生活。

按合成时压力、温度的不同，聚乙烯分为高压法聚乙烯和低压法聚乙烯。高压法聚乙烯是以高纯度（＞99.8％）乙烯单体为原料，在 160～270℃、150～300MPa 高压下，用高压釜法或管式法进行生产。其结构上含有较多的支链，其密度、结晶度较低（55％～65％）、质软透明，伸长率、冲击强度和低温韧性较好，也称为低密度聚乙烯。低压聚乙烯是在 60～90℃、0.1～1.5MPa 低压下制得。其大分子上支链少，结晶度高（80％～90％）、密度高，其质坚韧、机械强度好，也称为高密度聚乙烯。超高分子量聚乙烯（分子量＞150 万），由于大分子间的缠绕程度高，其冲击强度和拉伸强度成倍增加，具有高耐磨性、自润滑性，使用温度在 100℃ 以上。

高密聚乙烯建筑塑料制品有给排水管、燃气管、大口径双型波纹管、绝缘材料、防水防潮薄膜、卫生洁具、中空制品、钙塑泡沫装饰板等。

（2）聚氯乙烯（Poly Vinyl Chloride，PVC）塑料。目前 PVC 的年产量仅次于 PE。PVC 的单体为氯乙烯，它由乙炔和氯化氢加成生成。其优点是转化率高，设备简单；缺点是耗电高、成本大。

聚氯乙烯是多组分塑料，加入 30％～50％ 增塑剂时形成软质 PVC 制品，若加入了稳定剂和外润滑剂则形成硬质 PVC。硬质 PVC 力学强度较大，有良好的耐老化和抗腐蚀性能，但使用温度较低。软质 PVC 质地柔软，它的性能决定于加入增塑剂的品种、数量及其他助剂的情况。

改性的氯化聚氯乙烯（CPVC），其性能与 PVC 相近，但耐热性、耐老化、耐腐蚀性有所提高。另外聚氯乙烯还能分别与乙烯、丙烯、丁二烯、醋酸乙烯进行共聚改性，特别是引入了醋酸乙烯，使 PVC 塑性加大，改善了其加工性能，并减少了增塑剂的用量。

软质 PVC 可挤压或注射成板片、型材、薄膜、管道、地板砖、壁纸等。还可以将 PVC 树脂磨细成粉悬浮在液态增塑剂中，制成低粘度的增塑溶胶，喷塑或涂于金属构件、建筑物面作为防腐、防渗材料。软质 PVC 制成的密封带，其抗腐蚀能力优于金属止水带。

硬质 PVC 力学强度高，是建筑上常用的塑料建材。它适于制作排水管道、外墙覆面板、天窗、建筑配件等。塑料管道质轻、耐腐蚀、不生锈、不结垢、安装维修简便。

（3）聚苯乙烯（Poly Styrene，PS）塑料。聚苯乙烯分为通用级、抗冲级、耐热级等。聚苯乙烯由于苯环的空间位阻，大分子链段的内旋转和柔顺性受到影响，基团相互作用小，故耐热性差、质硬而脆、耐磨性不好。由于 PS 具有透明、价廉、刚性大、电绝缘性好、印刷性能好、加工性好等优点，在建筑中适应于生产管材、薄板、卫生洁具及与门窗配套的小五金等。

为了克服 PS 脆性大、耐热性差的缺点，开发了一系列改性 PS，其中主要有 ABS、MBS、AAS、ACS、AS 等。例如，ABS 是由丙烯腈、丁二烯、苯乙烯 3 种单体组成的热塑性塑料，具有质硬、刚性大、冲击强度高、耐磨性好、电绝缘性高、有一定的化学稳定性，使用温度 -40～100℃，应用广泛等特点。AAS 是丙烯腈、丙烯酸酯、苯乙烯的三元共聚物，由于不含双键的丙烯酸酯代替了丁二烯，因此 AAS 的耐候性比 ABS 高 8～10 倍。高抗冲聚苯乙烯（HIPS），其中加入了合成橡胶，其抗冲强度、拉伸强度都有很大的提高。

（4）聚丙烯（Poly Propylene，PP）塑料。PP 是目前发展速度最快的塑料品种，其产量居第 4 位，用于生产管道、容器、建筑零件、耐腐蚀板、薄膜、纤维等。它是丙烯单体在催化剂（$TiCl_3$）作用下聚合，经干燥后处理，制成不同结构的 PP 粉末。

通过添加防老剂，能够改善 PP 的耐热、耐光老化、耐疲劳性能，提高 PP 的模量和强度。采用共聚和共混的技术，能改善聚丙烯的低温脆性。加入韧性高的聚酰胺或橡胶，可以提高 PP 的低温冲击强度。

(5) 聚甲基丙烯酸甲酯(Poly Methyl Meth Acrylate，PMMA)塑料。PMMA 是甲基丙烯酸甲酯本体聚合而成，透光率达 $90\%\sim92\%$，俗称有机玻璃。高透明度的无定形热塑性 PMMA，透光率比无机玻璃还高，抗冲击强度是无机玻璃的 $8\sim10$ 倍，紫外线透过率约 73%，使用温度在 $-40\sim80℃$。

树脂中加入颜料、染料、稳定剂等，能够制成光洁漂亮的制品用作装饰材料；用定向拉伸改性 PMMA，其抗冲强度可提高 1.5 倍左右；用玻纤增强 PMMA，可浇注卫生洁具等。有机玻璃有良好的耐老化性，在热带气候下长期曝晒，其透明度和色泽变化很小，可制作采光天窗、护墙板和广告牌。将 PMMA 水乳液浸渍或涂刷在木材、水泥制品等多孔材料上，可以形成耐水的保护膜。若用甲基丙烯酸甲酯与甲基丙烯酸、甲基丙烯酸丙烯酯等交联共聚，可以提高 PMMA 产品的耐热性和表面硬度。

(6) 聚碳酸酯(Poly Carbonate，PC)塑料。分子主链中含有 $\left(\!-ORO\!-\!\overset{\overset{\textstyle O}{\|}}{C}\!-\!\right)_n$ 的线型高聚物为 PC，根据 R 基的不同，可分为脂肪族、脂环族、芳香族 PC。目前工程塑料中应用最多的是双酚 A 型 PC，它具有高冲击韧性、良好的机械强度、优异的尺寸稳定性等。

聚碳酸酯无毒、无味、无色透明(或淡黄透明)，透光率达 90%、密度 $1.2\sim1.25g/cm^3$，折射率 $1.58(25℃$时)，比有机玻璃高；其机械强度，特别是抗冲强度是目前工程塑料中最高的品种之一；PC 模量高，具有优良的抗蠕变性，是一种硬而韧的材料；PC 耐热性能好，热变形温度为 $130\sim140℃$，脆化温度 $-100℃$，能长期在 $-60\sim110℃$ 下应用；PC 本身极性小，吸水性低，因此在低温下具有良好的电绝缘性；PC 能耐酸、盐水溶液、油、醇，但不耐碱、酯、芳香烃，易溶于卤代烃；PC 不易燃，具有自熄性，可制作室外亭、廊、屋顶等的采光装饰材料。

2) 热固性塑料

热固性塑料是以热固性树脂为基本成分的塑料，加工成形后成为不溶状态。一般具有网状体形结构，受热后不再软化，强热会分解破坏。热固性塑料耐热性、刚性、稳定性较好。常用的热固性塑料有酚醛塑料、环氧塑料、聚氨酯塑料、聚酯塑料、脲醛塑料、有树硅塑料等。

(1) 酚醛树脂(Phenol - Formaldehyde Resins，PF)塑料。酚醛树脂是酚类化合物和醛类化合物，经缩聚反应制备的热固性塑料。热固性和热塑性 PF 能够相互转化，热固性 PF 在酸性介质中用苯酚处理后，可转变为热塑性 PF；热塑性 PF 用甲醛处理后，能转变成热固性的 PF。当苯酚和甲醛以 $1:(0.8\sim0.9)$ 的量，在酸性条件下反应，由于醛量不足，得到的是线型 PF，当提供多量的甲醛，线型 PF 发生固化生成体型树脂。

PF 机械强度高、性能稳定、坚硬耐腐、耐热、耐燃、耐湿、耐大多数化学溶剂，电绝缘性良好，制品尺寸稳定、价格低廉。PF 加入木粉制得的 PF 塑料通常称为"电木"；将各种片状填料(棉布、玻璃布、石棉布、纸等)浸以热固性 PF，可多次叠加热压成各种层压板和玻璃纤维增强塑料；还能制作 PF 保温绝热材料、胶粘剂和聚合物混凝土等，应用于装饰、护墙板、隔热层、电气件等。

酚醛中的羟基一般难以参加化学反应而容易吸水，造成固化制品电性能、耐碱性和力学性能下降。引入与 PF 相溶性好的成分，分隔和包围羟基，从而达到改变固化速度、降低吸水率的目的。例如，聚乙烯醇缩醛改性 PF，可以提高树脂对玻璃纤维的粘结力、改善 PF 的脆性、提高力学强度、降低固化速率，有利于低压成型，它成为工业上应用最多的产品。又如用环氧树脂改性 PF，能使复合材料具有环氧树脂粘结性好，酚醛树脂良好耐热性的优点；同时又改进了环氧树脂耐热性差，酚醛树脂脆性较大的弱点。

（2）环氧树脂（EPoxy resin，EP）塑料。EP 是大分子主链上含有多个环氧基团

$$CH \overset{\displaystyle \diagdown O \diagup}{\underset{}{\quad}} CH \text{—} CH$$

的合成树脂，称为环氧树脂。环氧树脂的种类很多，主要有以下两类。

① 缩水甘油基型 EP。包括双酚 A 型 EP、缩水甘油酯 EP、环氧化酚醛、氨基 EP 等。

② 环氧化烯烃。如环氧化聚丁二烯等。但 90％以上是由双酚 A 和环氧氯丙烷缩聚而成，所得到的 EP 为线型，属热塑性。能溶于酮类、脂类、芳烃等溶剂，在未加固化剂时可以长期储存。由于链中含有脂肪类羟基和环氧基，可以与许多物质发生反应，固化反应就是利用这些官能团而生成体型结构。

环氧树脂分子中含有环氧基、羟基、醚键等极性基因，因此对金属、玻璃、陶瓷、木材、织物、混凝土、玻璃钢等多种材料都有很强的粘接力，有"万能胶"之称，它是当前应用最广泛的胶种之一。EP 固化后粘接力大、坚韧、收缩性小、耐水、耐化学腐蚀、电性能优良、易于改性、使用温度范围广、毒性低，但脆性较大，耐热性差。EP 主要用作粘合剂、玻璃纤维增强塑料、人造大理石、人造玛瑙等。

（3）聚氨酯（Poly Urethane，PU）塑料。大分子链上含有 —(NH—CO)— 链的高聚物，称为聚氨基甲酸酯，简称聚氨酯。由二异氰酸酯与二元醇可制得线型结构的 PU；而由二元或多元异氰酸酯与多元醇则制得体型结构的 PU；若用含游离羟基的低分子量聚醚或聚酯与二异氰酸酯反应则制得聚醚型或聚酯型 PU。

线型 PU 一般是高熔点结晶聚合物，体型 PU 的分子结构较复杂。工业上线型 PU 多用作热塑性弹性体和合成纤维，体型 PU 广泛用于泡沫塑料、涂料、胶粘剂和橡胶制品等。聚氨酯橡胶具有特别好的耐磨性、撕裂强度、耐臭氧、紫外线和耐油的特性。PU 大量用于装饰、防渗漏、隔离、保温等，广泛用于油田、冷冻、化工、水利等。

（4）聚酯（Polyester，UP）树脂塑料。大分子主链上含有 $\text{—(}\overset{\displaystyle O}{\overset{\displaystyle \|}{C}}\text{—O)—}$ 酯结构的一类高聚物称为 UP，它是由多元酸和多元醇制成的不饱和树脂。当酸为不饱和二元酸时，则生成不饱和聚酯；若用二元酸和二元酯缩聚则生成热塑性 UP；当用多元醇时则可生成体型树脂。国内外用作复合材料基体的不饱和聚酯，基本是邻苯型、间苯型、双酚 A 型、乙烯基酯型、卤代型。

UP 由于分子间没有氢键和酯形成的链，其柔顺性高、拉伸、压缩量大、熔点低。例如，聚辛二酸乙二醇酯的熔点仅 63～65℃。而在主链上引入苯环，则大大加强了链的刚性，例如，聚对苯二甲酸乙二醇（涤纶）的熔点可达到 256℃。若用双酚 A 与对苯二甲酸或间苯甲酸缩聚，可制得聚芳酯（PAR）。PAR 具有很好的机械强度、电绝缘性能、尺寸稳定性和自润滑性；其耐水、耐稀酸、稀碱，耐热性好。例如，聚对羟基苯甲酸酯，可以长期在 310℃温度下使用。在玻璃钢制造中不饱和聚酯的用量占 80％左右，其相对密度为

$1.7\sim1.9g/cm^3$，仅为结构钢材的 20%～25%，为铝合金的 30%～50%，但其比强度却高于铝合金接近钢材。

建筑工程上 UP 主要用来制作玻璃纤维增强塑料、装饰板、涂料、管道等。

（5）脲醛树脂(Urea - Formaldehyde resin，UF)塑料。UF 是氨基树脂的主要品种之一，它由脲与甲醛缩聚反应而成。UF 质坚硬、耐刮痕、无色透明、耐电弧、耐燃自熄、耐油、耐霉菌、无毒、着色性好、粘结强度高、价格低、表面光洁如玉，有"电玉"之称。可制成色泽鲜艳、外观美丽的装饰品、绝缘材料、建筑小五金；UF 经发泡可制成泡沫塑料，是良好的保温、隔声材料；用玻璃丝、布、纸制成的脲醛层压板，可制作粘面板、建筑装饰板材等，它是木材工业应用最普遍的热固性胶粘剂。

UF 塑料制品经热处理后表面硬度能得到进一步的提高，但抗冲强度和抗拉强度会下降。若用三聚氰胺代替部分脲或以硫脲与脲和甲醛共缩聚，能很好地克服 UF 耐水性差的弱点，并能提高 UF 的耐热性和强度。UF 中含有的甲醛是公认的建筑物中的潜在致癌物，通过改变脲与甲醛的摩尔比降低胶粘剂中的游离甲醛；通过控制反应过程中的 pH 值和温度，调整 UF 和树脂结构来控制羟甲醛含量，减少树脂中的亚甲醛醚键，从而制备出环保型的脲醛树脂。

（6）有机硅树脂(Silicone resin，Si)。有机硅即有机硅氧烷，它的主链由硅氧键构成，侧基为有机基团

$$ -\underset{\underset{R}{|}}{\overset{\overset{R}{|}}{Si}} -O -\underset{\underset{R}{|}}{\overset{\overset{R}{|}}{Si}} -O -\underset{\underset{R}{|}}{\overset{\overset{R}{|}}{S}} -O $$

，聚有机硅氧烷含有无机主链和有机侧链（如：甲基、乙基、乙烯基、丙基和苯基等），因此它既有一般天然无机物（如石英、石棉）的耐热性，又具有有机聚合物的韧性、弹性和可塑性。有机硅树脂的 Si - O 键有较高的键能（452kJ/mol），因此它的耐高温性能较好，可在 200～250℃下长期使用；聚有机硅分子对称性好，硅氧链极性不大，其耐寒性好，例如，有机硅油的凝固点为－80～－50℃，硅橡胶在－60℃仍保持弹性；聚有机硅不溶于水，吸水性很低，表现出很好的憎水性；聚有机硅分子有对称性和非极性侧基，使它具有很高的电绝缘性；用有机硅树脂和玻璃纤维复合的材料，可耐 10%～30%硫酸、10%盐酸、10%～15%氢氧化钠，醇类、脂肪烃、油类对其影响不大。但在浓酸和某些溶剂（四氯化碳、丙酮和甲苯等）中易溶蚀。聚有机硅固化后力学性能不高，若在主链上引入亚苯基，则可提高其刚性、强度和使用温度。有机硅树脂还具有优良的耐候性，可制成耐候、保色、保温涂料，有机硅涂料在很大的温度范围内粘度变化很小，具有良好的流动性，这给涂料施工带来很大的方便。硅树脂的水溶液可作为混凝土表面的防水涂料，增加混凝土的抗水、抗渗和抗冻能力。

有机硅聚合物可分为液态（硅油）、半固态（硅脂）、弹性体（硅橡胶）和树脂状流体（硅树脂）多种形态。

（7）玻璃纤维增强塑料(Glass - fiber Reinforced Plastics，GRP)。玻璃纤维增强塑料又称玻璃钢。玻璃钢是以不饱和聚酯树脂、环氧树脂、酚醛树脂等为基体，以玻璃纤维及其制品（玻璃布、带和毡等）为增强体制成的复合材料。由于基体的材料不同，玻璃钢有很多种类。

玻璃钢的力学性能主要决定于玻璃纤维。聚合物将玻璃纤维粘结成整体，使力在纤维间传递载荷，并使载荷均衡。玻璃钢的拉伸、压缩、剪切、耐热性能与基体材料的性能、玻璃纤维在玻璃钢中的分布状态密切相关。

玻璃钢具有成型性好、制作工艺简单、质轻、强度高、透光性好、耐化学腐蚀性强、具有基材和加强材的双重特性、价格低的特点，主要用作装饰材料、屋面及围护材料、防水材料、采光材料、排水管等。

玻璃钢的成型方法主要有手糊法、模压法、喷射法和缠绕法。

12.3 建筑粘接剂

随着建筑技术和建筑工业化水平的不断提高，现代建筑的设计标准化、施工机械化、构件预制化，建筑材料质轻、高强、隔音和保温等功能的结合，使粘接剂成为现代建筑材料的重要组成部分。

凡能在两个物体表面之间形成薄膜层，并将两个或两个以上同质或不同质的物体粘接在一起的材料称为粘接剂。粘接是通过物理或化学作用实现的，形成的薄膜在被粘材料之间起到应力传递的作用。粘接剂已成为新型建筑材料的一种，广泛地应用于施工、装饰、密封和结构粘接等领域。

1. 建筑粘接剂的特点

工程实践证明建筑粘接剂是实用、可靠的，它逐步取代传统的焊接、螺接、嵌接等连接方法，在建筑工程中发挥着重要作用。

（1）粘接剂均匀涂覆在粘接面上，使应力分布均匀。耐疲劳性要比铆接、螺接高几倍到十几倍。没有因焊缝而产生的电化学腐蚀和脆性破坏。

（2）能有效地应用于不同种类的金属和非金属之间的粘接，适用于不同吻合、薄型、微小、复杂物件的连接。

（3）粘接材料对空气、水等环境介质有良好的密封性。粘接表面平滑，对于流线型工艺具有独特的意义，能满足防水堵漏、防腐、绝缘、保温和隔音的要求。

（4）粘接工艺可极大提高工作效率和节约材料。据统计采用1t粘接剂可节约5t金属材料，节约5 000～10 000个人工。粘接工艺比较简单，对操作者的熟练程度要求不高。

（5）粘接一般可在室温或中温下进行，节约能源，并且不影响材质强度。

（6）选用功能性粘接剂，可赋于粘接缝以绝缘性、导电性、导磁性、快速固结等性能。

（7）粘接剂的局限性有以下几个。

① 70%以上粘接剂是合成高聚物，其耐老化、耐环境侵蚀性差。

② 粘接剂主要通过分子的作用来联接被粘物体，其粘接强度有限。

③ 粘接剂耐温范围不高，非结构胶使用温度$-60\sim100℃$；结构胶使用温度在$-253\sim315℃$；无机粘接剂虽可达到$700\sim800℃$，但它的综合性能较差。

④ 粘接质量无损检测至今还没有可靠的方法。

2. 粘接机理

粘接力的大小主要由内聚力和粘附力决定。内聚力是粘接剂本身分子之间的作用力；粘附力是胶粘剂与被粘物之间的作用力。两物体粘接的牢固程度，不是内聚力和粘附力之和，而是决定于两者之中最小的一个。

1) 机械结合理论

任何被粘物的表面经放大后，都有很多缝隙和凹凸不平的地方，固化后的粘接剂像很多销钉一样嵌入微孔中，形成机械啮合力将两个被粘物牢固结合在一起。

2) 吸附理论

粘接剂和被粘物体接触时，由于扩散和吸附的作用形成次价力(范德华力)。理论计算表明，当两个平面距离为 1nm 时，其之间的吸附力为 $9.8\sim10.98MPa$，距离为 $0.3\sim0.4nm$ 时可达到 98MPa 左右。这个强度完全可以达到结构物胶粘接所要求的强度。

3) 扩散理论

扩散理论认为粘接剂在被粘物之间是通过大分子链或链段的热运动进行扩散，最终导致界面上发生互溶，粘接剂和被粘物之间界面消失而形成整体。

4) 化学键理论

由于粘接剂和被粘物之间发生化学反应，形成化学键。化学键力包括离子键力、共价键力和金属键力，它们存在于原子(或离子)之间，也称为主价力。高聚物键能之间主价力为 $320\sim720kJ$。

5) 静电理论

粘接剂和被粘物之间存在双电层，粘接是由双电层的静电引力作用而产生。粘接中静电引力不起主导作用，只有当双电层中的电荷密度达到 $10^{21}e/cm^3$ 时，静电引力才能对胶接强度产生明显的影响。

以上理论往往是针对不同粘接剂而言，实际上粘接力是综合的结果。对不同的粘接对象，使用不同的粘接剂，这 5 种粘附力的作用则不同。

3. 常用建筑粘接剂

常用的建筑粘接剂主要分为热塑性和热固性树脂胶粘剂，见表 12-4。

表 12-4　建筑常用胶粘剂性能及应用

种类		特性	主要用途
热塑性树脂胶粘剂	聚乙烯缩醛胶粘剂	粘接强度高、抗老化、成本低、施工方便	粘粘塑胶壁纸、瓷砖、墙布等，加入水泥砂浆中改善砂浆性能，也可配成地面涂料
	聚醋酸乙烯酯胶粘剂	粘附力好，水中溶解度高，常温固化快，稳定性好，成本低，耐水性、耐热性差	粘接各种非金属材料、玻璃、陶瓷、塑料、纤维织物、木材等
	聚乙烯醇胶粘剂	水溶性聚合物，耐热、耐水性差	适合胶接木材、纸张、织物等，与热固性胶粘剂并用
热固性树脂胶粘剂	环氧树脂胶粘剂	万能胶，固化速度快，粘接强度高，耐热、耐水、耐冷热冲击性能好，使用方便	粘接混凝土、砖石、玻璃、木材、皮革、橡胶、金属等，多种材料的自身粘接与相互粘接，适应于各种材料的快速胶接、固定和修补
	酚醛树脂胶粘剂	粘附性、柔韧性好，耐疲劳	粘接各种金属、塑料和其他非金属材料
	聚氨酯胶粘剂	较强粘接力，良好的耐低温性与耐冲击性。耐热性差，自身强度低	适于胶接软质材料和热膨胀系数相差较大的两种材料

1) 聚乙烯醇及缩醛粘接剂

聚乙烯醇及缩醛价格低、原料来源广；单组分胶液使用方便；可粘接柔软材料；无毒、不易燃、合成工艺简单、固体含量高。其缺点是本身强度低，抗热性、抗蠕变性差。多用于建筑中墙板、瓷砖、纤维布和壁纸粘粘；用于大白粉浆、石灰浆和多种腻子的胶粘剂；作为内外墙涂料，水泥地面涂料的基础及外墙饰面、墙体处理等。

低缩醛化的聚乙烯醇缩醛俗称 107 胶（或 801 胶），它具有粘性强、耐水、耐油、耐磨、耐候性好。与水泥复合使用，可明显提高水泥材料的耐磨、抗冻、抗裂和防霉菌性。

107 胶广泛用于金属、玻璃、纸张、纤维、橡胶、皮革、木材、壁纸、水泥地面、砖、石膏、混凝土和部分塑料的粘接，被称为建筑中的"万能胶"。

2) 聚醋酸乙烯酯粘接剂

聚醋酸乙烯酯及其共聚物在热塑性高分子粘接剂中占有很重要的地位。它操作安全、无毒、无火灾和爆炸危险，无环境污染、无腐蚀性；产品常温下干燥快，起始强度高；聚合物微粒较大，在多孔材料（如木材）粘接中，不易产生渗析、缺胶及透胶现象；胶液为单组分，使用方便；固化后的胶层无色透明、有韧性，不会污染被粘物表面。聚醋酸乙烯粘接剂有以下缺点。

（1）耐湿性差，对温水的抵抗性极差。

（2）耐热性差，软化点低（45~90℃）。

（3）低温性能差，乳液在冬季可能冻结。产品多用于胶接纤维素材料（如木材、纸制品等），广泛应用于建筑、木工、包装等。

3) 环氧树脂粘接剂

环氧树脂粘接剂是一种性能优良、强度较高、应用较早的建筑粘接剂。环氧树脂分子中含有较多的极性基团，具有很强的粘接力；胶层固化后收缩率小（一般为 2%~3%），尺寸稳定；电绝缘性优异，使用温度范围大（-60~150℃）；掺和性能好，易于改性；使用方便、工艺简单。环氧粘接剂的缺点：未改性的环氧树脂固化物质脆、剥离强度低；其稀释剂、固化剂对人体和环境有一定的危害性。

影响环氧树脂粘接剂性能的主要因素，一是环氧树脂本身，二是固化剂。为了改变环氧树脂的缺点，可加入不同粘度的树脂，提高环氧胶的抗剥离强度、抗冲击强度；加入一些高分子化合物提高环氧胶的耐热性。固化剂的种类和加入量对环氧树脂固化物性影响很大。固化剂一般有有机胺类、酸酐类、咪唑类、双氰胺类等。

环氧树脂粘接剂广泛用于建筑构件的预制、室内外装修、公路桥梁维修、防渗工程封堵、军事设施加固补强和水利工程的抗磨补损等。

4) 聚氨酯粘接剂

聚氨酯粘接剂含有极性强、化学活性大的基团，对多孔、表面光洁的材料具有优良的粘接力；配方可调性强，胶层从柔性到刚性都能调制，适应不同材料粘接的需要；工艺简便，可加热或室温固化，加聚反应固化中没有副产品释出；有优异的耐低温性（-253℃下使用）、耐水、耐油、耐溶剂、耐化学品、耐臭氧、耐磨和防霉菌等性能。聚氨酯的缺点是耐热性差、具有一定的毒性。

聚氨酯粘接剂可分为以下 4 类。

（1）多异氰酸酯类，它是最早、最简单的一种。目前的芳香族异氰酸酯，采用了以价

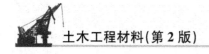

格低的甲苯和苯为原料,是发展很快的产品。

(2)一组分封闭型,它采用化合物将端异氰酸酯基暂时封闭起来,防止与水或其他活性物质的作用。

(3)端异氰酸酯基聚氨酯预聚体型,它属于结构型,其特点是起始胶结强度大。

(4)聚氨酯热熔胶,它具有较高的极性和反应活性,对多种材料有优异的粘接性。

聚氨酯粘接剂广泛用于建筑地基、墙根、屋顶、地板等的粘接密封、嵌填;用于夹层材料和保护板层之间的粘接等。

5)丙烯酸酯粘接剂

丙烯酸酯粘接剂的类型很多,性能各异。它粘度低、室温固化、使用方便;耐热、耐油、耐老化、耐候、耐酸碱、耐溶剂性好,电气性能好;能粘结多种材料,胶层无色透明;毒性低,残胶容易清洗。

丙烯酸酯粘接剂主要有α-氰基丙烯酸酯粘接剂、第二代丙烯酸粘接剂、厌氧胶等。α-氰基丙烯酸酯粘接剂是以α-氰基丙烯酸酯 $CH=C-C-OR$ 单体为主要成分,R可为甲基(501胶)、乙基(502胶)、正丙基(503胶)、正丁基(504胶)等。α-氰基丙烯酸酯反应快,因此胶层脆性大,常用邻苯二甲酸二丁酯和磷酸三苯酯提高膜的韧性。几乎所有的材料都可用α-氰基丙烯酸酯粘接剂粘接。

第二代丙烯酸酯粘接剂是由丙烯酸酯类单体与接枝反应物、甲基丙烯酸、弹性体、韧性树脂等组成。其强度高、耐久性好、固化速度快、使用方便,广泛用于应急修补、装配定位、堵漏等。厌氧胶是一种新型密封粘接剂,储存时与空气接触不会固化,一旦隔绝空气便很快聚合固化。它用于粘接、密封、紧固、防松等场合。

6)氯丁橡胶粘接剂

氯丁橡胶粘接剂是合成橡胶粘接剂中产量最大、用途最广的品种。它粘接强度高、强度形成速度快,对多种材料都有较好的粘接性,属室温固化型。其耐久、耐光、耐候、耐油、耐水、耐酸碱、耐溶剂、防燃性能好;胶层柔韧、弹性好、耐冲击性好;价格低廉、使用方便。氯丁胶粘接剂的缺点如下。

(1)耐热、耐寒性差;储存稳定性不好,易分层、凝胶和沉淀。

(2)溶液型氯丁橡胶粘接剂有毒性。

12.4 建筑涂料

涂料是指涂敷在物体表面,能形成牢固附着的连续薄膜材料。它对物体起到保护、装饰或某些特殊的作用。植物油和天然树脂是人们最早应用的涂料,随着高分子材料的发展,合成聚合物改性涂料逐渐成为涂料工业的主流产品。

1. 涂料的组成

涂料主要由4种成分组成:成膜材料、颜料、分散介质和辅助材料。

(1)成膜材料,是涂料的最主要成分,也称作基料。它的作用是将涂料中其他组分粘合成一个整体,附着在被涂物体表面,干燥固化后形成均匀连续的保护膜。成膜材料可分为两类。

① 转换型或反应型,它在成膜过程中伴随着化学反应,一般形成网状交联结构,成膜物相当于热固型聚合物。

② 非转换型或挥发型,其成膜过程仅仅是溶剂的挥发,成膜物是热塑性聚合物。

(2) 颜料是一种微细的粉末,它均匀地分散在涂料的介质中,构成涂膜的一个组成部分。颜料能使涂膜呈现颜色和起到遮盖作用,它能增加涂膜强度、附着力,改善流变性、耐候性,赋予特殊功能和降低成本。颜料按功能可分为以下两类。

① 着色颜料,涂料具有色彩和遮盖作用。

② 体质颜料,可以增加涂膜厚度、加强涂膜体质。按颜料成分可分为无机颜料、有机颜料、功能颜料和惰性颜料。没有颜料的涂料称为清漆,有颜料的涂料称为色漆或磁漆。

(3) 分散介质,其作用是使成膜物质分散、形成粘稠液体,以适应施工工艺的要求。分散介质有水或有机溶剂,主要是有机溶剂。溶剂按来源可分为植物系、煤焦系、石油系、合成系溶剂。对一些水溶性涂料,水是廉价的溶剂。

(4) 辅助材料,能帮助成膜物质形成一定性能的涂膜,对涂料的施工性、储存性和功能性有明显的作用,也称助剂。辅助材料种类很多,作用各异,如催干剂、增塑剂、增稠剂、稀释剂和防霉剂等。

2. 常用建筑涂料

近年来建筑涂料向着高科技、高质量、多功能、绿色环保型、低毒型方向发展。外墙涂料开发的重点为向适应高层外墙装饰性、耐候性、耐污染性、保色性高,低毒、水乳型方向发展。内墙涂料向以适应健康、环保、安全的绿色涂料方向发展,重点开发水性类、抗菌型乳胶类。防火、防腐、防碳化、保温也是内墙多功能涂料的研究方向。防水涂料向富有弹性、耐酸碱、隔音、密封、抗龟裂、水性型方向发展。功能性涂料将向隔热保温、防晒、防蚊蝇、防霉菌等方向迅速发展。地面涂料有以下几种。

(1) 专门用于水磨石、水泥和混凝土地面的 CO 型涂料,其防水、防油、防溶剂物质渗入能力强,起到密封孔隙、隔绝腐蚀的作用。

(2) 用于大理石、花岗石、密封水磨石地面的 SO 型涂料。涂料流平性好、亮度高、保滑性好、柔和舒适,装饰效果晶莹高雅。

(3) 木质专用 AQ 型涂料,其光泽自然大方、耐磨损、抗划伤、没有拼缝、施工简单,适用于体育馆、宴会厅、舞台和家庭等木质地面。

(4) 抗静电专用 ST 型涂料,用于机房、厂房、微电子工作间、实验室、医院等静电对电子元件有干扰的场所,各种材质都能涂敷,抗静电效果时间长。

常用建筑物外墙、内墙、地面涂料参见表 12-5。

表 12-5 常用建筑涂料

	种类	主要成分	性能	应用
外墙涂料	过氯乙烯外墙涂料	过氯乙烯树脂、改性酚醛树脂、DOP 等	涂膜平滑、柔韧、有弹性、不透水,表面干燥快、色彩丰富,耐候性、耐腐蚀性好	适用于砖墙、混凝土、石膏板、抹灰墙面等的装饰

（续）

种类		主要成分	性能	应用
外墙涂料	氯化橡胶外墙涂料	氯化橡胶、瓷土、溶剂等	耐水、耐酸碱、耐候性好，对混凝土、钢铁附着力高，维修性能好	水泥、混凝土外墙，抹灰墙面
	丙烯酸酯外墙涂料	丙烯酸酯、碳酸钙等	耐水性、耐候性、耐高低温性良好，装饰效果好、色彩丰富，可调性好	各种外墙饰面
	立体多彩涂料	合成树脂、乳胶漆、腻子等	立体花型图案多样，装饰豪华高雅，耐水、耐油、耐候、耐冲洗，对基层适应性强	适用休闲娱乐场所、宾馆等各种外墙饰面
	多功能陶瓷涂料	聚硅氧烷化合物、丙烯酸树脂等	耐候性、加工性、耐污性、耐划伤性优异，是适应高档墙面装饰的涂料	高档高层外墙饰面等
	纳米材料改性外墙涂料	纳米材料、乳胶漆等	不沾水、油，抗老化、抗紫外线、不龟裂、不脱皮、耐冷热、不燃、自洁、耐霉菌。超过传统涂料标准 3 倍以上	适用于各种高档内外墙饰面
内墙涂料	聚乙烯醇水玻璃涂料	聚乙烯醇树脂、水玻璃、轻质碳酸钙等	无毒、无味、耐燃、干燥快、施工方便、涂膜光滑、配色性强、价廉。不耐水擦洗	普遍适用于一般公用建筑的内墙装饰
	醋酸乙烯-丙烯酸酯内墙涂料(乳胶)	醋酸乙烯、丙烯酸酯、钛白粉等	耐水、耐候、耐酸碱性好，附着力强，干燥快，易施工，有光泽	适用要求较高的内墙装饰建筑物
	苯-丙乳胶涂料	苯乙烯、丙烯酸丁酯、甲基丙烯酸甲酯等	耐水、耐候、耐碱、耐擦洗性好，外观细腻，色彩鲜艳，加入不同的填料，可表现出丰富的质感	适用于高级建筑的内墙装饰
	环保壁低型内墙涂料	天然贝壳无机粉末、有机粘合剂等	色彩、图案丰富，不褪色、不起皮，经久耐用，无毒无害，施工简便，无接缝	适用中高档建筑内墙装饰
地面涂料	过氯乙烯地面涂料	过氯乙烯、丙烯酸酯、601 等	耐水、耐磨、耐化学腐蚀、耐老化性好，色彩丰富，附着力强，涂膜硬度高，施工方便，重涂性好	适用于各种水泥地面的室内装饰
	环氧树脂地面涂料（804 地板涂料）	环氧树脂、固化剂、溶剂等	耐水、耐油、耐化学溶剂，涂层坚硬、耐磨、有光泽、装饰性好、粘结力强、成膜性好，耐久性好	用于各种公共建筑地面、室内地面装饰
	聚氨酯弹性地面涂料	多异氰酸酯、多羟基化合物、填料等	耐水、耐候、耐高低温、耐磨、耐油、耐酸碱性能优良，有弹性、抗伸缩疲劳，色彩丰富，重涂性好	高档住宅室内地面装饰，化工车间地面

习　　题

1. 简述高分子化合物的性能与高分子建筑材料的特性。
2. 举例说明热塑性塑料和热固性塑料的区别。
3. 简述粘接剂的特点和粘接机理。
4. 简述建筑涂料的组成和功能。

第13章
装饰材料

本章介绍了装饰材料的基本要求，常用装饰材料的性能与应用。通过本章的学习，应达到以下目标。

（1）了解装饰材料的基本要求。

（2）了解常用装饰材料的特性与应用。

知识要点	能力要求	相关知识
装饰材料的基本要求	装饰材料基本要求的内涵	（1）材料的颜色、光泽、透明性 （2）质感 （3）形状和尺寸 （4）立体造型 （5）环保要求 （6）满足强度、耐水性、热工、耐腐蚀、防火要求
常用装饰材料	常用装饰材料的特性与应用	（1）装饰石材 （2）玻璃 （3）陶瓷 （4）塑料 （5）金属材料 （6）木材与竹材 （7）涂料

引例

2001年5月，上海巴斯夫综合办公楼原来外墙面砖陈旧渗水，该公司采用先进的红外线检测技术对渗水和空鼓情况进行评估。根据检测结果对渗水、空鼓等部位进行修补处理。同时采用面砖专用水泥基阳离子丙烯酸乳液修补腻子和环氧、丙烯酸聚氨酯外墙涂料系统地进行涂装，取得了满意的装饰效果。

在土木工程中，把粘粘、涂刷或铺设在建筑物内外表面的主要起装饰作用的材料，称为装饰材料。装饰材料除了起装饰作用，满足人们的精神需要以外，还起着保护建筑物主体结构、提高建筑物耐久性以及改善建筑物保温隔热、吸声隔声、采光、防火等使用功能的作用。

建筑装饰材料种类繁多。本章仅介绍装饰石材、玻璃、陶瓷、塑料、金属材料、木材、涂料。

13.1 装饰材料的基本要求

1. 材料的颜色、光泽、透明性

颜色是材料对光谱选择吸收的结果。不同的颜色给人以不同的感觉。如红色、粉红色给人一种温暖、热烈的感觉，有刺激和兴奋的作用；绿色、蓝色给人一种宁静、清凉、寂静的感觉，能消除精神紧张和视觉疲劳。光泽是材料表面方向性反射光线的性质，用光泽度表示。材料表面越光滑，则光泽度越高。当为定向反射时，材料表面具有镜面特征。光泽度不同，则材料表面的明暗程度、视野及虚实对比会大不相同，它对物体形象的清晰程度有决定性的影响。透明性也是与光线有关的一种性质。既能透光又能透视的物体称为透明体，能透光而不能透视的物体称为半透明体，既不能透光又不能透视的物体称为不透明体。利用不同的透明度可调整光线的明暗，造成不同的光学效果，可使物像清晰或朦胧。如普通玻璃是透明的，磨砂玻璃是半透明的，瓷砖则不透明。

2. 质感

质感是材料的表面组织结构、花纹图案、颜色、光泽和透明性等给人的一种综合感觉，能引起人的心理反应和联想，可加强情感上的气氛。一般说来，材料的这种心理诱发作用是非常明显和强烈的。各种材料在人的感官中有软硬、轻重、粗犷、细腻和冷暖等感觉，如金属能使人产生坚硬、沉重和寒冷的感觉；而皮革、丝织品会使人联想到柔软、轻盈和温暖；石材可使人感到稳重、坚实和牢固。而未加装饰的混凝土则容易让人产生粗犷、草率的印象。相同组成的材料，表面不同可以有不同的质感，如普通玻璃与压花玻璃，镜面花岗石与剁斧石。相同的表面处理形式往往具有相同或类似的质感，但有时也不尽相同，如人造大理石、仿木纹制品，一般均没有天然的花岗石和木材显得亲切、真实。虽然仿制的制品不真实，但有时也能达到以假乱真的效果。装饰材料的质感特征与建筑装饰的特点要有一致性。

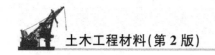

3. 形状和尺寸

对于块材、板材和卷材等装饰材料的形状和尺寸，以及表面的天然花纹、纹理及人造花纹或图案都有特定的规格和偏差要求，能按需要裁剪和拼装，可获得不同的装饰效果。同时尺寸大小要满足强度、变形、热工和模数等方面的要求，如型材的截面大小要满足承载能力、变形的要求，玻璃的厚度满足其热工性能的要求等。

4. 立体造型

材料本身的形状、表面的凹凸及材料之间交接面上产生的各种线型有规律的组合易产生感情意味。水平线给人有安全感，垂直线显得稳定、均衡，斜线有动感和不稳定感。装饰材料的选用需考虑造型的美观。

5. 环保要求

装饰材料的生产、施工、使用中，要求能耗少、施工方便、污染低，满足环境保护要求。近些年的研究结果表明，现代建筑装饰材料的大量使用是引起室内、外空气污染的主要因素之一。主要表现为材料表面释放出的甲醛、芳香族化合物、氨和放射性气体氡超标，它们通过呼吸和皮肤接触对人体造成危害。建筑装饰材料中的环境污染问题及相应的污染控制需得到重视，建筑材料放射性核素限量、胶粘剂、涂料、聚氯乙烯地板及壁纸中有害物质限量应符合国家标准 GB 18580～18588—2001 及 GB 6566—2001 的要求。

6. 满足强度、耐水性、热工、耐腐蚀、防火性要求

建筑外部装饰材料要经受日晒、雨淋、冰冻、霜雪、风化和介质侵蚀作用，建筑内部装饰材料要经受摩擦、冲击、洗刷、沾污和火灾等作用。因此，装饰材料在满足装饰功能的同时，还要满足强度、耐水性、保温、隔热、耐腐蚀和防火性等方面要求。

13.2 常用装饰材料

13.2.1 装饰石材

1. 天然石材

所谓天然石材是指从天然岩体中开采出来的毛料，或经过加工成为板状或块状的饰面材料。用于建筑装饰用饰面材料的主要有花岗石板和大理石板两大类。

1) 花岗石板

花岗石是一种火成岩，属硬石材。花岗岩的化学成分随产地的不同而有所区别，其主要矿物成分是长石、石英，并含有少量云母和暗色矿物。花岗石常呈现出一种整体均粒状结构，正是这种结构使花岗石具有独特的装饰效果，其耐磨性和耐久性优于大理石，既适用于室外也适用于室内装饰。

花岗石板根据加工程度的不同分为粗面板材(如剁斧板、机刨板等)、细面板材和镜面板材3种。其中粗面板材表面平整、粗糙，具有较规则的加工条纹，主要用于建筑外墙

面、柱面、台阶、勒脚、街边石和城市雕塑等部位，能产生近看粗犷、远看细腻的装饰效果；而镜面板材是经过锯解后，再经研磨、抛光而成，产品色彩鲜明、光泽动人、形象倒映，极富装饰性，主要用于室内外墙面、柱面、地面等。某些花岗岩含有微量放射性元素，对这类花岗岩应避免使用于室内。

花岗岩装饰板材有以下技术要求。

（1）花岗岩板材产品按质量分为优等品（A）、一等品（B）和合格品（C）3个等级。

（2）尺寸规格允许偏差，按照 JC 205—1992 的规定，包括尺寸、平面度和角度等允许偏差均应在规定范围内。异型板材规格尺寸允许偏差由供需双方商定，拼缝板材正面与侧面的夹角不得大于 90°。

（3）外观质量。同一批板材的色调花纹应基本调和。板材正面的外观缺陷，如缺棱、缺角、裂纹、色斑、色线、坑窝等应符合 JC 205—1992 的规定。

（4）镜面光泽度。镜面板材的正面应具有镜面光泽度，能清晰反映出景物，其镜面光泽度值应不低于 75 个光泽单位。

（5）表观密度不小于 2.6g/cm³。

（6）吸水率不大于 1.0%。

（7）干燥抗压强度不小于 60.0MPa。

（8）抗弯强度不小于 8.0MPa。

2）大理石板

天然大理石是石灰岩与白云岩在高温、高压作用下矿物重新结晶变质而成。纯大理石为白色，称为汉白玉。如在变质过程中混入了氧化铁、石墨、氧化亚铁、铜、镍等其他物质，就会出现各种不同的色彩和花纹、斑点。这些斑斓的色彩和石材本身的质地，使其成为古今中外的高级建筑装饰材料。

由于大理石天然生成的致密结构和色彩、花纹、斑块，所以经过锯切、磨光后的板材光洁细腻，如脂如玉，纹理自然，花色品种可达上百种。白色大理石洁白如玉、晶莹纯净，故又称汉白玉，是大理石中的名贵品种。云灰大理石和彩花大理石在漫长的形成过程中，由于大自然的"鬼斧神工"，使其具有令人遐想万千的花纹和图案，如有的像乱云飞渡，有的则像青云直上，有的表现为"微波荡漾"、"湖光山色"，"水天相连"、"花鸟虫鱼"、"珍禽异兽"、"群山叠翠"、"骏马奔腾"等，装饰效果美不胜收。大理石装饰板材主要用于宾馆、展厅、博物馆、办公楼，会议大厦等高级建筑物的墙面、地面、柱面及服务台面、窗台、踢脚线、楼梯、踏步以及园林建筑的山石等处，也可加工成工艺品和壁画。

大理石主要成分为碱性物质碳酸钙（$CaCO_3$），化学稳定性不如花岗岩，不耐酸腐蚀，空气和雨水中所含的酸性物质和盐类对大理石有腐蚀作用，故大理石不宜用于建筑物外墙和其他露天部位。

目前在我国市场上经常可见的国际名牌石材产品有挪威红、印度红、南非红、意大利紫罗红、土耳其紫罗红、美利坚红、莎利士红、蓝宝石、白水晶、卡门红、黑金沙、美国红紫晶、玫瑰花岗等。多产于印度、美国、南非、意大利、挪威、土耳其和西班牙等国家。

大理石装饰板材有如下的技术标准。

（1）大理石装饰板材的板面尺寸有标准规格和非标准规格两大类。我国行业标准《天然大理石建筑板材》(JC 79—1992)规定，其板材的形状可分为普通型板材(N)和异型板材(S)两类。普通型板材为正方形或长方形，其他形状的板材为异型板材。产品质量又分为优等品(A)、一等品(B)和合格品(C)3个等级。

(2) 尺寸规格允许偏差，按照JC 205—1992的规定，包括尺寸、平面度和角度等允许偏差均应在规定范围内。异型板材规格尺寸允许偏差由供需双方商定，拼缝板材正面与侧面的夹角不得大于90°。

(3) 外观质量。同一批板材的花纹色调应基本调和。板材正面的外观缺陷(翘曲、裂纹、砂眼、凹陷、色斑、污点、缺棱掉角)应符合JC 79—1992的规定。

(4) 镜面光泽度。大理石板材的抛光面应具有镜面光泽，能清晰反映出景物。

(5) 表观密度不小于 2.6 g/cm^3。

(6) 吸水率不大于0.75%。

(7) 干燥抗压强度不小于20.0MPa。

(8) 抗弯强度不小于7.0MPa。

2. 人造石材

人造石材是采用无机或有机胶凝材料作为粘结剂，以天然砂、碎石、石粉等为粗、细填充料，经成型、固化、表面处理而成的一种人造材料。常见的有人造大理石和人造花岗石，其色彩和花纹均可根据要求设计制作，如仿大理石、仿花岗石等，还可以制作成弧形、曲面等天然石材难以加工的复杂形状。

人造石材具有天然石材的质感，色泽鲜艳、花色繁多、装饰性好；质量轻、强度高；耐腐蚀、耐污染；可锯切、钻孔，施工方便。适用于墙面、门套或柱面装饰，也可作为台面及各种卫生洁具，还可加工成浮雕、工艺品等。与天然石材相比，人造石材是一种较经济的饰面材料。除以上优点外，人造石材还存着一些缺点，如有的品种表面耐刻划能力较差，某些板材使用中发生翘曲变形等，随着对人造石材制作工艺、原料配比的不断改进、完善，这些缺点可得到一定的克服。

按照生产材料和制造工艺的不同，可把人造石材分为以下几类。

1) 水泥型人造石材

这种人造石材是以各种水泥为胶凝材料，天然石英砂为细骨料，碎大理石、碎花岗岩等为粗骨料，经配料、搅拌混合、浇筑成型、养护、磨光和抛光而制成。该类人造石材中，以铝酸盐水泥作为胶凝材料的性能最为优良。因为铝酸盐水泥水化后生成的产物中含有氢氧化铝胶体，它与光滑的模板表面相接触，形成氢氧化铝凝胶体。氢氧化铝凝胶体在凝结硬化过程中，形成致密结构，因而表面光亮，呈半透明状，同时花纹耐久、抗风化、耐火性、耐冻性和防火性等性能优良。这种人造石材成本低，但耐酸腐蚀能力较差，若养护不好，易产生龟裂，表面易返碱，不宜用于卫生洁具和外墙装饰。

2) 树脂型人造石材

这种人造石材多以不饱和树脂为胶凝材料，配以天然大理石、花岗石、石英砂或氢氧化铝等无机粉状、粒状填料，经配料、搅拌和浇筑成型。在固化剂、催化剂作用下发生固化，再经脱模、抛光等工序制成。树脂型人造石材的主要特点是光泽度高、质地高雅、强度硬度较高、耐水、耐污染和花色可设计性强。缺点是填料级配若不合理，产品易出现翘曲变形。

3）复合型人造石材

这种人造石材具备了上述两类的优点，采用无机和有机两类胶凝材料。先用无机胶凝材料（各类水泥或石膏）将填料粘结成型，再将所成的坯体浸渍于有机单体中（苯乙烯、甲基丙烯酸甲酯、醋酸乙烯和丙烯腈等），使其在一定的条件下聚合而成。

4）烧结型人造饰面石材

该种人造石材是将斜长石、石英、高岭土等按比例混合，制备坯料，用半干压法成形，经窑炉 1 000℃ 左右的高温焙烧而成。该种人造石材因采用高温焙烧，所以能耗大、造价较高，实际应用得较少。

13.2.2 玻璃

1. 玻璃的组成

玻璃是以石英砂、纯碱、长石、石灰石等为主要原料，经 1 550～1 600℃ 高温熔融、成型、冷却、固化后得到的透明非晶态无机物。普通玻璃的化学组成主要是 SiO_2、Na_2O、K_2O、CaO 及少量 Al_2O_3、MgO 等，如在玻璃中加入某些金属氧化物、化合物，可制成各种特殊性能的玻璃。

2. 玻璃的物理、化学、力学、工艺性能

1）玻璃的密度

普通玻璃的密度为 $2.45～2.55g/cm^3$。玻璃的密度与其化学组成有关，故变化很大，且随温度的升高其密度会降低。

2）玻璃的光学性质

玻璃具有优良的光学性质，既能通过光线，还能反射光线和吸收光线。厚度大的玻璃和重叠多层的玻璃是不易透光的。光线射入玻璃，表现有透射、反射和吸收的性质。光线能透过玻璃的性质称为透射；光线被玻璃阻挡，按一定角度折回称为反射；光线通过玻璃后，一部分被损失掉，称为吸收。利用玻璃的这些特殊光学性质，人们研制出一些具有特殊功能的新型玻璃，如吸热玻璃、热反射玻璃、光致变色玻璃等。玻璃对光线的吸收能力随着化学组成和颜色的不同而不同。无色玻璃可透过各种颜色的光线，但吸收红外线和紫外线。各种颜色玻璃能透过同色光线而吸收其他颜色的光线。

3）玻璃的热工性质

玻璃是热的不良导体。导热性能与玻璃的化学组成有关，导热系数一般为 $0.75～0.92W/(m·K)$，大约为铜的 1/400。但随温度的升高，导热系数增大，尤其在 700℃ 以上时更为显著。导热系数大小还受玻璃的颜色和化学组成影响，密度对导热系数也有影响。

当玻璃温度急变时，沿玻璃的厚度温度不同，由于膨胀量不同而产生内应力，当内应力超过玻璃极限强度时，就会造成碎裂。玻璃抵抗温度变化而不破坏的性质称为热稳定性，玻璃抗急热的破坏能力比抗急冷破坏的能力强。这是因为受急热时玻璃表面产生压应力，受急冷时玻璃表面产生的是拉应力，而玻璃的抗压强度远高于抗拉强度。玻璃中常含有游离的 SiO_2，有残余的膨胀性质，会影响制品的热稳定性，因此需用热处理方法加以消

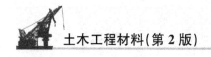

除，以提高制品的热稳定性。

4）玻璃的化学稳定性

玻璃具有较高的化学稳定性，通常能抵抗除氢氟酸以外的酸、碱、盐侵蚀，但长期受到侵蚀性介质的腐蚀，也能导致变质和破坏。如玻璃的风化、玻璃发霉等都会导致玻璃外观的破坏和透光能力的降低。

5）玻璃的力学性质

玻璃的力学性质与其化学组成、制品形状、表面形状和加工方法等有关。凡含有未熔夹杂物、节瘤或具有微细裂纹的制品，都会造成应力集中，从而降低玻璃的机械强度。

玻璃的抗压强度极限随其化学组成而变，相差极大（600～1 600MPa）。荷载的时间长短对抗压强度影响很小，但受高温的影响较大。玻璃承受荷载后，表面可能发生极细微的裂纹，而随着荷载的次数加多及使用期的加长而增多和增大，最后导致制品破碎。因此，制品长期使用后，需用氢氟酸处理其表面，消灭细微裂纹，恢复其强度。

抗拉强度是决定玻璃品质的主要指标，通常为抗压强度的 1/15～1/14，为 40～120MPa。

普通玻璃的弹性模量为 60 000～75 000MPa，接近于铝，为钢的 1/3。

玻璃的抗弯强度决定于其抗拉强度，并且随着荷载时间的延长和制品宽度的增大而减小。玻璃的硬度随其化学成分和加工方法的不同而不同，其莫氏硬度一般在 4～7 之间。

6）玻璃的工艺性质

玻璃的表面加工可分为冷加工、热加工和表面处理三大类。

在常温下通过机械方法来改变玻璃制品的外形和表面形态的过程，称为冷加工。冷加工的基本方法有研磨抛光、切割、喷砂、钻孔和切削。

建筑玻璃常进行热加工处理，目的是为了改善其性能及外观质量。热加工原理主要是利用玻璃粘度随温度改变的特性以及其表面张力与导热系数的特点来进行的。各种类型的热加工，都需要把玻璃加热到一定温度。由于玻璃的粘度随温度升高而减小，同时玻璃导热系数较小，所以能采用局部加热的方法，在需要加热的地方使其局部达到变形、软化、甚至熔化流动的状态，再进行切割、钻孔和焊接等加工。利用玻璃的表面张力大和有使玻璃表面趋向平整的作用，可将玻璃制品在火焰中抛光和烧口。

玻璃的表面处理主要分为 3 类，即化学刻蚀、化学抛光和表面金属涂层。化学刻蚀是用氢氟酸溶掉玻璃表层的硅氧，根据残留盐类溶解度的不同，而得到有光泽的表面或无光泽毛面的过程。化学抛光的原理与化学蚀刻一样，是利用氢氟酸破坏玻璃表面原有的硅氧膜而生成一层新的硅氧膜，提高玻璃的光洁度与透光率。在玻璃表面镀上一层金属薄膜，广泛应用于加工制造热反射玻璃、护目玻璃、膜层导电玻璃、保温瓶胆、玻璃器皿和装饰品等。

3．建筑玻璃的分类与应用

建筑玻璃泛指平板玻璃及由平板玻璃制成的深加工玻璃，也包括玻璃空心砖和玻璃马赛克等玻璃类建筑材料。建筑玻璃按其功能一般分为以下几类。

（1）平板玻璃。主要利用其透光和透视特性，用作建筑物的门窗、橱窗及屏风等装饰。这一类玻璃制品包括普通平板玻璃、磨砂平板玻璃、磨光平板玻璃、花纹平板玻璃和浮法平板玻璃。

（2）饰面玻璃。主要利用其表面色彩图案花纹及光学效果等特性，用于建筑物的立面装饰和地坪装饰。

（3）安全玻璃。主要利用其高强度、抗冲击性及破碎后无损伤人的危险性等特性，用于装饰建筑物安全门窗、阳台走廊、采光天棚、玻璃幕墙等。

（4）功能玻璃。这类玻璃一般是有吸热或反射热、吸收或反射紫外线、光控或电控变色等特性。

如在玻璃中加入着色氧化物或在玻璃表面喷涂氧化物膜层可制成吸热玻璃。研究表明，吸收太阳的辐射热随吸热玻璃的颜色和厚度的不同，对太阳的辐射热吸收程度也不同。6mm 厚的蓝色吸热玻璃能挡住 40％左右的太阳辐射热。在玻璃表层镀覆金属膜层或金属氧化物膜层可制成热反射玻璃。6mm 厚的热反射玻璃能反射 67％左右的太阳辐射热。吸热玻璃和热反射玻璃可克服温、热带建筑物普通玻璃窗的暖房效应，减少空调能耗，取得较好的节能效果，同时，能吸收紫外线，使刺目耀眼的阳光变得柔和，起到防眩的作用。具有一定的透明度，能清晰地观察室外景物，色泽经久不衰，能增加建筑物美感。

（5）玻璃砖，这一类是块状玻璃制品，主要用于屋面和墙面装饰。该类包括：特厚玻璃、玻璃空心砖、玻璃锦砖、泡沫玻璃等。

13.2.3 陶瓷

凡以粘土、长石和石英为基本原料，经配料、制坯、干燥和焙烧而制得的成品，统称为陶瓷制品。

1. 陶瓷制品的组成与分类

粘土、石英、长石是陶瓷最基本的 3 个组分，陶瓷主要化学组成包括 SiO_2、Al_2O_3、K_2O、Na_2O 等。普通陶瓷制品质地按其致密程度（吸水率大小）可分为 3 类：陶质制品、炻质制品和瓷质制品。

从产品种类来说，陶瓷是陶器与瓷器两大类产品的总称。陶器通常有一定的吸水率，断面粗糙无光，不透明，敲之声音粗哑，有的无釉，有的施釉。瓷器的坯体致密，基本上不吸水，有半透明性，通常都施有釉层。介于陶器与瓷器之间的一类产品，国外称为炻器，也有的称为半瓷。我国文献中常称为原始瓷器，或称为石胎瓷。炻器与陶器的区别在于陶器坯体是多孔的，而炻器坯体的孔隙率却很低，其坯体致密，达到了烧结程度，吸水率通常小于 2％。炻器与瓷器的区别主要是炻器坯体多数带有颜色且无半透明性。

2. 建筑陶瓷的分类及技术要求

建筑陶瓷品种繁多，主要包括有以下几种。

（1）陶瓷墙地砖。一般是指外墙砖和地砖。外墙砖是用于建筑物外墙的饰面砖，通常为炻质制品。

（2）陶瓷锦砖。也称陶瓷马赛克，是片状小瓷砖，主要用于厨房、餐厅和浴室等的地面铺贴。

（3）釉面砖。属精陶质制品，主要用于厨房和卫生间等做饰面材料。

（4）卫生陶瓷。卫生陶瓷制品有洗面器、大小便器、洗涤器和水槽等。

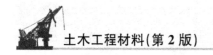

(5)琉璃制品。应用于园林建筑屋面、屋脊作防水性装饰材料等。

建筑陶瓷的主要技术性质包括有外观质量、机械性能、与水有关的性能、热性能和化学性能。

13.2.4 塑料

1. 塑料壁纸

塑料壁纸是以纸为基层、以聚氯乙烯塑料为面层，经压延或涂布以及印刷、轧花或发泡而成，聚氯乙烯塑料壁纸是目前应用最为广泛的壁纸。

通过印花、压花等工艺，模仿大理石、木材、砖墙、织物等天然材料，花纹图案非常逼真、装饰效果好，具有一定的伸缩性和耐裂强度。根据需要可加工成具有难燃、隔热、吸声、防霉性，且不易结露，对酸碱有较强的抵抗能力，不怕水洗，不易受机械损伤的产品。塑料壁纸的湿纸状态强度仍较好，易于粘贴，使用寿命长，易维修保养和清洁。广泛适用于室内墙面、顶棚和柱面的裱糊装饰。工程中的塑料壁纸需满足《聚氯乙烯壁纸》(GB 8945—1988)规定的产品的规格和性能。

2. 塑料地板

塑料地板是以高分子合成树脂为主要材料，加入其他辅助材料，经一定的制作工艺制成的预制块状、卷材状或现场铺涂整体状的地面面层材料。

塑料地板有许多优良性能：塑料地板通过印花、压花等制作工艺，表面可呈现丰富绚丽的图案。不但可仿木材、石材等天然材料，而且可任意拼装组合成变化多端的几何图案，使室内空间活泼、富于变化，有现代气息。通过调整材料的配方和采用不同的制作工艺，可得到适应不同需要、满足各种功能要求的产品。塑料地板单位面积的质量在所有铺地材料中是最轻的，可大大减小楼面荷载。其坚韧耐磨，耐磨性完全能满足室内铺地材料的要求。PVC 地面卷材地板经 12 万人次的通行，磨损深度不超过 0.2mm，好于普通水泥砂浆地面。塑料地板可做成加厚型或发泡型，弹性好，脚感舒适，有一定保温吸声作用，且导热系数适宜，冬季不易产生冰冷感。塑料地板施工作业为干作业，可直接粘贴，施工、维修和保养方便。

塑料地板按其外形可分为块材地板和卷材地板。按其组成和结构特点可分为单色地板、透底花纹地板、印花压花地板。按其材质的软硬程度可分为硬质地板、半硬质地板和软质地板，目前采用的多为半硬质地板和硬质地板。按所采用的树脂类型可分为聚氯乙烯(PVC)地板、聚丙烯地板和聚乙烯-醋酸乙烯酯地板等，国内普遍采用的是 PVC 塑料地板。为使塑料地板更好地满足其使用功能，惯用的主要性能指标有尺寸稳定性、翘曲性、耐凹陷性、耐磨性、自熄性和耐烟头烫性能等。其性能指标需符合《半硬质聚氯乙烯块状塑料地板》(GB 4085—1983)和《带基材的聚氯乙烯卷材地板》(GB 11982—1989)的规定。

3. 塑料地毯

地毯作为地面装饰材料，给人以温暖、舒适及华丽的感觉。具有绝热保温作用，可降低空调费用；具有吸声性能，可使住所更加宁静；还具有缓冲作用，可防止滑倒，使步履平安。

塑料地毯原料来源丰富，成本较低，是普遍采用的地面装饰材料。

塑料地毯按其加工方法的不同可分为簇绒地毯、针扎地毯、印染地毯和人造草皮 4 种。其中簇绒地毯是目前使用最为普遍的一种塑料地毯。

4. 塑料装饰板材

塑料装饰板材是指以树脂为浸渍材料或以树脂为基材，采用一定的生产工艺制成的具有装饰功能的普通或异型断面的板材。

塑料装饰板材按原材料的不同可分为塑料金属复合板、硬质 PVC 板、三聚氰胺层压板、玻璃钢板、聚碳酸酯采光板、有机玻璃装饰板等类型。按结构和断面形式的不同可分为平板、波形板、实体异型断面板、中空异型断面板、格子板、夹芯板等类型。

塑料装饰板材以其质量轻、装饰性强、生产工艺简单、施工简便、易于保养、适于与其他材料复合等特点，常主要被用作护墙板、屋面板和平顶板。

5. 塑料门窗

塑钢门窗是以聚氯乙烯（PVC）树脂为主要原料，加上一定比例的稳定剂、改性剂、填充剂、紫外线吸收剂等助剂，经挤压加工成型材，然后通过切割、焊接的方式制成门窗框、扇，配装上橡塑密封条、五金配件等附件而成。为增加型材的钢性，在型材空腔内填加钢衬，因此称为塑钢门窗。目前发达国家塑钢门窗已形成规模巨大、技术成熟、标准完善、社会协作周密、高度发展的生产领域，被誉为继木、钢、铝之后崛起的新一代建筑门窗。

塑料型材为多腔式结构具有良好的隔热性能。其传热系数特小，仅为钢材的 1/357、铝材的 1/1 250。气密性、水密性、抗风压、隔声性和耐候性都较好，塑钢门窗不自燃、不助燃、能自熄、防火性能好，安全可靠，这一性能更扩大了塑钢窗的使用范围。

塑钢门窗与普通钢、铝窗相比可节约能耗 30%～50%，塑钢门窗的社会经济效益显著，近年来受到广泛的欢迎。

13.2.5 金属材料

1. 铝合金

纯铝强度较低，为提高其实用价值，常在铝中加入适量的铜、镁、锰、锌、铬等元素组成铝合金。它的特点是加入合金元素后，其机械性能明显提高，并仍能保持铝固有的特性，同时大气条件下的耐腐蚀性能好。强度可接近常用碳素结构钢，质量仅为钢材的 1/3，比强度却为钢的几倍。铝合金的线膨胀系数约为钢的两倍，但因其弹性模量小，约为钢的 1/3，由温度变化引起的内应力并不大。就铝合金而言，由于其弹性模量较低，所以刚度和承受弯曲的能力较小。

铝合金广泛用于建筑工程结构和建筑装饰，如铝合金型材、屋架、屋面板、幕墙、门窗框、活动式隔墙、顶棚、暖气片、阳台、楼梯扶手、铝合金花纹板、镁铝曲面装饰板及其他室内装修及建筑五金等。

2. 不锈钢

在钢的冶炼过程中，加入铬（Cr）、镍（Ni）等元素，形成以铬元素为主要元素的合金钢，就称为不锈钢。不锈钢克服了普通钢材在常温下或在潮湿环境中易发生化学腐蚀或电化学腐蚀的缺点，能提高钢材的耐腐性，合金钢中铬的含量越高，钢材的抗腐蚀性越好。除铬外，不锈钢中还含有镍(Ni)、锰(Mn)、钛(Ti)、硅(Si)等元素，这些元素的含量都能影响不锈钢的强度、塑性、韧性和耐腐蚀性。不锈钢之所以耐腐蚀，其主要原因是铬的性质比铁活泼。在不锈钢中，铬首先与环境中的氧化合，生成一层与钢基体牢固结合的致密的氧化膜层，称为钝化膜。它能使铬合金钢得到保护，不致锈蚀。

不锈钢的主要特征是耐腐蚀，而光泽度是其另一重要特点，不锈钢经不同的表面加工可形成不同的光泽度和反射性，并按此划分成不同的等级，其装饰性正是利用了不锈钢表面的光泽度和反射性。

建筑装饰用不锈钢制品主要是薄钢板、各种不锈钢型材、管材和异型材，通常用来做屋面、幕墙、门、窗、内外墙饰面、栏杆扶手和护栏等室内、外装饰。

3．彩色压型钢板

以镀锌钢板为基材，经成型机轧制，并涂以各种防腐耐蚀涂层与装饰涂层而制成。具有质量轻、抗震性好、色彩鲜艳、加工简易和施工方便等特点，广泛用于工业厂房和公共建筑的屋面与墙面。

13.2.6　木材与竹材

装饰用的木材树种包括杉木、红松、水曲柳、柞木、栎木、色木、楠木和黄杨木等。凡木纹美丽的可作室内装饰之用，木纹细致、材质耐磨的可供铺设拼花地板。

木材花纹是天然生成的图案，人们对其有一种自然的爱好。这有多方面的原因，其中有几点是非常重要的：①木纹是由一些大体平行但又不交之的纹理构成的图案，给人以流畅、自然、轻松、自如的感觉；②木纹图案由于受生长量、年代、气候和立地条件等因素的影响，在不同部位有不同的变化，这种有"涨落"周期式变化的图案，给人以多变、起伏、运动、生命的感觉，木纹图案充分体现了造型规律中变化与统一的规律，统一中有变化、变化中求统一；③木材对辐射线有独特的吸收和反射特征，木材吸收紫外线可减轻对人体的危害，使得木材具有独特的光泽；④木材的组成成分、界面构造、导热性能使其具有调节温度、湿度、散发芳香、吸声、调光等作用。总之，装饰木材有较好的视觉、触觉、嗅觉特性，可以增加人们心理的温暖感、稳定感和舒畅感。木纹图案用于装饰室内环境，经久不衰，百看不厌，其原因就在于此。

常见的木装饰制品有木地板、木装饰线条、木花格。木地板又可分为条木地板、拼花木地板、复合木地板。

条木地板是使用最普遍的木质地面。普通条木地板(单层)的板材常选用松、杉等软木树材，硬木条板多选用水曲柳、柞木、枫木、柚木和榆木等硬质木材。条木地板材质要求耐磨、不易磨蚀、不易变形、开裂。条木地板宽度一般不大于120mm，板厚为20～30mm。条木地板自重轻、弹性好、脚感舒适、导热性小、冬暖夏凉、易清洁。

拼花木地板是一种高级的室内地面装修材料，分单层和双层两种，两者面层均为拼花硬木板层，双层者下层为毛板层。面层拼花板材多选用水曲柳、柞木、核桃木、栎木、榆木、槐木、柳桉等质地优良、不易腐朽开裂的硬质木材。拼花板材的尺寸一般为长250～

30mm，宽40~60mm，厚20~25mm，木条均带有企口。双层拼木地板的固定方法，是将面层小板条用暗钉钉在毛板上，单层拼木地板是采用适宜的粘结材料，将硬木面板条直接粘贴在混凝土地面上。拼木地板款式多样，可根据设计要求铺成多种图案，经抛光、油漆、打蜡后木纹清晰美观，漆膜丰满光亮，与家具的色调、质感容易协调，给人以自然、高雅的感受。

复合地板是近年来在国内市场流行起来的一种新型、高档的铺地材料，尤其是美国、德国、瑞典、奥地利的复合地板在国内市场占有较大比例。复合地板是由防潮底层、高密度纤维板中间层、装饰层和保护层经高湿压合而成，故也称强化复合地板。复合地板既有原木地板的天然质感，又有大理石、地砖坚硬耐磨的特点，是两者优点的结合，且安装方便、容易清洁、无需上漆打蜡、弄脏后可用湿抹布擦洗干净，且有良好的阻燃性能。

木装饰线条简称木线。木线种类繁多，主要有楼梯扶手、压边线、墙腰线、天花角线、弯线、挂镜线、门窗镶边和家具装饰等。各类木线立体造型各异，每类木线又有多种断面形状：平线、半圆线、麻花线、鸠尾形线、半圆饰、齿型饰、浮饰、粘附饰、钳齿饰、十字花饰、梅花饰、叶形饰以及雕饰等多样。采用木线装饰，可增加高雅、古朴和自然亲切之感。

竹材也可用于某些特色装修。竹地板采用天然原竹，经锯片、干燥、四面修平、上胶、油压拼板、开槽、砂光、涂漆等工艺，同时经过防霉、防蛀和防水处理而制得。产品表面光洁、耐磨，花纹与色泽自然，不变形、防水、脚感舒适、易于维护和清扫。适用于饭店、住宅和办公室的地面装饰。

13.2.7 涂料

涂于建筑物表面，并能干结成膜，具有保护、装饰、防锈、防火或其他功能的物质称为涂料。由主要成膜物质、次要成膜物质、稀释剂和助剂组成。

主要成膜物质在涂料中主要起到成膜及粘结填料和颜料的作用，使涂料在干燥或固化后能形成连续的涂层。主要成膜物质的性质，对形成涂膜的坚韧性、耐磨性、耐候性以及化学稳定性以及涂膜的干燥方式，是常温干燥或是固化剂固化干燥等，起着决定性的作用。主要成膜物质应具有较好的耐碱性，能常温固化成膜，较好的耐水性，良好的耐候性以及要求具有材料来源广、资源丰富、价格便宜等特点。建筑涂料中常用的主要成膜物质有水玻璃、硅溶胶、聚乙烯醇、聚乙烯醇缩甲醛、丙烯酸树脂、环氧树脂、醋酸乙烯-丙烯酸酯共聚物、氯乙烯-偏氯乙烯共聚物，环氧树脂，聚氨酯树脂，氯磺化聚乙烯等。

被称为涂料的次要成膜物质是指涂料中所用的颜料和填料，它们也是构成涂膜的组成部分，并以微细粉状均匀地分散于涂料介质中，赋予涂膜以色彩、质感，使涂膜具有一定的遮盖力，减少收缩，还能增加膜层的机械强度，防止紫外线的穿透作用，提高涂膜的抗老化性、耐候性。次要成膜物质不能离开主要成膜物质而单独组成涂膜。常用的颜料应具有以下特点：良好的耐碱性，因为建筑物墙面和地面多为水泥混凝土材料，属碱性物质；较好的耐候性，因为建筑涂料常与大气接触，直接受到阳光、氧气与热的作用，所以，其抗老化及耐候性较好；资源丰富、价格便宜；无放射性污染，安全可靠。常用的颜料有氧化铁（红）、氧化铁（黄）、氧化铁（绿）、氧化铁（棕）、氧化铬（绿）、钛（白）、锌钡（白）、红丹、铝粉等。填料的主要作用在于改善涂料的涂膜性能,降低生产成本。填料主要是一些碱土金属盐、硅酸盐和镁、铝的金属盐等,主要有重晶石粉($BaSO_4$)、轻质碳酸钙($CaCO_3$)、重碳酸钙、滑石粉($3MgO \cdot 4SiO_2 \cdot H_2O$)、硅灰石粉($CaSiO_3$)、云母粉($K_2O \cdot Al_2O_3 \cdot 6SiO_2 \cdot H_2O$)等。

稀释剂为挥发性溶剂或水,主要起到溶解或分散基料,改善涂料施工性能等作用。稀释剂是一种能溶解油料、树脂,又易于挥发,能使树脂成膜的有机物质。它将油料、树脂稀释并能把颜料和填料均匀分散,调节涂料的粘度,使涂料便于涂刷、喷涂,在基体材料表面形成连续薄层。溶剂还可增加涂料的渗透力,改善涂料与基材的粘结能力,节约涂料用量等。

常用的溶剂有松香水、酒精、200 号溶剂汽油、苯、二甲苯、丙醇等。这些有机溶剂都是容易挥发的有机物质,对人体有一定的影响,这些有害物质需按相关国标进行限量。对乳胶型涂料,是借助具有表面活性的乳化剂,以水为稀释剂,而不采用有机溶剂。

助剂是为进一步改善或增加涂料的某些性能而加入的少量物质。通常使用的有增白剂、防污剂、分散剂、乳化剂、润湿剂、稳定剂、增稠剂、消泡剂、硬化剂和催干剂等。

涂料的技术性能包括物理力学性能和化学性能。主要有涂膜颜色、遮盖力、附着力、粘结强度、耐冻融性、耐污染性、耐候性、耐水性、耐碱性及耐刷洗性等。对不同类型的涂料,还有一些不同的特殊要求。

建筑涂料品种繁多,有多种分类方法。其中可按在建筑物上的使用部位的不同来分类。

(1)墙面涂料。分为外墙涂料和内墙涂料,内墙涂料可作为顶棚涂料。墙面涂料的作用是保护墙体和装饰墙体的立面,提高墙体的耐久性或弥补墙体在功能方面的不足。但有些内墙涂料对室内环境造成污染,国家标准《室内装饰装修材料内墙涂料中有害物质限量》(GB 18582—2001)对室内装饰、装修用的墙面涂料中对人体有害的物质作了规定。对外墙涂料的要求比内墙涂料的更高些,因为它的使用条件严酷,保养更换也较困难。

墙面涂料应具有以下特点:色彩丰富、细腻、协调;耐碱、耐水性好,且不易粉化;良好的透气性和吸湿、排湿性;涂刷施工方便,可手工作业,也可机械喷涂。

(2)地面涂料。它对地面起装饰和保护作用,有的还有特殊的功能如防腐蚀、防静电等。地面涂料需有以下性能:较好的耐磨损性、良好的耐碱性、良好的耐水性、良好的抗冲击性以及施工方便、重涂性能好。

(3)防水涂料。形成的涂膜能防止雨水或地下水渗漏的涂料。用防水涂料来取代传统的沥青卷材,可简化施工程序、加快施工速度,防水涂料应具有良好的柔性、延伸性,使用中不应出现龟裂、粉化。

(4)防火涂料。防火涂料又称阻燃涂料,它是一种涂刷在建筑物某些易燃材料表面上,能够提高易燃材料的耐火能力,为人们提供一定的灭火时间的一类涂料。可分为钢结构防火涂料、木结构防火涂料和混凝土防火涂料。

(5)特种涂料。它除具有保护和装饰作用外,还具有特殊的功能,如卫生涂料、防静电涂料和发光涂料。

习　题

1. 选用天然石材时要考虑哪几个方面的问题？
2. 吸热玻璃有哪些特点？有哪些方面的应用？
3. 建筑陶瓷有哪些种类？各用于什么场合？
4. 塑钢有哪些特点？
5. 什么是不锈钢？不锈钢耐腐蚀的原理是什么？
6. 木装饰的视觉和触觉特性有什么特点？
7. 选择涂料时应考虑哪些因素？

第 14 章
绝热材料和吸声材料

引例

2008 年 7 月，湖南省衡阳市选用翔云小区第 12 号住宅楼做建筑节能试点工作，该住宅楼铝合窗采用热反射中空玻璃，内墙用保温砂浆抹面，外墙采用保温隔热板。试点发现，该住宅楼与周围其他未采用节能技术的住宅相比，夏季制冷节电达 30% 以上，冬季室温高出 3～4℃，室内舒适度增大，住户反映很好。

我国目前建筑节能水平远低于发达国家，我国建筑单位面积能耗仍是气候相近的发达国家的 3～5 倍。因此降低建筑物使用能耗大有可为，我们应改变观念，从长远利益出发，积极采用先进的建筑节能材料或结构。

14.1 绝 热 材 料

绝热材料是防止住宅、生产车间、公共建筑及各种热工设备中热量传递的材料，也就是具有保温隔热性能的材料。在土木工程中，绝热材料主要用于墙体和屋顶保温隔热，以及热工设备、采暖和空调管道的保温，在冷藏设备中则大量用作保温。

在建筑物中合理采用绝热材料，能提高建筑物使用效能，保证正常的生产、工作和生活，能减少热损失，节约能源。据统计，具有良好的绝热功能的建筑，其能源可节省 25%～50%。因此，在土木工程中，合理地使用绝热材料具有重要意义。

14.1.1 绝热材料的作用及影响因素

1. 绝热材料的作用原理

热从本质上是由组成物质的分子、原子和电子等，在物质内部的移动、转动和振动所产生的能量，即热能。在任何介质中，当两点之间存在温度差时，就会产生热能传递现象，热能将由温度较高点传递至温度较低点。传热的基本形式有热传导、热对流和热辐射 3 种。通常情况下，3 种传热方式是共存的，但因保温隔热性能良好的材料是多孔且封闭的，虽然在材料的孔隙内有着空气，起着对流和辐射作用，但与热传导相比，热对流和热辐射所占的比例很小，故在热工计算时通常不予考虑，而主要考虑热传导。

不同的土木工程材料具有不同的热物理性能，衡量其保温隔热性能优劣的指标主要是导热系数 [W/(m·K)]。导热系数越小，则通过材料传递的热量越少，其保温隔热性能越好。工程中，通常把导热系数<0.23W/(m·K)的材料称为绝热材料。

2. 影响材料导热性的主要因素

1) 材料的组成及微观结构

不同的材料其导热系数是不同的。一般来说，导热系数以金属最大，非金属次之，液体再次之，气体最小。对于同一种材料，其微观结构不同，导热系数也有很大的差异，一般来说，结晶体结构的导热系数最大，微晶体结构的次之，玻璃体结构的最小。但对于绝热材料来说，由于孔隙率大，气体(空气)对导热系数的影响起主要作用，而固体部分的结构不论是晶态还是玻璃态，对导热系数的影响均不大。

2) 表观密度与孔隙特征

由于材料中固体物质的热传导能力比空气大得多，故表观密度小的材料，因其孔隙率大，导热系数小。在孔隙率相同时，孔隙尺寸越大，导热系数越大；连通孔隙的比封闭孔隙的导热系数大。对于纤维状材料，当纤维之间压实至某一表观密度时，其导热系数最小，该表观密度称为最佳表观密度。当纤维材料的表观密度小于最佳表观密度时，其导热系数反而增大，这是由于孔隙增大且相互连通，引起了空气对流。

3) 材料的湿度

材料吸湿受潮后，其导热系数增大，这在多孔材料中最为明显。这是由于水的导热系数[0.58W/(m·K)]远大于密闭空气的导热系数[0.023W/(m·K)]。当绝热材料中吸收的水分结冰时，其导热系数会进一步增大。因为冰的导热系数[2.33W/(m·K)]比水的大。因此，绝热材料应特别注意防水、防潮。

蒸汽渗透是值得注意的问题。水蒸气能从温度较高的一侧渗入材料。当水蒸气在材料孔隙中达到最大饱和度时就凝结成水，从而使温度较低的一侧表面上出现冷凝水滴。这不仅大大提高了导热性，而且还会降低材料的强度和耐久性。防止的方法是在可能出现冷凝水的界面上，用沥青卷材、铝箔或塑料薄膜等憎水性材料加作隔蒸汽层。

4) 温度

材料的导热系数随温度的升高而增大。因为温度升高时，材料固体分子的热运动增强，同时材料孔隙中空气的导热和孔壁间的辐射作用也有所增加。但这种影响，当温度在$0 \sim 50 ℃$范围内时并不显著，只有对处于高温或负温下的材料，才要考虑温度的影响。

5) 热流方向

对于各向异性的材料，如木材等纤维质的材料，当热流平行于纤维方向时，热流受阻小，故导热系数大。而热流垂直于纤维方向时，热流受阻大，故导热系数小。以松木为例，当热流垂直于木纹时，导热系数为$0.17W/(m·K)$，而当热流平行于木纹时，则导热系数为$0.35W/m·K$。

上述各项因素中以表观密度和湿度的影响最大。因而在测定材料的导热系数时，也必须测定材料的表观密度。至于湿度，通常对于多数绝热材料，可取空气相对湿度为$80\% \sim 85\%$时材料的平衡湿度作为参考值，应尽可能在这种湿度条件下测定材料的导热系数。

14.1.2 常用绝热材料

绝热材料按化学成分可分为有机和无机两大类；按材料的构造可分为纤维状、松散粒状和多孔状3种。通常可制成板、片、卷材或管壳等多种形式的制品。一般来说，无机绝热材料的表观密度较大，但不易腐朽，不会燃烧，有的能耐高温。有机绝热材料则质轻，绝热性能好，但耐热性较差。现将土木工程中常用的绝热材料简介如下。

1. 纤维状保温隔热材料

这类材料主要是以矿棉、石棉、玻璃棉及植物纤维等为主要原料，制成板、筒、毡等形状的制品，广泛用于住宅建筑和热工设备、管道等的保温隔热。这类绝热材料通常也是良好的吸声材料。

1) 石棉及其制品

石棉是一种天然矿物纤维，主要化学成分是含水硅酸镁，具有耐火、耐热、耐酸碱、绝热、防腐、隔音及绝缘等特性。常制成石棉粉、石棉纸板和石棉毡等制品。由于石棉中的粉尘对人体有害，所以民用建筑中已很少使用，目前主要用于工业建筑的隔热、保温及防火覆盖等。

2) 矿棉及其制品

矿棉一般包括矿渣棉和岩石棉。矿渣棉所用原料有高炉硬矿渣、铜矿渣等，并加一些调节原料(钙质和硅质原料)；岩石棉的主要原料为天然岩石(白云石、花岗石或玄武岩等)。上述原料经熔融后，用喷吹法或离心法制成细纤维。矿棉具有轻质、不燃、绝热和绝缘等性能，且原料来源广、成本较低。可制成矿棉板、矿棉毡及管壳等。可用作建筑物的墙壁、屋顶、天花板等处的保温隔热和吸声材料，以及热力管道的保温材料。

3) 玻璃棉及其制品

玻璃棉是用玻璃原料或碎玻璃经熔融后制成的纤维材料，包括短棉和超细棉两种。短棉的表观密度为 $40\sim150kg/m^3$，导热系数为 $0.035\sim0.058W/(m\cdot K)$，价格与矿棉相近。可制成沥青玻璃棉毡、板及酚醛玻璃棉毡、板等制品，广泛用在温度较低的热力设备和房屋建筑中的保温隔热，同时它还是良好的吸声材料。超细棉直径在 $4\mu m$ 左右，表观密度可小至 $18kg/m^3$，导热系数为 $0.028\sim0.037W/(m\cdot K)$，绝热性能更为优良。

4) 植物纤维复合板

植物纤维复合板是以植物纤维为主要材料加入胶结料和填加料而制成的。其表观密度为 $200\sim1\,200kg/m^3$，导热系数为 $0.058W/(m\cdot K)$，可用于墙体、地板、顶棚等，也可用于冷藏库、包装箱等。

木质纤维板是以木材下脚料经机械制成木丝，加入硅酸钠溶液及普通硅酸盐水泥，经搅拌、成型、冷压、养护和干燥而制成。甘蔗板是以甘蔗渣为原料，经过蒸制、加压、干燥等工序制成的一种轻质、吸声、保温和绝热的材料。

5) 陶瓷纤维绝热制品

陶瓷纤维是以氧化硅、氧化铝为主要原料，经高温熔融、蒸汽(或压缩空气)喷吹或离心喷吹(或溶液纺丝再经烧结)而制成，表观密度为 $140\sim150kg/m^3$，导热系数为 $0.116\sim0.186W/(m\cdot K)$，最高使用温度为 $1\,100\sim1\,350℃$，耐火度$\geqslant1\,770℃$，可加工成纸、绳、带、毯、毡等制品，供高温绝热或吸声之用。

2. 散粒状保温隔热材料

1) 膨胀蛭石及其制品

蛭石是一种天然矿物，经 $850\sim1\,000℃$ 煅烧，体积急剧膨胀，单颗粒体积能膨胀约 20 倍。

膨胀蛭石的主要特性是表观密度为 $80\sim900kg/m^3$，导热系数为 $0.046\sim0.070W/(m\cdot K)$，可在 $1\,000\sim1\,100℃$ 温度下使用，不蛀、不腐，但吸水性较大。膨胀蛭石可以呈松散状铺设于墙壁、楼板、屋面等夹层中，作为绝热、隔声之用。使用时应注意防潮，以免吸水后影响绝热效果。

膨胀蛭石也可与水泥、水玻璃等胶凝材料配合，浇制成板，用于墙、楼板和屋面板等构件的绝热。其制品通常用 $10\%\sim15\%$ 体积的水泥，$85\%\sim90\%$ 体积的膨胀蛭石，适量的水经拌和、成型、养护而成。其制品的表观密度为 $300\sim550kg/m^3$，相应的导热系数为 $0.08\sim0.10W/(m\cdot K)$，抗压强度为 $0.2\sim1.0MPa$，耐热温度为 $600℃$。水玻璃膨胀蛭石制品是以膨胀蛭石、水玻璃和适量氟硅酸钠（Na_2SiF_6）配制而成。其表观密度为 $300\sim550$ kg/m^3，相应的导热系数为 $0.079\sim0.084W/(m\cdot K)$，抗压强度为 $0.35\sim0.65MPa$，最高耐热温度为 $900℃$。

2）膨胀珍珠岩及其制品。

膨胀珍珠岩是由天然珍珠岩煅烧而成的，呈蜂窝泡沫状的白色或灰白色颗粒，是一种高效能的绝热材料。其堆积密度为 $40\sim500kg/m^3$，导热系数为 $0.047\sim0.070W/(m\cdot K)$，最高使用温度可达 $800℃$，最低使用温度为 $-200℃$。具有吸湿小、无毒、不燃、抗菌、耐腐、施工方便等特点。建筑上广泛用作围护结构、低温及超低温保冷设备、热工设备等的绝热保温材料，也可用于制作吸声制品。

膨胀珍珠岩制品是以膨胀珍珠岩为主，配合适量胶结材料（水泥、水玻璃、磷酸盐、沥青等），经拌和、成型和养护（或干燥，或焙烧）后制成板、块和管壳等制品。

3. 多孔性板块绝热材料

1）微孔硅酸钙制品

微孔硅酸钙制品是用粉状二氧化硅材料（硅藻土）、石灰、纤维增强材料及水等经搅拌、成型、蒸压处理和干燥等工序而制成。以托贝莫来石为主要水化产物的微孔硅酸钙，表观密度约为 $200kg/m^3$，导热系数为 $0.047W/(m\cdot K)$，最高使用温度约为 $650℃$。以硬硅钙石为主要水化产物的微孔硅酸钙，其表观密度约为 $230kg/m^3$，导热系数为 $0.056W/(m\cdot K)$，最高使用温度可达 $1\,000℃$，用于围护结构及管道保温，效果较水泥膨胀珍珠岩和水泥膨胀蛭石好。

2）泡沫玻璃

泡沫玻璃是由玻璃粉和发泡剂等经配料、烧制而成。气孔率为 $80\%\sim95\%$，气孔直径为 $0.1\sim5.0mm$，且大量为封闭而孤立的小气泡。其表观密度为 $150\sim600kg/m^3$，导热系数为 $0.058\sim0.128W/(m\cdot K)$，抗压强度为 $0.8\sim15.0MPa$。采用普通玻璃粉制成的泡沫玻璃最高使用温度为 $300\sim400℃$，若用无碱玻璃粉生产时，则最高使用温度可达 $800\sim1\,000℃$，耐久性好、易加工、可用于多种绝热需要。

3）泡沫混凝土

泡沫混凝土由水泥、水、松香泡沫剂混合后，经搅拌、成型、养护而制成的一种多孔、轻质、保温、绝热、吸声的材料。也可用粉煤灰、石灰、石膏和泡沫剂制成粉煤灰泡沫混凝土。泡沫混凝土的表观密度为 $300\sim500kg/m^3$，导热系数为 $0.082\sim0.186W/(m\cdot K)$。

4）加气混凝土

加气混凝土是由水泥、石灰、粉煤灰和发泡剂（铝粉）配制而成。是一种保温绝热性能良好的轻质材料。由于加气混凝土的表观密度小（$500\sim700kg/m^3$），导热系数为 $0.093\sim0.164W/(m\cdot K)$，要比烧结普通砖小很多，所以 $24cm$ 厚的加气混凝土墙体，其保温绝热效果优于 $37cm$ 厚的砖墙。此外，加气混凝土的耐火性能良好。

5）硅藻土

硅藻土是由水生硅藻类生物的残骸堆积而成。其孔隙率为 $50\%\sim80\%$，导热系数为

0.060W/(m·K)，具有很好的绝热性能。最高使用温度可达900℃。可用作填充料或制成制品。

6）泡沫塑料

泡沫塑料以各种树脂为基料，加入一定剂量的发泡剂、催化剂、稳定剂等辅助材料，经加热发泡而制成的一种具有轻质、保温、绝热、吸声、抗震性能的材料。目前我国生产的有：聚苯乙烯泡沫塑料，其表观密度为20～75kg/m³，导热系数为0.038～0.047W/(m·K)，最高使用温度为70℃；聚氯乙烯泡沫塑料，其表观密度为12～75kg/m³，导热系数为0.031～0.045W/(m·K)，最高使用温度为70℃，遇火能自行熄灭；聚氨酯泡沫塑料，其表观密度为30～65kg/m³，导热系数为0.035～0.042W/(m·K)，最高使用温度可达120℃，最低使用温度为－60℃。此外，还有脲醛树脂泡沫塑料及其制品等。该类绝热材料可用于复合墙板及屋面板的夹芯层、冷藏及包装等的绝热需要。由于这类材料造价高，且具有可燃性，所以应用上受到一定的限制。今后随着这类材料性能的改善，将向着高效、多功能方向发展。

4. 其他绝热材料

1）软木板

软木也叫栓木。软木板是用栓皮、栎树皮或黄菠萝树皮为原料，经破碎后与皮胶溶液拌和，再加压成型，在温度为80℃的干燥室中干燥一昼夜而制成。软木板具有表观密度小、导热性低、抗渗和防腐性能好等特点。常用热沥青错缝粘贴，用于冷藏库隔热。

2）蜂窝板

蜂窝板是由两块较薄的面板，牢固地粘结在一层较厚的蜂窝状芯材两面而制成的板材，亦称蜂窝夹层结构。蜂窝状芯材是用浸渍过合成树脂(酚醛、聚酯等)的牛皮纸、玻璃布和铝片等，经过加工粘合成六角形空腹(蜂窝状)的整块芯材。芯材的厚度在15～45mm范围内，空腔的尺寸在10mm以上。常用的面板为浸渍过树脂的牛皮纸、玻璃布或不经树脂浸渍的胶合板、纤维板、石膏板等。面板必须采用合适的胶粘剂与芯材牢固地粘合在一起，才能显示出蜂窝板的优异特性，即具有比强度高、导热性低和抗震性好等多种功能。

3）窗用绝热薄膜

这种薄膜是以聚酯薄膜经紫外线吸收剂处理后，在真空中进行蒸镀金属粒子沉积层，然后与一层有色透明的塑料薄膜压粘而成。厚度约为12～50mm，用于建筑物窗玻璃的绝热，效果与热反射玻璃相同。其作用原理是将透过玻璃的大部分阳光反射出去，反射率最高可达80%，从而起到遮蔽阳光、防止室内陈设物褪色、减少冬季热量损失、节约能源、增加美感等作用，同时还有避免玻璃片伤人的功效。

14.1.3 绝热材料的选用及基本要求

选用绝热材料时，应满足的基本要求是：导热系数不宜大于0.23W/(m·K)，表观密度不宜大于600kg/m³，抗压强度则应大于0.3MPa。由于绝热材料的强度一般都很低，所以，除了能单独承重的少数材料外，在围护结构中，经常把绝热材料层与承重结构材料层复合使用。如建筑外墙的保温层通常做在内侧，以免受大气的侵蚀，但应选用不易破碎的材料，如软木板、木丝板等；如果外墙为砖砌空斗墙或混凝土空心制品，则保温材料可填充在墙体的空隙内,此时可采用散粒材料,如矿渣、膨胀珍珠岩等。屋顶保温层则以放在屋面板上为宜,这样可以防止钢筋混凝土屋面板由于冬夏温差引起裂缝,但保温层上必须加做效果良好的防水层。总之,在选用绝热材料时,应结合建筑物的用途、围护结构的构造、施工难易、材料来源和经济核算等综合考虑。对于一些特殊的建筑物,还必须考虑绝热材料的使用温度条件、不燃性、化学稳定性及耐久性等。

14.1.4 常用绝热材料的技术性能

常用绝热材料的技术性能见表 14-1。

表 14-1 常用绝热材料的技术性能

材料名称	表观密度 /(kg/m³)	强度 /MPa	热导率 /[W/(m·K)]	最高使用温度/℃	用途
超细玻璃棉毡	30~60		0.035	300~400	墙体、屋面、冷藏库等
沥青玻纤制品	100~150		0.041	250~300	
矿渣棉纤维	110~130		0.044	≤600	填充材料
岩棉纤维	80~150	$f_c > 0.012$	0.044	250~600	填充墙、屋面、管道等
岩棉制品	80~160		0.04~0.052	≤600	
膨胀珍珠岩	40~300		常温 0.02~0.044 常温 0.06~0.17 低温 0.02~0.038	≤800 -200	高效保温保冷填充材料
水泥膨胀珍珠岩制品	300~400	$f_c = 0.5~1.0$	常温 0.05~0.081 低温 0.081~0.12	≤600	保温绝热用
水玻璃膨胀岩制品	200~300	$f_c = 0.6~1.7$	常温 0.056~0.093	≤650	保温绝热用
沥青膨胀珍珠岩制品	400~500	$f_c = 0.2~1.2$	0.093~0.12		用于常温及负温
膨胀蛭石	80~900		0.046~0.070	1 000~1 100	填充材料
水泥膨胀蛭石制品	300~500	$f_c = 0.2~1.0$	0.076~0.105	≤600	保温绝热用
微孔硅酸钙制品	250	$f_c > 0.5$ $f_t > 0.3$	0.041~0.056	≤650	围护结构及管道保温
轻质钙塑板	100~150	$f_c = 0.1~0.3$ $f_t = 0.7~0.11$	0.047	≤650	保温绝热兼防水性能,并具有装饰性能
泡沫玻璃	150~600	$f_c = 0.55~15$	0.058~0.128	300~400	砌筑墙体及冷藏库绝热

（续）

材料名称	表观密度 /(kg/m³)	强度 /MPa	热导率 /[W/(m·K)]	最高使用 温度/℃	用途
泡沫混凝土	300～500	$f_c \geqslant 0.4$	0.081～0.19		围护结构
加气混凝土	400～700	$f_c \geqslant 0.4$	0.093～0.16		围护结构
木丝板	300～600	$f_c = 0.4～0.5$	0.11～0.26		顶棚、隔墙板、护墙板
软质纤维板	150～400		0.047～0.093		同上，表面较光洁
软木板	105～437	$f_c = 0.15～2.5$	0.044～0.079	≤130	吸水率小、不霉腐、不燃烧，用于绝热结构
芦苇板	250～400		0.093～0.13		顶棚、隔墙板
聚苯乙烯泡沫塑料	20～50	$f_c = 0.15$	0.031～0.047		屋面、墙体保温绝热等
硬质聚氨泡沫塑料	30～40	$f_c \geqslant 0.2$	0.037～0.055	≤120(−60)	屋面、墙体保温、冷藏库绝热
聚氯乙烯泡沫塑料	12～72		0.45～0.031	≤70	屋面、墙体保温、冷藏库绝热

14.2 吸声材料

为了改善声波在室内传播的质量，保持良好的音响效果和减少噪声的危害，在音乐厅、影剧院、大会堂、播音室及噪声大的工厂车间等室内的墙面、地面、顶棚等部位，应选用适当的吸声材料。

1. 吸声材料的作用原理

声音起源于物体的振动，例如说话时喉间声带的振动和击鼓时鼓皮的振动，都能产生声音，声带和鼓皮就叫作声源。声源的振动迫使邻近的空气随着振动而形成声波，并在空气介质中向四周传播。声音沿发射的方向最响，称为声音的方向性。

声音在传播过程中，一部分声能随着距离的增大而扩散，另一部分声能则因空气分子的吸收而减弱。声能的这种减弱现象，在室外空旷处颇为明显，但在室内如果房间的空间并不大，上述的这种声能减弱现象就不明显，而重要的是室内墙壁、天花板、地板等材料表面对声能的吸收。

当声波遇到材料表面时，一部分被反射，另一部分穿透材料，其余的声能转化为热能而被吸收。被材料吸收的声能 E（包括部分穿透材料的声能在内）与原先传递给材料的全部声能 E_0 之比，是评定材料吸声性能好坏的主要指标，称为吸声系数（α），用公式表示如下。

$$\alpha = \frac{E}{E_0} \qquad\qquad (14-1)$$

假如入射声能的 60% 被吸收，40% 被反射，则该材料的吸声系数就等于 0.6。当入射声能 100% 被吸收而无反射时，吸声系数等于 1。当门窗开启时，吸声系数相当于 1。一般材料的吸声系数在 0~1 之间。

材料的吸声性能除了与材料本身性质、厚度及材料表面状况(有无空气层及空气层的厚度)有关外，还与声波的入射角及频率有关。因此，吸声系数用声音从各个方向入射的平均值表示，并应指出是对哪一频率的吸收。一般而言，材料内部开放连通的气孔越多，吸声性能越好。同一材料，对于高、中、低不同频率的吸声系数不同。为了全面反映材料的吸声性能，规定取 125Hz、250Hz、500Hz、1000Hz、2000Hz、4000Hz 共 6 个频率的吸声系数来表示材料的吸声特性。任何材料对声音都能吸收，只是吸收程度有很大的不同。通常对上述 6 个频率的平均吸声系数大于 0.2 的材料，认为是吸声材料。

吸声机理是声波进入材料内部互相贯通的孔隙，受到空气分子及孔壁的摩擦和粘滞阻力，以及使细小纤维做机械振动，从而使声能转化为热能。吸声材料大多为疏松多孔的材料，如矿渣棉、毯子等。多孔性吸声材料的吸声系数，一般从低频到高频逐渐增大，故对高频和中频的吸声效果较好。

2. 吸声材料的类型及其结构形式

1) 多孔吸声结构

多孔性吸声材料是比较常用的一种吸声材料，它具有良好的中高频吸声性能。多孔性吸声材料具有大量的内外连通微孔，通气性良好。当声波入射到材料表面时，声波很快地顺着微孔进入材料内部，引起孔隙内的空气振动，由于摩擦、空气粘滞阻力和材料内部的热传导作用，使相当一部分声能转化为热能而被吸收。

材料吸声性能与材料的表观密度和内部构造有关。在建筑装修中，吸声材料的厚度、材料背后空气层以及材料孔隙特征等，对吸声性能均有较大的影响。

(1) 材料表观密度和构造的影响。

多孔材料表观密度增加，意味着微孔减小，能使低频吸声效果有所提高，但高频吸声性能却下降。材料孔隙率高、孔隙细小，吸声性能较好；孔隙过大，效果较差。但过多的封闭微孔，对吸声并不一定有利。

(2) 材料厚度的影响。

多孔材料的低频吸声系数，一般随着厚度的增加而提高，但厚度对高频影响不显著。材料的厚度增加到一定程度后，吸声效果的变化就不明显。因此为提高材料吸声效果而无限制地增加厚度是不适宜的。

(3) 背后空气层的影响。

大部分吸声材料都是固定在龙骨上，材料背后空气层的作用相当于增加了材料的厚度，吸声效果一般随着空气层厚度的增加而提高。当材料背后空气层厚度等于 1/4 波长的奇数倍时，可获得最大的吸声系数。根据这个原理，调整材料背后空气层厚度，可以提高其吸声效果。

(4) 材料孔隙特征的影响。

吸声材料的表面空洞和开口连通空隙越多对吸声效果越好。当材料吸湿或表面喷涂油漆、空隙充水或堵塞，会大大降低吸声材料的吸声效果。

2）薄板振动吸声结构

薄板振动吸声结构的特点是具有低频吸声特性，同时还有助于声波的扩散。建筑中常用胶合板、薄木板、硬质纤维板、石膏板、石棉水泥板或金属板等，把它们固定在墙或顶棚的龙骨上，并在背后留有空气层，即成薄板振动吸声结构。

薄板振动结构是在声波作用下发生振动，薄板振动时由于板内部和龙骨之间出现摩擦损耗，使声能转变为机械振动，而起吸声作用。由于低频声波比高频声波容易激起薄板振动，所以薄板振动吸声结构具有低频声波吸声特性。土木工程中常用的薄板振动吸声结构的共振频率约在 $80 \sim 300 Hz$ 之间，在此共振频率附近的吸声系数最大，约为 $0.2 \sim 0.5$，而在其他共振频率附近的吸声系数就较低。

3）共振吸声结构

共振吸声结构具有密闭的空腔和较小的开口孔隙，很像个瓶子。当瓶腔内空气受到外力激荡，会按一定的频率振动，这就是共振吸声器。每个独立的共振吸声器都有一个共振频率，在其共振频率附近，由于颈部空气分子在声波的作用下像活塞一样进行往复运动，因摩擦而消耗声能。若在腔口蒙一层细布或疏松的棉絮，可以加宽共振频率范围和提高吸声量。为了获得较宽频率带的吸声性能，常采用组合共振吸声结构或穿孔板组合共振吸声结构。

4）穿孔板组合共振吸声结构

穿孔板组合共振吸声结构具有适合中频的吸声特性。这种吸声结构与单独的共振吸声器相似，可看作是多个单独共振吸声器并联而成。穿孔板的厚度、穿孔率、孔径、孔距、背后空气层厚度以及是否填充多孔吸声材料等，都直接影响吸声结构的吸声性能。这种吸声结构由穿孔的胶合板、硬质纤维板、石膏板、石棉水泥板、铝合板、薄钢板等，固定在龙骨上，并在背后设置空气层而构成，这种吸声材料在建筑中使用比较普遍。

5）柔性吸声结构

具有密闭气孔和一定弹性的材料，如聚氯乙烯泡沫塑料，表面仍为多孔材料，但因其有密闭气孔，声波引起的空气振动不是直接传递至材料内部，只能相应地产生振动，在振动过程中由于克服材料内部的摩擦而消耗声能，引起声波衰减。这种材料的吸声特性是在一定的频率范围内出现一个或多个吸收频率。

6）悬挂空间吸声结构

悬挂于空间的吸声体，由于声波与吸声材料的两个或两个以上的表面接触，增加了有效的吸声面积，产生边缘效应，加上声波的衍射作用，大大提高吸声效果。实际应用时，可根据不同的使用部位和要求，设计成各种形式的悬挂空间吸声结构。空间吸声体有平板形、球形、椭圆形和棱锥形等多种形式。

7）帘幕吸声结构

帘幕吸声结构是用具有通气性能的纺织品，安装在离开墙面或窗洞一段距离处，背后设置空气层。这种吸声体对中、高频都有一定的吸声效果。帘幕的吸声效果还与所用材料的种类有关。帘幕吸声体安装、拆卸方便，兼具装饰作用，应用价值高。

3. 吸声材料的选用及安装注意事项

在室内采用吸声材料可以抑制噪声，保持良好的音质（声音清晰且不失真），故在教室、礼堂和剧院等室内应当采用吸声材料。吸声材料的选用和安装必须注意以下各点。

(1) 要使吸声材料充分发挥作用，应将其安装在最容易接触声波和反射次数最多的表面上，而不应把它集中在天花板或某一面的墙壁上，并应比较均匀地分布在室内各表面上。

(2) 吸声材料强度一般较低，应设置在护壁线以上，以免碰撞破损。

(3) 多孔吸声材料往往易于吸湿，安装时应考虑到湿胀干缩的影响。

(4) 选用的吸声材料应不易虫蛀、腐朽，且不易燃烧。

(5) 应尽可能选用吸声系数较高的材料，以便节约材料用量、降低成本。

(6) 安装吸声材料时应注意勿使材料的表面细孔被油漆的漆膜堵塞而降低其吸声效果。

虽然有些吸声材料的名称与绝热材料相同，都属多孔性材料，但在材料的孔隙特征上有着完全不同的要求。绝热材料要求具有封闭的互不连通的气孔，这种气孔越多其绝热性能越好；而吸声材料则要求具有开放的互相连通的气孔，这种气孔越多其吸声性能越好。至于如何使名称相同的材料具有不同的孔隙特征，这主要取决于原料组分中的某些差别和生产工艺中的热工制度、加压大小等。例如泡沫玻璃采用焦炭、磷化硅、石墨为发泡剂时，就能制得封闭的互不连通的气孔。又如泡沫塑料在生产过程中采取不同的加热、加压制度，可获得孔隙特征不同的制品。

除了采用多孔吸声材料吸声外，还可将材料制作成不同的吸声结构，以达到更好的吸声效果。常用的吸声结构形式有薄板共振吸声结构和穿孔板吸声结构。

薄板共振吸声结构是采用薄板钉牢在靠墙的木龙骨上，薄板与板后的空气层构成了薄板共振吸声结构。在声波的交变压力作用下，迫使薄板振动。当声频正好为振动系统的共振频率时，其振动最强烈，吸声效果最显著。此种结构主要是吸收低频率的声音。表 14-2 中，序号 11、13、14 的胶合板结构即为此种结构。

穿孔板吸声结构是用穿孔的胶合板、纤维板、金属板或石膏板等为结构主体，与板后的墙面之间的空气层(空气层中有时可填充多孔材料)构成吸声结构。该结构吸声的频带较宽，对中频的吸声能力最强。表 14-2 中序号 12、15、16、17 的穿孔胶合板结构即为此种结构。

4. 常用吸声材料及吸声系数

土木工程中常用吸声材料及吸声系数见表 14-2。

表 14-2　土木工程中常用吸声材料及吸声系数

名　称	厚度/cm	表观密度/(kg/m³)	各频率下的吸声系数						装置情况
			125Hz	250Hz	500Hz	1 000 Hz	2 000 Hz	4 000 Hz	
石膏砂浆(掺有水泥、玻璃纤维)	2.2		0.24	0.12	0.09	0.30	0.32	0.83	粉刷在墙上
石膏砂浆(掺有水泥、石棉纤维)	1.3		0.25	0.78	0.97	0.81	0.82	0.85	喷射在钢丝板上，表面滚平，后有 15cm 空气层

（续）

名　称	厚度/cm	表观密度/(kg/m³)	各频率下的吸声系数						装置情况
			125Hz	250Hz	500Hz	1 000 Hz	2 000 Hz	4 000 Hz	
水泥膨胀珍珠岩板	2	350	0.16	0.46	0.64	0.48	0.56	0.56	贴实
玻璃棉超细玻璃棉	5.0	80	0.06	0.08	0.18	0.44	0.72	0.82	贴实
	5.0	130	0.10	0.12	0.31	0.76	0.85	0.99	
	5.0	20	0.10	0.35	0.85	0.85	0.86	0.86	
	15.0	20	0.50	0.85	0.85	0.85	0.86	0.80	
酚醛玻璃纤维板（去除表面硬皮层）	8.0	100	0.25	0.55	0.80	0.92	0.98	0.95	贴实
泡沫玻璃	4.0	1 260	0.11	0.32	0.52	0.44	0.52	0.33	贴实
脲醛泡沫塑料	5.0	20	0.22	0.29	0.40	0.68	0.95	0.94	贴实
软木板	2.5	260	0.05	0.11	0.25	0.63	0.70	0.70	贴实
*木丝板	3.0		0.10	0.36	0.62	0.53	0.71	0.90	钉在木龙骨上，后留10cm空气层
穿孔纤维板（穿孔率为5%孔径5mm）	1.6		0.13	0.38	0.72	0.89	0.82	0.66	钉在木龙骨上，后留5cm空气层
*胶合板（三夹板）	0.3		0.21	0.73	0.21	0.19	0.08	0.12	钉在木龙骨上，后留5cm空气层
*胶合板（三夹板）	0.3		0.60	0.38	0.18	0.05	0.05	0.08	钉在木龙骨上，后留10cm空气层
*穿孔胶合板（五夹板）（孔径5mm，孔心距25mm）	0.5		0.23	0.69	0.86	0.47	0.26	0.27	钉在木龙骨上，后留5cm空气层，但在空气层内填充矿物棉
*穿孔胶合板（五夹板）（孔径5mm，孔心距25mm）	0.5		0.20	0.95	0.61	0.32	0.23	0.55	钉在木龙骨上，后留5cm空气层，填充矿物棉
工业毛毡	3	370	0.10	0.28	0.55	0.60	0.60	0.59	张贴在墙上
地毯	厚		0.20		0.30		0.50		铺于木搁栅楼板上

注：① 表中名称前有*的表示由混响室法测得的结果；无*者是用驻波管法测得的结果，混响室法测得的数据比驻波管法约大0.20左右；

② 穿孔板吸声结构在穿孔率为0.5%～5%，板厚为1.5～10mm，孔径2～15mm，后面留腔深度为100～250mm时，可获得较好效果；

③ 序号前有*的为吸声结构。

5. 关于隔声材料的概念

能减弱或隔断声波传递的材料称为隔声材料。必须指出吸声性能好的材料，不能简单

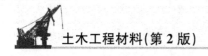

地把它们作为隔声材料来使用。

人们要隔绝的声音，按传播途径有空气声(通过空气传播的声音)和固体声(通过固体的撞击或振动传播的声音)两种，两者隔声的原理不同。

对空气声的隔绝，主要是依据声学中的"质量定律"，即材料的表观密度越大，越不易受声波作用而产生振动，其声波通过材料传递的速度迅速减弱，其隔声效果越好。因此，应选用表观密度大的材料(如钢筋混凝土、实心砖等)作为隔绝空气声的材料。

对固体声隔绝的最有效措施是隔断其声波的连续传递。即在产生和传递固体声的结构(如梁、框架、楼板与隔墙以及它们的交接处等)层中加入具有一定弹性的衬垫材料，如软木、橡胶、毛毡、地毯或设置空气隔离层等，以阻止或减弱固体声的继续传播。

由上述可知，材料的隔声原理与材料的吸声原理是不同的，因此，吸声效果好的多孔材料其隔声效果不一定好。

习　题

1. 什么是绝热材料？影响绝热材料导热性的主要因素有哪些？工程上对绝热材料有哪些要求？

2. 绝热材料的基本特征如何？常用的绝热材料品种有哪些？

3. 简述材料的吸声性能及其表示方法。什么是吸声材料？

4. 吸声材料的基本特征如何？

5. 吸声材料和绝热材料的性质有何异同？使用绝热材料和吸声材料时各应注意哪些问题？

6. 什么是隔声材料？隔绝空气声与隔绝固体声的作用原理有何不同？哪些材料适宜用作隔绝空气声或隔绝固体声的材料？

7. 哪些措施可以解决轻质材料绝热性能、吸声性能好，而隔声能力差的缺点？

第15章

常用土木工程材料试验

土木工程材料试验是本课程一个重要的实践性教学环节。通过试验，使学生熟悉土木工程材料性能试验的基本方法、试验设备的性能和操作规程，掌握各种主要土木工程材料的技术性质，培养学生的基本试验技能、综合设计试验的能力、创新能力和严谨的科学态度，提高分析问题和解决问题的能力。

土木工程材料试验时，各种材料的取样方法、试验条件及试验结果数据处理，必须按照国家(或部门)现行的有关标准和规范进行，确保试验结果的代表性、稳定性、正确性和对比性。

15.1 材料的基本物理性质试验

1. 密度试验

材料的密度是指材料在绝对密实状态下，单位体积的质量。

1) 仪器设备

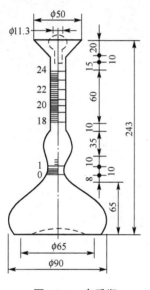

图15.1 李氏瓶

李氏瓶(图15.1)、筛子(孔径0.2mm)、天平(500g，感量0.01g)、温度计、烘箱、干燥器和量筒等。

2) 试验步骤

(1) 将试样(砖块)破碎研磨并全部通过0.2mm孔筛，再放入105～110℃的烘箱中，烘至恒重，然后在干燥器内冷却至室温。

(2) 将不与试样起反应的液体(水或煤油)注入李氏瓶中，使液体至突颈下0～1mL刻度线范围内，记下刻度数，将李氏瓶放入盛水的容器中，在试验过程中水温控制在(20±0.5)℃。

(3) 用天平称取60～90g试样，用小勺和漏斗小心地将试样徐徐送入李氏瓶中(下料速度不得超过瓶内液体浸没试样的速度，以免阻塞)，直至液面上升至20mL刻度左右为止。再称剩余的试样质量，算出装入瓶内的试样质量m(g)。

(4) 转动李氏瓶使液体中的气泡排出，记下液面刻度。根据前后两次液面读数算出液面上升的体积V(cm³)，即为瓶内试样所占的体积。

3) 结果计算

(1) 按下式计算试样密度ρ(精确至0.01g/cm³)。

$$\rho=\frac{m}{V} \tag{15-1}$$

式中 m——装入瓶中试样的质量，g；

V——装入瓶中试样的体积，cm³。

(2) 以两次试验结果的平均值作为密度的测定结果，但两次试验结果之差不应大于

$0.02\text{g}/\text{cm}^3$，否则重做。

2. 表观密度试验

表观密度是材料在自然状态下单位体积的质量（以烧结普通砖为试件）。

1）仪器设备

游标卡尺（精度 0.1mm）、天平（感量 0.1g）、烘箱、干燥器等。

2）试验步骤

（1）将形状规则的试件放入 $105\sim110℃$ 的烘箱中烘干至恒温，取出后放入干燥器中，冷却至室温并用天平称量出试件的质量 $m(\text{g})$。

（2）用游标卡尺量出试件尺寸（每边测量上、中、下 3 处，取其平均值），并计算出其体积 $V_0(\text{cm}^3)$。

3）结果计算

（1）按下式计算材料的表观密度 ρ_0。

$$\rho_0 = \frac{m}{V_0} \times 1\,000 \tag{15-2}$$

（2）以 5 次试验结果的平均值作为最后测定结果，精确至 $10\text{kg}/\text{m}^3$。

3. 吸水率试验

材料的吸水率是指材料吸水饱和时的吸水量与干燥材料的质量或体积之比（以加气混凝土为试件）。

1）仪器设备

天平、烘箱、干燥箱、游标卡尺等。

2）试验步骤

（1）将 3 个尺寸为 100mm 的立方体试样放入烘箱内，在 $(60\pm5)℃$ 温度下保温 24h，然后在 $(80\pm5)℃$ 温度下保温 24h，再在 $(105\pm5)℃$ 温度下烘干至恒重，再放到干燥器中冷却至室温，称其质量 $m_g(\text{g})$。

（2）将试件放入水温为 $(20\pm5)℃$ 的恒温水槽内，然后加水至试件高度的 1/3 处，过 24h 后再加水至试样高度的 2/3 处，经 24h 后，加水高出试样 30mm 以上，保持 24h。这样逐次加水的目的在于使试件孔隙中的空气逐渐逸出。

（3）从水中取出试件，用湿布抹去表面水分，立即称取每块质量 $m_b(\text{g})$。

3）结果计算

（1）按下式计算试件吸水率。

质量吸水率 $$W_m = \frac{m_b - m_g}{m_g} \times 100\% \tag{15-3}$$

体积吸水率 $$W_V = \frac{m_b - m_g}{V_0} \times 100\% \tag{15-4}$$

式中 m_g——试件干燥质量，g；

$\quad\quad m_b$——试件吸水饱和质量，g；

$\quad\quad V_0$——干燥材料在自然状态下的体积，cm^3。

（2）以 3 个试件吸水率的算术平均值作为测定结果，精确至 0.1%。

15.2 水泥试验

15.2.1 水泥细度测定

水泥细度检验分为负压筛法、水筛法和手工干筛法 3 种，当 3 种测定的结果发生争议时，以负压筛法为准。

1. 仪器设备

负压筛析仪(由筛座、负压筛、负压源及收尘器组成)、水筛(水筛架和喷头)、干筛和天平等。

2. 试验步骤

1) 负压筛法

(1) 筛析试验前，应把负压筛放在筛座上，盖上筛盖，接通电源，检查控制系统，调节负压至 4 000～6 000Pa 范围内。

(2) 称取试样 25g，置于洁净的负压筛中，盖上筛盖，并开动筛析仪连续筛 2min，在此期间如有试样附着在筛盖上，可轻轻地敲击，使试样落下。筛毕，用天平称量筛余物。

2) 水筛法

(1) 筛析试验前，应检查所用水，确保水中无泥、砂，调整好水压及水筛架的位置，使其能正常运转。喷头底面与筛网之间的距离为 35～70mm。

(2) 称取试样 50g，置于洁净的水筛中，立即用淡水冲洗至大部分细粉通过后，放在水筛架上，用水压为(0.05±0.02)MPa 的喷头连续冲洗 3min。筛毕后，用少量水把筛余物冲至蒸发器中，等水泥颗粒全部沉淀后倒出清水，烘干并用天平称量筛余物。

3) 手工干筛法

在没有负压筛析仪和水筛的情况下，允许用手工干筛法。试验步骤如下。

(1) 称取试样 50g，倒入干筛内。

(2) 用一只手执筛往复摇动，另一只手轻轻拍打，拍打速度每分钟约 120 次，每 40 次向同一方向转动 60°，使试样均匀分布在筛网上，直至每分钟通过的试样量不超过 0.05g 为止。

(3) 称量筛余物(称量精确至 0.1g)。

3. 结果计算

按下式计算水泥试样筛余百分率，计算结果精确至 0.1%。

$$F = \frac{R_s}{W} \times 100\% \qquad (15-5)$$

式中 F——水泥试样的筛余百分率，%；

　　R_s——水泥筛余物的质量，g；

　　W——水泥试样的质量，g。

15.2.2 水泥标准稠度用水量测定

1. 仪器设备

(1) 水泥净浆搅拌机(主要由搅拌锅、搅拌叶片、传动机构和控制系统组成)。

(2) 测定水泥标准稠度和凝结时间的维卡仪(图15.2),包括试杆和试模(图15.3)。

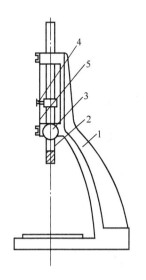

图 15.2 测定水泥标准稠度和凝结时间的维卡仪
1—铁座;2—金属圆棒;3—松紧螺丝;
4—指针;5—标尺

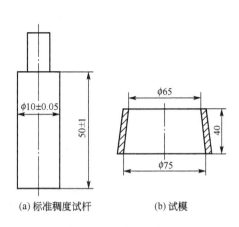

(a) 标准稠度试杆 (b) 试模

图 15.3 试杆和试模

2. 试验步骤

(1) 用湿布将搅拌锅和搅拌叶片擦湿,将拌合水(W)倒入搅拌锅内,然后在5~10s内小心地将称好的500g水泥加入水中,将搅拌锅固定在搅拌机的锅座上,升至搅拌位置。

(2) 启动搅拌机,低速搅拌120s,停15s,同时将叶片和锅壁上的水泥浆刮入锅中间,接着高速搅拌120s停机。

(3) 拌和结束后,立即将水泥净浆装入已置于玻璃底板上的试模中,用小刀插捣,轻轻振动数次,抹平后迅速将试模和底板移到维卡仪上,降低试杆直至与净浆表面正好接触,拧紧螺丝1~2s后,突然放开,使试杆垂直自由地沉入水泥净浆中。在试杆停止沉入或释放试杆30s时,记录试杆距底板之间的距离。

3. 试验结果

(1) 以试杆沉入净浆并距底板(6±1)mm的水泥净浆为标准稠度净浆。

(2) 水泥标准稠度用水量(P),按水泥质量的百分比计算。

$$P = \frac{W}{500} \times 100\%$$

(15-6)

15.2.3 水泥净浆凝结时间测定

1. 仪器设备

（1）维卡仪：测定凝结时间的仪器与测定标准稠度用水量的仪器相同，只是取下试杆，用试针代替试杆。

（2）初凝和终凝用试针（图 15.4）。

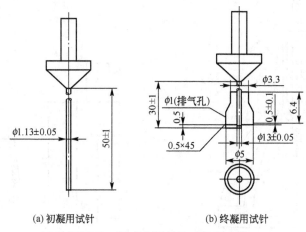

(a) 初凝用试针　　　　　(b) 终凝用试针

图 15.4　测定水泥凝结时间用试针

2. 试验步骤

（1）以标准稠度用水量，用 500g 水泥按规定方法拌制标准稠度水泥浆，一次装满试模，振动数次刮平，立即放入湿气养护箱中。记录水泥全部加入水中的时间。

（2）初凝时间的测定：试件在养护箱养护至加水 30min 时进行第一次测定。测定时，将试模放到试针下，降低试针，与水泥净浆表面接触，拧紧螺丝 1～2s 后，突然放开，试针垂直自由地沉入水泥净浆，记录试针停止下沉或释放试针 30s 时指针的读数。

在最初测定操作时应轻轻扶持金属柱，使其徐徐下降，以防试针撞弯，但结果以自由下落为准。

（3）终凝时间的测定：在完成初凝时间测定后，立即将试模连同浆体以平移的方式从玻璃板取下，翻转 180°，直径大端向上，小端向下放在玻璃板上，再放入养护箱中继续养护，临近终凝时间每隔 15min 测定一次。用同样的测定方法，观察指针读数。

3. 试验结果

从水泥全部加入水中的时间起，至试针沉至距底板(4±1)mm 时所经过的时间为初凝时间；至试针沉入试体 0.5mm 时，即环形附件开始不能在试体上留下痕迹时所经过的时间为终凝时间。

15.2.4 水泥安定性的测定

用沸煮法检验水泥浆体硬化后体积变化是否均匀。检验分雷氏法和试饼法，若两种方法有争议时以雷氏法为准。

1. 仪器设备

沸煮箱、雷氏夹(图 15.5)、雷氏夹膨胀测定仪(图 15.6)、水泥净浆搅拌机。

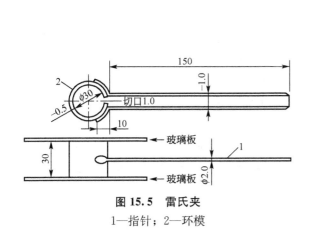

图 15.5　雷氏夹
1—指针；2—环模

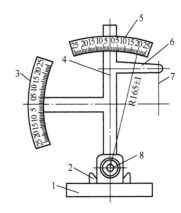

图 15.6　雷氏夹膨胀测定仪
1—底座；2—模子座；3—测弹性标尺；
4—立柱；5—测膨胀值标尺；6—悬臂；
7—悬丝；8—弹簧顶扭

2. 试验步骤

(1) 雷氏法是测定水泥净浆在雷氏夹中沸煮后的膨胀值。

① 每个试样需两个成型试件，每个雷氏夹需配置质量约 $75\sim85$ g 的玻璃板两块，一垫一盖，将玻璃板和雷氏夹内表面稍涂一层油。

② 将已制好的标准稠度净浆一次装满雷氏夹，装浆时一手轻扶雷氏夹，另一只手用小刀插捣数次，然后抹平，盖上稍涂油的玻璃板，立即将试件移至湿气养护箱内养护(24 ± 2)h。

③ 脱去玻璃板取下试件，用膨胀值测定仪测量雷氏夹指针尖端间的距离(A)，精确至 0.5 mm，接着将试件放入沸煮箱水中的试件架上，指针朝上，然后在(30 ± 5)min 内加热至沸并恒沸(180 ± 5)min。

④ 取出沸煮后冷却到室温的试件，测量雷氏夹指针尖端的距离(C)，当两个试件煮后增加距离($C-A$)的平均值不大于 5.0 mm 时，该水泥安定性合格，当两个试件的($C-A$)值相差超过 5.0 mm 时，应用同一样品重做试验。

(2) 试饼法是观察水泥净浆试饼煮沸后的外形变化。

① 将制好的标准稠度净浆一部分分成两等份，使之成球形，放在已涂过油尺寸约 100 mm$\times100$ mm 的玻璃板上，轻轻振动玻璃板并用湿布擦过的小刀由边缘向中央抹，做成直径 $70\sim80$ mm、中心厚约 10 mm、边缘渐薄、表面光滑的试饼，将试饼放入湿气养护箱内养护(24 ± 2)h。

② 脱去玻璃板取下试饼，在试饼无缺陷的情况下，将试饼放在煮沸箱水中篦板上，沸煮方法同雷氏法。

③ 煮沸结束后，取出冷却到室温的试件，目测试饼未发现裂缝，用钢尺检查也没有弯曲的试饼为安定性合格，反之为不合格。当两个试饼判别结果有矛盾时，该水泥的安定性为不合格。

15.2.5 水泥胶砂强度检验

1. 仪器设备

(1) 行星式水泥胶砂搅拌机: 搅拌叶和搅拌锅作相反方向转动。

(2) 振实台: 由同步电机带动凸轮转动, 使振动部分上升定值后自由落下, 产生振动, 振动频率为 60 次/(60±2)s, 落距(15±0.3)mm。

(3) 试模: 可装拆的三联模, 模内腔尺寸为 40mm×40mm×160mm。

(4) 套模: 壁高为 20mm 的金属模套, 当从上向下看时, 模套壁与试模内壁应该重叠。

(5) 抗折强度试验机。

(6) 抗压试验机及抗压夹具: 抗压试验机以 200～300kN 为宜, 应有±1%的精度, 并具有按(2 400±200)N/s 的速率加荷的能力; 抗压夹具由硬质钢材制成, 受压面积为 40mm×40mm。

(7) 两个播料器和金属刮平直尺。

2. 试件的制备和养护

1) 胶砂的制备

胶砂的质量配合比为一份水泥、三份标准砂和半份水。一锅胶砂成 3 条试体, 每锅材料需要量为水泥 450g, 水 225g, 标准砂 1 350g。

搅拌: 把水加入锅内, 再加入水泥, 把锅放在固定架上, 上升至固定位置。然后立即开动机器, 低速搅拌 30s 后, 在第二个 30s 开始的同时均匀地将砂加入(当各级砂是分装时, 从最粗粒级开始, 依次将所需的每级砂量加完), 高速再拌 30s 后, 停拌 90s; 在第一个 15s 内用一胶皮刮具将叶片和锅壁上的胶砂, 刮入锅中间, 在高速下继续搅拌 60s。

2) 试件成型

胶砂制备后立即进行成型处理。将涂机油的三联模和模套固定在振实台上, 用一个适当的勺子直接从搅拌锅里将胶砂分两层装入试模, 装第一层时, 每个槽里约放 300g 胶砂, 用大播料器垂直架在模套顶部沿每个模槽来回一次将料层播平, 接着振实 60 次。再装入第二层胶砂, 用小播料器播平, 再振实 60 次。移走模套, 取下试模, 用金属直尺以近似 90°的角度架在试模模顶的一端, 然后沿试模长度方向以横向锯割动作慢慢向另一端移动, 依次将超过试模部分的胶砂刮去, 并用同一直尺以近乎水平的情况下将试体表面抹平。

3) 试件养护

(1) 在试模上作标记后, 将试件带试模放入雾室或湿箱的水平架上养护。对于 24h 以上龄期的应在成型后 20～24h 之间脱模; 对于 24h 龄期的, 应在试验前 20min 内脱模。脱模前, 对试件进行编号, 两个龄期以上的试件, 在编号时应将同一试模中的 3 条试件分在两个以上龄期内。

(2) 将做好标记的试件立即水平或竖直放在(20±1)℃水中养护, 水平放置时刮平面应朝上。养护期间试件之间间隔或试件上表面的水深不得小于 5mm。每个养护池只养护同类型的水泥试件, 试件在水中养护期间不允许全部换水。除 24h 龄期或延迟至 48h 脱模的试件外, 任何到龄期的试件应在试验前 15min 从水中取出。揩去试件表面沉积物, 并用湿布覆盖至试验为止。

3. 强度试验

不同龄期强度试验应在规定时间里进行：24h±15min 、48h±30min、72h±45min、7d±2h、>28d±8h。

1) 抗折强度试验

(1) 将试件一个侧面放在试验机支撑圆柱上，试件长轴垂直于支撑圆柱，通过加荷圆柱以(50±10)N/s的速率均匀地将荷载垂直地加在棱柱体相对侧面上，直至折断，记录抗折破坏荷载F_f(N)。

(2) 抗折强度R_f按下式计算(精确至0.1MPa)。

$$R_f = \frac{1.5F_f L}{b^3} \tag{15-7}$$

式中　F_f——折断时施加于棱柱体中部的荷载，N；

　　　L——支撑圆柱之间的距离，为100mm；

　　　b——棱柱体正方形截面的边长，为40mm。

以一组3个棱柱体抗折结果的平均值作为试验结果。当3个强度值中有超出平均值±10%时，应剔除后再取平均值作为抗折强度试验结果。

2) 抗压强度试验

(1) 将折断的半截棱柱体置于抗压夹具中，以试件的侧面作为受压面。半截棱柱体中心与压力机压板中心差应在±0.5mm内，试件露在压板外部的分约有10mm。在整个加荷过程中以(2 400±200)N/s的速率均匀地加荷直至破坏，并记录破坏荷载F_c(N)。

(2) 抗压强度R_c按下式计算(精确至0.1MPa)。

$$R_c = \frac{F_c}{A} \tag{15-8}$$

式中　F_c——破坏时的最大荷载，N；

　　　A——受压部分面积，(40×40=1 600)mm^2。

以一组3个棱柱体得到的6个抗压强度测定值的算术平均值为试验结果。

如6个测定值中有一个超出6个平均值的±10%，应剔除这个结果，以剩下5个的平均数为结果。如5个测定值中再有超过它们平均数±10%时，则此组结果作废。

15.3 骨 料 试 验

1. 样品的缩分

(1) 用分料器(砂)法：将样品在潮湿状态下拌和均匀，然后通过分料器，取接料斗中的其中一份再次通过分料器，重复上述过程，直至把样品缩分到试验所需量为止。

(2) 人工四分法：将所取样品砂(石)置于平板上，拌和均匀，堆成厚度约为20mm的圆饼(砂)或锥体(石)，然后沿互相垂直的两条直径分成大致相等的4份，取其中对角线的两份重新拌匀，重复进行，直至把样品缩分到试验所需量为止。

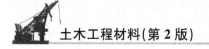

2. 砂的筛分析试验

1) 仪器设备

方孔筛(孔径为 $150\mu m$、$300\mu m$、$600\mu m$、1.18mm、2.36mm、4.75mm 及 9.50mm 的筛各一只,并附有筛底和筛盖)、天平(称量 1kg,感量 1g)、烘箱、摇筛机、浅盘、毛刷等。

2) 试验步骤

(1) 将试样缩分至约 1100g,放在烘箱中(105±5)℃下烘干至恒重,待冷却至室温后,筛除大于 9.50mm 的颗粒,分两份备用。

(2) 称取试样 500g,将试样倒入按孔径大小从上到下组合的套筛上。

(3) 将套筛置于摇筛机上,摇筛 10min 取下套筛,按筛孔大小顺序再逐个用手筛,筛至每分钟通过量小于试样总量的 0.1% 为止。通过的试样并入下一号筛中,并和下一号筛中的试样一起过筛,依次进行,直至各号筛全部筛完为止。

(4) 称量各号筛的筛余量(精确至 1g),试样在各号筛上的筛余量不得超过下式的量,超过时应按下列方法之一处理。

$$G=\frac{A\sqrt{d}}{200} \tag{15-9}$$

式中 G——在一个筛上的筛余量,g;

A——筛面面积,mm^2;

d——筛孔尺寸,mm。

① 将该粒级试样分成少于按式(15-9)计算出的量,分别筛分,并以筛余量之和作为该号筛的筛余量。

② 将该粒径及以下各粒级的筛余混合均匀,称其质量。再用四分法缩分至大致相等的两份,取其中一份,称其质量,继续筛分。计算该粒级及以下各粒级的分计筛余量时应根据缩分比例进行修正。

3) 结果计算与评定

(1) 分计筛余百分率——各号筛的筛余量除以试样总量的百分率(精确至 0.1%)。

(2) 累计筛余百分率——该号筛的筛余百分率加上该号筛以上各筛余百分率之和(精确至 0.1%),如各筛的筛余量加上筛底的剩余量之和与原试样质量之差超过 1%,则应重新试验。

(3) 砂的细度模数 M_x 按下式计算(精确至 0.01)。

$$M_x=\frac{(A_2+A_3+A_4+A_5+A_6)-5A_1}{100-A_1} \tag{15-10}$$

式中 A_1、A_2、A_3、A_4、A_5、A_6——4.75mm、2.36mm、1.18mm、$600\mu m$、$300\mu m$、$150\mu m$ 的筛的累计筛余百分率。

(4) 累计筛余百分率取两次试验结果的算术平均值(精确至 1%)。细度模数取两次试验结果的算术平均值(精确至 0.1),两次所得的细度模数之差大于 0.2 时,应重新进行试验。

3. 砂的表观密度试验

1) 仪器设备

容量瓶(500mL)、天平(称量 1kg,感量 1g)、烘箱[温度控制(105±5)℃]、干燥器、搪瓷盘、滴管和毛刷等。

2) 试验步骤

(1) 称取制备好的烘干试样 $300g(m_0)$。将试样装入容量瓶中加冷开水至 500mL 的刻度处，用手旋转摇动容量瓶，使试样充分摇动，排除气泡，塞紧瓶盖静置24h。用滴管小心加水至容量瓶颈500mL刻度处，塞紧瓶盖称其质量(m_1)。

(2) 将瓶内水和试样倒出，洗净容量瓶，再向瓶内注水(与试样装入容量瓶中的水温相差不超过2℃)至瓶颈500mL刻度处，擦干瓶外水分，称其质量(m_2)。

3) 结果计算与评定

按下式计算砂的表观密度(精确至10kg/m³)。

$$\rho_0 = \frac{m_0}{m_0 + m_2 - m_1} \times \rho_{\text{水}} \tag{15-11}$$

砂表观密度取两次试验测定值的算术平均值作为试验结果，如两次测定值之差大于20kg/m³，需重新试验。

4. 砂的堆积密度试验

1) 仪器设备

天平(称量10kg，感量1g)、容量筒(圆柱形金属筒，容积为1L，内径108mm，净高109mm，壁厚2mm)、烘箱、方孔筛(孔径为4.75mm的筛一只)、垫棒(直径10mm，长500mm的圆钢)、直尺、漏斗、料勺、浅盘等。

2) 试验步骤

(1) 将经过缩分并烘干后约3L的试样过4.75mm筛后，分成大致相等的两份。

(2) 堆积密度：取样一份，用漏斗或铝制料勺，将试样从容量筒中心上方50mm处徐徐倒入，直至试样装满并超出容量筒筒口，然后用直尺将多余的试样沿筒口中心线向两个相反的方向刮平，称其质量(m_2)。

(3) 紧密密度：取试样一份，分两层装入容量筒。装完一层后，在筒底垫放一根直径为10mm的圆钢，将筒按压，左右交替颠击地面各25次，然后再装入第二层；第二层装满后，用同样方法颠实(但筒底所垫圆钢的方向与第一层放置方向垂直)；加料超过筒口，然后用直尺将多余的试样沿筒口中心线向两边刮平，称其质量(m_2)。

(4) 容量筒校正：以温度为(20 ± 2)℃的饮用水装满容量筒，用玻璃板沿筒口滑移，使其紧贴水面。擦干筒外壁水分，称其质量m_2'(kg)。倒出水并称擦干后容量筒和玻璃板的质量m_1'(kg)。用下式计算筒的容积。

$$V_0' = m_2' - m_1' \tag{15-12}$$

3) 结果计算与评定

(1) 堆积密度或紧密密度按下式计算(精确至10kg/m³)。

$$\rho_0' = \frac{m_2 - m_1}{V_0'} \times 1\,000 \tag{15-13}$$

式中 m_1——容量筒的质量，kg；

m_2——容量筒和砂的总质量，kg；

V_0'——容量筒的容积，L。

以两次试验结果的算术平均值作为测定值。

(2) 砂的空隙率ρ_a'按下式计算(精确至1%)。

$$\rho_a' = \left(1 - \frac{\rho_0'}{\rho_0}\right) \times 100\% \tag{15-14}$$

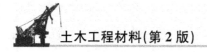

式中 ρ_0'——砂的堆积密度，kg/m^3；

ρ_0——砂的表观密度，kg/m^3。

5. 石子筛分析试验

1) 仪器设备

方孔筛（孔径为 2.36mm、4.75mm、9.50mm、16.0mm、19.0mm、26.5mm、31.5mm、37.5mm、53.0mm、63.0mm、75.0mm 及 90mm 的筛各一只，并附有筛底和筛盖）、台称（称量 10kg，感量 1g）、鼓风烘箱 [温度控制(105±5)℃]。

2) 试验步骤

(1) 按规定方法取样，用四分法缩分至略大于表 15-1 规定的数量，烘干并冷却至室温。套筛按孔径从大到小顺序组合，附着筛底，将试样倒入筛中。

表 15-1 筛分析所需试样的最小量

石子最大粒径/mm	9.5	16.0	19.0	26.5	31.5	37.5	63.0	75.0
最少试样量/kg	1.9	3.2	3.8	5.0	6.3	7.5	12.6	16.0

(2) 将套筛置于摇筛机上，摇 10min，取下套筛，按筛孔大小顺序逐个用手筛，筛至每分钟通过量小于试样总量的 0.1% 为止。通过的颗粒并入下一号筛中，并和下一号筛中的试样一起过筛。按此顺序进行，直至各号筛全部筛完为止（当筛余颗粒的粒径大于 19.0mm 时，在筛分过程中，允许用手指拨动颗粒）。

(3) 称量各筛的筛余量（精确至 1g）。

3) 结果计算与评定

(1) 分计筛余百分率——各号筛的筛余量除以试样总量的百分率（精确至 0.1%）。

(2) 累计筛余百分率——各号筛的分计筛余百分率加上该号筛以上各分计筛余百分率之和（精确至 1%）。

(3) 根据各筛的累计筛余百分率，评定该试样的颗粒级配。筛分后每号筛上的筛余量和筛底剩余物的总和与原试样量相差超过 1% 时，则需重新取样试验。

6. 石子表观密度试验（广口瓶法）

1) 仪器设备

广口瓶（1 000mL，磨口并带玻璃片）、烘箱 [温度控制(105±5)℃]、天平（称量 5kg，感量 1g）、方孔筛（孔径为 4.75mm 的筛一只）、浅盘、毛巾和刷子等。

2) 试验步骤

(1) 按规定方法取样，将样品筛去 4.75mm 以下的颗粒，用四分法缩分至不少于表 15-2 规定的数量，洗刷干净后，分成两份备用。

表 15-2 表观密度试验所需的试样最少量

石子最大粒径/mm	小于 26.5	31.5	37.5	63.0	75.0
最少试样量/kg	2.0	3.0	4.0	6.0	6.0

(2) 将试样浸水饱和，然后装入广口瓶中，装试样时，广口瓶应倾斜放置，注入饮用水，用玻璃片覆盖瓶口，以上下左右摇晃的方法排除气泡。

(3) 气泡排尽后，向瓶中添加水直至水面凸出瓶口边缘。然后用玻璃片沿瓶口迅速滑行，使其紧贴瓶口水面。擦干瓶外水分后，称取试样、水瓶和玻璃的总质量 $m_1(g)$。

（4）将瓶中试样倒入浅盘中，放在(105±5)℃的烘箱中烘干至恒重。取出试样，放在带盖的容器中冷却至室温后称量 $m_0(g)$。

（5）将瓶洗净，重新注入饮用水，用玻璃片紧贴瓶口水面，擦干瓶外水分后称量 $m_2(g)$。

3）结果计算与评定

（1）表观密度 ρ_0 按下式计算（精确至 $10kg/m^3$）。

$$\rho_0 = \left(\frac{m_0}{m_0 + m_2 - m_1} \right) \times \rho_水 \tag{15-15}$$

（2）以两次试验结果的算术平均值作为测定值，两次结果之差应小于 $20kg/m^3$，否则应重新试验。

7. 石子堆积密度试验

1）仪器设备

台秤（称量 50kg，感量 50g）、容量筒（规格见表 15-3）。

表 15-3 容量筒规格

石子最大粒径/mm	容量筒容积/L	容量筒内径/mm	容量筒净高/mm
9.5、16.0、19.0、26.5	10	208	294
31.5、37.5	20	294	294
53.0、63.0、75.0	30	360	294

2）试验步骤

按规定取样，烘干或风干后，拌匀分两份备用。

（1）堆积密度：用取样铲将试样从容量筒上方 50mm 处，使试样以均匀、自由落体状态装入容量筒，使之呈锥体，除去凸出筒口表面的颗粒，以合适的颗粒填入凹陷部分，使表面稍凸起部分和凹陷部分的体积大致相等，称取试样和容量筒的总质量 $m_2(kg)$。

（2）紧堆密度：取制备好的试样一份，分 3 次装入容量筒，每装完一层，在筒底垫放一根直径为 16mm 的钢筋，按住筒口或把手，左右交替颠击地面 25 次，但筒底所垫钢筋的方向应与装前一层放置方向垂直，3 次试样装满完毕后，用钢筋刮下高出筒口的颗粒，将试样凹凸部分整平，称取试样和容量筒的总质量 $m_2(kg)$。

（3）容量筒校正：将温度为(20±5)℃的饮用水装满容量筒，用玻璃板沿筒口滑移，使其紧贴水面，擦干筒外壁水分后称量。用下式计算筒的容积 $V(L)$。

$$V = m_2' - m_1' \tag{15-16}$$

式中　m_1'——容量筒和玻璃板质量，kg；

　　　m_2'——容量筒、玻璃板和水总质量，kg。

3）结果计算与评定

（1）堆积密度或紧密密度按下式计算。

$$\rho_0' = \frac{m_2 - m_1}{V_0'} \times 1\,000 \tag{15-17}$$

式中　m_1——容量筒的质量，kg；

　　　m_2——容量筒和试样的总质量，kg；

　　　V_0'——容量筒的容积，L。

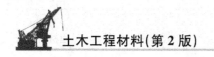

以两次试验结果的算术平均值作为测定值。

(2) 石子的空隙率 P_0' 按下式计算(精确至 1%)。

$$P_0' = \left(1 - \frac{\rho_0'}{\rho_0}\right) \times 100\% \tag{15-18}$$

式中 ρ_0'——石子的堆积密度,kg/m^3。

      ρ_0——石子的表观密度,kg/m^3。

15.4 普通混凝土试验

15.4.1 普通混凝土拌合物试样制备

(1) 实验室拌和混凝土时,材料用量应以质量计。称量精度:骨料为 ±1%;水、水泥、掺合料、外加剂均为 ±0.5%。

(2) 混凝土拌合物的制备应符合《普通混凝土配合比设计规程》(JGJ 55—2000)中的有关规定。

(3) 从试样制备完毕到开始做各项性能试验不宜超过 5min(不包括成型试件)。

15.4.2 拌合物稠度试验

1. 坍落度法与坍落扩展度法

坍落度法与坍落扩展度法适用于骨料最大粒径不大于 40mm,坍落度不小于 10mm 的混凝土拌合物稠度测定。当混凝土拌合物的坍落度大于 220mm 时,由于粗骨料的堆积的偶然性,坍落度不能很好地代表拌合物的稠度,因此用坍落扩展度法来测量。

1) 仪器设备

坍落度仪是由坍落度筒(图 15.7)、捣棒、底板、小铲、钢抹子和测量标尺组成。

2) 试验步骤

(1) 湿润坍落度筒及底板,在坍落度筒内壁和底板上应无明水。用脚踩住两边的脚踏板,使坍落度筒在装料时保持固定的位置。

(2) 将混凝土试样用小铲分 3 层均匀地装入筒内,使捣实后每层高度为筒高的 1/3 左右。每层用捣棒插捣 25 次。插捣应沿螺旋方向由外向中心进行,各次插捣应在截面上均匀分布。插捣筒边混凝土时,捣棒应贯穿整个深度,插捣第二层和顶层时,捣棒应插透本层至下一层的表面;浇灌顶层时,混凝土应灌到高出筒口。插捣过程中,

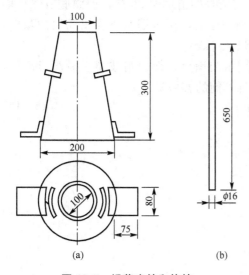

图 15.7 坍落度筒和捣棒

如混凝土低于筒口，则随时添加。顶层插捣完后，刮去多余的混凝土，用抹刀抹平。

（3）清除筒边底板上的混凝土，垂直平稳地提起坍落度筒。提离过程应在5～10s内完成；从开始装料到提坍落度筒的整个过程应不间断地进行，并应在150s内完成。

（4）提起坍落度筒后，测量筒高与坍落后混凝土试体最高点之间的高度差，即为混凝土拌合物的坍落度值。

3）试验结果

（1）坍落度筒提起后，如混凝土发生崩坍或一边剪坏现象，则应重新取样测定；如第二次试验仍出现此现象，则表示该混凝土和易性不好。

（2）观察坍落后的混凝土试体的粘聚性和保水性。用捣棒在已坍落的混凝土锥体侧面轻轻敲打，如果锥体逐渐下沉，则表示粘聚性良好；如果锥体倒塌、部分崩裂或出现离析现象，则表示粘聚性不好。坍落度筒提起后如有较多的稀浆从底部析出，锥体部分的混凝土也因失浆而骨料外露，则表明保水性不好；如坍落度筒提起后无稀浆或仅有少量稀浆从底部析出，则表明保水性良好。

（3）当混凝土拌合物的坍落度大于220mm时，用钢尺测量混凝土扩展后最终的最大直径和最小直径，两者之差小于50mm时，用其算术平均值作为坍落扩展度值；否则，此试验无效。

坍落度和坍落扩展度值以mm为单位，测量精确至1mm，结果表达需约至5mm。

2. 维勃稠度法

维勃稠度法适用于骨料最大粒径不大于40mm，维勃稠度在5～30s之间的混凝土拌合物稠度测定。

1）仪器设备

维勃稠度仪（图15.8）、振动台［台面长380mm，宽260mm，频率为(50±3)Hz］、容器［内径为(240±5)mm，高为(200±2)mm，筒壁厚3mm，筒底厚7.5mm］、坍落度筒、旋转架、透明圆盘、捣棒、小铲和秒表。

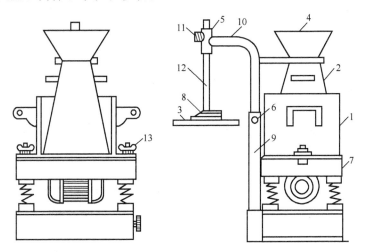

图15.8 维勃稠度仪

1—容器；2—坍落度筒；3—透明圆盘；4—喂料斗；
5—套筒；6—定位螺钉；7—振动台；8—荷重；9—支柱；
10—旋转架；11—测杆螺丝；12—测杆；13—固定螺丝

2) 试验步骤

(1) 将维勃稠度仪放在坚实水平面上，用湿布把容器、坍落度筒、喂料口内壁及其他用具润湿。

(2) 将喂料口提到坍落度筒上方扣紧，校正容器位置，使其中心与喂料中心重合，然后拧紧固定螺丝。

(3) 把按要求取得的混凝土拌合物用小铲分 3 层经喂料口均匀地装入筒内，装料及插捣的方法同坍落度试验。

(4) 把喂料口转离，垂直提起坍落度筒，注意不能使混凝土试体产生横向的扭动。

(5) 把透明圆盘转到混凝土圆台体顶面，放松测杆螺钉，降下圆盘，使其轻轻接触到混凝土顶面。

(6) 拧紧定位螺钉，检查测杆螺钉是否完全放松。

(7) 开启振动台的同时用秒表计时，当振动到透明圆盘的底面被水泥浆布满的瞬间停止计时，关闭振动台。

3) 试验结果

由秒表读出的时间为混凝土拌合物的维勃稠度值，精确至 1s。

15.4.3 表观密度试验

本方法适用于测定混凝土拌合物捣实后的单位体积质量(即表观密度)。

1. 仪器设备

容量筒(由金属制成的圆筒，两旁有提手)、台秤(称量 50kg，感量 50g)、振动台、捣棒等。

对骨料最大粒径不大于 40mm 的拌合物采用容积为 5L 的容量筒，其内径与内高均为 (186 ± 2)mm，筒壁厚为 3mm；骨料最大粒径大于 40mm 时，容量筒的内径与内高均应大于骨料最大粒径的 4 倍。

2. 试验步骤

(1) 用湿布把容量筒内外擦干净，称出容量筒质量，精确至 50g。

(2) 对坍落度不大于 70mm 的混凝土，用振动台振实为宜；大于 70mm 的混凝土用捣棒捣实为宜。采用捣棒捣实时，应根据容量筒的大小决定分层与插捣次数：用 5L 容量筒时，混凝土拌合物应分两层装入，每层的插捣次数应为 25 次；用大于 5L 的容量筒时，每层混凝土的高度不应大于 100mm，每层的插捣次数应按每 10 000mm² 截面不小于 12 次计算。各次插捣应由边缘向中心均匀地插捣，插捣底层时捣棒应贯穿整个深度，插捣第二层时，捣棒应插透本层至下一层的表面；每一层捣完后用橡皮锤轻轻沿容器外壁敲打 5~10 次，进行振实，直至拌合物表面插孔消失并不见大气泡为止。

当用振动台振实时，应一次将混凝土拌合物灌到高出容量筒口。装料时可用捣棒稍加插捣，振动过程中如混凝土低于筒口，应随时添加混凝土，振动直至表面出浆为止。

(3) 用刮刀将筒口多余的混凝土拌合物刮去，表面应刮平，将容量筒外壁擦干净，称试样与容量筒的总质量，精确至 50g。

3. 试验结果

混凝土拌合物的表观密度应按下式计算。

$$\gamma_h = \frac{W_2 - W_1}{V} \times 1\,000 \tag{15-19}$$

式中　γ_h——表观密度，kg/m^3；

　　　W_1——容量筒的质量，kg；

　　　W_2——容量筒和试样的总质量，kg；

　　　V——容量筒的容积，L。

试验结果的计算精确至 $10kg/m^3$。

15.4.4 抗压强度试验

1. 仪器设备

压力试验机(精度为±1%，试件破坏荷载必须大于压力机全量程的20%且小于压力机全量程的80%)、振动台 [空载频率为(50±3)Hz，空载时振幅约为(0.5±0.02)mm]、试模(由铸铁或钢制成，具有足够的刚度并拆装方便)、捣棒(钢制的长为600mm，直径为16mm，端部磨圆)、小铁铲和钢尺等。

2. 试件的制作与养护

1) 试件的制作

(1) 试验采用立方体试件，3个试件为一组，以 150mm×150mm×150mm 试件为标准；也可采用 200mm×200mm×200mm 试件；当粗骨料粒径较小时可用 100mm×100mm×100mm 试件。制作试件前，首先检查试模的尺寸、内表面平整度和相邻面夹角是否符合要求，拧紧螺栓，将试模清理干净，并在其内壁涂上一层矿物油脂或其他脱模剂。

(2) 将配制好的混凝土拌合物装模成型，成型方法按混凝土的稠度而定。混凝土拌合物拌制后宜在 15min 内成型。

振动台振实成型：坍落度不大于 70mm 的混凝土拌合物，一次装入试模并高出试模上口。振动时应防止试模在振动台上自由跳动。振动应持续到混凝土表面出浆为止，刮除多余的混凝土，并用抹刀抹平。对于坍落度大于 70mm 的粘度和含气量较大的混凝土也可用振动台振实成型。

人工插捣成型：坍落度大于 70mm 的混凝土拌合物，应分两层装入试模，每层的装料厚度大致相等。用捣棒插捣时，应按螺旋方向从边缘向中心均匀进行，插捣底层时，捣棒应达到试模表面；插捣上层时，捣棒应穿入下层 20～30mm；插捣时捣棒应保持垂直，不得倾斜。每层的插捣次数一般每 $100cm^2$ 面积不应少于 12 次。插捣完后，刮除多余的混凝土，并用抹刀抹平。

2) 试件的养护

采用标准养护的试件，成型后应立即用不透水的薄膜覆盖，以防止水分蒸发，并应在室温为(20±5)℃的情况下静置一至二昼夜，然后编号、拆模。

拆模后的试件，应立即将试件放在标准养护室的架上，彼此间隔应为 10～20mm 并应避免用水直接淋刷试件；或在温度为(20 ± 2)℃的不流动的$Ca(OH)_2$饱和溶液中养护。标准养护龄期为28d。

3. 抗压强度试验

(1) 从养护室取出到养护龄期的试件，随即擦干并量尺寸(精确到1mm)，并以此计算试件的受压面积$A(mm^2)$。

(2) 将试件安放在试验机的下压板上，试件的承压面应与成型时的顶面垂直。试件的中心应与试验机下压板中心对准。开动试验机，当上压板与试件接近时，调整球座，使其接触均衡。

(3) 加荷时当混凝土强度等级低于C30时，取每秒钟0.3～0.5MPa；强度等级≥C30且<C60时，取每秒钟0.5～0.8MPa；强度等级≥C60时，取每秒钟0.8～1.0MPa的速度连续而均匀地加荷。当试件接近破坏而开始迅速变形时，应停止调整试验机油门，直至破坏，然后记录破坏荷载$P(N)$。

4. 结果计算

(1) 混凝土立方体试件抗压强度按下式计算(精确至0.1MPa)。

$$f_{cu}=\frac{F}{A} \tag{15-20}$$

式中 f_{cu}——混凝土立方体试件抗压强度，MPa；

$\qquad$ F——试件破坏荷载，N；

$\qquad$ A——试件承压面积，mm^2。

(2) 取3个试件测值的算术平均值作为该组试件的抗压强度值。3个测值中的最大值或最小值中如有一个与中间值的差值超过中间值的15%，则把最大值及最小值一并舍除，取中间值为该组抗压强度值。如有两个测值与中间值的差均超过中间值的15%，则该组试件的试验结果无效。

(3) 混凝土强度等级<C60时，用非标准试件测得的强度值均应乘以尺寸换算系数，200mm×200mm×200mm试件的尺寸换算系数为1.05；100mm×100mm×100mm试件的尺寸换算系数为0.95。当混凝土强度等级≥C60时，宜采用标准试件，使用非标准试件时，尺寸换算系数应由试验确定。

15.5 建筑砂浆试验

1. 砂浆拌合物试样制备

(1) 试验用水泥和其他原材料应与现场使用材料一致。

(2) 试验室拌制砂浆时，材料称量的精确度：水泥、外加剂等为±0.5%；砂、石灰膏、粘土膏、粉煤灰和磨细生石灰粉为±1%。

(3) 试验室用搅拌机拌制砂浆时，先拌适量砂浆，使搅拌机内壁粘附一层水泥砂浆；然后将称量好的水泥和砂装入搅拌机，开动搅拌机，加入适量水，搅拌3min，使物料拌和均匀(搅拌的用量不宜少于搅拌机容量的20%，搅拌时间不宜少于2min)。人工拌和时，将称量好的水泥和砂放入拌板上搅拌均匀，呈圆锥形，在中间作一凹坑，将称好的石灰膏或粘土膏倒入凹坑中，再倒入适量水将石灰膏或粘土膏稀释，然后与水泥和砂共同拌和，并逐渐加水，观察混合料色泽一致，和易性满足要求为止，拌和时间一般需 5min。

2. **砂浆稠度试验**

1) 仪器设备

砂浆稠度测定仪（图 15.9）、钢制捣棒（直径 10mm、长 350mm、端部磨圆）、台秤、拌锅、拌板和秒表等。

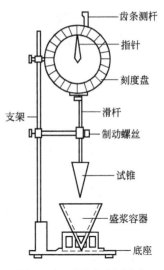

图 15.9　砂浆稠度测定仪

2) 试验步骤

（1）将盛浆容器和试锥表面用湿布擦干净，并用少量润滑油轻擦滑杆，使滑杆能自由滑动。

（2）将砂浆拌合物一次装入容器，使砂浆表面低于容器口约 10mm 左右，用捣棒插捣 25 次，然后轻轻地将容器摇动或敲击 5～6 下，使砂浆表面平整，将容器移至砂浆稠度仪的底座上。

（3）放松试锥滑杆的制动螺丝，向下移动滑杆，当试锥尖端与砂浆表面刚接触时，拧紧制动螺丝，使齿条侧杆下端刚接触滑杆上端，并将指针对准零点。

（4）拧开制动螺丝，同时计时间，待 10s 立即固定螺丝，从刻度盘上读出下沉深度（精确至 1mm）。

（5）圆锥形容器内的砂浆，只允许测定一次稠度，重复测定时，应重新取样测定。

3) 结果评定

取两次试验结果的算术平均值作为砂浆稠度测定值（精确至 1mm），如测定值两次之差大于 10mm 时，则应重新配料测定。

3. **砂浆分层度试验**

1) 仪器设备

砂浆分层度筒（图 15.10），其他仪器与稠度试验 仪器相同。

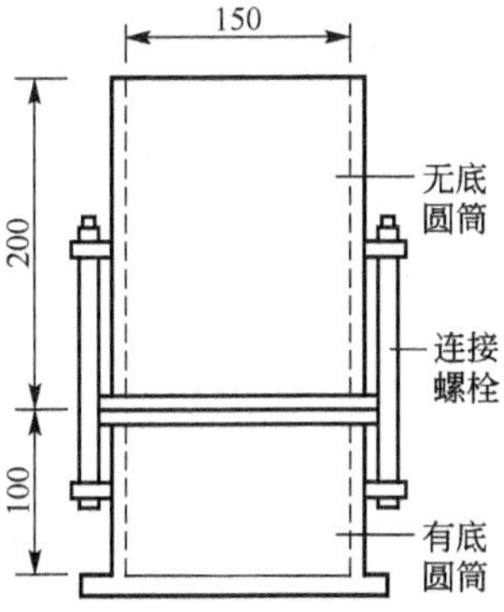

图 15.10　砂浆分层度筒

2) 试验步骤

（1）将拌和好的砂浆，经稠度试验后重新拌匀，一次装满分层度筒内。用木锤在容器周围距离大致相等的 4 个不同的地方轻轻敲击 1～2 下，如砂浆沉落到分层度筒口以下，应随时添加，然后刮去多余的砂浆，并用抹刀抹平。

（2）静置 30min 后，去掉上节 200mm 砂浆，剩余的 100mm 砂浆倒出放在搅拌锅内拌 2min，再测其稠度。

（3）前后测得的稠度之差即为该砂浆的分层度值（精确至 1mm）。

3) 结果评定

取两次试验结果的算术平均值作为砂浆的分层度值，如两次分层度试验值之差大于10mm，应重做试验。

4. 砂浆抗压强度试验

1) 仪器设备

符合《混凝土试模》(JG 237—2008)的要求、内尺寸为70.7mm×70.7mm×70.7mm的带底试模；捣棒(直径10mm、长350mm、端部磨圆的钢棒)；压力试验机(采用精度不大于±2%的试验机，其量程应能使试件预期破坏荷载值不小于全量程的20%，也不大于全量程的80%)；垫板和振动台等。

2) 试件的制作与养护

(1) 采用立方体试件，每组试件应为3个。

(2) 采用黄油等密封材料涂抹试模的外接缝，试模内应涂刷薄层机油或隔离剂。应将拌制好的砂浆一次性装满砂浆试模，成型方法应根据稠度而确定。当稠度大于50mm时，宜采用人工插捣成型，当稠度不大于50mm时，宜采用振动台振实成型。

① 人工插捣：应采用捣棒均匀地由边缘向中心按螺旋方式插捣25次，插捣过程中当砂浆沉落，低于试模口时，应随时添加砂浆，可用油灰刀插捣数次，并用手将试模一边抬高5~10mm，各振动5次，砂浆应高出试模顶面6~8mm。

② 机械振动：将砂浆一次性装满试模，放置到振动台上，振动时试模不得跳动，振动5~10s或持续到表面泛浆为止，不得过振。

(3) 待砂浆表面水分稍干后，再将高出试模部分的砂浆沿试模顶面刮去并抹平。

(4) 试件制作完成后，应在(20±5)℃温度环境下停置(24±2)h。当气温较低时，或者凝结时间大于24h时，可适当延长时间，但不应超过2d。然后对试件进行编号并拆模。试件拆模后，立即放入温度(20±2)℃、相对湿度为90%以上的标准养护室中养护。养护期间，试件彼此间隔不得小于10mm，混合砂浆、湿拌砂浆试件上面应覆盖，防止有水滴在试件上。

3) 抗压强度试验与测定

(1) 试件从养护地点取出后，先将试件表面擦净，然后测量尺寸(精确到1mm)，并据此计算试件的受压面积，如实测尺寸与公称尺寸之差不超过1mm，可按公称尺寸计算，并检查外观。

(2) 将试件放在试验机的下压板上，使承压面应与成型时的顶面垂直。试件的中心应与试验机下压板中心对准。开动试验机，当上压板与试件接近时，调整球座，使接触面均衡受压，均匀加荷。

(3) 加荷速度为0.25~1.5kN/s。砂浆强度不大于2.5MPa时，取下限为宜。当试件接近破坏而开始迅速变形时，停止调整试验机油门，直至试件破坏，然后记录破坏荷载。

4) 结果计算

(1) 砂浆立方体抗压强度按式(15-21)计算

$$f_{m,cu} = K \frac{N_u}{A} \tag{15-21}$$

式中 $f_{m,cu}$——砂浆立方体的抗压强度，精确至0.1MPa；

N_u——试件破坏荷载，N；

A——试件承压面积，mm^2；

K——换算系数，取 1.35。

（2）以 3 个试件测值的算术平均值作为该组试件的砂浆立方体抗压强度，精确至 0.1MPa。当 3 个测值的最大值或最小值中有一个与中间值的差值超过中间值的 15% 时，应把最大值及最小值一并舍去，取中间值作为该组试件的抗压强度值。当两个测值与中间值的差值均超过中间值的 15%，该组试验结果无效。

15.6 墙体材料试验

1. 烧结普通砖的抗压强度试验

1）仪器设备

压力机（300～500kN）、锯砖机或切砖器、直尺等。

2）试件制备和养护

（1）将 10 块试样切断或锯成两个半截砖，断开的半截砖长不得小于 100mm，如果不足 100mm，应另取备用试样补足。

（2）将已断开的半截砖放入室温的净水中 10～20min 后取出，并以断口相反方向叠放，两者中间抹以厚度不超过 5mm 的用 P·O32.5 或 P·O42.5 水泥调制成稠度适宜的水泥净浆粘结，上下两面用厚度不超过 3mm 的同种水泥浆抹平。制成的试件上下两面应相互平衡，并垂直于侧面（图 15.11）。

（3）将制备好的试件置于温度不低于 10℃的不通风室内养护 3d。

3）试验步骤

（1）测量每个试件连接面的长、宽尺寸，分别取其平均值（精确至 1mm），并计算受力面积 $A(\mathrm{mm}^2)$。

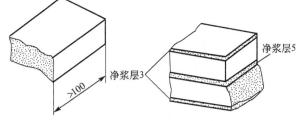

图 15.11 半截砖样和抹面试件

（2）将试件平放在加压板的中央，垂直于受压面加荷，加荷速度为（5±0.5）kN/s，直至试件破坏为止，记录最大破坏荷载 $P(\mathrm{N})$。

4）结果计算与评定

（1）单块砖的抗压强度值 f_i 按下式计算（精确至 0.01 MPa）。

$$f_i = \frac{P}{A} \tag{15-22}$$

（2）计算 10 块砖的平均抗压强度值 $\overline{f}$、10 块砖的抗压强度标准差 S 和强度变异系数 δ。$\overline{f}$ 计算精确至 0.01MPa；S 值按式（8-2）计算，精确至 0.01MPa；δ 值按式（8-3）计算，精确至 0.01。

① 当变异系数 $\delta \leqslant 0.21$ 时，按抗压强度平均值 $\overline{f}$、强度标准值 f_k 评定砖的强度等级。f_k 值按式（8-1）计算，精确至 0.1MPa。

② 当变异系数 $\delta > 0.21$ 时，按抗压强度平均值 $\overline{f}$、单块最小抗压强度 $f_{\min}$（精确至 0.1MPa）评定砖的强度等级。

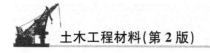

2. 蒸压加气混凝土砌块

1) 仪器设备

压力机(300~500kN)、锯砖机或切砖器、直尺等。

2) 试件制备

沿制品膨胀方向中心部分上、中、下顺序锯取一组，"上"块上表面距离制品顶面 30mm，"中"块在正中处，"下"块下表面距离制品底面 30mm。制品的高度不同，试件间隔略有不同。100mm×100mm×100mm 立方体试件，试件在质量含水率为 25%~45% 的情况下进行试验。

3) 试验步骤

(1) 测量试件的尺寸，精确至 1mm，并计算试件的受压面积 $A_1(\text{mm}^2)$。

(2) 将试件放在材料试验机的下压板的中心位置，试件的受压方向应垂直于制品的膨胀方向，以 $(2.0\pm0.5)\text{kN/s}$ 的速度连续而均匀地加荷，直至试件破坏为止，记录最大破坏荷载 $P_1(\text{N})$。

(3) 将试验后的试件全部或部分立即称其质量，然后在 $(105\pm5)℃$ 温度下烘至恒质，计算其含水率。

4) 结果计算与评定

抗压强度按下式计算。

$$f_{cc} = \frac{P_1}{A_1} \tag{15-23}$$

式中　f_{cc}——试件的抗压强度，MPa；

　　　P_1——破坏荷载，N；

　　　A_1——试件的受压面积，mm^2。

按 3 块试件试验值的算术平均值进行评定，精确至 0.1MPa。

15.7 钢 筋 试 验

1. 钢筋拉伸试验

1) 仪器设备

万能材料试验机(示值误差不大于 1%)、游标卡尺(精度为 0.1mm)。

2) 试件的制作

(1) 钢筋试件一般不经切削(图 15.12)。

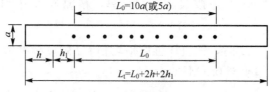

图 15.12　不经切削的试件

a—名义直径；L_t—钢筋试样长度；L_0—原始标距；h_1—(0.5~1)a；h—夹头长度

（2）在试件表面，选用小冲点、细画线或有颜色的记号作出两个或一系列等分格的标记，以表明原始标距，测量原始标距长度 L_0（$L_0=10a$ 或 $L_0=5a$）（精确至 0.1mm）。

3）试验步骤

（1）调整试验机测力度盘的指针，对准零点，拨动副指针与主指针重叠。

（2）将试件固定在试验机的夹具内，开动试验机进行拉伸。屈服前，应力增加速度按表 15-4 的规定，并保持试验机控制器固定于这一速率位置上，直至该性能测出为止；测定抗拉强度时，平行长度的应变速率不应超过 $0.008(N/mm^2) \cdot s^{-1}$。

表 15-4 应力速率

材料弹性模量/MPa	应力速率/[(N/mm²) · s⁻¹]	
	最小	最大
<150 000	2	20
≥150 000	6	60

（3）钢筋在拉伸试验时，读取测力度盘指针首次回转前指示的恒定力或首次回转时指示的最小力，即为屈服点荷载 F_{eL}（N）；钢筋屈服之后继续施加荷载直至将钢筋拉断，从测力度盘上读取试验过程中的最大力 F_m（N）。

（4）拉断后标距长度 L_u（精确至 0.1mm）的测量。将试件断裂的部分对接在一起使其轴线处于同一直线上。如拉断处到邻近标距端点的距离大于 $1/3L_0$，可直接测量两端点的距离 L_u；如拉断处到邻近的标距端点的距离小于或等于 $1/3L_0$ 时，可用移位方法确定 L_u：在长段上从拉断处 O 点取基本等于短段格数，得 B 点，接着取等于长段所余格数（偶数）之半的 C 点；或者取所余格数（奇数）减 1 与加 1 之半，得到 C 与 C_1 点，移位后的 L_u 分别为 $AO+OB+2BC$ 或 $AO+OB+BC+BC_1$（图 15.13）。

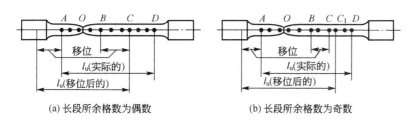

(a) 长段所余格数为偶数　　　　　(b) 长段所余格数为奇数

图 15.13 伸长率断后标距部分长度用移位法确定

4）结果计算与评定

（1）屈服强度和抗拉强度按下式计算。

$$R_{eL}=\frac{F_{eL}}{A} \tag{15-24}$$

$$R_m=\frac{F_m}{A} \tag{15-25}$$

式中　R_{eL}、R_m——分别为屈服强度和抗拉强度，MPa；

F_{eL}、F_m——分别为屈服点荷载和最大荷载，N；

A——试件的公称横截面积，保留 4 位有效数字，mm。

当 R_{eL} 或 $R_m \leqslant 200MPa$，修约间隔 1MPa；当 R_{eL} 或 R_m 为 $200 \sim 1\,000MPa$，修约间隔

5MPa；当 R_{eL} 或 $R_m > 1\,000$MPa，修约间隔 10MPa。

当修约精确至尾数 1 时，按四舍六入五留双方法修约；当修约精确至尾数为 5 时，按二五进位修约(即计算值尾数 ≤ 2.5 时取 0，计算值尾数 > 2.5 且 < 7.5 时取 5，计算值尾数 ≥ 7.5 时进 1 位取 10)。

(2) 伸长率按下式计算(精确至 0.5%)。

$$A(A_{11.3}) = \frac{L_u - L_0}{L_0} \times 100\% \qquad (15-26)$$

式中 $A(A_{11.3})$——表示 $L_0 = 5a(L_0 = 10a)$ 时的伸长率，其中 a 为钢筋直径，mm；

   L_0——钢筋原始标距；

   L_u——拉断后的钢筋于断裂处对接在一起的断后标距。

如试件拉断处位于标距之外，则断后伸长率无效，应重做试验。

在拉力试验的两根试件中，如其中一根试件的屈服点、抗拉强度和伸长率 3 个指标中，有一个指标达不到钢筋标准中规定的数值，应取双倍钢筋进行复验，若仍有一根试件的指标达不到标准要求，则判拉力试验项目为不合格。

2. 钢筋冷弯试验

1) 仪器设备

压力机或万能试验机、具有足够硬度的一组冷弯压头。

2) 试验步骤

(1) 冷弯试样长度按下式确定。

$$L_t = 5a + 150 \qquad (15-27)$$

(2) 调整两支辊间的距离 $L_t = D + 2.5a$(如图 15.14 所示，D 为弯心直径，a 为钢筋名义直径)，此距离在试验期间保持不变。

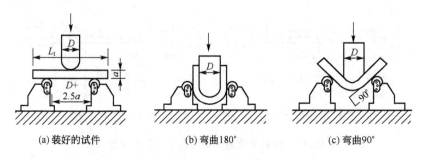

|(a)装好的试件|(b)弯曲180°|(c)弯曲90°|

图 15.14   钢筋冷弯试验图

(3) 将试件放置于两支辊处，试件轴线应与弯曲压头轴线垂直，弯曲压头在两支座之间的中点处对试件连续施加力使其弯曲，直至达到规定的弯曲角度。

试件弯曲至两臂直接接触的试验，应首先将试件初步弯曲(弯曲角度尽可能大)，然后将其置于两平行压板之间，连续施加力，压其两端使进一步弯曲，直至两臂直接接触。

3) 结果评定

按有关标准的规定检查试件弯曲外表面，若无裂纹、裂缝或断裂，则评定试件冷弯试验合格。若钢筋在冷弯试验中，有一根试件不符合标准要求，同样抽取双倍钢筋进行复验，若仍有一根试件不符合要求，则判冷弯试验项目为不合格。

15.8 沥青材料试验

1. 沥青针入度试验

沥青的针入度以标准针在一定的载荷、时间及温度条件下垂直穿入沥青试样的深度表示，单位为 1/10mm。标准针、针连杆与附加砝码的总质量为 (100 ± 0.05)g，温度为 (25 ± 0.1)℃，时间为 5s。特定试验可采用表 15－5 的规定。

表 15－5　沥青的针入度特定试验条件

温度/℃	载荷/g	时间/s
0	200±0.05	60
4	200±0.05	60
46	50±0.05	5

1）仪器设备

（1）针入度仪（图 15.15）。

（2）标准针〔由硬化回火的不锈钢制成，针长约 50mm，直径为 1.00mm～1.02mm，针的一端磨成锥形，针装在一个黄铜或不锈钢的金属箍中，针露外面的长度为 40～45mm，针箍及附加总重为 (2.50 ± 0.05)g〕。

（3）试样皿（金属或玻璃的圆柱形平底皿，尺寸见表 15－6）。

表 15－6　试样皿尺寸

针入度	直径/mm	深度/mm
针入度小于 200 时	55	35
针入度为 200～350 时	55	70
针入度为 350～500 时	50	60

（4）恒温水浴（容量不少于 10L，能保持温度在试验温度的 ±0.1℃范围内）。

（5）平底玻璃皿（容量不小于 350ml，内设一个不锈钢三角支架，以保证试样皿稳定）。

（6）计时器、温度计等。

2）试样的制备

（1）小心加热使样品能够流动。加热时焦油沥青的加热温度不超过软化点的 60℃，石油沥青不超过软化点的 90℃。加热时间不超过 30min，用筛过滤除去杂质。加热、搅拌过程中避免试样中进入气泡。

（2）将试样倒入两个试样皿中（一个备用），试样深度应大于预计穿入深度 10mm。

（3）松盖试样皿防灰尘落入。在 15～30℃的室温下冷却 1～1.5h（小试样皿）或 1.5～2.0h

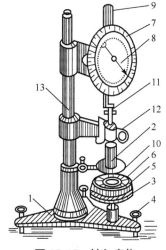

图 15.15　针入度仪

1—底座；2—小镜；3—圆形平台；4—调平螺丝；5—保温皿；6—试样；7—刻度盘；8—指针；9—活杆；10—标准针；11—连杆；12—按钮；13—砝码

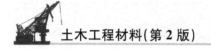

(大试样皿)，然后将试样皿和平底玻璃皿放入恒温水浴中，水面没过试样表面10mm以上，小皿恒温1～1.5h，大皿恒温1.5～2.0h。

3) 试验步骤

(1) 调节针入度仪的水平程度，检查针连杆和导轨，将擦干净的针插入连杆中固定。按试验条件放好砝码。

(2) 取出恒温到试验温度的试样皿和平底玻璃皿，放置在针入度仪的平台上。慢慢放下针连杆，使针尖刚刚接触试样的表面。拉下活杆，使其与针连杆顶端相接触，调节针入度仪的表盘读数为零。

(3) 用手紧压按钮，同时启动秒表，使标准针自由下落穿入试样，到规定时间停止压按钮，使标准针停止移动。

(4) 拉下活杆，再使其与针连杆顶端相接触，表盘指针的读数为试样的针入度。

(5) 同一试样应重复测3次，每一个试验点的距离和试验点与试样皿边缘的距离不小于10 mm。每次测定要用擦干净的针。当针入度大于200时，至少用3根针，每次试验用的针留在试样中，直到3根针扎完时，再将针从试样中取出。

4) 结果评定

取3次测定针入度的平均值(取整数)作为试验结果。3次测定的针入度值相差不应大于表15-7中的规定，否则应重新进行试验。

表 15-7　针入度测定值最大允许差值

针入度	0～49	50～149	150～249	250～350
最大差值	2	4	6	8

2. 沥青延度试验

1) 仪器设备

(1) 延度仪(图 15.16)。

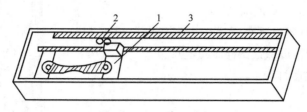

图 15.16　沥青延度仪
1—滑动板；2—指针；3—标尺

(2) 试件模具(由两个端模和两个侧模组成，形状及尺寸如图 15.17 所示)。

(3) 瓷皿或金属皿、砂浴、水浴、温度计和筛(孔径为 0.3～0.5mm 金属网)等。

2) 试样制备

(1) 将甘油滑石粉与隔离剂(2∶1)拌和均匀，涂于磨光的金属板上和铜模侧模的内表面，将模具组装在金属板上。

(2) 将除去水分的试样在砂浴上加热熔化，用筛过滤，充分搅拌消除气泡，然后将试样呈细流状，自模的一端至另一端往返倒入，使试样略高出模具。

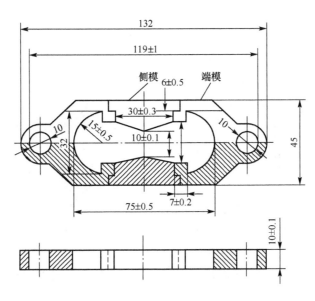

图 15.17 延度仪试模

(3) 试件在 15~30℃的空气中冷却 30min，然后放入(25±0.1)℃的水浴中，保持 30 min 后取出，用热刀自模的中间刮向两边，使沥青面与模面齐平，表面光滑。将试件和金属板再放入(25±0.1)℃的水浴中 1~1.5h。

3) 试验步骤

(1) 检查延度仪的拉伸速度是否符合要求，移动滑板使指针正对标尺的零点，保持水槽中水温为(25±0.5)℃。

(2) 将试件移到延度仪的水槽中，将模具两端的孔分别套在滑板及槽端的金属柱上，然后去掉侧模，水面高于试件表面不小于 25mm。

(3) 开动延度仪，观察沥青的拉伸情况。如发现沥青细丝浮于水面或沉于槽底，则加入乙醇或食盐水调整水的密度，至与试样的密度相近后，再进行测定。

(4) 试件拉断时，读指针所指标尺上的读数，为试样的延度(cm)。在正常情况下，试样被拉伸成锥尖状。在断裂时横断面为零，否则在此条件下无测定结果。

4) 试验结果

取平行测定的 3 个结果的平均值作为测定结果。若 3 个测定值不在其平均值的 5% 以内，但其中两个较高值在平均值的 5% 之内，则去掉最低测定值，取两个较高值的平均值作为测定结果。

3. 沥青软化点试验

1) 仪器设备

软化点测定仪(图 15.18)、电炉及其他加热器、金属板和筛等。

2) 试样制备

(1) 将黄铜环置于涂有隔离剂的金属板或玻璃板上。

(2) 将预先脱水的试样加热熔化，用筛过滤后，注入黄铜环内直至略高出环面为止。若估计软化点高于 120℃应将黄铜环与金属板预热至 80~100℃。

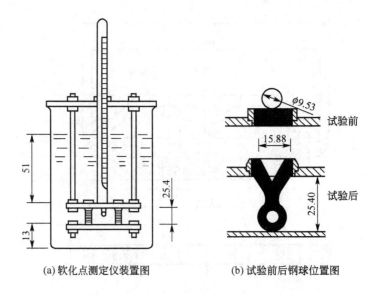

(a) 软化点测定仪装置图　　　(b) 试验前后钢球位置图

图 15.18　软化点测定仪

(3) 试样在 15～30℃ 的空气中冷却 30min 后，用热刀刮去高于环面的试样，与环面平齐。

(4) 将盛有试样的黄铜环及板置于盛满水(估计软化点不高于 80℃ 的试样)或甘油(估计软化点高于 80℃ 的试样)的保温槽内，恒温 5min，水温保持在 (5±0.5)℃，甘油温度保持在 (32±1)℃；或将盛有试样的环水平安放在环架中承板的孔内，然后放在盛有水或甘油的烧杯中，时间和温度与保温槽相同。

(5) 烧杯内注入新煮沸并冷却至 5℃ 的蒸馏水(估计软化点不高于 80℃ 的试样)，或注入预先加热约 32℃ 的甘油(估计软化点高于 80℃ 的试样)，使水面或甘油略低于环架连杆上的深度标记。

3) 试验步骤

(1) 从保温槽中取出盛有试样的黄铜环放置在环架中承板的圆孔中，并套上钢球定位器，把整个环架放入烧杯内，调整水面或甘油液面至深度标记，环架上任何部分均不得有气泡。将温度计由上承板中心孔垂直插入，使水银球与铜环下面齐平。

(2) 将烧杯放在有石棉网的电炉上，然后将钢球放在试样上(需使各环的平面在全部加热时间内完全处于水平状态)，立即对其加热，烧杯内水或甘油温度的上升速度保持每分钟 (5±0.5)℃，否则试验应重做。

(3) 试样受热软化下坠至与下承板面接触时的温度，即为试样的软化点。

4) 试验结果

取平行测定两个结果的算术平均值作为测定结果。

平行测定两个结果的差值不得大于下列规定。

(1) 软化点小于 80℃，允许差值为 1℃。

(2) 软化点为 80～100℃，允许差值为 2℃。

(3) 软化点为 100～140℃，允许差值为 3℃。

15.9 沥青混合料试验

1. 沥青混合料试件制作方法(击实法)

本试验按《公路工程沥青及沥青混合料试验规程》(JTJ 052—2000)中的有关规定进行。按设计的配合比和现场原材料,制作沥青混合料试件。

标准击实法适用于马歇尔试验、间接抗拉试验(劈裂法)等所使用的是 $\phi101.6mm \times 63.5mm$ 圆柱体的成型试件。

1) 仪器设备

(1) 标准击实仪:由击实锤、$\phi98.5mm$ 平圆形压实头及带手柄的导向棒组成。

(2) 标准击实台。

(3) 实验室用沥青混合料拌和机。

(4) 脱模器。

(5) 试模:圆柱形金属筒、底座和套筒。

(6) 烘箱:大、中型各一台,装有温度调节器。

(7) 天平或电子秤:用于称量矿料的,感量不大于 0.5g;用于称量沥青的,感量不大于 0.1g。

(8) 沥青运动粘度测定设备:毛细管粘度计、赛波特重油粘度计或布洛克菲尔德粘度计。

(9) 插刀或大螺丝刀。

(10) 温度计:分度为 1℃。

(11) 其他:电炉或煤气炉、沥青熔化锅、拌和铲、标准筛、滤纸(或普通纸)、胶布、卡尺、秒表、粉笔和棉纱等。

2) 准备工作

(1) 确定制作沥青混合料试件的拌和与压实温度。

① 按规程测定沥青的粘度,绘制粘温曲线。按表 15-8 的要求确定适宜于沥青混合料拌和及压实的等粘温度。

表 15-8 适宜于沥青混合料拌和及压实的沥青等粘温度

沥青结合料种类	粘度与测定方法	适宜于拌和的沥青结合料粘度	适宜于压实的沥青结合料粘度
石油沥青 (含改性沥青)	表观粘度,T0625 运动粘度,T0619 赛波特粘度,T0623	$(0.17\pm0.02)Pa \cdot s$ $(170\pm20)mm^2/s$ $(85\pm10)s$	$(0.28\pm0.03)Pa \cdot s$ $(280\pm30)mm^2/s$ $(140\pm15)s$
煤沥青	恩格拉度,T0622	25 ± 3	40 ± 5

注:液体沥青混合料的压实成型温度按石油沥青的要求执行。

② 当缺乏沥青粘度测定条件时,试件的拌和与压实温度可按表 15-9 选用,并根据沥青品种和标号作适当调整。针入度小、稠度大的沥青取高限,针入度大、稠度小的沥青取

低限，一般取中值。对改性沥青，应根据改性剂的品种和用量，适当提高混合料的拌和和压实温度，对大部分聚合物改性沥青，需要在基质沥青的基础上提高15～30℃左右，掺加纤维时，尚需再提高10℃左右。

表15-9　沥青混合料拌和及压实温度参考表

沥青结合料种类	拌和温度/℃	压实温度/℃
石油沥青	130～160	120～150
煤沥青	90～120	80～110
改性沥青	160～175	140～170

③ 常温沥青混合料的拌和及压实在常温下进行。

(2) 将各种规格的矿料置于(105±5)℃的烘箱中烘干至恒重(一般不少于4～6h)。根据需要，粗集料可先用水冲洗干净后烘干，也可将粗细集料过筛后用水冲洗再烘干备用。

(3) 分别测定不同粒径规格粗、细集料及填料(矿粉)的表观密度，按T0603测定沥青的密度。

(4) 将烘干分级的粗细集料，按每个试件的设计级配要求称其质量，在一金属盘中混合均匀，矿粉单独加热，置烘箱中预热至沥青拌和温度以上约15℃(采用石油沥青通常为163℃；采用改性沥青时通常需180℃)备用。一般按一组试件(每组4～6个)备料，但进行配合比设计时宜对每个试件分别备料。

(5) 将采集的沥青试样，用恒温烘箱或油浴、电热套熔化加热至规定的沥青混合料拌和温度备用，但不得超过175℃。

(6) 用蘸用少许黄油的棉纱擦净试模，套筒及击实座等置于100℃左右烘箱中加热1h备用。常温沥青混合料用的试模不加热。

3) 沥青混合料的拌制和试件成型

(1) 沥青混合料拌和机预热至拌和温度以上10℃左右备用。

(2) 将每个试件预热的粗集料置于拌和机中，用小铲子适当混合，然后再加入需要数量的已加热至拌和温度的沥青，开动拌和机一边搅拌一边将拌和叶片插入混合料中拌和1～1.5min，然后暂停拌和，加入单独加热的矿粉，继续拌和至均匀为止，并使沥青混合料保持在要求的拌和温度范围内，总拌和时间为3min。

(3) 马歇尔标准击实法的成型步骤如下。

① 将拌好的沥青混合料，均匀称取一个试件所需的用量(约1 200g)。当已知沥青混合料的密度时，可根据试件的标准尺寸计算并乘以1.03得到要求的混合料数量。当一次拌和几个试件时，宜将其倒入经预热的金属盘中，用小铲适当拌和均匀分成几份，分别取用。在试件制作过程中，为防止混合料温度下降，应连盘放在烘箱中保温。

② 从烘箱中取出预热的试模及套筒，用蘸有少许黄油的棉纱擦拭套筒、底座及击实锤底面，将试模装在底座上，垫一张圆形的吸油性的纸，按四分法从4个方向用小铲将混合料铲入试模中，用插刀或大螺丝刀沿周边插捣15次，中间10次。插捣后将沥青混合料表面整平成凸圆弧面。

③ 插入温度计，至混合料中心附近，检查混合料温度。

④ 待混合料温度达到符合要求的压实温度后，将试模连同底座一起放在击实台上固

定，在装好的混合料上面垫一张吸油性小的圆纸，再将装有击实锤及导向棒的压实头插入试模中，然后开启电动机或人工将击实锤从457mm的高度自由落下击实规定的次数（75次、50次或35次）。

⑤ 试件击实一面后，取下套筒，将试模掉头，装上套筒，然后以同样的方法和次数击实另一面。

⑥ 试件击实结束后，应立即用镊子取掉上、下圆纸，用卡尺量取试件离试模上口的高度并由此计算试件高度，如高度不符合要求，试件应作废，并按下式调整试件的混合料数量，以保证高度符合(63.5±1.3)mm的要求。

$$\text{调整后混合料质量} = \frac{\text{要求试件高度} \times \text{原用混合料质量}}{\text{所得试件的高度}}$$

⑦ 卸去套筒和底座，将装有试件的试模横向放置冷却至室温后（不少于12h），置脱模机上脱出试件。

⑧ 将试件仔细置于干燥洁净的平面上，供试验用。

2. 压实沥青混合料密度试验（水中重法）

水中重法适用于测定几乎不吸水的密实的Ⅰ型沥青混合料试件的表观相对密度或表观密度。

1）仪具与材料

(1) 浸水天平或电子秤：当最大称量在3kg以下时，感量不大于0.1g；最大称量在3kg以上10kg以下时，感量不大于0.5g；最大称量在10kg以上时，感量不大于5g，应有测量水中重的挂钩。

(2) 网篮。

(3) 溢流水箱（图15.19）：使用洁净水，有水位溢流装置，保持试件和网篮浸入水中后的水位一定。试验时的水温应在15～25℃范围内，并与测定集料密度时的水温相同。

(4) 试件悬吊装置：天平下方悬吊网篮及试件的装置，吊线应采用不吸水的细尼龙线绳，并有足够的长度。对轮碾成型、机成型的板块状试件可用铁丝悬挂。

(5) 秒表、电风扇或烘箱。

2）试验步骤

(1) 选择适宜的浸水天平或电子秤，最大称量不小于试件质量的1.25倍，且不大于试件质量的5倍。

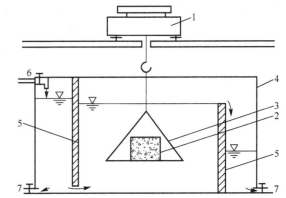

图15.19 溢流水箱及下挂法水中重称量方法示意图
1—浸水天平或电子秤；2—试件；3—网篮；
4—溢流水箱；5—水位搁板；6—注入口；7—放水阀门

(2) 除去试件表面的浮粒，称取干燥试件的空中质量(m_a)，根据选择的天平的感量读数，准确至0.1g、0.5g或5g。

(3) 挂上网篮，浸入溢流水箱的水中，调节水位，将天平调平或复零，把试件置于网篮中（注意不要使水晃动），待天平稳定后立即读数，称取水中质量(m_w)。

(4) 对从路上钻取的非干燥试件,可先称取水中质量(m_w),然后用电风扇将试件吹干至恒重 [一般不少于 12h,当不需进行其他试验时,也可用(60 ± 5)℃烘箱烘干至恒重],再称取空中质量(m_a)。

3) 计算

(1) 按下式计算用水中重法测定的沥青混合料试件的表观相对密度及表观密度,取 3 位小数。

$$\gamma_a = \frac{m_a}{m_a - m_w} \qquad (15-28)$$

$$\rho_a = \frac{m_a}{m_a - m_w}\rho_w \qquad (15-29)$$

式中　γ_a——试件的表观相对密度,无量纲;

ρ_a——试件的表观密度,g/cm^3;

m_a——干燥试件的空中质量,g;

m_w——试件的水中质量,g;

ρ_w——常温水的密度,取 $1g/cm^3$。

(2) 当试件为几乎不吸水的密实沥青混合料时,以表观相对密度代替毛体积相对密度,按《公路工程沥青及沥青混合料试验规程》(JTJ 052—2000)中 T0706 的方法计算试件的理论最大相对密度及空隙率、沥青的体积百分率、矿料间隙率、粗集料骨架间隙率、沥青饱和度等各项体积指标。

3. 沥青混合料马歇尔稳定度试验

采用标准马歇尔稳定度试验和浸水马歇尔稳定度试验,以进行沥青混合料的配合比设计或沥青路面施工质量检验。浸水马歇尔稳定度试验(根据需要,也可进行真空饱水马歇尔试验)供检验沥青混合料受水损害时抵抗剥落的能力。

1) 仪具与材料

(1) 沥青混合料马歇尔试验仪 [符合《沥青混合料马歇尔试验仪》(GB/T 11823)的技术要求]。

(2) 恒温水槽:控温准确度为 1℃,深度不少于 150mm。

(3) 真空饱水容器:包括真空泵及真空干燥器。

(4) 烘箱。

(5) 天平:感量不大于 0.1g。

(6) 温度计:分度 1℃。

(7) 其他:卡尺、棉纱和黄油。

2) 标准马歇尔试验方法

(1) 准备工作。

① 标准马歇尔试件的尺寸应符合直径(101.6 ± 0.2)mm、高(63.5 ± 1.3)mm 的要求。

② 用卡尺测量试件中部的直径,用马歇尔试件高度测定器或用卡尺在十字对称的 4 个方向量测离试件边缘 10mm 处的高度,准确至 0.1mm,并以其平均值作为试件的高度。如试件高度不符合(63.5 ± 1.3)mm 要求或两侧高度差大于 2mm 时,此试件应作废。

③ 按规定的方法测定试件的密度、空隙率、沥青体积百分率、沥青饱和度、矿料间隙率等物理指标。

④ 将恒温水槽调节至要求的试验温度，对于粘稠石油沥青或烘箱养生过的乳化沥青混合料为(60±1)℃，对于煤沥青混合料为(33.8±1)℃，对于空气养生的乳化沥青或液体沥青混合料为(25±1)℃。

（2）试验步骤。

① 将试件置于已达规定的恒温水槽中，保温时间为 30～40min。试件之间应有间隔，底下应垫起，离容器底部不小于 5cm。

② 将马歇尔试验仪的上下压头放入水槽或烘箱中达到同样温度。将上下压头从水槽或烘箱中取出，擦拭干净内面，在下压头的导棒上涂少量黄油。再将试件取出置于下压头上，盖上上压头，然后装在加载设备上。

③ 在上压头的球座上放妥钢球，并对准荷载测定装置的压头。

④ 将流值计安装在导棒上，使导向套管轻轻地压住上压头，同时将流值计读数调零。调整压力环中百分表，对准零。

⑤ 启动加载设备，使试件承受荷载，加载速度为(50±5)mm/min。当试验荷载达到最大值的瞬间，取下流值计，同时读取压力环中百分表读数及流值计的流值读数。

⑥ 从恒温水槽中取出试件至测出最大荷载值的时间，不得超过 30s。

3）浸水马歇尔试验方法

浸水马歇尔试验方法与标准马歇尔试验方法的不同之处在于，试件在已达规定温度的恒温水槽中的保温时间为 48h，其余均与标准马歇尔试验方法相同。

4）真空饱水马歇尔试验方法

试件先放入真空干燥器中，关闭进水胶管，开动真空泵，使干燥器的真空度达到 98.3kPa(730mmHg)以上，维持 15min，然后打开进水胶管，靠负压进入冷水流使试件全部浸入水中，浸水 15min 后恢复常压，取出试件再放入已达规定温度的恒温水槽中保温 48h，其余与标准马歇尔试验方法相同。

5）计算

（1）试件的稳定度及流值。

根据压力环标定曲线，将压力环中百分表的读数换算为荷载值(MS)，以 kN 计，准确至 0.01kN；由流值计及位移传感器测定装置读取的试件垂直变形，即为试件的流值(FL)，以 mm 计，准确至 0.1mm。

（2）试件的马歇尔模数。

试件的马歇尔模数按下式计算。

$$T = \frac{MS}{FL} \tag{15-30}$$

式中　T——试件的马歇尔模数，kN/mm；

　　MS——试件的稳定度，kN；

　　FL——试件的流值，mm。

（3）试件的浸水残留稳定度。

试件的浸水残留稳定度按下式计算。

$$MS_0 = \frac{MS_1}{MS} \times 100\% \qquad (15-31)$$

式中　MS_0——试件的浸水残留稳定度，%；

　　　MS_1——试件浸水 48h 后的稳定度，kN。

4）试件的真空饱水残留稳定度

试件的真空饱水残留稳定度按下式计算。

$$MS_0' = \frac{MS_2}{MS} \times 100\% \qquad (15-32)$$

式中　MS_0'——试件的真空饱水残留稳定度，%；

　　　MS_2——试件真空饱水后浸水 48h 后的稳定度，kN。

当一组测定值中某个测定值与平均值之差大于标准差的 k 倍时，该测定值应予舍弃，并以其余测定值的平均值作为试验结果。当试验数目 n 为 3、4、5、6 时，k 值分别为 1.15、1.46、1.67、1.82。

4. 沥青混合料车辙试验

车辙试验的试验温度与轮压可根据有关规定和需要选用，非经注明，试验温度为 60℃，轮压为 0.7MPa。

1）仪具与材料

（1）车辙试验机：主要由试件台、试验轮、加载装置、试模、变形测量装置、温度检验装置组成。

（2）恒温室：能保持恒温室温度为 (60 ± 1)℃，试件内部温度为 (60 ± 0.5)℃。

（3）台秤：称量 15kg，感量不大于 5g。

2）试验步骤

（1）准备工作。

① 试验轮接地压强测定：在 60℃时进行测定，在试验台上放置一块 50mm 厚的钢板，其上铺一张毫米方格纸，上铺一张新的复写纸，以规定的 700N 荷载后试验轮静压复写纸，即可在方格纸上得出轮压面积，并由此求得接地压强。当压强不符合 (0.7 ± 0.05)MPa 时，荷载应予适当调整。

② 车辙试验采用轮碾成型的标准尺寸为 300mm×300mm×50mm 的试件，也可从路面切割制作 300mm×150mm×50mm 的试件。

③ 将试件脱模按规定的方法测定密度及空隙率等各项物理指标。如经浸水，应用电扇将其吹干，然后再装回试模中。

（2）试验步骤。

① 将试件连同试模一起，置于达到试验温度 (60 ± 1)℃的恒温室中，保温不少于 5h，也不得多于 24h。在试件的试验轮不行走的部位上，粘贴一个热电隅温度计（也可在试件制作时预先将热电隅导线埋入试件一角），控制试件温度稳定在 (60 ± 0.5)℃。

② 将试件连同试模移置于轮辙试验机的试验台上，试验轮在试件的中央部位，其行走方向需与试件碾压或与行车方向一致。开动车辙变形自动记录仪，然后启动试验机，使试验轮往返行走，时间约 1h，或最大变形达到 25mm 时为止。试验时，记录仪自动记录

变形曲线及试件温度。

3）计算

（1）从变形曲线上读取45min（t_1）及60min（t_2）时的车辙变形分别为d_1及d_2，准确至0.01mm。当变形过大，在未到60min变形已达25mm时，则已达到25mm（d_2）时的时间为t_2，将其前15min为t_1，此时的变形量为d_1。

（2）沥青混合料试件的动稳定度按下式计算。

$$DS = \frac{(t_2 - t_1) \times N}{d_2 - d_1} \times C_1 \times C_2 \tag{15-33}$$

式中　DS——沥青混合料的动稳定度，次/mm；

　　　d_1——时间t_1的变形量，mm；

　　　d_2——时间t_2的变形量，mm；

　　　C_1——试验机类型修正系数，曲柄连杆驱动试件的变速行走方式为1.0，链驱动试验轮的等速方式为1.5；

　　　C_2——试件系数，实验室制备的宽300mm的试件为1.0，从路面切割的宽150mm的试件为0.80；

　　　N——试验轮往返碾压速度，通常为42次/min。

同一沥青混合料或同一路段的路面，至少平行试验3个试件，当3个试件稳定度变异系数小于20%时，取平均值作为试验结果。变异系数大于20%时应分析原因，并追加试验。如计算动稳定度大于6 000次/mm时，记作>6 000次/mm。

15.10 综合设计试验

1. 普通混凝土配合比设计试验

1）试验的目的与要求

目的：掌握普通混凝土的配合比设计过程、拌合物的和易性和强度的试验方法，培养学生综合设计试验能力。

要求：根据提供的工程情况和原材料，依据《普通混凝土配合比设计规程》（JGJ 55—2011）的规定设计出普通混凝土的最初配合比，然后进行试配和调整，确定符合工程要求的普通混凝土配合比。

2）工程情况和原材料条件

某工程的钢筋混凝土梁，混凝土设计强度等级为C30，施工要求坍落度为35～50mm，混凝土采用机械搅拌，机械振捣。根据施工单位的近期统计资料，混凝土强度标准差为4.6MPa。

原材料：水泥为P.O 42.5，密度为3.1g/cm³；砂为中砂；碎石为5～31.5mm；水为自来水。

3）试验步骤

（1）原材料性能试验。

① 水泥性能试验：细度、凝结时间、安定性、胶砂强度试验。

② 砂：表观密度、堆积密度、筛分析、含泥量和泥块含量试验。

③ 碎石：表观密度、堆积密度、筛分析、压碎指标试验。

(2) 计算配合比。

依据《普通混凝土配合比设计规程》(JGJ 55—2011)的规定，根据给定的工程情况和原材料条件，试验测得的原材料性能，进行配合比计算，求每立方米混凝土中各种材料用量。

(3) 配合比的试配。

(4) 配合比的调整和确定。

4) 问题与讨论

(1) 根据已知的工程情况和原材料条件，如何设计出符合要求的普通混凝土配合比？

(2) 配合比为什么要进行试配？配合比试配时，当有关指标达不到设计要求时，应如何进行调整？

(3) 为什么检验混凝土的强度至少采用 3 个不同的配合比？制作混凝土强度试件时，为什么还要检验混凝土拌合物的和易性及表观密度？

2. 掺外加剂或掺合料的混凝土配合比设计试验

1) 试验的目的与要求

目的：在综合设计试验一的基础上，熟悉掺外加剂或掺合料的混凝土配合比设计方法，培养学生综合设计试验的能力。

要求：同综合设计试验一，确定符合工程要求的掺外加剂或掺合料的混凝土配合比。

2) 工程情况和原材料条件

某工程的钢筋混凝土柱，混凝土设计强度等级为 C35，施工要求坍落度为 120～140mm。施工单位无历史统计资料。

原材料：水泥为 P.O 42.5，密度为 3.1g/cm³；砂为中砂；石为 5～31.5mm；水为自来水；减水剂和掺合料质量应符合国家现行有关标准的规定。

3) 试验步骤

(1) 原材料性能试验。

① 水泥性能试验：细度、凝结时间、安定性、胶砂强度试验。

② 砂：表观密度、堆积密度、筛分析、含泥量和泥块含量试验。

③ 石：表观密度、堆积密度、筛分析试验。

④ 减水剂：减水率、与水泥的适应性试验。

(2) 计算配合比。

① 同综合设计试验一，求每立方米混凝土各种材料的用量。

② 掺减水剂时，为改善混凝土拌合物的和易性，适当增大砂率，重新计算砂、石的用量。掺入掺合料时，可采用等量取代法、超量取代法(一般常用方法)或外加法，计算掺合料混凝土配合比。

(3) 配合比的试配。

(4) 配合比的调整和确定。

4) 问题与讨论

(1) 根据已知条件，如何设计出符合要求的掺外加剂或掺合料的混凝土配合比？

(2) 在混凝土中掺减水剂，有几种使用效果？如何进行配合比设计？

（3）在混凝土中掺入掺合料，有几种方法？如何进行配合比设计？

3. 沥青混合料的配合比设计试验

1）试验目的与要求

目的：熟悉沥青混合料配合比设计的过程和沥青与沥青混合料的基本性能试验方法，培养学生综合设计试验能力。

要求：依据《沥青路面施工及验收规范》（GB 50092—1996）的规定，根据沥青混合料的技术要求，确定热拌沥青混合料的配合比。

2）工程情况和原材料条件

道路等级：高速公路。路面类型：三层式沥青混凝土路面上面层。气候条件：温和地区。

原材料：重交通道路石油沥青 AH-70。粗集料：碎石粘附性 5 级，表观密度 2 870kg/m³。细集料：石屑，其表观密度 2 810kg/m³，砂为中砂，表观密度 2 640kg/m³。矿粉：表观密度 2 670kg/m³，含水率为 0.8%。沥青、粗集料、细集料和矿粉的技术性能均符合《沥青路面施工及验收规范》（GB 50092—1996）的沥青面层质量要求。

试验室温湿度控制标准见表 15-10，材料取样标准见表 15-11。

3）热拌沥青混合料配合比设计试验步骤

（1）沥青基本性能试验：针入度、延度、软化点试验。

（2）粗集料、细集料和矿粉的筛分析试验。

（3）矿质混合料级配组成的确定。

（4）沥青最佳用量的确定。

表 15-10 实验室温湿度控制标准

序号	实验室名称	温度要求/℃	相对湿度要求/%	依据标准
1	水泥实验室	20±2	>50	GB/T 17671—1999 GB/T 1346—2001
2	水泥养护室	20±1	水中养护	GB/T 17671—1999 GB/T 1346—2001
3	混凝土养护室	20±2	>95	GB/T 50080—2002
4	混凝土实验室	20±5	>50	GB/T 50080—2002 GB/T 50081—2002
5	水泥砂浆养护室	20±3	>90	JGJ/T 70—2009
6	水泥混合砂浆养护室	20±3	60～80	JGJ/T 70—2009
7	砂浆实验室	20±5	>50	JGJ/T 70—2009
8	防水材料实验室	23±2	—	GB 328—1989 GB/T 1677—1997
9	钢材力学性能实验室	一般：10～35 严格：23±5	—	GB/T 228—2002
10	粗细骨料实验室	20±5	—	GB/T 14684—2011 GB/T 14685—2011

表 15-11 材料取样标准一览表

序号	名称		现场抽样规定	依据规范标准
1	水泥	通用水泥	可连续取,亦可从 20 个以上不同部位取等量样品。 (1) 散装水泥:在散装水泥卸料处或水泥运输机具上取样。当所取水泥深度不超过 2m 时,每个编号内采用散装水泥取样器随机取样。 (2) 袋装水泥:在袋装水泥堆场取样。每个编号内随机抽取不少于 20 袋水泥,采用袋装水泥取样器取样,将取样器沿对角线方向插入水泥包装袋取样	《通用硅酸盐水泥》(GB 175—2007)
2	混凝土用骨料	砂	(1) 按同产地、同规格分批验收。 (2) 用大型运输工具的(汽车),每 600t 为一验收批,不足 600t 亦为一批,生产量超过 2 000t,按 1 000t 为一批,不足 1 000t 亦为一批。 (3) 每验收取样:在堆料上取样时,取样部位应均匀分布,取样前先将取样部位表面铲除,然后由各部位抽取大致相等的样品,共 8 份组成一组样品	《建设用砂》(GB/T 14684—2011)
		碎石或卵石	(1) 按同产地、同规格分批验收 (2) 用大型运输工具的(汽车),每 600t 为一验收批,不足 600t 亦为一批,生产量超过 2 000t,按 1 000t 为一批,不足 1 000t 亦为一批。 (3) 每验收取样:在堆料上取样时,取样部位应均匀分布,取样前先将取样部位表面铲除,然后由各部位抽取大致相等的样品,共 15 份组成一组样品	《建设用卵石、碎石》(GB/T 14685—2011)
3	混凝土		(1) 同一组混凝土拌和物的取样应从同一盘混凝土或同一车混凝土中取样。取样量应多于试验所需量的 1.5 倍,且宜不小于 20L。 (2) 普通混凝土拌合物的取样应具有代表性,宜采用多次采样的方法。一般在同一盘混凝土或同一车混凝土中的约 1/4 处、1/2 处和 3/4 处之间分别取样,从第一次取样到最后一次取样不宜超过 15min,然后人工搅拌均匀。 (3) 从取样完毕到开始做各项性能试验不宜超过 5min	《普通混凝土拌合物性能试验方法标准》(GB/T 50080—2002)
			每拌制 100 盘且不超过 100m³ 的同配合比的混凝土,取样不得少于一次;每工作班拌制的同一配合比的混凝土不足 100 盘时,取样不得少于一次;当一次连续浇筑超过 1 000m³ 时,同一配合比的混凝土每 200m³ 取样不得少于一次;每一楼层、同一配合比的混凝土,取样不得少于一次;每次取样应至少留置一组标准养护试件,同条件养护试件的留置组数应根据实际需要确定	《普通混凝土力学性能试验方法标准》(GB/T 50081—2002)

（续）

序号	名称		现场抽样规定	依据规范标准
4	砂浆		（1）建筑砂浆立方体抗压强度取样数量：按每一台班，同一配合比，同一层砌体，或 250m³ 砌体为一组试块；地面砂浆按每一层地面，1 000m² 取一组，不足 1 000m² 按 1 000m² 计算。 （2）建筑砂浆试验用料应根据不同要求，可从同一盘搅拌机或同一车运送的砂浆中取出；在试验室取样时，可从机械或人工拌和的砂浆中取出。所取试样的数量应多于试验用料的 1～2 倍	《建筑砂浆基本性能试验方法》（JGJ/T 70—2009）
5	砌墙砖和砌块	烧结普通砖	（1）每一生产厂家的砖到现场后，按 15 万块为一验收批，不足 15 万块也按一批计。 （2）从外观质量和尺寸偏差检验后的样品中随机抽取。只进行单项检验时，可直接从检验批中随机抽取。 （3）抽取数量为：抗压强度 10 块；抗风化、泛霜、石灰爆裂、抗冻各 5 块	《烧结普通砖》（GB/T 5101—2003）
		蒸压加气混凝土砌块	（1）同品种、同规格、同等级的砌块，以 10 000 块为一验收批，不足 10 000 块也按一批计。 （2）从尺寸偏差与外观检验合格的砌块中随机抽取试块，制作 3 组试件进行立方体抗压强度试验，制作 3 组试件做干体积密度检验	《蒸压加气混凝土砌块》（GB/T 1196—1997）
6	钢材	热轧带肋钢筋	以同一牌号、同一炉罐号、同一规格、同一交货状态的钢筋为一批，每批质量不大于 60t。 取样规格：拉伸两根， 直径≤10mm　　　长度 300mm 直径>10mm　　　长度 $[10a(5a)+200]$mm 弯件两根　　　长度$(5a+150)$mm	《钢筋混凝土用钢 第 2 部分：热轧带肋钢筋》（GB 1499.2—2007）
		热轧圆盘条	以同一牌号、同一炉罐号、同一尺寸的盘条为一批，每批质量不大于 60t。 取样规格：拉伸一根，弯件两根。 截取试件长度同上	《低碳钢热轧圆盘条》（GB/T 701—2008）
		热轧光圆钢筋	以同一牌号、同一炉罐号、同一规格、同一交货状态的钢筋为一批，每批质量不大于 60t。 取样规格：拉伸两根，弯件两根。 截取试件长度同上	《钢筋混凝土用钢 第 1 部分：热轧光圆钢筋》（GB 1499.1—2007）
7	建筑石油沥青		（1）同一产地、同一品种、同一牌号，每 20t 产品为一验收批，不足 20t 也按一批计。每一验收批取样 2kg。 （2）在料堆取样时，取样部位应均匀分布，同时应不少于 5 处，每次取洁净的等量试样共 2kg 作为检验和留样用	《建筑石油沥青》（GB/T 494—2010）

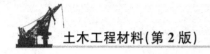

（续）

序号	名称	现场抽样规定	依据规范标准
8	沥青混合料	逐盘检测、随机取样。按照不同情况，规定了连续取 3 车料试样的办法，在车上取不同方向、不同高度的料，在路上取摊铺宽度两侧 1/3～1/2 位置的样品。试样数量宜不少于试验用量的 2 倍	《公路工程沥青及沥青混合料试验规程》（JTJ 052—2000）《公路沥青路面施工技术规范》（JTG F40—2004）
9	防水卷材	（1）以同一类型、同一规格 10 000m² 为一批，不足 10 000m² 时亦可作为一批。 （2）随机抽取 5 卷进行单位面积质量、规格尺寸及外观检查。合格后，任取 1 卷(至少 1.5m²)，切除距外层卷头 2 500mm 取 1m，然后按产品标准规定取样	《塑性体改性沥青防水卷材》（GB 18243—2008）《弹性体改性沥青防水卷材》（GB 18242—2008）

4）问题与讨论

（1）简述热拌沥青混合料配合比设计的步骤。

（2）矿质混合料的配合比是如何计算的？

（3）如何确定沥青的最佳用量？

参 考 文 献

[1] 符芳. 建筑材料 [M]. 2版. 南京：东南大学出版社，2001.

[2] 柯国军. 建筑材料质量控制监理 [M]. 北京：中国建筑工业出版社，2003.

[3] 严家伋. 道路建筑材料 [M]. 3版. 北京：人民交通出版社，1999.

[4] 黄晓明，潘钢华，赵永利. 土木工程材料 [M]. 南京：东南大学出版社，2001.

[5] 湖南大学，等. 土木工程材料 [M]. 北京：中国建筑工业出版社，2002.

[6] 陈志源，李启令. 土木工程材料 [M]. 2版. 武汉：武汉理工大学出版社，2003.

[7] 黄晓明，吴少鹏，赵永利. 沥青及沥青混合料 [M]. 南京：东南大学出版社，2002.

[8] 刘顺祥. 土木工程材料 [M]. 北京：中国建材工业出版社，2001.

[9] 吴科如. 土木工程材料 [M]. 上海：同济大学出版社，2003.

[10] 沈春林. 建筑防水涂料 [M]. 北京：化学工业出版社，2003.

[11] 黄国兴. 水工混凝土建筑物修补技术及应用 [M]. 北京：中国水利水电出版社，1999.

[12] 沈春林. 建筑防水密封材料 [M]. 北京：化学工业出版社，2003.

[13] 赵仁杰，喻仁水. 木质材料学 [M]. 北京：中国林业出版社，2003.

[14] 高俊刚. 高分子材料 [M]. 北京：化学工业出版社，2002.

[15] 彭小芹. 土木工程材料 [M]. 重庆：重庆大学出版社，2002.

[16] 饶厚曾. 建筑用胶粘剂 [M]. 北京：化学工业出版社，2002.

[17] 姚燕. 新型高性能混凝土耐久性的研究与工程应用 [M]. 北京：中国建材工业出版社，2004.

[18] 阎西康. 土木工程材料 [M]. 天津：天津大学出版社，2004.

[19] 王福川. 土木工程材料 [M]. 北京：中国建材工业出版社，2001.

[20] 张誉，等. 混凝土结构耐久性概论 [M]. 上海：上海科学技术出版社，2003.

[21] 向才旺. 建筑装饰材料 [M]. 北京：中国建筑工业出版社，2004.

[22] 王子明. 聚羧酸系高性能减水剂——制备·性能与应用 [M]. 北京：中国建筑工业出版社，2009.

[23] 张德思. 土木工程材料典型题解析及自测试验 [M]. 西安：西北工业大学出版社，2001.